“十三五”江苏省高等学校重点教材（编号：2020-1-53）

数值计算方法

（第二版）

唐旭清　过榴晓　主　编

王林君　方　伟　钟志水　副主编

科学出版社

北　京

内 容 简 介

本书参考国内外相关文献，结合教育部关于“数值计算方法”课程的基本要求，从基本概念、基本理论和方法方面系统地介绍数值分析与计算的相关内容和观点。本书既注重理论的严谨性，又注重方法的实用性，重点阐明数值分析和各种算法构造的基本思想与原理。其主要内容包括绪论、线性方程组的直接解法、线性方程组的间接解法、矩阵特征值和特征向量计算、插值方法、函数逼近、数值积分与数值微分、非线性方程（组）的数值解法、常微分方程数值解法、偏微分方程数值求解初步和 MATLAB 软件简介等。全书重点突出，各章相互衔接，经典数值计算方法均附有应用实例与习题，并附习题参考答案。

本书内容精炼、由浅入深、循序渐进、易于教学，适用于理工科相关专业的硕士研究生及高年级本科生的“数值计算方法”课程的教学，也可供从事工程应用与计算的技术人员参考。

图书在版编目(CIP)数据

数值计算方法 / 唐旭清，过榴晓主编. —2 版. —北京：科学出版社，2021.12

“十三五”江苏省高等学校重点教材

ISBN 978-7-03-070453-5

Ⅰ. ①数…　Ⅱ. ①唐…　②过…　Ⅲ. ①数值计算－计算方法－高等学校－教材　Ⅳ. ①O241

中国版本图书馆 CIP 数据核字（2021）第 222617 号

责任编辑：许　蕾　沈　旭　杨玉潇 / 责任校对：彭珍珍
责任印制：张　伟 / 封面设计：许　瑞

科学出版社 出版
北京东黄城根北街 16 号
邮政编码：100717
http://www.sciencep.com

北京盛通数码印刷有限公司 印刷
科学出版社发行　各地新华书店经销
*
2015 年 6 月第 一 版　开本：787×1092　1/16
2021 年 12 月第 二 版　印张：16 3/4
2023 年 2 月第七次印刷　字数：397 000

定价：79.00 元

（如有印装质量问题，我社负责调换）

第二版前言

本书自第一版发行以来，各用书方反响较好，同行提出了许多宝贵的意见和建议，在实际教学过程中也发现了一些需要改进的问题，以及第一版中存在的一些印刷错误。在科学出版社南京分社许蕾女士的协助下，修改的重点放在各系统概念、结论和应用的模块化构建上，目的是使学生易学、教师易教，从而更好地帮助学生掌握数值计算的基本理论与方法，培养学生独立思考和处理数值计算问题的能力。

第二版教材仍保留了第一版教材的基本体系，但在内容上做了一些局部调整和改进，突出了各种数值计算方法在现代计算工具——计算机下的 MATLAB 编程与实现，增加了相关的应用实例，使各系统知识的模块化更加完善。

第二版的习题仍按章设立，对部分习题进行了修改和增减，但总量比第一版增加了 100 多道，同时增加了习题参考答案。

本书由唐旭清、过榴晓担任主编，王林君、方伟和钟志水担任副主编，参加修订工作的还有殷萍博士、程浩博士和胡清元博士。其中，江苏大学的王林君教授修订了第 2 章和第 3 章；江南大学的方伟教授修订了第 4 章和第 5 章；铜陵学院的钟志水教授修订了第 6 章和第 8 章；江南大学的殷萍博士修订了第 10 章；江南大学的程浩博士修订了第 7 章；江南大学的过榴晓博士修订了第 9 章和附录；江南大学的胡清元博士修订了各章节中 MATLAB 应用部分的内容；江南大学的唐旭清教授修订了第 1 章；全书由唐旭清和过榴晓统稿。经过多次讨论和阅稿，最终定下了第二版书稿。

本次修订得到了江南大学和江苏大学广大教师和学生的关心和支持，在此表示感谢。本次出版过程也得到了“十三五”江苏省高等学校重点教材建设项目的资助，特别是科学出版社南京分社的大力支持，在此深表感谢。

由于时间和水平有限，书中难免会有不足之处，恳请广大教师和学生提出宝贵意见和建议。我们仍将不断改进，与时俱进，使这项教材建设工作做得更好。

唐旭清　过榴晓

2021 年 6 月 30 日

第一版前言

随着计算机的广泛使用和科学技术的迅速发展，科学计算已经成为继理论分析和科学试验之后的第三种重要的科学研究方法。数值计算方法是一种介绍各类数学问题近似求解的最基本、最常用的方法，它既具有数学各专业课程的抽象性和严谨性，又具有解决实际问题的实用性和试验性，是理工科相关专业的本科生和研究生的一门重要专业基础课程。

本教材是在江南大学的蔡日增教授编写的数值分析讲义的基础上，参照教育部关于“数值计算方法”课程的基本要求为理工科各专业的研究生及高年级本科生编写的。其基本内容包括数值代数、数值分析和微分方程数值解法等；同时，利用 MATLAB 应用软件的数值计算和绘图的基本功能，进行各类计算方法的程序构造与实现。本书力求全面、系统地介绍求各类数学问题近似解的基本方法，重点阐明算法构造的基本思想与原理，图文并茂，突出教育部“重概念、重方法、重应用、重能力的培养”的精神，并提高学生的实践能力，加深对数值计算方法的理解。

本教材内容可供理工科相关专业的研究生及理科部分专业的高年级本科生教学选用或工程技术人员参考。根据编者及有关教师的教学实践，授完本书全部理论内容需 72 个学时，若略去部分理论推证和相对独立的章，如第 8 章、第 10 章等，亦可安排 32～48 个学时讲授。

本书由唐旭清主编，王林君、方伟副主编，蔡日增主审。参加编写工作的还有过榴晓、殷萍和程浩。其中，王林君编写第 2 章、第 3 章和第 8 章，方伟编写第 4 章、第 5 章和第 6 章，殷萍编写第 9 章和第 10 章，程浩编写第 7 章，过榴晓编写附录和各章节中 MATLAB 应用部分的内容，唐旭清进行了第 1 章的编写及全书的统稿。本书在编写过程中，得到了江南大学理学院和江苏大学理学院部分教师和研究生的帮助，在此表示感谢。

本书得到了科技部国际合作项目（2011DFR70500）和江苏省优秀研究生课程教改项目（1145210232141730）的资助，特别是得到了科学出版社的大力支持，在此深表感谢。

在本书编写过程中，作者虽然力求突出重点，内容系统而精炼，兼顾科学性和实用性，但因时间和水平有限，书中难免有不足之处，敬请读者批评指正。

作　者

2015 年 4 月

目　录

第1章 绪 论

1.1 数值计算方法的任务与基本方法

随着计算机科学与技术的不断发展及计算机应用的普及，继试验方法和理论方法之后，科学计算已成为科学实践的第三种重要手段。它主要在物理学、力学、化学、生命科学、天文学、环境科学、经济科学及社会科学等领域中得到了广泛的应用，成为不可缺少的重要工具。因此，适用于计算机的数值计算方法已成为理工科相关专业的硕士研究生及本科生的必修课程。

利用计算机进行数值计算，实质上就是对具有一定数位的数值进行加、减、乘、除等算术运算，以及一些逻辑运算。而研究怎样把各种数学问题的求解运算归结为有限数位的四则运算，以求得各种数学问题的数值解或近似数值解，是数值计算方法的根本课题。由四则运算及运算顺序的规定构成的完整解题步骤称为算法，数值计算方法的根本任务就是研究算法，包括算法构成与算法分析。事实上，数值计算方法与数学问题（或数学模型）密不可分，研究的各种与数值相关的数学问题最终可归结为各类数学模型，表 1-1-1 给出的是数值计算方法描述的客观现象、数学模型、数学工具及所属的数值逻辑范畴。

表 1-1-1 数值计算方法描述的客观现象、数学模型、数学工具及所属的数值逻辑范畴

客观现象		数学模型	数学工具	数值逻辑范畴
确定性现象		白箱（或机械模型）	经典数学	经典逻辑（或 0-1 逻辑）
非确定性现象	随机性现象	黑箱（或随机模型）	概率论与数理统计等	
	非随机性现象	灰箱	模糊数学、灰色控制系统等	非经典逻辑

有关非确定性现象的数学模型的数值计算方法将由另外的课程介绍，如“正交试验与数据处理”等。本课程涉及的内容是介绍描述确定性现象的数学模型中的数值计算方法，因此本课程的基本任务就是研究描述确定性现象的各种数学问题的算法，包括算法构成及算法分析等。

算法构成的原则就是以计算机所能执行的运算为依据，尽可能节省机器内存和运算工作量。在构造算法时，常常采用近似替代，而在数值计算方法中，函数的近似替代称为函数逼近。在函数逼近中，被逼近的函数一般比较复杂，或只知在若干点的值，难以计算和分析；逼近的函数往往比较简单，如多项式、有理函数、分段多项式等。利用函数的近似替代可以计算函数的积分、导数、极值及零点等，利用积分和导数的近似公式可以把微分方程或积分方程化为代数方程组。微分方程或积分方程的解本来是连续变量，数值计算方法常常只计算它在某点处的值，这些值是连续变量的离散结果。把求解连续变量问题转化为求解离散变量问题称为离散化。离散化后得到的代数方程组往往用来获取数值间的递推关系，进而利用递推关系编写计算机程序去求解。这种通过使用递推公式求一系列的近似解，并使它们越来越接近真实解的算法称为迭代法或逐次逼近法，上述这一整套办法都是采用数值计算方法求解各种数学问题的基本方法。

算法分析就是分析算法的理论依据、应用范围、收敛性、稳定性、误差估计及计算的空间和时间复杂度等。

本书将在“数学分析”“空间解析几何”“高等代数”（或“高等数学”“线性代数”）的基础上，不仅介绍求各类数学问题近似解的最基本、常用的数值计算方法，而且注重阐明构造算法的基本思想和原理，既注重介绍算法的构造和使用，也注重算法的分析与研究。

1.2　误差及有关概念

1.2.1　误差的来源及分类

一个物理量和实际计算的值往往不同，两者之差就称为这个物理量的误差。产生误差的原因是多方面的，因此一个物理量的误差具有多种来源。

首先，通过对实际问题进行抽象与简化（即忽略了一些次要因素）得到数学模型，因而即使数学问题能准确求解，它与实际问题的解之间也有误差。一般地，通过数学模型对实际问题近似求解的过程见图 1-2-1，数学模型与实际问题之间出现的这种误差称为模型误差。同时，数学模型往往包含若干个由观测得到的参量，如温度、时间、电压等，这些观测得到的数据也有误差，这种由观测产生的误差称为观测误差。

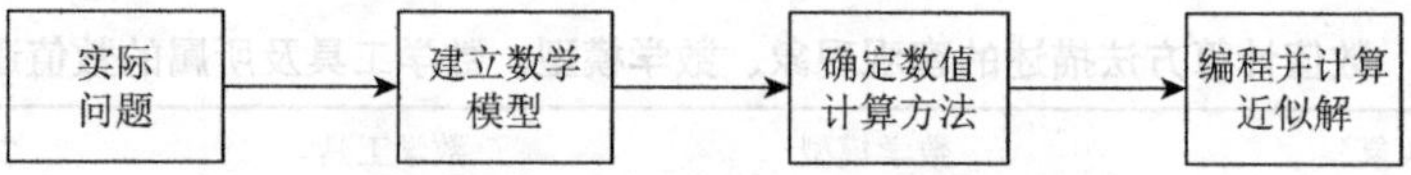

图 1-2-1　实际问题的近似求解过程图

其次，根据实际问题建立的数学模型在许多情况下很难得到精确解，需要选取适当的数值计算方法将其简化为较易求解的数值问题。这种由数学问题转化为数值问题产生的误差称为截断误差。

例如，用 e^x 的幂级数展开式 $e^x=\sum_{i=0}^{\infty}x^i/i!$ 来计算 e^x 的值时，由于算法的有限性，只能截取其部分和 $p_n(x)=\sum_{i=0}^{n}x^i/i!$ 来近似替代，由此产生的误差为截断误差。由微积分可知（泰勒公式），该截断误差为 $R_n(x)=e^x-p_n(x)=e^{\xi}x^{n+1}/(n+1)!$（$|\xi|<|x|$）。

最后，当将计算机作为计算工具时，计算机的字位有限，只能用有限位进行取值和运算，因此，原始数据在计算机上表示时会产生误差，而计算过程中又可能产生新的误差。这种由计算机字位而产生的误差称为舍入误差。

例如，有一台计算机只能表示 6 位十进制数，圆周率 π 在计算机上表示为 3.14159，从而产生误差 $R_1=\pi-3.14159=0.0000026\cdots$。又如，3.14159 与 9.21000 在计算机上进行加法运算，可得 $s=3.14159+9.21000\approx1.23516\times10$，产生的误差 $R_2=0.00001$。

一般地，将模型误差和观测误差统称为系统误差，而将截断误差和舍入误差统称为方法误差，本课程涉及的误差分析仅指方法误差（即截断误差和舍入误差）。

1.2.2 误差的描述

1. 绝对误差与绝对误差限

设x^*是准确值（或精确值）x的一个近似值，则称$e^*=x^*-x$为近似值x^*的绝对误差，简称误差。

一般而言，e^*的准确值很难求出或不能准确知道，但可以根据测量工具或计算的具体情况估计出它的取值范围，即存在某个正数$\varepsilon^*>0$，使

$$|e^*|=|x^*-x|\leqslant\varepsilon^* \tag{1.2.1}$$

这个ε^*就称为近似值x^*的绝对误差限。显然，一个近似值的绝对误差限是不唯一的，且若已知近似值的一个绝对误差限ε^*，就可以知道精确值x的取值范围：

$$x^*-\varepsilon^*\leqslant x\leqslant x^*+\varepsilon^* \text{或} x=x^*\pm\varepsilon^* \tag{1.2.2}$$

对同一个准确值x而言，e^*或ε^*越小，近似值x^*就越精确，但是对不同的数x和y而言，误差e^*或绝对误差限ε^*的大小不能完全反映出近似值x^*和y^*中哪一个近似程度更好。例如，有两个测量值$x=15\pm2$和$y=1000\pm5$，其中，x和y的近似值分别为$x^*=15$与$y^*=1000$，其绝对误差限分别是2和5。单从绝对误差限来看，前者小，而后者大。但是，不能得出“前者的测量精度高于后者”的结论，这是为什么？因为绝对误差或绝对误差限仅考虑了误差本身的大小，没有考虑准确值（或度量）的大小。为了更好地反映近似值的精确程度，引入相对误差的概念。

2. 相对误差与相对误差限

设x^*是准确值x的一个近似值，e^*是它的绝对误差，则称

$$e_r^*=e^*/x=(x^*-x)/x \tag{1.2.3}$$

为近似值x^*的相对误差。在实际计算时，由于准确值x往往是不知道的，相对误差e_r^*也不能准确知道。特别地，当$|e^*/x^*|$较小时，通常取

$$e_r^*=e^*/x^*=(x^*-x)/x^* \tag{1.2.4}$$

作为x^*的相对误差。这是因为当$|e^*/x^*|$较小时，有

$$e^*/x-e^*/x^*=(e^*/x^*)^2/(1-e^*/x^*)\approx(e_r^*)^2 \tag{1.2.5}$$

这是e_r^*的高阶无穷小量。

与绝对误差一样，相对误差也只能估计其上限。如果存在正数ε_r^*，使

$$|e_r^*|=|e^*/x^*|\leqslant\varepsilon_r^* \tag{1.2.6}$$

则称ε_r^*为近似值x^*的相对误差限。

尽管绝对误差（限）与相对误差（限）都用于误差的度量，但它们之间有着本质的差异，前者是有量纲的，后者是无量纲的。因此，在误差的度量比较上，相对误差（限）比绝对误差（限）有更广的适用范围，相对误差（限）不仅适用于相同量纲之间的比较，也适用于不同量纲之间的比较，而绝对误差（限）只能用于相同量纲之间的比较。

上面提到的近似值 $x^*=15$ 和 $y^*=1000$ 的相对误差限分别为 $\varepsilon_r^*(x^*)=13.3\%$，$\varepsilon_r^*(y^*)=0.5\%$。由此可见，$y^*$ 近似 y 的程度比 x^* 近似 x 的程度要高。

3. 精确位数与有效数字

有效数字是近似值的一种表示方法，它既能表示近似值的大小，又能表示其精确程度。一个数值的有效数字与精确位数密切相关。当精确值 x 为有限多位数时，常常按照四舍五入的原则取前 n 位数 x^* 作为 x 的近似值。

例如，$x=1.41421356237\cdots$，若取前5位数，得 $x^*=1.4142$，相应的误差为 $0.00001356237\cdots$，绝对误差限为 $0.00005=0.5\times10^{-4}$，此时称 x^* 准确到小数位后的第 4 位，并称前 5 位数字 1.4142 为 x^*。下面给出有效数字的准确定义。

定义 1.2.1　如果近似值 x^* 的误差绝对值不超过某一位数字所在数字位的半个单位，且该数字到 x^* 的第 1 位非零数字共有 n 位，则称用 x^* 近似 x 时具有 n 位有效数字，简称 x^* 有 n 位有效数字。

例如，圆周率 π 分别满足 $|\pi-3.1416|\leqslant0.5\times10^{-4}$，$|\pi-3.14159|\leqslant0.5\times10^{-5}$，则 π 的近似值 3.1416 具有 5 位有效数字，而 3.14159 具有 6 位有效数字。

对计算机中参加运算的数值通常进行标准化处理，即将数值表示成如下形式：

$$x=\pm0.a_1a_2\cdots a_n\cdots\times10^m \tag{1.2.7}$$

其中，m 为整数；a_1、a_2、$\cdots$ 为 0、1、$\cdots$、9 中的数字，且 $a_1\neq0$。此种表示法也称为科学记数法。

例 1.2.1　$x_1=0.0025=0.25\times10^{-2}$，$x_2=-387.8001=-0.3878001\times10^3$。

在式（1.2.7）中，如果

$$x^*=\pm0.a_1a_2\cdots a_n\times10^m \tag{1.2.8}$$

是对 x 的第 $n+1$ 位数字进行四舍五入后得到的近似值，则 x^* 具有 n 位有效数字，且其误差的绝对值不超过 $0.5\times10^{m-n}$，即

$$|x^*-x|\leqslant0.5\times10^{m-n} \tag{1.2.9}$$

其中，$0.5\times10^{m-n}$ 是 x^* 的一个特殊误差限。它之所以为特殊误差限，是因为可以被用来判定近似值的有效数字的位数。因此，有效数字还可以有如下定义。

定义 1.2.2　如果 x 的近似值 x^* 满足式（1.2.9），则 x^* 具有 n 位有效数字。

如果例 1.2.1 中的 x_1 和 x_2 都是四舍五入得到的有效数字，那么 x_1 和 x_2 分别具有 2 位和 7 位有效数字。根据式（1.2.9），x_1 的误差绝对值满足 $|x_1^*-x_1|\leqslant0.5\times10^{-2-2}=0.5\times10^{-4}$。由定义 1.2.1 可知，有效数字的位数与小数点的位置无关。因此，精确小数点后 n 位，不能反映有效数字位数的多少，只有经四舍五入得到的数字按式（1.2.7）的形式规格化后，小数点后的位数才能反映出有效数字位数的多少。

一般地，一个数字经四舍五入后得到的近似值的每位有效数字都是唯一确定的，但必须注意有效数字的定义中出现"等号"而带来的问题，即此时会出现有效数字不唯一的特殊情况。

例 1.2.2　对准确值 $x=3.95$ 的最后一位进行四舍五入后得到 $x_1^*=4.0$，但若将最后一位 5 舍掉就得到 $x_2^*=3.9$，它们的误差绝对值都不超过近似值最小数位的半个单位，即

$$|x_1^*-x|\leqslant|4.0-3.95|\leqslant 0.5\times10^{-1},\quad |x_2^*-x|\leqslant|3.9-3.95|\leqslant 0.5\times10^{-1}$$

由定义 1.2.2 知，x_1^*、x_2^*都具有 2 位有效数字。

例 1.2.2 说明了近似值中的有效数字不一定都是通过四舍五入得到的。通过对某个数四舍五入取近似值可得到它的有效数字，但是并不是所有的有效数字都通过四舍五入得到。

例 1.2.3 设$x=1000$，它的两个近似值分别为$x_1^*=999.9$和$x_2^*=1000.1$，其误差绝对值均为$|x_1^*-x|=|x_2^*-x|=0.1$，但$x_1^*=999.9=0.9999\times10^3$，从而$m=3$；而$|x_1^*-x|=0.1\leqslant 0.5\times 10^0=0.5\times10^{3-n}$，可得$n=3$，由定义 1.2.2 知，$x_1^*$具有 3 位有效数字，同理可知，$x_2^*$具有 4 位有效数字。

例 1.2.3 说明某个数的近似值如果不是通过四舍五入得到，那么它的数字并不都是有效数字，同时它的数字位数并不等于该数的有效数字的位数。定理 1.2.1 给出了相对误差限与有效数字的关系。

定理 1.2.1 设x^*是x的近似值，它的表达式为式（1.2.8），则x^*的有效数字与x^*的相对误差有如下关系。

（1）若x^*具有n位有效数字，x^*的相对误差为

$$|e_r^*|\leqslant 1/(2a_1)\times10^{-n+1} \tag{1.2.10}$$

（2）若x^*的相对误差限

$$\varepsilon_r\leqslant 1/[2(a_1+1)]\times10^{-n+1} \tag{1.2.11}$$

则x^*至少具有n位有效数字。

证明 （1）由式（1.2.9）可得$|e^*|=|x-x^*|\leqslant 0.5\times10^{m-n}$，从而有

$$|e_r^*|=|e^*/x^*|\leqslant 0.5\times10^{m-n}/(0.a_1\cdots a_n\times10^m)\leqslant 1/(2a_1)\times10^{-n+1}$$

即$1/(2a_1)\times10^{-n+1}$是x^*的相对误差。

（2）若$\varepsilon_r^*\leqslant 1/[2(a_1+1)]\times10^{-n+1}$，则由$|e_r^*|=|e^*/x^*|$可得

$$|e^*|=|x^*e_r^*|\leqslant 0.a_1\cdots a_n\times10^m\varepsilon_r^*\leqslant 0.5\times10^{m-n}$$

由定义 1.2.2 知，x^*至少有n位有效数字。

定理 1.2.1 表明，近似值的有效数字位数越多（即n越大），相对误差（限）就越小；反之，相对误差（限）越小，则式（1.2.11）右端项中的n就有可能越大，有效数字位数就有可能越多。在今后的数值问题中，如果没有特别声明，都可认为所有的原始数据均是有效数字。计算数值具有多少位有效数字是数值计算方法的根本，也是评定算法好坏的主要标准之一。

1.3 数值计算中的误差传播

1.3.1 基本运算中的误差估计

本节讨论的基本运算是指四则运算与一些常用函数的计算。

由微积分知识可知，当自变量的改变量（误差）很小时，函数的微分作为函数改变量的主要线性部分可近似表示函数的改变量，因此，利用微分运算公式可导出误差运算公式。设数值计算中求得的解y与参量$x_1,\cdots,x_n$的函数关系为

$$y = f(x_1, x_2, \cdots, x_n) \tag{1.3.1}$$

记 $(x_1, x_2, \cdots, x_n)$ 的近似值为 $(x_1^*, x_2^*, \cdots, x_n^*)$，相应的解为

$$y^* = f(x_1^*, x_2^*, \cdots, x_n^*) \tag{1.3.2}$$

假设 f 在点 $(x_1^*, x_2^*, \cdots, x_n^*)$ 处可微，则当数据误差较小时，解的绝对误差为

$$-e^*(y^*) = y - y^* \approx \sum_{i=1}^{n} \frac{\partial f(x_1^*, x_2^*, \cdots, x_n^*)}{\partial x_i}(x_i - x_i^*) = -\sum_{i=1}^{n} \frac{\partial f(x_1^*, x_2^*, \cdots, x_n^*)}{\partial x_i} e^*(x_i^*)$$

从而有

$$e^*(y^*) \approx \sum_{i=1}^{n} \frac{\partial f(x_1^*, x_2^*, \cdots, x_n^*)}{\partial x_i} e^*(x_i^*) \tag{1.3.3}$$

其相对误差为

$$\begin{aligned} e_r^*(y^*) &\approx \mathrm{d}\ln f(x_1, x_2, \cdots, x_n)\big|_{(x_1^*, x_2^*, \cdots, x_n^*)} = \sum_{i=1}^{n} \frac{\partial f(x_1^*, x_2^*, \cdots, x_n^*)}{\partial x_i} \cdot \frac{e^*(x_i^*)}{y^*} \\ &= \sum_{i=1}^{n} \frac{\partial f(x_1^*, x_2^*, \cdots, x_n^*)}{\partial x_i} \cdot \frac{x_i^*}{f(x_1^*, x_2^*, \cdots, x_n^*)} \cdot e_r^*(x_i^*) \end{aligned} \tag{1.3.4}$$

特别地，由式（1.3.3）和式（1.3.4）可得和、差、积、商的误差公式如下：

$$\begin{cases} e^*(x_1 \pm x_2) = e^*(x_1) \pm e^*(x_2) \\ e_r^*(x_1 \pm x_2) = x_1 / (x_1 \pm x_2) e_r^*(x_1) \pm x_2 / (x_1 \pm x_2) \cdot e_r^*(x_2) \end{cases} \tag{1.3.5}$$

$$\begin{cases} e^*(x_1 x_2) \approx x_2 e^*(x_1) + x_1 e^*(x_2) \\ e_r^*(x_1 x_2) \approx e_r^*(x_1) + e_r^*(x_2) \end{cases} \tag{1.3.6}$$

$$\begin{cases} e^*(x_1 / x_2) \approx 1 / x_2 \cdot e^*(x_1) - x_1 / x_2^2 \cdot e^*(x_2) \\ e_r^*(x_1 / x_2) \approx e_r^*(x_1) - e_r^*(x_2) \end{cases} \tag{1.3.7}$$

式（1.3.5）～式（1.3.7）表明，两个数值之和或差的误差分别为各自误差的和或差，两个数值之积或商的相对误差分别为各自相对误差的和或差，进一步有

$$|e^*(x_1 \pm x_2)| = |e^*(x_1) \pm e^*(x_2)| \leqslant |e^*(x_1)| + |e^*(x_2)| \tag{1.3.8}$$

$$|e_r^*(x_1 x_2)| \approx |e_r^*(x_1) + e_r^*(x_2)| \leqslant |e_r^*(x_1)| + |e_r^*(x_2)| \tag{1.3.9}$$

$$|e_r^*(x_1 / x_2)| \approx |e_r^*(x_1) - e_r^*(x_2)| \leqslant |e_r^*(x_1)| + |e_r^*(x_2)| \tag{1.3.10}$$

因此，两个数值之和或差的绝对误差限不超过各自的绝对误差限之和，两个数值之积或商的相对误差限不超过各自的相对误差限之和。

例 1.3.1 设 $y = x^n$，求 y 的相对误差与 x 的相对误差之间的关系。

解 由式（1.3.4）知，$e_r^*(y) \approx \mathrm{d}\ln x^n = n\mathrm{d}\ln x = ne_r^*(x)$，即 y 的相对误差是 x 的相对误差的 n 倍。

1.3.2 算法的数值稳定性

计算一个数学问题，需要预先设计好由已知数据到计算问题结果的运算顺序，即数学问题的算法。对于给定的数学问题的算法，需要判断此算法的好与不好，即算法的数值稳定性。为了说明此问题，先来介绍一个具体的数值计算问题。

例 1.3.2 计算积分值 $I_n = \int_0^1 x^n / (x+5)\mathrm{d}x \ (n = 0,1,2,\cdots)$。

解 由关系式可知：

$$I_n + 5I_{n-1} = \int_0^1 x^n / (x+5)\mathrm{d}x + \int_0^1 5x^{n-1} / (x+5)\mathrm{d}x = 1/n \quad (n \geqslant 1)$$

且当 $n \geqslant 1$ 时，$1/[6(n+1)] = 1/6 \cdot \int_0^1 x^n \mathrm{d}x < I_n < 1/5 \cdot \int_0^1 x^n \mathrm{d}x = 1/[5(n+1)]$。

于是可设计如下两种算法。

$$\text{算法一：}\begin{cases} I_0 = \int_0^1 1/(x+5)\mathrm{d}x = \ln 1.2 = 0.18232156 \\ I_n = 1/n - 5I_{n-1} \end{cases} \tag{1.3.11}$$

取 8 位有效数字，其中 $n = 1,2,\cdots$，于是可得 $I_1, I_2, \cdots, I_n, \cdots$。

$$\text{算法二：}\begin{cases} I_n \approx \{1/[5(n+1)] + 1/[6(n+1)]\}/2 = 11/[60(n+1)] \\ I_{k-1} = (1/k - I_k)/5 \end{cases}$$

其中，$k = n, n-1, \cdots, 1$。于是，可推得 $I_{n-1}, I_{n-2}, \cdots, I_1, I_0$。如果取 $n = 14$，即在算法二中 $I_{14}^* \approx 11/(60 \times 15) \approx 0.012222222$，按算法一和算法二计算得到的结果见表 1-3-1。

表 1-3-1 例 1.3.2 中算法一与算法二计算结果的比较表

n	I_n^*（按算法一）	I_n^*（按算法二）
0	0.182321550	0.182321550
1	0.088392250	0.088392216
2	0.058038750	0.058038920
3	0.043139580	0.043138734
4	0.034302100	0.034306330
5	0.028489500	0.028468352
6	0.024219170	0.024324908
7	0.021761290	0.021232602
8	0.01699355 0	0.018836988
9	0.030143360	0.016926172
10	−0.050716800	0.015369139
11	0.344493090	0.014063394
12	−1.63914220	0.013016361
13	8.27263410	0.011841270
14	−41.4346000	0.012222222

由表 1-3-1 中的结果可见，按算法一可得到 $I_{10}^* = -0.050716800 < 0$，这显然是错误的，因为当 $n \geqslant 0$ 时，$I_n > 1/[6(n+1)] > 0$。而按算法二计算，尽管 $I_{14}^* \approx 0.012222222$ 的精度不高，其绝对误差限 $\varepsilon = (1/75 - 1/90)/2 \approx 0.0011$，但递推计算得到的 I_0^* 却有 8 位有效数字，为什么会出现这样的现象呢？下面从舍入误差在计算过程中的传播引起的结果来分析上述出现的现象。

在算法一中，记 I_0^* 的误差为 e_0^*，于是可得

$$e_n^* = -(I_n - I_n^*) = -5e_{n-1}^* \quad (n=1,2,\cdots) \tag{1.3.12}$$

从而可推得

$$e_n^* = -5^n e_0^* \tag{1.3.13}$$

式（1.3.13）表明，尽管原始数据 I_0^* 的误差 e_0^* 很小（因 I_0^* 具有 8 位有效数字）。经过一次迭代计算（按算法一）后，误差只扩大了 5 倍，但随着计算次数 n 的增大，其误差累积量的绝对值可达 e_0^* 的 5^n 倍，即绝对误差限 $\varepsilon_0 = 0.5\times10^{-8}$，经过 n 次运行的误差限 $\varepsilon_n = 5^n \times \varepsilon_0$。当 $n=9$ 时，$\varepsilon_9 = 5^9\varepsilon_0 = 10/1024 > 0.5\times10^{-2}$，此在表 1-3-1（按算法一）的 $I_9^* = 0.030143360$ 中已无一位有效数字。类似于以上推导过程，按算法二从 I_k 计算 I_{k-1}，应有 $e_{k-1}^* = -1/5\cdot e_k^*$，从而有 $e_0^* = (-1/5)^n e_n$，因此从 I_{14}^* 出发计算 I_0^* 时，其误差 e_0^* 已缩小到 e_{14}^* 的 $1/5^{14}$。

例 1.3.2 表明，对于同一数学问题，使用的算法不同，效果也大不相同。像算法二这样，在计算过程中舍入误差不增长的算法称为此算法具有数值稳定性，否则就称为数值不稳定。例 1.3.2 中的算法二具有数值稳定性，而算法一是数值不稳定的。显然，只有选用了数值稳定性好的算法，才能获得较准确的计算结果。因此算法的数值稳定性是评价一个算法好坏的重要特征，也是算法设计中需要注意的问题之一。

1.4 设计算法必须注意的几个问题

求解数学问题，除需要设计具有数值稳定性的算法外，由于误差传播的影响，计算过程中可能会出现一些其他需要注意的问题。

1.4.1 避免两个相近的数相减

若 x 与 y 分别有近似值 x^* 与 y^*，则 $z^* = x^* - y^*$ 是 $z = x - y$ 的近似值，根据式（1.3.5），有

$$e_r^*(z^*) = x^*/(x^*-y^*)\cdot e_r^*(x^*) - y^*/(x^*-y^*)\cdot e_r^*(y^*) \tag{1.4.1}$$

式（1.4.1）表明，当 x^* 与 y^* 非常接近时，近似值 $x^* - y^*$ 的相对误差可能变得很大，从而严重影响计算结果的准确性，造成有效数字位数的严重丢失。例如，$\sqrt{1001}$ 的近似值 31.64 与 $\sqrt{1000}$ 的近似值 31.62 都有 4 位有效数字，它们的差 $z = \sqrt{1001} - \sqrt{1000} \approx 31.64 - 31.62 = 0.02$，则有 1 位有效数字（因为 z 的实际值为 $0.01580\cdots$），但是，若将运算改成

$$z = \sqrt{1001} - \sqrt{1000} = 1\big/\big(\sqrt{1001} + \sqrt{1000}\big) \approx 1/(31.64 + 31.62) \approx 0.01581$$

则有 3 位有效数字。

为了避免相近的两数相减，可改变其计算公式，或替换为等价的计算公式，常用的等价计算公式有：当 $|x|$ 接近 0 时，有 $1-\cos x = 2\sin^2(x/2)$，$(1-\cos x)/\sin x = \sin x/(1+\cos x)$ 等；当 x 充分大时，有 $\sqrt{x+1} - \sqrt{x} = 1/(\sqrt{x+1} + \sqrt{x})$，$1/x - 1/(x+1) = 1/[x(x+1)]$ 等。当难以找出避免办法时，可以按参加运算的有效数字位数最多的进行运算，以补偿损失。

1.4.2　绝对值太小的数不宜作除数

设 x 与 y 分别有近似值 x^* 和 y^*，由式（1.3.7）知 $z^* = x^* / y^*$ 的误差绝对值为

$$e^*(z^*) \approx 1 / y^* \cdot e^*(x^*) - x^* / (y^*)^2 \cdot e^*(y^*) \tag{1.4.2}$$

容易看到，当 $|y^*|$ 很小时，近似值 z^* 的绝对误差 $|e^*(z^*)|$ 可能很大，因此不宜把绝对值太小的数作为除数。

1.4.3　避免大数“吃”小数的现象

计算机在进行运算时，首先要把参加运算的数对折，即把两个数都写成绝对值小于 1 且阶码相同的数（如科学记数法），如 $a = 10^9 + 1$，必须改写成

$$a = 10^9 + 1 = 0.1 \times 10^{10} + 0.0000000001 \times 10^{10}$$

如果计算机用的是 8 位有效数字，则可算出 $a = 0.10000000 \times 10^{10}$，即大数“吃”小数，这种情形有时会带来谬论。

例 1.4.1　求解二次方程 $x^2 - (10^9 + 1)x + 10^9 = 0$。

解　利用多项式的因式分解容易求出此方程的两个根为 $x_1 = 10^9, x_2 = 1$。但在计算机上计算时，采用求根公式可得 $x = [(10^9 + 1) \pm \sqrt{(10^9 + 1)^2 - 4 \times 10^9}] / 2$，若计算机采用 8 位有效数字运算，可得 $10^9 + 1 \approx 10^9$，$\sqrt{(10^9 + 1)^2 - 4 \times 10^9} \approx 10^9$，如此可得 $x_1 = 10^9$，$x_2 = 0$，显然 x_2 不是方程的解。为了避免此情况发生，也可以采用如下计算公式：

$$x_2 = 2 \times 10^9 / [(10^9 + 1) + \sqrt{(10^9 + 1)^2 - 4 \times 10^9}] \approx 2 \times 10^9 / (10^9 + 10^9) = 1$$

此计算结果是准确的。

1.4.4　简化计算步骤、减少运算次数、提高计算效率

对于一个算法，除要考虑其数值稳定性，其计算量（或运算次数）的大小也是衡量算法优劣的一个主要特征。因此在数值计算中必须注意简化计算步骤、减少运算次数，这样不但能节省计算机的运行时间，还能减少误差的积累，提高计算效率。

例如，若用级数 $\ln 2 = 1 - 1/2 + 1/3 - 1/4 + \cdots + (-1)^{n+1} / n + \cdots$ 的前 n 项部分和来计算 $\ln 2$ 的近似值。其截断误差不超过 $1/(n+1)$（由交错级数得出的结论），如果要求误差不超过 10^{-5}，则 $n \geqslant 10^5$，即要取前十万项求和，这样做不仅计算量大，而且舍入误差的积累将使有效数字严重丢失。如果采用级数 $\ln[(1+x)/(1-x)] = 2x[1 + x^2/3 + x^4/5 + \cdots + x^{2n}/(2n+1) + \cdots]$ 来计算，当 $x = 1/3$ 时，有

$$\ln 2 = 2/3 \cdot \{1 + 1/(3 \cdot 9) + 1/(5 \cdot 9^2) + \cdots + 1/[(2n+1) \cdot 9^n] + \cdots\}$$

取其前 5 项之和作为近似值，产生的截断误差为

$$e^* = 2/3 \cdot [1/(11 \cdot 9^5) + 1/(13 \cdot 9^6) + \cdots] < 2/(3 \cdot 11 \cdot 9^5) \cdot (1 + 1/9 + 1/9^2 + \cdots) < 1/10^5$$

显然，后一种算法比前一种算法的计算量要小（注：指乘、除法运算次数之和）。一般地，

对同一个数学问题的两种算法，称其中计算量小的算法比另一个更有效，这里的后一种算法显然比前一种算法有效。

又如，计算 $p_n(x)=a_nx^n+\cdots+a_1x+a_0$，若直接计算 $a_kx^k\ (k=1,2,\cdots,n)$，再逐次相加，则总共需要 $1/(n+1)\dfrac{n(n+1)}{2}$ 次乘法和 n 次加法。如果将 $p_n(x)$ 改写成

$$p_n(x)=\{[\cdots(a_nx+a_{n-1})x+a_{n-2}]x+\cdots+a_1\}x+a_0$$

然后从里往外逐层计算：

$$\begin{cases}u_n=a_n\\u_k=u_{k+1}x+a_k\quad(k=n-1,\cdots,2,1,0)\\p_n(x)=u_0\end{cases}\tag{1.4.3}$$

这种算法称为秦九韶算法，它只要 n 次乘法和 n 次加法就可算得 $p_n(x)$ 的值。

本 章 小 结

本章介绍了误差的基本概念与分析误差的若干原则，这对学习本课程是必要的。但是工程和科学计算的误差问题则要复杂得多，人们往往根据不同的问题分门别类进行研究。例如，舍入误差具有随机性，因此有人应用概率统计的观点研究误差的随机性规律等。

习 题 一

1. 按四舍五入原则，求下列各数的具有4位有效数字的近似值：

168.957；3.00045；73.2250；0.00152632

2. 下列各数都是对准确值进行四舍五入得到的近似值，试分别指出它们的绝对误差限、相对误差限及有效数字的位数：

$$x_1^*=0.0315;x_2^*=0.3015;x_3^*=31.50;x_4^*=5000;x_5^*=5\times10^3$$

3. 设 $y_0=28$，按递推公式 $y_n=y_{n-1}-\sqrt{783}/100\ (n=1,2,3,\cdots)$ 计算 y_{100}，若取 $\sqrt{783}\approx27.982$（5位有效数字），试计算 y_{100} 产生的误差，其数值稳定性又如何？

4. 下列各题怎样计算才合理？

（1）$1-\cos1^\circ$（用4位函数表求三角函数）。（2）$\ln(30-\sqrt{30^2-1})$（开方用6位函数表）。

（3）$\int_N^{N+1}1/(1+x^2)\mathrm{d}x$（其中 N 充分大）。（4）$(1-\cos x)/\sin x$（其中 $|x|$ 充分小）。

5. 设 $s=gt^2/2$，假设 g 是准确的，而对 t 的测量有 $\pm0.1\mathrm{s}$ 的误差。试问当 t 增大时，s 的绝对误差与相对误差如何变化？

6. 计算球的体积时，为使其相对误差限为1%，试求球半径的相对误差最大为多少？

7. 用秦九韶算法计算 $p_3(x)=2x^3+7x^2-9$ 在 $x=-2$ 处的值，并用式（1.4.3）给出计算过程。

8. 对于积分 $I_n=\int_0^1x^n\mathrm{e}^{x-1}\mathrm{d}x\ (n=0,1,2,\cdots)$，试求：

（1）验证 $I_0=1-\mathrm{e}^{-1}$，$I_n=1-nI_{n-1}\ (n=0,1,2,\cdots)$。

（2）若取 $\mathrm{e}^{-1}\approx0.3697$，按递推公式 $I_n=1-nI_{n-1}$，用4位有效数字计算 $I_0,I_1,\cdots,I_9$，并证明这种算法是数值不稳定的。

（3）若反向递推计算，这种算法的数值稳定性又将如何？试给出误差分析并加以说明。

9. 已知 $\pi = 3.141592654\cdots$，

（1）若其近似值取 5 位有效数字，则该近似值是多少？相应地，绝对误差限是多少？

（2）若其近似值精确到小数点后面 6 位，则该近似值是多少？绝对误差限又是多少？

（3）若其近似值的绝对误差限为 0.5×10^{-5}，则近似值是多少？其近似值的有效数字有多少位？

第2章　线性方程组的直接解法

2.1　引　　言

在科学研究和工程技术提出的计算问题中，经常会遇到线性方程组的求解问题，例如，计算插值函数与拟合函数，构造、求解微分方程的差分格式等，都包含了线性方程组的求解问题，因此线性方程组的求解方法在数值计算中占有极重要的地位。

对于一般的n阶线性方程组：

$$\begin{cases} a_{11}x_1 + a_{12}x_2 + \cdots + a_{1n}x_n = b_1 \\ a_{21}x_1 + a_{22}x_2 + \cdots + a_{2n}x_n = b_2 \\ \quad\vdots \\ a_{n1}x_1 + a_{n2}x_2 + \cdots + a_{nn}x_n = b_n \end{cases} \tag{2.1.1}$$

其矩阵形式为

$$Ax = b \tag{2.1.2}$$

其中，$A = (a_{ij})_{n\times n}$；$x = [x_1, x_2, \cdots, x_n]^{\mathrm{T}}$；$b = [b_1, b_2, \cdots, b_n]^{\mathrm{T}}$。

如果线性方程组（2.1.1）的系数行列式不为零，即$\det(A) \neq 0$（或A是非奇异矩阵），由线性代数（或高等代数）知识知，该方程组有唯一解，则由克拉默（Cramer）法则知，其解为$x_i = \det(A_i)/\det(A)\ (i = 1, 2, \cdots, n)$。其中，$A_i$为$A$的第$i$列用$b$来替代而获得的矩阵。这种方法需要计算$n+1$个$n$阶矩阵行列式及进行$n$次除法运算，而每个$n$阶矩阵行列式的计算需做$(n-1)\times n!$次乘法，且计算量（即乘、除法运算的总次数）为$(n+1)\times(n-1)\times n! + n$。当$n = 30$时，其计算量为$(30+1)\times(30-1)\times 30! + 30 \approx 2.38\times 10^{35}$，此数量十分惊人。由此可见，克拉默法则在理论上是完美的，但n较大时，在实际计算中却是不可行的，即不具备实用性。

在实际问题中，解线性方程组的方法大致可分为直接法和迭代法两类。直接法是指假设计算过程中不产生舍入误差，经过有限次的四则运算求得方程组精确解；而迭代法是从解的某个近似值出发，通过构造一个无穷序列去逼近精确解的方法。本章和第3章都是以求解形如式（2.1.1）的n阶线性方程组为目标，均假设其系数矩阵是非奇异的，方程组存在唯一解。本章将介绍几种常用的求解线性方程组的直接法及相关问题，第3章介绍求解线性方程组的迭代法。

2.2　高斯消去法

2.2.1　高斯消去法概述

如果线性方程组的系数矩阵为三角形矩阵，则该线性方程组极易求解，而对于一般线

性方程组，根据线性代数（或高等代数）知识，可采用求解多元一次方程组的消去法将其系数矩阵化为三角形矩阵。例如，设有

$$\begin{cases}7x_1+8x_2+11x_3=-3\\5x_1+x_2-3x_3=-4\\x_1+2x_2+3x_3=1\end{cases}\tag{2.2.1}$$

欲消去方程组（2.2.1）中第二、三个方程的 x_1，只需将第一个方程乘 $(-5/7)$ 加到第二个方程上，把第一个方程乘 $(-1/7)$ 加到第三个方程上，即获得同解方程组：

$$\begin{cases}7x_1+8x_2+11x_3=-3\\-33/7\cdot x_2-76/7\cdot x_3=-13/7\\6/7\cdot x_2+10/7\cdot x_3=10/7\end{cases}\tag{2.2.2}$$

再将方程组（2.2.2）中的第二个方程乘 $(2/11)$ 加到第三个方程上，可得同解方程组：

$$\begin{cases}7x_1+8x_2+11x_3=-3\\33/7\cdot x_2+76/7\cdot x_3=13/7\\-42/77\cdot x_3=42/77\end{cases}\tag{2.2.3}$$

这是一个上三角形方程组，容易求得 $x_3=-2, x_2=5, x_1=-3$。

在上述求解过程中，把原方程组化为一个等价的（即同解的）上三角形方程组，此过程称为线性方程组的消去过程或消元过程，而整个求解方法就称为高斯（Gauss）消去法。

一般地，求解 n 阶线性方程组（2.1.1）的高斯消去法的具体步骤如下。

1）消元过程

在线性方程组（2.1.1）或方程组（2.1.2）中，记

$$A=A^{(1)}=[a_{ij}^{(1)}]_{n\times n}, b=[b^{(1)}]^{\mathrm{T}}=[b_1^{(1)},b_2^{(1)},\cdots,b_n^{(1)}]^{\mathrm{T}}\tag{2.2.4}$$

第一步：由于 $\det[A^{(1)}]\neq 0$，不妨设 $a_{11}^{(1)}\neq 0$（否则，由于 $A^{(1)}$ 的第一列元素至少有一个不为零，通过交换方程的次序，可使这个不为零的元素在第一行第一列的位置上），记 $l_{i1}=a_{i1}^{(1)}/a_{11}^{(1)}\quad(i=2,3,\cdots,n)$，用 $(-l_{i1})$ 乘方程组（2.1.1）中的第一个方程并加到第 i 个方程上（$i=2,3,\cdots,n$），即可消去第 i 个方程中未知数 x_1 的项，得到同解方程组：

$$\begin{cases}a_{11}^{(1)}x_1+a_{12}^{(1)}x_2+a_{13}^{(1)}x_3+\cdots+a_{1n}^{(1)}x_n=b_1^{(1)}\\a_{21}^{(2)}x_1+a_{22}^{(2)}x_2+a_{23}^{(2)}x_3+\cdots+a_{2n}^{(2)}x_n=b_2^{(2)}\\a_{31}^{(2)}x_1+a_{32}^{(2)}x_2+a_{33}^{(2)}x_3+\cdots+a_{3n}^{(2)}x_n=b_3^{(2)}\\\qquad\vdots\\a_{n1}^{(2)}x_1+a_{n2}^{(2)}x_2+a_{n3}^{(2)}x_3+\cdots+a_{nn}^{(2)}x_n=b_n^{(2)}\end{cases}\tag{2.2.5}$$

其中，$a_{ij}^{(2)}=a_{ij}^{(1)}-l_{i1}a_{1j}^{(1)}\quad(i,j=2,3,\cdots,n)$；$b_i^{(2)}=b_i^{(1)}-l_{i1}b_1^{(1)}\quad(i=2,3,\cdots,n)$。至此完成了第一次消元，简记为 $A^{(2)}x=b^{(2)}$。

第二步：由于 $\det[A^{(1)}]\neq 0$，则方程组（2.2.5）中第二个方程到第 n 个方程构成的线性方程组的系数矩阵也是非奇异的。同上，不妨设 $a_{22}^{(2)}\neq 0$，令 $l_{i2}=a_{i2}^{(2)}/a_{22}^{(2)}\quad(i=3,4,\cdots,n)$。用类似于第一步中的方法消去 x_2，此时，同解方程组为

$$
\begin{cases}
a_{11}^{(1)}x_1+a_{12}^{(1)}x_2+a_{13}^{(1)}x_3+\cdots+a_{1n}^{(1)}x_n=b_1^{(1)}\\
a_{22}^{(2)}x_2+a_{23}^{(2)}x_3+\cdots+a_{2n}^{(2)}x_n=b_2^{(2)}\\
a_{33}^{(3)}x_3+\cdots+a_{3n}^{(3)}x_n=b_3^{(3)}\\
\qquad\vdots\\
a_{n3}^{(3)}x_3+\cdots+a_{nn}^{(3)}x_n=b_n^{(3)}
\end{cases}
\tag{2.2.6}
$$

其中，$a_{ij}^{(3)}=a_{ij}^{(2)}-l_{i2}a_{2j}^{(2)}\ (i,j=3,4,\cdots,n)$；$b_i^{(3)}=b_i^{(2)}-l_{i2}b_2^{(2)}\ (i=3,4,\cdots,n)$。至此完成了第二步，简记为$A^{(3)}x=b^{(3)}$。

一般地，设完成第$k-1$步消元后，原方程组化为如下的同解方程组：

$$
\begin{cases}
a_{11}^{(1)}x_1+a_{12}^{(1)}x_2+a_{13}^{(1)}x_3+\cdots+a_{1n}^{(1)}x_n=b_1^{(1)}\\
a_{22}^{(2)}x_2+\cdots+a_{2k}^{(2)}x_k+\cdots+a_{2n}^{(2)}x_n=b_2^{(2)}\\
\qquad\vdots\\
a_{kk}^{(k)}x_k+\cdots+a_{kn}^{(k)}x_n=b_k^{(k)}\\
a_{(k+1)k}^{(k)}x_k+\cdots+a_{(k+1)n}^{(k)}x_n=b_{k+1}^{(k)}\\
\qquad\vdots\\
a_{nk}^{(k)}x_k+\cdots+a_{nn}^{(k)}x_n=b_n^{(k)}
\end{cases}
\tag{2.2.7}
$$

其中，$a_{ij}^{(k)}=a_{ij}^{(k-1)}-l_{i(k-1)}a_{(k-1)j}^{(2)}\ (i,j=k,k+1,\cdots,n)$；$b_i^{(k)}=b_i^{(k-1)}-l_{i(k-1)}b_{k-1}^{(k-1)}\ (i=k,k+1,\cdots,n)$。式（2.2.7）的矩阵形式记为$A^{(k)}x=b^{(k)}$。

第k步同上，不妨设$a_{kk}^{(k)}\neq 0$，设$l_{ik}=a_{ik}^{(k)}/a_{kk}^{(k)}\ (i=k+1,\cdots,n)$，分别用$(-l_{ik})$乘式（2.2.7）的第$k$个方程并加到第$i$个方程（$i=k+1,\cdots,n$）上，就得到同解方程组：

$$
\begin{cases}
a_{11}^{(1)}x_1+a_{12}^{(1)}x_2+\cdots+a_{1k}^{(1)}x_k+a_{1k+1}^{(1)}x_{k+1}\cdots+a_{1n}^{(1)}x_n=b_1^{(1)}\\
a_{22}^{(2)}x_2+\cdots+a_{2k}^{(2)}x_k+a_{2k+1}^{(2)}x_{k+1}\cdots+a_{2n}^{(2)}x_n=b_2^{(2)}\\
\qquad\vdots\\
a_{kk}^{(k)}x_k+a_{k(k+1)}^{(k)}x_{k+1}\cdots+a_{kn}^{(k)}x_n=b_k^{(k)}\\
a_{(k+1)k}^{(k+1)}x_k+\cdots+a_{(k+1)n}^{(k+1)}x_n=b_{k+1}^{(k+1)}\\
\qquad\vdots\\
a_{n(k+1)}^{(k+1)}x_k+\cdots+a_{nn}^{(k+1)}x_n=b_n^{(k+1)}
\end{cases}
\tag{2.2.8}
$$

其中，$a_{ij}^{(k+1)}=a_{ij}^{(k)}-l_{ik}a_{kj}^{(2)}\ (i,j=k+1,\cdots,n)$；$b_i^{(k+1)}=b_i^{(k)}-l_{ik}b_k^{(k)}\ (i=k+1,\cdots,n)$。相应的矩阵形式记为$A^{(k+1)}x=b^{(k+1)}$。

按上述做法，直到第$n-1$步，原方程就可以化为同解的上三角形方程组：

$$
\begin{cases}
a_{11}^{(1)}x_1+a_{12}^{(1)}x_2+a_{13}^{(1)}x_3+\cdots+a_{1n}^{(1)}x_n=b_1^{(1)}\\
a_{22}^{(2)}x_2+\cdots+a_{2n}^{(2)}x_n=b_2^{(2)}\\
\qquad\vdots\\
a_{nn}^{(n)}x_n=b_n^{(n)}
\end{cases}
\tag{2.2.9}
$$

其矩阵形式记为$A^{(n)}x=b^{(n)}$。

2）回代过程

若$a_{nn}^{(n)}\neq 0$，方程组（2.2.9）按变量的逆序逐步回代得到线性方程组（2.2.1）的解：

$$\begin{cases} x_n = b_n^{(n)} / a_{nn}^{(n)} \\ x_k = \left[b_k^{(k)} - \sum_{l=k+1}^{n} a_{kl}^{(k)} \right] \Big/ a_{kk}^{(k)} \end{cases} \tag{2.2.10}$$

其中，$k = n-1, n-2, \cdots, 2, 1$。

上述消元过程与回代过程完全是规范化的，按照其处理的过程可获得相应的计算方法，即算法，此略。

2.2.2　高斯消去法的计算量

计算机做乘、除法运算需要的时间远大于做加、减法运算所需时间，因此在估计算法的计算量时，一般只讨论乘、除法的计算量，下面来估计用高斯消去法求解线性方程组（2.1.1）的计算量。

由消元过程知，在进行第 k 次消元时，需做 $n-k$ 次除法、$(n-k)\cdot(n-k+1)$ 次乘法，故消元过程中乘、除法的计算量分别是

$$N_1 = \sum_{k=1}^{n-1}(n-k)(n-k+1) = n(n^2-1)/3, \quad N_2 = \sum_{k=1}^{n-1}(n-k) = n(n-1)/2$$

而回代过程中计算 x_k 一共需要 $n-k+1$ 次乘、除法，从而整个回代过程所需乘、除法的计算数为 $N_3 = \sum_{k=1}^{n}(n-k+1) = n(n+1)/2$，因此用高斯消去法解 n 阶线性方程组所需的总计算量为

$$N = N_1 + N_2 + N_3 = n^3/3 + n^2 - n/3 = n^3/3 + o(n^3) \tag{2.2.11}$$

根据式（2.2.11）容易计算，当 $n=30$ 时，利用高斯消去法求解 30 阶线性方程组需要的计算量是 $30^3/3 + 30^2 - 30/3 = 9890$，远小于用克拉默法则所需的计算量。

高斯消去法简单易行，但在其计算过程中，要求 $a_{kk}^{(k)}$（主元素）均不为零（$k=1,2,\cdots,n$），因此其适用范围小，只适用于系数矩阵从 1～$n-1$ 阶顺序主子式不为零的 n 阶线性方程组。计算实践还表明，高斯消去法的数值稳定性差，当出现小主元素时，会严重影响计算结果的精度，甚至导致错误的结果。为此，下面进一步介绍高斯消去法的改进算法——高斯主元素消去法。

2.3　高斯主元素消去法

为了介绍高斯主元素消去法，先引入一个例子。

例 2.3.1　解方程组

$$\begin{cases} 0.00001x_1 + 2x_2 = 1 \\ 2x_1 + 3x_2 = 2 \end{cases}$$

准确到小数第 9 位的精确解为 $x_1 = 0.250001875, x_2 = 0.499998749$。

若用 4 位浮点十进制数按高斯主元素消去法求解，则有

$$\begin{cases}10^{-4}\times 0.1000x_1+10^1\times 0.2000x_2=10^1\times 0.1000\\ -10^6\times 0.4000x_2=-10^6\times 0.2000\end{cases}$$

回代可解得 $x_2=0.5000, x_1=0.0000$。与精确解相比，其计算结果严重失真。

造成这种现象的原因是小主元素带来了大的舍入误差，再经传播，误差就变得更大。设近似解为 x_1^*、x_2^*，令 $\delta_1=|x_1^*-x_1|$，$\delta_2=|x_2^*-x_2|$，由原方程组的第一个方程可得，$10^{-5}(x_1^*-x_1)+2(x_2^*-x_2)=0$，或 $\delta_1=2\times 10^5\delta_2$。此表明，若 x_2 的误差为 δ_2，则将导致 x_1 的误差为 $200000\,\delta_2$。

如果一种计算方法在计算过程中的舍入误差增长迅速，并造成数值解与准确解相差甚远，如前所述，这一方法就是不稳定的；反之，若在计算过程中舍入误差的增长能得到控制，该方法就是稳定的。稳定的算法是获取精度较高的近似解的保证。在例 2.3.1 中，小主元素是造成高斯消去法不稳定的根源，因此在高斯消去法中要避免小主元素的出现，这就需要采用“选主元”的技术或主元素法，常用的主元素法有列主元素法和全主元素法。

2.3.1 列主元素法

高斯消去法的消元过程实际上是针对方程组的系数进行的运算，为了简便起见，将方程组（2.1.1）用增广矩阵表示：

$$[A,b]=[A^{(1)},b^{(1)}]=\begin{bmatrix}a_{11}^{(1)} & a_{12}^{(1)} & \cdots & a_{1n}^{(1)} & b_1^{(1)}\\ a_{21}^{(1)} & a_{22}^{(1)} & \cdots & a_{2n}^{(1)} & b_2^{(1)}\\ \vdots & \vdots & & \vdots & \vdots\\ a_{n1}^{(1)} & a_{n2}^{(1)} & \cdots & a_{nn}^{(1)} & b_n^{(1)}\end{bmatrix} \tag{2.3.1}$$

并直接在增广矩阵上进行运算，列主元素法的具体步骤如下。

第一步：在第一列中选取绝对值最大的元素，如 a_{p1}，即 $|a_{p1}^{(1)}|=\max\limits_{1\leqslant i\leqslant n}\{|a_{i1}^{(1)}|\}$，将矩阵（2.3.1）中的第一行与第 p 行互换。为了方便起见，记行互换后的增广矩阵仍为 $[A^{(1)}, b^{(1)}]$，然后进行高斯消去法的第一步，可得

$$[A^{(2)},b^{(2)}]=\begin{bmatrix}a_{11}^{(1)} & a_{12}^{(1)} & \cdots & a_{1n}^{(1)} & b_1^{(1)}\\ 0 & a_{22}^{(2)} & \cdots & a_{2n}^{(2)} & b_2^{(2)}\\ \vdots & \vdots & & \vdots & \vdots\\ 0 & a_{n2}^{(2)} & \cdots & a_{nn}^{(2)} & b_n^{(2)}\end{bmatrix}$$

第二步：在矩阵 $[A^{(2)},b^{(2)}]$ 的第二列元素 $a_{i2}^{(2)}$ $(i=2,\cdots,n)$ 中选主元素 $a_{q2}^{(2)}$，使 $|a_{q2}^{(2)}|=\max\limits_{2\leqslant i\leqslant n}\{|a_{i2}^{(2)}|\}$，将矩阵 $[A^{(2)},b^{(2)}]$ 的第二行与第 q 行互换，再进行第二步消元，得到矩阵 $[A^{(3)},b^{(3)}]$。

如此经过 $n-1$ 步，增广矩阵（2.3.1）将被化为上三角形形式：

$$[A^{(n)},b^{(n)}]=\begin{bmatrix}a_{11}^{(1)} & a_{12}^{(1)} & a_{13}^{(1)} & \cdots & a_{1n}^{(1)} & b_1^{(1)}\\ & a_{22}^{(2)} & a_{23}^{(2)} & \cdots & a_{2n}^{(2)} & b_2^{(2)}\\ & & a_{33}^{(3)} & \cdots & a_{3n}^{(3)} & b_3^{(3)}\\ & & & \ddots & \vdots & \vdots\\ & & & & a_{nn}^{(n)} & b_n^{(n)}\end{bmatrix}$$

其对应的三角形方程组为 $A^{(n)}x=b^{(n)}$，从最后一个方程开始逐步回代就得到全部解。在上述过程中，主元素是按列选取的，列主元素法由此得名。

严格的误差分析可以证明，列主元素法基本上是稳定的。下面采用列主元素法求解例 2.3.1，第一列应选 2 为主元素，进行行交换得

$$\begin{cases}2x_1+3x_2=2\\10^{-4}\times 0.1000x_1+2x_2=1\end{cases}$$

按高斯消去法消元可得

$$\begin{cases}10^{-1}\times 0.2000x_1+10^{-1}\times 0.30000x_2=10^{-1}\times 0.2000\\10^{-1}\times 0.2000x_2=10\times 0.1000\end{cases}$$

回代可得 $x_2=0.5000,\ x_1=0.2500$。与精确解相比，已经准确到最后一位。

2.3.2　全主元素法

如果不是按列选主元素，而是在全体待选系数 $a_{ij}^{(k)}\ (i,j=k,k+1,\cdots,n)$ 中选取主元素，得到的就是全主元素法，其计算过程如下。

第一步：在全体待选系数 $a_{ij}^{(1)}\ (i,j=1,2,\cdots,n)$ 中选取绝对值最大的元素作为主元素，并通过行与列的互换把这个元素换到 $a_{11}^{(1)}$ 的位置上，进行第一次消元，可得到矩阵 $[A^{(2)},b^{(2)}]$（注意：列交换事实上互换了 x 的分量中相应两个分量的次序）。

第二步：在 $[A^{(2)},b^{(2)}]$ 的 $a_{ij}^{(2)}\ (i,j=2,3,\cdots,n)$ 中选取绝对值最大的元素作为主元素，类似于第一步的操作，进行第二次消元，可得到矩阵 $[A^{(3)},b^{(3)}]$。

如此继续下去，直到进行了 $n-1$ 次消元后，得到与方程组（2.1.1）同解的上三角形方程组，再由回代过程求解。

例 2.3.2　用全主元素法求解线性方程组

$$\begin{cases}x_1+x_2+x_3=6\\12x_1-3x_2+3x_3=15\\-18x_1+3x_2-x_3=-15\end{cases}$$

计算过程中保留 3 位小数。

解　记 $[A^{(1)},b^{(1)}]=\begin{bmatrix}1&1&1&6\\12&-3&3&15\\-18&3&-1&-15\end{bmatrix}$。按全主元素法，其求解过程如下。

（1）交换 $[A^{(1)},b^{(1)}]$ 的第一行和第三行，进行第一次消元可得

$$[A^{(2)},b^{(2)}]=\begin{bmatrix}-18&3&-1&-15\\0&-1&2.333&5\\0&1.167&0.944&5.167\end{bmatrix}$$

（2）交换 $[A^{(2)},b^{(2)}]$ 的第二列和第三列，在此基础上，进行第二次消元可得

$$[A^{(3)},b^{(3)}]=\begin{bmatrix}-18&-1&3&-15\\0&2.333&-1&5\\0&0&1.572&3.144\end{bmatrix}$$

由回代过程可求得 $x_3 = 3.000, x_2 = 2.000, x_1 = 1.000$。

例 2.3.2 表明全主元素法具有较高的精度，这是由于全主元素法是在全体待选系数中选取主元素，它对控制舍入误差十分有效。但在计算过程中，全主元素法需要同时进行行与列的互换，其中在编程时，列的互换涉及指针变量，因而程序比较复杂，且计算时间较长。列主元素法的精度稍低于全主元素法，但其计算简单、工作量少，且计算经验与理论分析均表明，它与全主元素法具有同样良好的数值稳定性。因此，列主元素法是求解中、小型稠密线性方程组常用的直接解法之一。

有些具有特殊系数矩阵的方程组，按顺序进行高斯消元，总能保证主元素的绝对值最大（即主元素就是全主元素），或者所有中间量的舍入误差都能得到控制，因此不必选主元素。这类矩阵有对称的严格对角占优矩阵、对称正定矩阵等。

严格对角占优矩阵是指矩阵 $A = (a_{ij})_{n\times n}$ 的元素满足如下条件：

$$|a_{ii}| > \sum_{j=1, j\neq i}^{n} |a_{ij}| \quad (i = 1,2,\cdots,n) \text{ 或 } |a_{jj}| > \sum_{i=1, i\neq j}^{n} |a_{ij}| \quad (j = 1,2,\cdots,n) \tag{2.3.2}$$

可以证明，严格对角占优矩阵必定是非奇异的，并且经过高斯消元后，仍保持对角占优的性质（注：这些性质将在第 3 章中的定理 3.3.3 给出严格的证明）。

2.4　矩阵的直接三角分解法及其在解方程组中的应用

2.4.1　高斯消元过程的矩阵表示与系数矩阵的分解

高斯消去法的消元过程的核心是反复用一个数乘某个方程再加到另一个方程上，如果用矩阵形式表示，就相当于对 n 阶线性方程组（2.1.1）的增广矩阵 $[A^{(1)}, b^{(1)}]$ 进行一系列初等行变换，将系数矩阵 A 化成上三角形矩阵。由线性代数（或高等代数）的相关知识知，这一过程等价于用一系列初等矩阵去左乘增广矩阵，因此消元过程可以通过初等矩阵来表示。例如，第 1 次消元过程等价于用初等矩阵

$$L_1 = \begin{bmatrix} 1 & 0 & 0 & \cdots & 0 \\ -l_{21} & 1 & 0 & \cdots & 0 \\ -l_{31} & 0 & 1 & \cdots & 0 \\ \vdots & \vdots & \vdots & & \vdots \\ -l_{n1} & 0 & 0 & \cdots & 1 \end{bmatrix}$$

左乘 $[A^{(1)}, b^{(1)}]$，得到 $L_1[A^{(1)}, b^{(1)}] = [A^{(2)}, b^{(2)}]$，其中，$l_{i1} = a_{i1}^{(1)} / a_{11}^{(1)} \ (i = 2,\cdots,n)$。

同样，第 2 次消元过程等价于用初等矩阵

$$L_2 = \begin{bmatrix} 1 & 0 & 0 & \cdots & 0 \\ 0 & 1 & 0 & \cdots & 0 \\ 0 & -l_{32} & 1 & \cdots & 0 \\ \vdots & \vdots & \vdots & & \vdots \\ 0 & -l_{n2} & 0 & \cdots & 1 \end{bmatrix}$$

左乘 $[A^{(2)}, b^{(2)}]$，得到 $L_2[A^{(2)}, b^{(2)}] = [A^{(3)}, b^{(3)}]$，其中，$l_{i2} = a_{i2}^{(2)} / a_{22}^{(2)} \ (i = 3,\cdots,n)$。

一般地，第 k 次消元过程等价于用初等矩阵

$$L_k = \begin{bmatrix} 1 & & & & & \\ & \ddots & & & & \\ & & 1 & & & \\ & & -l_{(k+1)1} & 1 & & \\ & & \vdots & & \ddots & \\ & & -l_{nk} & \cdots & \cdots & 1 \end{bmatrix}$$

左乘矩阵 $[A^{(k)}, b^{(k)}]$，得到 $L_k[A^{(k)}, b^{(k)}] = [A^{(k+1)}, b^{(k+1)}]$，其中，$l_{ik} = a_{ik}^{(k)} / a_{kk}^{(k)}\ (i = k+1, \cdots, n)$。这样，经过 $n-1$ 次消元后可得

$$\begin{bmatrix} a_{11}^{(1)} & a_{12}^{(1)} & \cdots & a_{1n}^{(1)} & b_1^{(1)} \\ & a_{22}^{(2)} & \cdots & a_{2n}^{(2)} & b_2^{(2)} \\ & & \ddots & \vdots & \vdots \\ & & & a_{nn}^{(n)} & b_n^{(n)} \end{bmatrix}$$

$$= [A^{(n)}, b^{(n)}] = L_{n-1}[A^{(n-1)}, b^{(n-1)}] = \cdots = L_{n-1}L_{n-2}\cdots L_1[A^{(1)}, b^{(1)}] \tag{2.4.1}$$

因为 $L_k\ (k = 1, 2, \cdots, n-1)$ 均为初等矩阵，所以它们的逆矩阵均存在，且

$$L_k^{-1} = \begin{bmatrix} 1 & & & & & \\ & \ddots & & & & \\ & & 1 & & & \\ & & l_{(k+1)k} & 1 & & \\ & & \vdots & & \ddots & \\ & & l_{nk} & \cdots & \cdots & 1 \end{bmatrix}$$

从而

$$L = (L_{n-1}L_{n-2}\cdots L_2L_1)^{-1} = L_1^{-1}L_2^{-1}\cdots L_1^{-1} = \begin{bmatrix} 1 & 0 & 0 & \cdots & 0 \\ l_{21} & 1 & 0 & \cdots & 0 \\ l_{31} & l_{32} & 1 & \cdots & 0 \\ \vdots & \vdots & \vdots & & \vdots \\ l_{n1} & l_{n2} & l_{n3} & \cdots & 1 \end{bmatrix} \tag{2.4.2}$$

因此，式（2.4.1）可记为

$$[A^{(1)}, b^{(1)}] = L[A^{(n)}, b^{(n)}] \text{ 或 } A = LA^{(n)}, b = Lb^{(n)} \tag{2.4.3}$$

其中，L 是对角线上元素为 1 的下三角形矩阵，也称单位下三角形矩阵；$A^{(n)}$ 为上三角形矩阵。

事实上，高斯消元过程的矩阵表明，只要 n 阶矩阵 A 是非奇异的，则经过一定的行交换后，它一定可以分解成两个三角形矩阵的乘积，即 $A = LU$。其中，L 为单位下三角形矩阵；U 为上三角形矩阵。

2.4.2 矩阵的三角分解

定义 2.4.1 已知 n 阶矩阵 $A \in R^{n\times n}$，若存在单位下三角形矩阵 L 及上三角形矩阵 U，使

$$A = LU \tag{2.4.4}$$

则称 LU 为矩阵 A 的杜利特尔（Doolittle）分解，也称 LU 分解。

定义 2.4.2　已知 n 阶方阵 $A \in R^{n\times n}$，若存在下三角形矩阵 L 及单位上三角形矩阵（对角线元素均为 1 的上三角形矩阵）U，使

$$A = LU \tag{2.4.5}$$

则称 LU 为矩阵 A 的克罗特（Crout）分解。

矩阵的克罗特分解与杜利特尔分解具有完全相同的性质及存在性判定条件，只是克罗特分解与矩阵的列初等变换相关。在解线性方程组时，增广矩阵的列初等变换与指针变量相关，在算法上较为复杂。以下仅讨论杜利特尔分解的相关性质，但这些性质对矩阵的克罗特分解也是成立的。

定理 2.4.1　设 A 为 n 阶方阵，若 A 的顺序主子式 A_i $(i=1,2,\cdots,n-1)$ 均不为零，则矩阵 A 存在唯一的杜利特尔分解。

证明　由条件"A 的顺序主子式 A_i $(i=1,2,\cdots,n-1)$ 均不为零"知，在高斯消元过程中，$a_{kk}^{(k)}$ 均不为零，从而经过 $n-1$ 次消元后一定有 $A = LA^{(n)} = LU$。其中，L 为单位下三角形矩阵；U 为上三角形矩阵，即 A 的杜利特尔分解一定存在。下面证唯一性，设矩阵 A 有两种杜利特尔分解：

$$LU = A = L_1U_1 \tag{2.4.6}$$

当 A 为非奇异阵时，L、L_1、U 和 U_1 均为非奇异矩阵，于是由式（2.4.6）有

$$L_1^{-1}L = U_1U^{-1} \tag{2.4.7}$$

由于单位下三角形矩阵的逆仍为单位下三角形矩阵，单位下三角形矩阵的乘积为下三角形矩阵，且上三角形矩阵的逆仍为上三角形矩阵，上三角形矩阵的乘积仍为上三角形矩阵，有 $U_1U^{-1} = L_1^{-1}L = I$，从而 $L_1 = L$，$U_1 = U$，即唯一性成立。

当 A 为奇异阵时，其证明可参考豪斯霍尔德（1986）的文献，此略。

由定理 2.4.1 可以直接得到推论 2.4.1。

推论 2.4.1　设 A 为 n 阶方阵，若 A 为对称正定矩阵或严格对角占优矩阵，则矩阵 A 一定存在唯一的杜利特尔分解。

关于方阵 A 存在杜利特尔分解，下面给出方阵 A 的杜利特尔分解的求法，设 $A=(a_{ij})_{n\times n}$ 的杜利特尔分解如下：

$$\begin{bmatrix} a_{11} & a_{12} & \cdots & a_{1n} \\ a_{21} & a_{22} & \cdots & a_{2n} \\ \vdots & \vdots & & \vdots \\ a_{n1} & a_{n2} & \cdots & a_{nn} \end{bmatrix} = A = \begin{bmatrix} 1 & 0 & 0 & \cdots & 0 \\ l_{21} & 1 & 0 & \cdots & 0 \\ l_{31} & l_{32} & 1 & \cdots & 0 \\ \vdots & \vdots & \vdots & & \vdots \\ l_{n1} & l_{n2} & l_{n3} & \cdots & 1 \end{bmatrix} \begin{bmatrix} u_{11} & u_{12} & \cdots & u_{1n} \\ & u_{22} & \cdots & u_{2n} \\ & & \ddots & \vdots \\ & & & u_{nn} \end{bmatrix} \tag{2.4.8}$$

对式（2.4.8）的右端进行矩阵相乘，再由等式两边的第 i 行、第 j 列的元素对应相等可知，$a_{ij} = \sum_{k=1}^{n} l_{ik}u_{kj}$，注意到 $l_{ik} = 0$ $(k=i+1,\cdots,n)$，$u_{kj} = 0$ $(k=j+1,\cdots,n)$，而且 $l_{kk}=1$ $(k=1,\cdots,n)$，因此式（2.4.8）可转化为

$$a_{1j}=u_{1j}\ \ (j=1,2,\cdots,n);\quad a_{ij}=\begin{cases}\sum_{k=1}^{j-1}l_{ik}u_{kj}+u_{ij},\ j\geqslant i\\ \sum_{k=1}^{j}l_{ik}u_{kj},\ j<i\end{cases}\quad (i=2,3,\cdots,n)\tag{2.4.9}$$

由此可计算 l_{ij} 和 u_{ij}：

$$\begin{cases}u_{1j}=a_{1j}\quad (j=1,2,\cdots,n)\\ l_{ij}=\left(a_{ij}-\sum_{k=1}^{j-1}l_{ik}u_{kj}\right)\Big/u_{jj}\quad (j=1,2,\cdots,n;i=j+1,\cdots,n)\\ u_{ij}=a_{ij}-\sum_{k=1}^{i-1}l_{ik}u_{kj}\quad (i=2,3,\cdots,n;j=i,\cdots,n)\end{cases}\tag{2.4.10}$$

计算 l_{ij} 和 u_{ij} 的过程按第 1 行、第 1 列、第 2 行、第 2 列…的顺序进行，具体步骤如下。

（1）计算 U 的第 1 行和 L 的第 1 列：$u_{1j}=a_{1j}\ (j=1,2,\cdots,n)$，$l_{i1}=a_{i1}^{(1)}/a_{11}^{(1)}\ (i=2,\cdots,n)$。

（2）计算 U 的第 r 行、L 的第 r 列（$r=2,3,\cdots,n$）：$u_{rj}=a_{rj}-\sum_{k=1}^{r-1}l_{rk}u_{kj}\ (j=r,r+1,\cdots,n)$，

$u_{ir}=\left(a_{ir}-\sum_{k=1}^{r-1}l_{rk}u_{kj}\right)\Big/u_{rr}\ (i=r+1,\cdots,n)$。

如果采用添加元素的形式，将 L、U 放在同一个 n 阶方阵中，且将 U 的对角线以下的元素（即全为 0）隐去，L 的对角线上的元素（即全为 1）及对角线以上的元素（即全为 0）隐去，得到矩阵 A 的杜利特尔分解的紧凑格式，见图 2-4-1。这是一个分层计算结构，这种格式既便于计算，也方便记忆。

$a_{11}(u_{11})$	$a_{12}(u_{12})$	$a_{13}(u_{13})$	$\cdots$	$a_{1n}(u_{1n})$
$a_{21}(u_{21})$	$a_{22}(u_{22})$	$a_{23}(u_{23})$	$\cdots$	$a_{2n}(u_{2n})$
$a_{31}(u_{31})$	$a_{32}(u_{32})$	$a_{33}(u_{33})$	$\cdots$	$a_{3n}(u_{3n})$
$\vdots$	$\vdots$	$\vdots$		$\vdots$
$a_{n1}(u_{n1})$	$a_{n2}(u_{n2})$	$a_{n3}(u_{n3})$	$\cdots$	$a_{nn}(u_{nn})$

图 2-4-1　矩阵 A 的杜利特尔分解的紧凑格式

在图 2-4-1 中，从矩阵 A 的左上角向右下角的方向分层计算，且在每层中，按先行后列的顺序计算。

例 2.4.1　求矩阵 A 的杜利特尔分解，其中，

$$A=\begin{bmatrix}1&2&3&4\\1&4&9&16\\1&8&27&64\\1&16&81&256\end{bmatrix}$$

解　由紧凑格式

1（1）	2（2）	3（3）	4（4）
1（1）	4（2）	9（6）	16（12）
1（1）	8（3）	27（6）	64（24）
1（1）	16（7）	81（6）	256（24）

得到 A 的杜利特尔分解为

$$A = LU = \begin{bmatrix} 1 & 0 & 0 & 0 \\ 1 & 1 & 0 & 0 \\ 1 & 3 & 1 & 0 \\ 1 & 7 & 6 & 1 \end{bmatrix} \begin{bmatrix} 1 & 2 & 3 & 4 \\ 0 & 2 & 6 & 12 \\ 0 & 0 & 6 & 24 \\ 0 & 0 & 0 & 24 \end{bmatrix}$$

2.4.3　线性方程组的直接三角分解法

如果 n 阶线性方程组 $Ax = b$ 的系数矩阵 A 的杜利特尔分解存在，即 $A = LU$ 。其中，L 为单位下三角形矩阵，U 为上三角形矩阵，则解方程组 $Ax = b$ 等价于求解两个三角形方程组 $Ly = b$ 与 $Ux = y$ ，即由

$$Ly = \begin{bmatrix} 1 & 0 & 0 & \cdots & 0 \\ l_{21} & 1 & 0 & \cdots & 0 \\ l_{31} & l_{32} & 1 & \cdots & 0 \\ \vdots & \vdots & \vdots & & \vdots \\ l_{n1} & l_{n2} & l_{n3} & \cdots & 1 \end{bmatrix} \begin{bmatrix} y_1 \\ y_2 \\ y_3 \\ \vdots \\ y_n \end{bmatrix} = \begin{bmatrix} b_1 \\ b_2 \\ b_3 \\ \vdots \\ b_n \end{bmatrix} \tag{2.4.11}$$

可求出

$$y_k = \begin{cases} b_1 & (k=1) \\ b_k - \sum_{j=1}^{k-1} l_{kj} y_j & (k = 2,3,\cdots,n) \end{cases} \tag{2.4.12}$$

其计算次序是 $y_1 \to y_2 \to \cdots \to y_n$。再由

$$Ux = \begin{bmatrix} u_{11} & u_{12} & \cdots & u_{1n} \\ 0 & u_{22} & \cdots & u_{2n} \\ \vdots & \vdots & & \vdots \\ 0 & 0 & \cdots & u_{nn} \end{bmatrix} \begin{bmatrix} x_1 \\ x_2 \\ \vdots \\ x_n \end{bmatrix} = \begin{bmatrix} y_1 \\ y_2 \\ \vdots \\ y_n \end{bmatrix} \tag{2.4.13}$$

可求出

$$x_k = \begin{cases} y_n / u_{nn} & (k=n) \\ \left(y_k - \sum_{j=k+1}^{n} u_{kj} y_j \right) \Big/ u_{kk} & (k = n-1,\cdots,1) \end{cases} \tag{2.4.14}$$

其计算次序是 $x_n \to x_{n-1} \to \cdots \to x_1$。

容易看出式（2.4.12）与式（2.4.10）中 u_{ij} 的运算规律相同，故在利用直接三角分解法求解线性方程组时，只要将常量 b 放在图 2-4-2 的最后一列，按 u_{kj} 的计算方法即可求得方程组 $Ly = b$ 中的 y 。

$a_{11}(u_{11})$	$a_{12}(u_{12})$	$a_{13}(u_{13})$	$\cdots$	$a_{1n}(u_{1n})$	$b_1(y_1)$
$a_{21}(u_{21})$	$a_{22}(u_{22})$	$a_{23}(u_{23})$	$\cdots$	$a_{2n}(u_{2n})$	$b_2(y_2)$
$a_{31}(u_{31})$	$a_{32}(u_{32})$	$a_{33}(u_{33})$	$\cdots$	$a_{3n}(u_{3n})$	$b_3(y_3)$
$\vdots$	$\vdots$	$\vdots$		$\vdots$	$\vdots$
$a_{n1}(u_{n1})$	$a_{n2}(u_{n2})$	$a_{n3}(u_{n3})$	$\cdots$	$a_{nn}(u_{nn})$	$b_n(y_n)$

图 2-4-2　求解线性方程组 $Ax=b$ 的直接三角分解法的紧凑格式图

例 2.4.2　求解方程组 $Ax=b$，其中，A 为例 2.4.1 中的 A，$b=(2,10,44,190)^{\mathrm{T}}$。

解　方程组的紧凑格式为

1（1）	2（2）	3（3）	4（4）	2（2）
1（1）	4（2）	9（6）	16（12）	10（8）
1（1）	8（3）	27（6）	64（24）	44（18）
1（1）	16（7）	81（6）	256（24）	190（24）

由回代过程（即 $Ux=y$）得，$x_4=1, x_3=-1, x_2=1, x_1=1$。

在用计算机通过直接三角分解法对线性方程组进行求解时，其计算量与高斯消去法的计算量相同，即乘法运算也是 $n^3/3$ 数量级。在上述计算过程中，u_{kk} 不能为零，否则无法计算下去。此外，若 u_{kk} 的绝对值很小，也将带来极大的舍入误差，通常采用选主元素的技术去处理。

2.4.4　解三对角方程组的追赶法

在用三次样条插值及有限差分法求解常微分方程的边值问题和热传导方程定解等问题的计算中，都会遇到 n 元线性方程组 $Ax=d$，其中系数矩阵 A 的形式如下：

$$A=\begin{bmatrix} a_1 & b_1 & & & \\ c_2 & a_2 & b_2 & & \\ & \ddots & \ddots & \ddots & \\ & & & a_{n-1} & b_{n-1} \\ & & & c_n & a_n \end{bmatrix} \tag{2.4.15}$$

称式（2.4.15）表示的矩阵为三对角矩阵。以三对角矩阵 A 为系数矩阵的方程组记为

$$Ax=d=(d_1,\cdots,d_n)^{\mathrm{T}} \tag{2.4.16}$$

关于三对角矩阵 A 有如下结论。

定理 2.4.2　设矩阵（2.4.15）满足下列条件：

$$\begin{cases} |a_1|>|b_1|>0 \\ |a_i|\geqslant|b_i|+|c_i| \quad (b_ic_i\neq 0; i=2,3,\cdots,n-1) \\ |a_n|>|c_n| \end{cases} \tag{2.4.17}$$

则矩阵 A 的杜利特尔分解存在且唯一，即有

$$A = LU = \begin{bmatrix} 1 & & & & \\ l_2 & 1 & & & \\ & l_3 & \ddots & & \\ & & \ddots & \ddots & \\ & & & l_n & 1 \end{bmatrix} \begin{bmatrix} u_1 & b_1 & & & \\ & u_2 & b_2 & & \\ & & \ddots & \ddots & \\ & & & \ddots & b_{n-1} \\ & & & & u_n \end{bmatrix} \tag{2.4.18}$$

其中，$b_i\ (i=1,2,\cdots,n-1)$ 由矩阵 A 给出，且分解式唯一。

证明　由于式（2.4.18）是矩阵 A 的杜利特尔分解，只要证明三对角矩阵的高斯消元过程可行即可。

由 $|a_1|>|b_1|\geqslant 0$ 知，$a_{11}^{(1)}=a_1\neq 0$，从而第 1 次消元过程是可行的，且 $l_2=c_2/a_1$，$u_2=a_2-b_1c_2/u_1$。

假设第 $k-1$ 次消元过程是可行的，按高斯消去法的步骤易得，经过 $k-1$ 次消元后，方程组 $Ax=d$ 的系数矩阵 A 变成

$$A^{(k)} = \begin{bmatrix} u_1 & b_1 & & & & & \\ & \ddots & \ddots & & & & \\ & & u_k & b_k & & & \\ & & c_{k+1} & a_{k+1} & b_{k+1} & & \\ & & & \ddots & \ddots & \ddots & \\ & & & & \ddots & \ddots & b_{n-1} \\ & & & & & c_n & a_n \end{bmatrix}$$

其中，$u_i=a_i-b_{i-1}c_i/u_{i-1}\ (i=2,3,\cdots,k)$。

根据 A 满足的条件，显然有 $u_1=a_1\neq 0$，因 $|a_1|>|b_1|,|a_2|\geqslant|b_2|+|c_2|$，于是

$$|a_1a_2|>|a_1b_2|+|a_1c_2|>|b_1b_2|+|b_1c_2|$$

从而有 $|u_2|=|a_1a_2-b_1c_2|/|a_1|\geqslant(|a_1a_2|-|b_1c_2|)/|a_1|>|a_1b_2|/|a_1|=|b_2|>0$，即 $u_2\neq 0$，且 $A^{(2)}$ 仍满足条件（2.4.17），利用数学归纳法不难证明所有 $a_{kk}^{(k)}=u_k\neq 0$，故 A 的杜利特尔分解存在且唯一，具有式（2.4.18）的形式。

同时，将式（2.4.18）右端按矩阵乘法展开，并与 A 进行比较，即得

$$\begin{cases} a_1=u_1 \\ c_i=l_iu_{i-1} \qquad (i=2,3,\cdots,n) \\ a_i=b_{i-1}l_i+u_i \end{cases}$$

进一步可推得

$$\begin{cases} u_1=a_1 \\ l_i=c_i/u_{i-1} \\ u_i=a_i-b_{i-1}l_i \end{cases} \tag{2.4.19}$$

其中，$i=2,3,\cdots,n$。式（2.4.19）的计算过程为 $u_1\to l_2\to u_2\to l_3\to u_3\to\cdots\to l_n\to u_n$，且所用乘、除法的计算量为 $2(n-1)$。于是求解三对角方程组 $Ax=d$ 等价于求解两个方程组 $Ly=d$ 与 $Ux=y$，由 $Ly=d$ 得

$$\begin{cases} y_1 = d_1 \\ y_k = d_k - l_k y_{k-1} \end{cases} \tag{2.4.20}$$

其中，$k = 2,3,\cdots,n$。再由$Ux = y$得

$$\begin{cases} x_n = y_n / u_n \\ x_k = (y_k - b_k x_{k+1}) / u_k \end{cases} \tag{2.4.21}$$

其中，$k = n-1,\cdots,2,1$。按上述过程求解三对角方程组的方法称为追赶法。综合式（2.4.19）和式（2.4.20），得到求解三对角方程组$Ax = d$的追赶法的具体算法。

算法 2.4.1

（1）$u_1 = a_1, y_1 = d_1$。

（2）对$i = 2,3,\cdots,n$逐次计算$l_i = c_i / u_{i-1}$，$u_i = a_i - b_{i-1} l_i$，$y_i = d_i - l_i y_{i-1}$。

（3）$x_n = y_n / u_n$。

（4）对$i = n-1,\cdots,2,1$逐次计算$x_i = (y_i - b_i x_{i+1}) / u_i$。

（5）输出$x = (x_1, x_2, \cdots, x_n)^{\mathrm{T}}$。

在算法 2.4.1 中，计算l_i、u_i、y_i的过程为追的过程，而计算x_i的过程为赶的过程。三对角方程组在样条插值、微分方程组数值解等问题中大量出现，并且系数矩阵大都具有对角占优矩阵的性质，所以不必选主元素就能保证算法的稳定性。

例 2.4.3　用追赶法解方程组$Ax = d$，其中，

$$A = \begin{bmatrix} -2 & 1 & 0 & 0 \\ 1 & -2 & 1 & 0 \\ 0 & 1 & -2 & 1 \\ 0 & 0 & 1 & -2 \end{bmatrix}, \quad d = \begin{bmatrix} 1 \\ 1 \\ 0 \\ -1 \end{bmatrix}$$

解　由算法 2.4.1 中的（1）与（2）可得，$u_1 = -2$，$y_1 = 1$；$l_2 = -1/2$，$u_2 = -3/2$，$y_2 = 3/2$；$l_3 = -2/3$，$u_3 = -4/3$，$y_3 = 1$；$l_4 = -3/4$，$u_4 = -5/4$，$y_4 = -1/4$。

再由算法 2.4.1 中的（3）、（4）可得，$x_4 = 1/5$，$x_3 = -3/5$，$x_2 = -7/5$，$x_1 = -6/5$。

追赶法的基本思想与高斯消去法及直接三角分解法相同，只是系数中出现了大量的零，在计算中可将它们忽略，从而使计算过程简化，极大地减少了计算量。由前面知道，式（2.4.19）的计算量是$2(n-1)$，而式（2.4.20）与式（2.4.21）的计算量是$3(n-1)+1$，因此解三对角方程组的追赶法的计算量是$5(n-1)+1$。同时，前面所述的线性方程组的紧凑格式的分解方法对此三对角方程组仍然有效。

2.5　平方根法与改进的平方根法

在实际工程问题及某些物理或力学问题中，线性方程组的系数矩阵常常具有对称正定性。对于这类方程组，由于其系数矩阵的特殊性，可以对直接三角分解方法进行简化，从而导出平方根法。下面就来介绍解对称正定方程组的平方根法和改进的平方根法。

先来回顾一下对称正定矩阵的概念及相关的性质。

定义 2.5.1　设$A = (a_{ij})_{n \times n}$是一个$n$阶对称矩阵，如果对任意向量$x \in R^n$，都有

$$x^{\mathrm{T}}Ax > 0 \tag{2.5.1}$$

则称矩阵 A 是正定的。

对于对称的 n 阶方阵 $A=(a_{ij})_{n\times n}$，设 $x=(x_1,x_2,\cdots,x_n)^{\mathrm{T}}$，则称

$$x^{\mathrm{T}}Ax=\sum_{i=1}^{n}\sum_{j=1}^{n}a_{ij}x_i x_j$$

为变量 $x_1,x_2,\cdots,x_n$ 的二次型或二次函数。

对称正定矩阵具有以下性质。

定理 2.5.1 （对称正定矩阵的性质）如果 $A=(a_{ij})_{n\times n}$ 为实对称正定矩阵，则

（1）A 是非奇异矩阵，且 A^{-1} 是对称正定矩阵。

（2）记 A_k 为 A 的 k 阶顺序主子阵（即 A 的前 k 行、前 k 列元素组成的 k 阶方阵，$k=1,2,\cdots,n$），则 A_k 也是对称正定矩阵。

（3）A 的所有特征值均大于零。

（4）对于 $k=1,2,\cdots,n$，$\det(A_k)>0$，即 A 的顺序主子式都大于零。

这些性质在一般的《线性代数》或《高等代数》中都有，其证明略去。

2.5.1　平方根法——楚列斯基分解法

定理 2.5.2 （对称正定矩阵的三角分解）如果 $A=(a_{ij})_{n\times n}$ 为 n 阶实对称正定矩阵，则存在非奇异的下三角形矩阵 L，使

$$A=LL^{\mathrm{T}} \tag{2.5.2}$$

且当限定 L 的对角线元素均为正数时，式（2.5.2）是唯一的。

当 L 的对角线元素均为正数时，式（2.5.2）也称为楚列斯基（Cholesky）分解。

证明　因 A 是实对称正定矩阵，由定理 2.5.1 知，其各阶顺序主子式均大于零。再由定理 2.4.1 可知，矩阵 A 存在唯一的杜利特尔分解，即 $A=\tilde{L}U$，其中，$\tilde{L}$ 为单位下三角形矩阵，U 为上三角形矩阵。令 $D=\mathrm{diag}(u_{11},\cdots,u_{nn})$，$P=D^{-1}U$，则 P 为单位上三角形矩阵，且 $A=\tilde{L}DP$。

因为 A 是实对称正定矩阵，所以有 $P^{\mathrm{T}}(D\tilde{L}^{\mathrm{T}})=A^{\mathrm{T}}=A=\tilde{L}(DP)$，再根据 A 的杜利特尔分解的唯一性（因 P^{T} 是单位下三角形矩阵），得 $P^{\mathrm{T}}=\tilde{L}$，即 $A=P^{\mathrm{T}}DP$。

由 A 的正定性知，任给非零向量 $x\in R^n$，$y=P^{-1}x\neq 0$，有

$$x^{\mathrm{T}}Dx=y^{\mathrm{T}}(P^{\mathrm{T}}DP)y=y^{\mathrm{T}}Ay>0$$

可得 D 是实对称正定矩阵，从而 D 的对角线元素均为正数，记

$$D^{1/2}=\mathrm{diag}(\sqrt{u_{11}},\sqrt{u_{22}},\cdots,\sqrt{u_{nn}}),\quad (D^{1/2})^{\mathrm{T}}=D^{1/2},\quad D=D^{1/2}\times D^{1/2}$$

则 $A=P^{\mathrm{T}}(D^{1/2})\times D^{1/2}P=(D^{1/2}P)^{\mathrm{T}}(D^{1/2}P)=L^{\mathrm{T}}L$，其中，$L=(D^{1/2}P)^{\mathrm{T}}$ 为非奇异下三角形矩阵。

下证如果 L 的对角线元素均为正数，式（2.5.2）是唯一的。

假设还存在非奇异下三角形矩阵 G，其对角线元素皆为正数，使

$$LL^{\mathrm{T}}=A=GG^{\mathrm{T}} \tag{2.5.3}$$

进一步有$L^{\mathrm{T}}(G^{\mathrm{T}})^{-1}=L^{-1}G$。因为$L^{\mathrm{T}}(G^{\mathrm{T}})^{-1}$是上三角形矩阵，$L^{-1}G$是下三角形矩阵，且由式（2.5.3）不难证明$L^{\mathrm{T}}(G^{\mathrm{T}})^{-1}=L^{-1}G=I_n$，即$G=L$，所以唯一性得证。

若A是实对称正定矩阵，记

$$L=\begin{bmatrix} l_{11} & 0 & \cdots & 0 \\ l_{21} & l_{22} & \cdots & 0 \\ \vdots & \vdots & & \vdots \\ l_{n1} & l_{n2} & \cdots & l_{nn} \end{bmatrix}$$

其中，$l_{kk}>0\ (k=1,2,\cdots,n)$，代入式（2.5.2），比较等式两边对应项（注意$a_{ij}=a_{ji}$，$i,j=1,2,\cdots,n$）可得

$$\begin{cases} a_{kk}=\sum_{j=1}^{k} l^2_{kj} & (k=1,2,\cdots,n) \\ a_{ik}=\sum_{j=1}^{k} l_{ij}l_{kj} & (k=1,\cdots,n;i=k+1,\cdots,n) \end{cases}$$

从而有

$$\begin{cases} l_{kk}=\sqrt{a_{kk}-\sum_{j=1}^{k-1} l_{kj}^2} & (k=1,2,\cdots,n) \\ l_{ik}=\left(a_{ik}-\sum_{j=1}^{k-1} l_{ij}l_{kj}\right)\Big/ l_{kk} & (k=1,2,\cdots,n;i=k+1,\cdots,n) \end{cases} \tag{2.5.4}$$

式（2.5.4）的计算顺序是按列进行的，即

$$l_{11}=\sqrt{a_{11}}\rightarrow l_{i1}=a_{i1}/l_{11}\ \ (i=2,3,\cdots,n)\rightarrow l_{22}\rightarrow l_{i2}\ \ (i=3,4,\cdots,n)\rightarrow\cdots\rightarrow l_{nn}$$

当实对称正定矩阵A完成了楚列斯基分解后，求解方程组$Ax=b$就转化为求解两个三角形方程组$Ly=b$与$L^{\mathrm{T}}x=y$，它们的解分别为

$$\begin{cases} y_1=b_1/l_{11} \\ y_k=\left(b_k-\sum_{j=1}^{k-1} l_{kj}y_j\right)\Big/ l_{kk} & (k=2,3,\cdots,n) \end{cases} \tag{2.5.5}$$

$$\begin{cases} x_n=y_n/l_{nn} \\ x_k=\left(y_k-\sum_{j=k+1}^{n} l_{jk}x_j\right)\Big/ l_{kk} & (k=n-1,n-2,\cdots,1) \end{cases} \tag{2.5.6}$$

上述求解系数矩阵为实对称正定的线性方程组的方法称为平方根法，也称楚列斯基分解法，这种方法无须选主元素，计算过程也是稳定的。试验数据也表明用平方根法解对称正定方程组具有较高的精度。

由于A的对称性，用平方根法解对称正定方程组需要$n^3/6$次乘、除法运算，大约是直接三角分解法计算量的一半，并且上机时所需的存储单元也减少了，如过去L与U需要n^2个存储单元，现在只要$n(n+1)/2$个。

2.5.2　改进的平方根法

平方根法在计算元素$l_{ii}\ (i=1,2,\cdots,n)$时需要用到平方运算，为了避免开方运算，本节

提出改进的平方根法。事实上，定理 2.5.2 的证明过程表明，实对称正定矩阵 A 也可进行如下分解：$A = LDL^{\mathrm{T}}$。其中，L 为单位下三角形矩阵，D 为对角阵，即

$$A=\begin{bmatrix}1&0&0&\cdots&0\\l_{21}&1&0&\cdots&0\\l_{31}&l_{32}&1&\cdots&0\\\vdots&\vdots&\vdots&&\vdots\\l_{n1}&l_{n2}&l_{n3}&\cdots&1\end{bmatrix}\begin{bmatrix}d_1&&&&\\&d_2&&&\\&&d_3&&\\&&&\ddots&\\&&&&d_n\end{bmatrix}\begin{bmatrix}1&l_{21}&l_{31}&\cdots&l_{n1}\\0&1&l_{32}&\cdots&l_{n2}\\0&0&1&\cdots&l_{n3}\\\vdots&\vdots&\vdots&&\vdots\\0&0&0&\cdots&1\end{bmatrix}$$

从中可导出 LDL^{T} 分解的计算公式：

$$\begin{cases}d_k = a_{kk} - \sum\limits_{j=1}^{k-1} l_{kj}^2 d_j & (k=1,2,\cdots,n)\\ l_{ik} = \left(a_{ik} - \sum\limits_{j=1}^{k-1} l_{ij} d_j l_{kj}\right)\Big/ d_k & (k=1,2,\cdots,n; i=k+1,\cdots,n)\end{cases} \tag{2.5.7}$$

其计算顺序如下：

$$d_1 \to l_{i1}\ \ (i=2,3,\cdots,n) \to d_2 \to l_{i2}\ \ (i=3,4,\cdots,n) \to \cdots \to l_{n,n-1} \to d_n$$

按式（2.5.7）进行 LDL^{T} 分解，虽然避免了开方运算，但在计算每个元素时多了相乘因子，故乘法运算次数比楚列斯基分解增加了一倍，即与直接三角分解法的乘法运算次数相同，乘、除法的总运算为 $n^3/3$ 数量级。如果采用如下记号：$A = L(DL^{\mathrm{T}}) = LU$，其中，$U = DL^{\mathrm{T}}$ 或 $u_{ik} = l_{ik} d_k\ \ (k=1,2,\cdots,n; i=k+1,\cdots,n)$，则式（2.5.7）可改为

$$\begin{cases}d_k = a_{kk} - \sum\limits_{j=1}^{k-1} u_{kj} l_{kj} & (k=1,2,\cdots,n)\\ u_{ik} = a_{ik} - \sum\limits_{j=1}^{k-1} u_{ij} l_{kj} & (k=1,2,\cdots,n; i=k+1,\cdots,n)\\ l_{ik} = u_{ik}/d_k & (k=1,2,\cdots,n; i=k+1,\cdots,n)\end{cases} \tag{2.5.8}$$

按式（2.5.8）进行 LDL^{T} 分解，其乘、除法运算量与楚列斯基分解相同，相应地，求解对称正定方程组 $Ax=b$ 就转化为求解 $Ly=b$ 与 $Ux=y$。由式（2.5.8）可得 $Ax=b$ 的改进的平方根法如下。

算法 2.5.1

（1）对于 $k=1,2,\cdots,n$，计算 $d_k = a_{kk} - \sum\limits_{j=1}^{k-1} u_{kj} l_{kj}$，$u_{ik} = a_{ik} - \sum\limits_{j=1}^{k-1} u_{ij} l_{kj}$，$l_{ik} = u_{ik}/d_k$ $(i = k+1, k+2, \cdots, n)$。

（2）$y_1 = b_1$。

（3）对于 $i=2,3,\cdots,n$，计算 $y_i = b_i - \sum\limits_{j=1}^{i-1} l_{ij} y_j$。

（4）$x_n = y_n / d_n$。

（5）对于 $i=n-1,n-2,\cdots,1$，计算 $x_i = y_i / d_i - \sum\limits_{j=i+1}^{n} l_{ji} x_j$。

例 2.5.1　用改进的平方根法解对称正定方程组 $Ax=b$，其中，

$$A=\begin{bmatrix}1 & 2 & 1 & -3\\ 2 & 5 & 0 & -5\\ 1 & 0 & 14 & 1\\ -3 & -5 & 1 & 15\end{bmatrix},\quad b=\begin{bmatrix}1\\ 2\\ 16\\ 8\end{bmatrix}$$

解　由算法 2.5.1 可得计算过程如下：当 $k=1$ 时，$d_1=1$，$u_{21}=2$，$u_{31}=1$，$u_{41}=-3$，$l_{21}=2$，$l_{31}=1$，$l_{41}=-3$；当 $k=2$ 时，$d_2=1,\ u_{32}=-2,\ u_{42}=1,\ l_{32}=-2,\ l_{42}=1$；当 $k=3$ 时，$d_3=9,\ u_{43}=6,\ l_{43}=2/3$；当 $k=4$ 时，$d_4=1$。

从而得 $y_1=1,\ y_2=0,\ y_3=15,\ y_4=1,\ x_4=1,\ x_3=1,\ x_2=1,\ x_1=1$。

2.6　矩阵、向量和连续函数的范数

不同算法的计算效果不尽相同，因此需要对以上线性方程组的算法进行误差分析。向量和矩阵的范数及矩阵的条件数在求解 n 阶线性方程组的数值计算方法误差分析中具有十分重要的作用。在进行线性方程组的数值计算方法误差分析之前，先来介绍向量及矩阵的范数的相关概念及性质。

2.6.1　范数的一般概念

在“线性代数”（或“高等代数”）课程中曾介绍过线性空间的概念。数域 K（可以是实数域或复数域）上的线性空间是指在一个非空集合 X 上定义了加法和数乘两种运算，且这两种运算满足加法和数乘的 8 条规则。此外，还有子空间、线性相关或无关、基和维数等相关概念，完整的定义这里不再赘述，下面来看几个线性空间的例子。

例 2.6.1　$R^n(C^n)$ 表示 n 维实（复）向量的全体，按照向量的加法和数乘，构成 $R^n(C^n)$ 上的线性空间，且 $R^n(C^n)$ 为 n 维线性空间，它的一组基是 $e_1=(1,0,\cdots,0)^{\mathrm{T}}$，$e_2=(0,1,0,\cdots,0)^{\mathrm{T}},\cdots,e_n=(0,\cdots,0,1)^{\mathrm{T}}$，而 $R^n(C^n)$ 就是由 $e_1,e_2,\cdots,e_n$ 生成的线性空间，即

$$R^n(C^n)=\mathrm{span}\{e_1,e_2,\cdots,e_n\} \tag{2.6.1}$$

例 2.6.2　$R^{n\times m}(C^{n\times m})$ 是 n 行 m 列实（复）矩阵的全体，按照矩阵的加法和数乘，构成 $R(C)$ 上的线性空间，它是 $R(C)$ 上的一个 $n\times m$ 的线性空间，它的一组基是 ε_{ij} $(i=1,\cdots,n;\ j=1,\cdots,m)$（注：$\varepsilon_{ij}$ 表示 $n\times m$ 矩阵中除第 i 行、第 j 列上的元素为 1 外，其余元素均为 0）。

例 2.6.3　$C[a,b]$ 表示区间 $[a,b]$ 上的连续实数（或复数）函数的全体，按照通常函数的加法和数乘，构成 $R(C)$ 上的线性空间，其中，函数的加法与数乘定义如下：$\forall f,g\in C[a,b]$，$k\in R$（C），$(f+g)(x)=f(x)+g(x)$，$(kf)(x)=kf(x)$，其中，$x\in[a,b]$，$C[a,b]$ 是一个 ∞ 维的线性空间。

例 2.6.4　$P_n[a,b]$ 表示区间 $[a,b]$ 上不超过 n 次的多项式函数的全体，按照例 2.6.3 中定义的加法和数乘，也构成 $R(C)$ 上的线性空间。且 $P_n[a,b]$ 是 $C[a,b]$ 上的一个 $n+1$ 维子空间，而 $1,x,x^2,\cdots,x^n$ 为 $P_n[a,b]$ 的一组基，显然 $P_n[a,b]=\mathrm{span}\{1,x,\cdots,x^n\}$。在不引起混淆的情况下，将 $P_n[a,b]$ 简记为 P_n。

一般地，在讨论实数的计算问题中，误差界是通过绝对值来度量的。以下各章将要讨

论各种计算问题中函数、矩阵和向量的误差分析，这就要对函数、矩阵和向量建立度量，为此先要在线性空间中引入范数的概念。

定义 2.6.1　设 X 是数域 K 上的一个线性空间，在其中定义一个实值函数 $\|\cdot\|$，且对于任意 $u,v\in X$ 及 $k\in K$，满足下列性质。

（1）正定性：$\|u\|\geqslant 0$，且 $\|u\|=0\Leftrightarrow u=\theta$（注：$\theta$ 表示线性空间中的零元素）。

（2）齐次性：$\|ku\|=|k|\|u\|$。

（3）三角不等式：$\|u+v\|\leqslant\|u\|+\|v\|$。

则称 $\|\cdot\|$ 为 X 上的范数，此外还定义了范数的线性空间，也称赋范线性空间。

对 X 上的任意范数 $\|\cdot\|$，若 $u,v\in X$，由三角不等式可推出：

$$\|u\|=\|(u-v)+v\|\leqslant\|u-v\|+\|v\|\Rightarrow\|u\|-\|v\|\leqslant\|u-v\|$$

因此有 $|\|u\|-\|v\||\leqslant\|u-v\|$。由线性空间上的范数很容易建立距离的度量，即

$$\forall u,v\in X,\quad d(u,v)=\|u-v\|$$

例 2.6.5　在 $C[a,b]$ 上定义：

$$\forall f(x)\in C[a,b],\quad \|f\|_\infty=\max_{x\in[a,b]}|f(x)|$$

容易验证 $\|\cdot\|_\infty$ 为线性空间 $C[a,b]$ 上的一个范数。

而范数又可以通过线性空间的内积来定义，同时由内积可引出向量的夹角等相关概念。

定义 2.6.2　设 X 是数域 K（R 或 C）上的线性空间，在 $X\times X$ 到数域 K 上建立一个映射，即 $\forall u,v\in X$，K 中有一个数值与之对应，记为 (u,v)，且满足 $\forall u,v,w\in X$ 及 $a\in K$。

（1）$(u+v,w)=(u,w)+(v,w)$。

（2）$(au,v)=a(u,v)$。

（3）$(u,v)=\overline{(v,u)}$，其中，$\overline{(v,u)}$ 是 (v,u) 的共轭复数。

（4）$(u,u)\geqslant 0$，且 $(u,u)=0\Leftrightarrow u=\theta$。

则称 (u,v) 为 u 与 v 的内积，此外还定义了内积的线性空间，又称内积空间。

注：若 K 为实数集 R，则定义 2.6.2 中的（3）就变成了 $(u,v)=(v,u)$，此称为内积的对称性。

在内积空间中，若 $(u,v)=0$，则称 u 与 v 正交，这是向量相互垂直概念的一般化定义。一般地，可利用内积定义向量 u 与 v 的夹角余弦：

$$\cos(\widehat{u,v})=(u,v)/[\sqrt{(u,u)}\cdot\sqrt{(v,v)}] \tag{2.6.2}$$

以下给出内积的一些性质，它们的证明可以在《高等代数》教科书中找到。

定理 2.6.1（Cauchy-Schwarz 不等式）　设 X 为一个内积空间，则 $\forall u,v\in X$，有 $|(u,v)|^2\leqslant(u,u)\cdot(v,v)$。

定理 2.6.2（Gram 矩阵）　设 X 为一个内积空间，$u_1,u_2,\cdots,u_n\in X$，构造矩阵

$$G=\begin{bmatrix}(u_1,u_1) & (u_2,u_1) & \cdots & (u_n,u_1)\\ (u_1,u_2) & (u_2,u_2) & \cdots & (u_n,u_2)\\ \vdots & \vdots & & \vdots\\ (u_1,u_n) & (u_2,u_n) & \cdots & (u_n,u_n)\end{bmatrix}$$

则矩阵 G 非奇异的充分必要条件是 $u_1,u_2,\cdots,u_n$ 线性无关，其中，矩阵 G 也称格拉姆（Gram）矩阵。

定理 2.6.3（Gram-Schmidt 正交化方法） 如果 $u_1,u_2,\cdots,u_n$ 是内积空间 X 中的一个线性无关的向量序列，则按照公式

$$v_1=u_1, v_i=u_i-\sum_{k=1}^{i-1}(u_i,u_k)/(v_k,v_k)\cdot v_k \quad (i=2,\cdots,n)$$

产生的向量组 $v_1,v_2,\cdots,v_n$ 是正交的，即满足 $(v_i,v_j)=0\ (i,j=1,2,\cdots,n;i\neq j)$，而且此向量组是 $\text{span}\{u_1,\cdots,u_n\}$ 的一组基。

在内积空间 X 上可以由内积导出范数，即对于 $u\in X$，定义

$$\|u\|=\sqrt{(u,u)} \tag{2.6.3}$$

容易验证它满足范数的定义，其中，三角不等式可由定理 2.6.1 来证明。

例 2.6.6 设 $x,y\in R^n$（C^n），记 $x=(x_1,x_2,\cdots,x_n)^{\mathrm{T}}$，$y=(y_1,y_2,\cdots,y_n)^{\mathrm{T}}$，给定一组实数 $w_i>0\ (i=1,2,\cdots,n)$，定义

$$(x,y)=\sum_{i=1}^{n}w_i x_i\overline{y_i} \tag{2.6.4}$$

不难验证式（2.6.4）给出的 (x,y) 满足定义 2.6.2，即式（2.6.4）是 R^n（C^n）上的一个内积。此内积也称为 R^n（C^n）上的权系数为 $\{w_i\}$ 的加权内积，其中，称 $\{w_i\}$ 为这个内积的权系数，此加权内积诱导的范数为

$$\|x\|=\sqrt{(x,x)}=\sqrt{\sum_{i=1}^{n}w_i x_i\overline{x_i}} \tag{2.6.5}$$

2.6.2 连续函数的范数

定义 2.6.3 设 $[a,b]$ 是有限或无限区间，如果 $\rho(x)\in C[a,b]$ 且满足：

（1）$\forall x\in[a,b]$，$\rho(x)\geqslant 0$。

（2）$\int_a^b x^k\rho(x)\mathrm{d}x$ 存在且为有限值（$k=0,1,2,\cdots$）。

（3）若对于 $[a,b]$ 上的非负连续函数 $g(x)$，有 $\int_a^b \rho(x)g(x)\mathrm{d}x=0$，则 $g(x)=0$，称 $\rho(x)$ 为区间 $[a,b]$ 上的一个权函数。

定义 2.6.3 保证了 $\rho(x)$ 是 $[a,b]$ 上可积的非负函数，而且在 $[a,b]$ 的任一开子区间上，$\rho(x)$ 不恒为零。

例 2.6.7 设 $\rho(x)$ 是区间 $[a,b]$ 上给定的权函数，$\forall f,g\in C[a,b]$，定义

$$(f,g)=\int_a^b\rho(x)f(x)g(x)\mathrm{d}x \tag{2.6.6}$$

不难验证它是 $C[a,b]$ 上的一个内积，其诱导的范数为

$$\|f\|_2=\sqrt{\int_a^b\rho(x)f^2(x)\mathrm{d}x} \tag{2.6.7}$$

此为连续函数空间 $C[a,b]$ 上的权函数为 $\rho(x)$ 的 2-范数。

至此，讨论了连续函数空间 $C[a,b]$ 上的两类范数，即 $\|f\|_\infty$ 和 $\|f\|_2$。函数的范数可

以作为函数的一种度量，当用多项式函数 $p(x)\in P_n[a,b]$ 近似函数 $f(x)$ 时，$\|f(x)-p(x)\|_\infty$ 和 $\|f(x)-p(x)\|_2$ 可用于表示误差的两种度量。采用不同的范数，误差的意义是不同的。

因为 R^n 和 $R^{n\times m}$ 均为有限维的线性空间，它们的向量和矩阵也有各种不同的范数定义。下面专门讨论向量和矩阵的范数及其性质，且将矩阵的范数仅限定在方阵。

2.6.3　向量的范数

向量的范数是衡量向量大小度量的概念，一般定义在 R^n 或 C^n 上，且一般性定义如定义 2.6.1 中的表述。根据定义 2.6.1，向量的范数的具体形式可以有多种，但常用的有以下三种，$\forall x=(x_1,x_2,\cdots,x_n)^{\mathrm{T}}\in R^n$（$C^n$）。

（1）2-范数。

$$\|x\|_2=\sqrt{\sum_{i=1}^{n}|x_i|^2} \tag{2.6.8}$$

（2）1-范数。

$$\|x\|_1=\sum_{i=1}^{n}|x_i| \tag{2.6.9}$$

（3）∞-范数。

$$\|x\|_\infty=\max_{1\leqslant i\leqslant n}|x_i| \tag{2.6.10}$$

其中，式（2.6.8）～式（2.6.10）中的 $|x_i|$ 在 R^n 中理解为 x_i 的绝对值，在 C^n 中理解为 x_i 的模，且上面三种常用的向量范数可统一为下面的 p-范数：

$$\|x\|_p=\left(\sum_{i=1}^{n}|x_i|^p\right)^{1/p}\qquad (p\in[1,+\infty))$$

显然，当 p 为 1 和 2 时，即向量的 1-范数和 2-范数，容易得到

$$\|x\|_\infty=\lim_{p\to+\infty}\left(\sum_{i=1}^{n}|x_i|^p\right)^{1/p}$$

对于任意向量范数 $\|\cdot\|$，定义集合 $\{x\,|\,\|x\|\leqslant 1, x\in R^n\}$ 为单位球，图 2-6-1 表示 R^3 中三种常用范数下的单位球。其中，图 2-6-1（a）是在 2-范数下表示为欧氏意义的单位球；

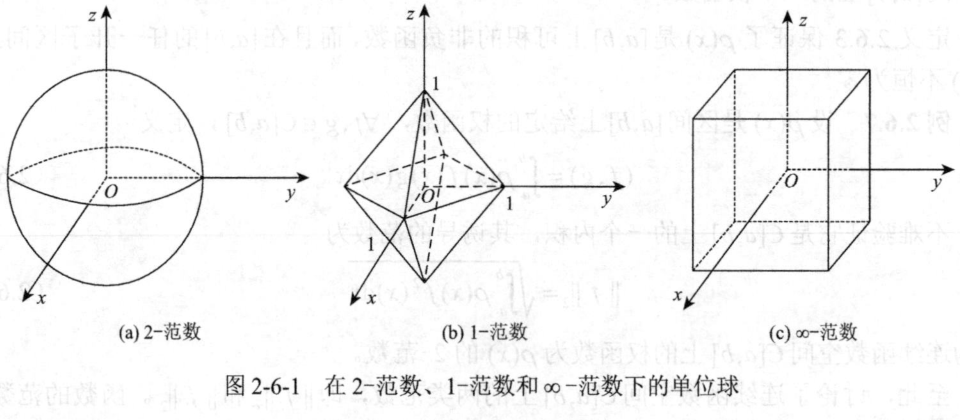

图 2-6-1　在 2-范数、1-范数和 ∞-范数下的单位球

图 2-6-1（b）是在 1-范数下表示为以 $(\pm1,0,0)$，$(0,\pm1,0)$，$(0,0,\pm1)$ 为顶点的双四棱锥；图 2-6-1（c）是在 ∞-范数下表示为以原点为中心，边长为 2 的正方体。

下面以 R^n 上的向量范数为例，介绍向量范数的性质，这些性质对 C^n 上的范数也成立。

定理 2.6.4　给定 $A\in R^{n\times n}$，$\|\cdot\|$ 是 R^n 上的任意范数，则 $\forall x=(x_1,x_2,\cdots,x_n)^{\mathrm{T}}\in R^n$，$\|Ax\|$ 是 $x_1,x_2,\cdots,x_n$ 的 n 元连续函数。

证明　对于给定的 $A\in R^{n\times n}$，设 α_j 为 A 的列向量，将 A 写成分块形式：

$$A=[\alpha_1,\alpha_2,\cdots,\alpha_n]$$

由三角不等式知，$\forall h=(h_1,h_2,\cdots,h_n)^{\mathrm{T}}\in R^n$，有

$$|\|A(x+h)\|-\|Ax\||\leqslant\|Ah\|=\left\|\sum_{i=1}^{n}h_i\alpha_i\right\|\leqslant\sum_{i=1}^{n}|h_i|\|\alpha_i\|\leqslant M\max_{1\leqslant i\leqslant n}|h_i|$$

其中，$M=\sum_{i=1}^{n}\|\alpha_i\|$。从而，$\forall\varepsilon>0$，当 $\max_{1\leqslant i\leqslant n}|h_i|<\varepsilon/(M+1)$ 时，有 $|\|A(x+h)\|-\|Ax\||<\varepsilon$，即 $\|Ax\|$ 是 $x_1,x_2,\cdots,x_n$ 的 n 元连续函数。

推论 2.6.1　设 $\|\cdot\|$ 是 R^n 上的一个范数，则 $\|x\|$ 是 $x_1,x_2,\cdots,x_n$ 的 n 元连续函数。

下面给出范数的等价性定义。

定义 2.6.4　设 $\|\cdot\|_\alpha$ 和 $\|\cdot\|_\beta$ 是线性空间 X 上的两个范数。如果存在常数 $c_2>c_1>0$，有

$$\forall u\in X,\quad c_1\|u\|_\alpha\leqslant\|u\|_\beta\leqslant c_2\|u\|_\alpha \tag{2.6.11}$$

则称范数 $\|\cdot\|_\alpha$ 和 $\|\cdot\|_\beta$ 是等价的。

显然范数的等价性满足自反性、对称性和传递性，即它是一个普通的等价关系。

定理 2.6.5　R^n 上所有的范数都是等价的。

证明　由于范数的等价性是一个普通的等价关系，只要证明 R^n 上的任意范数都与某个范数等价即可，下面证明 R^n 上的任意范数都与 $\|\cdot\|_\infty$ 等价。设 $\|\cdot\|$ 为 R^n 上的任意范数，记

$$D=\{x\,|\,\|x\|_\infty=1,x=(x_1,x_2,\cdots,x_n)^{\mathrm{T}}\in R^n\}$$

显然 D 是 R^n 上的有界闭集。由推论 2.6.1 知，$\|\cdot\|$ 是 D 上的 n 元连续函数，因此它在 D 上有最大值和最小值，分别记为 M 和 m。于是 $\forall x\in R^n$，

（1）当 $x\neq\theta$ 时，有 $x/\|x\|_\infty\in D$，从而 $m\leqslant\|x/\|x\|_\infty\|\leqslant M$，即

$$m\|x\|_\infty\leqslant\|x\|\leqslant M\|x\|_\infty \tag{2.6.12}$$

（2）当 $x=\theta$ 时，$\|x\|_\infty=0=\|x\|_\alpha$，显然式（2.6.12）成立。

综合（1）和（2）有，$\forall x\in R^n$，$m\|x\|_\infty\leqslant\|x\|\leqslant M\|x\|_\infty$，从而可得范数 $\|\cdot\|$ 与 $\|\cdot\|_\infty$ 等价。

2.6.4　矩阵范数

这里主要讨论 $R^{n\times n}$ 中的范数定义及其性质，但这些定义及性质可平行移植到 $C^{n\times n}$ 中。

定义 2.6.5　若 $\forall A\in R^{n\times n}$，对应一个实数 $\|A\|$，且 $\forall A,B\in R^{n\times n},k\in R$，满足以下性质。

（1）非负性：$\|A\|\geqslant0$，且 $\|A\|=0\Leftrightarrow A=\theta$。

（2）齐次性：$\|kA\|=|k|\|A\|$。

（3）三角不等式成立：$\|A+B\|\leqslant\|A\|+\|B\|$。

（4）相容性条件：$\|AB\|\leqslant\|A\|\times\|B\|$。

则称$\|\cdot\|$为$R^{n\times n}$上的一个矩阵范数。

定义 2.6.5 中的（1）～（3）是向量范数定义的直接推广，矩阵乘积的相容性条件将使矩阵范数在数值计算中的应用更为方便。

例 2.6.8　设$A=(a_{ij})_{n\times n}\in R^n$，定义

$$\|A\|_{\mathrm{F}}=\sqrt{\sum_{i=1}^{n}\sum_{j=1}^{n}|a_{ij}|^2} \tag{2.6.13}$$

很显然，式（2.6.13）满足定义 2.6.5 中的（1）～（3），再利用矩阵的乘法性质及柯西不等式可以验证它也满足定义 2.6.5 中的（4），即式（2.6.13）中定义的$\|\cdot\|_{\mathrm{F}}$是$R^{n\times n}$上的一个范数，它也称为矩阵的弗罗贝尼乌斯（Frobenius）范数或 F-范数。

在分析n阶线性方程组的解时，涉及矩阵与向量间的乘积，因此需要引入向量范数与矩阵范数之间的相容性条件。

定义 2.6.6　对于给定R^n上的向量范数$\|x\|$和$R^{n\times n}$上的范数$\|A\|$，若满足如下条件：

$$\forall x\in R^n,\quad A\in R^{n\times n},\qquad 有\|Ax\|\leqslant\|A\|\cdot\|x\| \tag{2.6.14}$$

则称矩阵范数$\|\cdot\|$与向量范数$\|\cdot\|$是相容的。而式（2.6.14）也称为矩阵范数与向量范数的相容性条件。

矩阵范数与向量范数的相容性条件在n阶线性方程组的误差分析中经常会用到，因此以下主要关注的矩阵范数都满足与向量范数的相容性条件，为此引入向量范数诱导的矩阵范数。

定理 2.6.6　设$\|\cdot\|$是R^n上的任一向量范数，则$\forall A\in R^{n\times n}$，定义

$$\|A\|=\sup_{x\neq\theta}(\|Ax\|/\|x\|)=\sup_{\|x\|=1}\|Ax\| \tag{2.6.15}$$

则式（2.6.15）定义的$\|A\|$是$R^{n\times n}$上的范数，且它与向量范数$\|\cdot\|$满足相容性条件。

证明　式（2.6.15）的后一等式是显然成立的，由定理 2.6.4 知，$\|Ax\|$是R^n中有界闭集$D=\{x\,|\,\|x\|=1,(x=x_1,x_2,\cdots,x_n)^{\mathrm{T}}\in R^n\}$上的连续函数，从而$\|Ax\|$在$D$上有最大值，因此式（2.6.15）可改写成下列等价形式：

$$\|A\|=\max_{x\neq\theta}(\|Ax\|/\|x\|)=\max_{\|x\|=1}\|Ax\| \tag{2.6.16}$$

由式（2.6.16）易知，$\|A\|$与$\|x\|$的相容性条件成立。下证$\|A\|$是$R^{n\times n}$上的范数。首先由式（2.6.16）易知，定义 2.6.5 中的（1）、（2）是成立的；其次由相容性条件及向量范数的性质可得，$\forall A,B\in R^{n\times n}$，$\|(A+B)x\|\leqslant\|Ax\|+\|Bx\|\leqslant(\|A\|+\|B\|)\|x\|$，从而有

$$\|A+B\|=\max_{\|x\|=1}\|(A+B)x\|\leqslant\max_{\|x\|=1}\|Ax\|+\max_{\|x\|=1}\|Bx\|=\|A\|+\|B\|$$

即定义 2.6.5 中的（3）成立。

最后，由$\|ABx\|\leqslant\|A\|\cdot\|Bx\|\leqslant\|A\|\cdot\|B\|\cdot\|x\|$，可得$\|AB\|\leqslant\|A\|\cdot\|B\|$，即定义 2.6.5 中的（4）也成立。

定义 2.6.7　在定理 2.6.6 中，由向量范数$\|\cdot\|$确定的矩阵范数$\|A\|$（注：通过式（2.6.16）确定）称为向量范数$\|\cdot\|$的从属矩阵范数，简称从属矩阵范数，或由向量范数诱导的矩阵范数，简称诱导矩阵范数。

定理 2.6.6 表明，从属矩阵范数一定与给定的向量范数相容，但是矩阵范数与向量范

数相容，却未必有从属关系（或诱导关系）。例如，可以证明$R^{n\times n}$上的弗罗贝尼乌斯范数$\|A\|_F$与R^n上的 2-范数$\|\cdot\|_2$是相容的（注：$n\geqslant 2$），即$\|Ax\|_2\leqslant\|A\|_F\|x\|_2$，但弗罗贝尼乌斯范数不是向量2-范数的从属矩阵范数。

下面讨论从属于常用向量范数的矩阵范数，并将由向量1-范数、2-范数和∞-范数诱导的矩阵范数分别叫作矩阵的1-范数（记为$\|A\|_1$）、2-范数（记为$\|A\|_2$）和∞-范数（记为$\|A\|_\infty$）。

若$A\in R^{n\times n}$（$C^{n\times n}$）的特征值为$\lambda_1,\cdots,\lambda_n$，称$\rho(A)=\max\limits_{1\leqslant i\leqslant n}|\lambda_i|$为矩阵$A$的谱半径。$\|A\|_\alpha$（$\alpha=1,2,\infty$）的计算公式由定理2.6.7给出。

定理 2.6.7　设$A=(a_{ij})_{n\times n}\in R^{n\times n}$，则

（1）矩阵的行范数：

$$\|A\|_\infty=\max_{1\leqslant i\leqslant n}\left(\sum_{j=1}^n|a_{ij}|\right) \tag{2.6.17}$$

（2）矩阵的列范数：

$$\|A\|_1=\max_{1\leqslant j\leqslant n}\left(\sum_{i=1}^n|a_{ij}|\right) \tag{2.6.18}$$

（3）矩阵的谱范数：

$$\|A\|_2=\sqrt{\rho(A^{\mathrm{T}}A)} \tag{2.6.19}$$

证明　先证式（2.6.17），设$x=(x_1,x_2,\cdots,x_n)^{\mathrm{T}}\in R^n$，则

$$\|Ax\|_\infty=\max_{1\leqslant i\leqslant n}\left|\sum_{j=1}^n a_{ij}x_j\right|\leqslant\max_{1\leqslant i\leqslant n}|a_{ij}\|x_j|\leqslant\|x\|_\infty\max_{1\leqslant i\leqslant n}\sum_{j=1}^n|a_{ij}|$$

因此有

$$\|A\|_\infty=\max_{\|x\|_\infty=1}\|Ax\|_\infty\leqslant\max_{1\leqslant i\leqslant n}\sum_{j=1}^n|a_{ij}| \tag{2.6.20}$$

设存在k $(1\leqslant k\leqslant n)$满足$\sum\limits_{j=1}^n|a_{kj}|=\max\limits_{1\leqslant i\leqslant n}\sum\limits_{j=1}^n|a_{ij}|$，取

$$x^{(0)}=(x_1^{(0)},x_2^{(0)},\cdots,x_n^{(0)})^{\mathrm{T}}\in R^n$$

其中，

$$x_j^{(0)}=\begin{cases}1, & a_{kj}\geqslant 0\\ -1, & a_{kj}<0\end{cases}\quad(j=1,2,\cdots,n)$$

显然$\|x^{(0)}\|_\infty=1$，而且，

$$\|A\|_\infty=\max_{\|x\|_\infty=1}\|Ax\|_\infty\geqslant\|Ax^{(0)}\|_\infty=\sum_{j=1}^n|a_{kj}|=\max_{1\leqslant i\leqslant n}\sum_{j=1}^n|a_{ij}| \tag{2.6.21}$$

综合式（2.6.20）和式（2.6.21），即得式（2.6.17）成立。同理可证式（2.6.18）成立，此略。

下证式（2.6.19）。根据$\|A\|_2$的定义，先考察$\|Ax\|_2$：

$$\forall x=(x_1,x_2,\cdots,x_n)^{\mathrm{T}}\in R^n,\quad \|Ax\|_2^2=(Ax,Ax)=(A^{\mathrm{T}}Ax,x)\geqslant 0$$

因此 $A^{\mathrm{T}}A$ 是对称非负定矩阵，其特征值均为非负实数。不妨记 $A^{\mathrm{T}}A$ 的 n 个特征值排列如下：$\lambda_1 \geqslant \lambda_2 \geqslant \cdots \geqslant \lambda_n \geqslant 0$，将相应的一组标准正交特征向量分别记为 $u_1, u_2, \cdots, u_n$，于是 $\forall x \in R^n$，x 可表示为 $x = \sum_{i=1}^{n} \alpha_i u_i$。如果 x 满足 $\| x \|_2 = 1$，则有

$$\| x \|_2^2 = (x, x) = \sum_{i=1}^{n} \alpha_i^2 = 1, \quad \| Ax \|_2^2 = (A^{\mathrm{T}}Ax, x) = \sum_{i=1}^{n} \lambda_i \alpha_i^2 \leqslant \lambda_1 = \rho(A^{\mathrm{T}}A)$$

特别地，若取 $x = u_1$，则有 $\| Au_1 \|_2^2 = (A^{\mathrm{T}}Au_1, u_1) = \lambda_1$，于是

$$\| A \|_2 = \max_{\|x\|_2 = 1} \| Ax \|_2 = \sqrt{\lambda_1} = \sqrt{\rho(A^{\mathrm{T}}A)}$$

故式（2.6.19）成立。

在定理 2.6.7 中，将式（2.6.19）等价地改成下列表达式：

$$\| A \|_2 = \rho(A) \tag{2.6.22}$$

关于矩阵范数与谱半径（或矩阵 2-范数）有下列结论。

定理 2.6.8

（1）设 $\| \cdot \|$ 为 $R^{n\times n}$ 上的任意一种矩阵范数，则对任意的 $A \in R^{n\times n}$，有

$$\rho(A) \leqslant \| A \| \tag{2.6.23}$$

（2）对任意的 $A \in R^{n\times n}$ 及实数 $\varepsilon > 0$，至少存在一种从属（或诱导）矩阵范数 $\| \cdot \|$，使 $\| A \| \leqslant \rho(A) + \varepsilon$。

证明　（1）设 $\theta \neq x \in R^{n\times n}$，$Ax = \lambda x$ 且 $\rho(A) = |\lambda|$，必存在向量 $y \in R^n$，使 xy^{T} 不是零矩阵，于是任给一种矩阵范数，由矩阵范数定义 2.6.5 中的（4）可得

$$\rho(A) \| xy^{\mathrm{T}} \| = \| \lambda xy^{\mathrm{T}} \| = \| Axy^{\mathrm{T}} \| \leqslant \| A \| \cdot \| xy^{\mathrm{T}} \|$$

从而有 $\rho(A) \leqslant \| A \|$。

（2）对于 $\forall A \in R^{n\times n}$，总存在非奇异矩阵 $T \in R^{n\times n}$，使 $J = TAT^{-1}$ 为若尔当（Jordan）标准型，即 J 是分块对角矩阵，$J = \mathrm{diag}[J_1, \cdots, J_s]$，其中，$J_i$ 为若尔当块矩阵：

$$J_i = \begin{bmatrix} \lambda_i & \varepsilon & & \\ & \ddots & \ddots & \\ & & \ddots & \varepsilon \\ & & & \lambda_i \end{bmatrix} \quad (i = 1, 2, \cdots, s)$$

对于实数 $\varepsilon > 0$，定义对角阵 $D_\varepsilon \in R^{n\times n}$，且 $D_\varepsilon = \mathrm{diag}(1, \varepsilon, \varepsilon^2, \cdots, \varepsilon^{n-1})$，容易验证 $D_\varepsilon^{-1} J D_\varepsilon$ 仍为分块对角形式，其分块的方法与 J 相同，即

$$\hat{J} = D_\varepsilon^{-1} J D_\varepsilon = \mathrm{diag}\, \hat{J}_1 [\hat{J}_1, \hat{J}_2, \cdots, \hat{J}_s]$$

其中，

$$\hat{J}_i = \begin{bmatrix} \lambda_i & \varepsilon & & \\ & \ddots & \ddots & \\ & & \ddots & \varepsilon \\ & & & \lambda_i \end{bmatrix} \quad (i = 1, 2, \cdots, s)$$

它的阶数与 J_i 相同，取 $\hat{J}$ 的 ∞-范数，根据式（2.6.17）计算可得

$$\|\hat{J}\|_{\infty}=\|D_{\varepsilon}^{-1}TAT^{-1}D_{\varepsilon}\|_{\infty}\leqslant\rho(A)+\varepsilon$$

而 $D_{\varepsilon}^{-1}T$ 为非奇异矩阵，可以证明 $\|D_{\varepsilon}^{-1}Tx\|_{\infty}$ 定义了 R^n 上的一种向量范数，且 A 从属于此向量范数的矩阵范数为 $\|A\|=\|D_{\varepsilon}^{-1}TAT^{-1}D_{\varepsilon}\|_{\infty}\leqslant\rho(A)+\varepsilon$。

定理 2.6.8 中的（1）表明，在所有的从属（或诱导）矩阵范数中，矩阵的 2-范数（或谱范数）是最小的。在第 3 章的线性方程组迭代法收敛性判别中会发现，矩阵的 2-范数（或谱范数）是所有矩阵范数中最精确的，但计算量也是最大的。定理 2.6.8 中的（2）表明，矩阵的 2-范数（或谱范数）是所有矩阵范数的下确界，同时也表明矩阵范数在所有矩阵范数集合中的度量具有连续性。

只要将 $R^{n\times n}$ 看成 $n\times n$ 的线性空间（或向量空间），类似于定理 2.6.5 的证明，可得矩阵范数还具有如下性质。

定理 2.6.9　对于 $R^{n\times n}$ 上的任意两个范数 $\|\cdot\|_{\alpha}$ 和 $\|\cdot\|_{\beta}$，存在常数 M 和 m，满足 $M\geqslant m>0$，使

$$\forall A\in R^{n\times n},\quad m\|A\|_{\alpha}\leqslant\|A\|_{\beta}\leqslant M\|A\|_{\alpha}$$

即 $R^{n\times n}$ 上的所有范数都是等价的。

定理 2.6.10　设 $\|\cdot\|$ 是 $R^{n\times n}$ 上的一个从属矩阵范数。若矩阵 $B\in R^{n\times n}$，满足 $\|B\|<1$，则 $I\pm B$ 是非奇异的，且 $\|(I\pm B)^{-1}\|\leqslant(1-\|B\|)^{-1}$。

证明　（反证法）假设 $I+B$ 是奇异的，则存在非零向量 x $(\theta\neq x\in R^n)$，使 $(I+B)x=0$，即 B 有一个特征值为–1，因此 $\rho(B)\geqslant 1$。由定理 2.6.8 知，$\|B\|\geqslant\rho(B)\geqslant 1$，与定理 2.6.10 所给条件矛盾，从而假设不成立，故 $I+B$ 是非奇异的，记 $D=(I+B)^{-1}$，则由

$$1=\|I\|=\|(I+B)D\|\geqslant\|D\|-\|B\|\cdot\|D\|=\|D\|(1-\|B\|)$$

可得 $\|(I+B)^{-1}\|\leqslant(1-\|B\|)^{-1}$。

同理可证 $I-B$ 也可逆，且 $\|(I-B)^{-1}\|\leqslant(1-\|B\|)^{-1}$。

推论 2.6.2　给定 $A\in R^{n\times n}$，若 A^{-1} 存在，且 $\|A^{-1}\|\leqslant\alpha$，$\|A-C\|\leqslant\beta$，$\alpha\beta<1$，则 C 可逆，且 $\|C^{-1}\|\leqslant\alpha/(1-\alpha\beta)$。

证明　令 $B=A^{-1}(A-C)=I-A^{-1}C$，则 $\|B\|\leqslant\|A^{-1}\|\cdot\|A-C\|\leqslant\alpha\beta<1$，从而由定理 2.6.10 知，$C$ 可逆，且 $\|C^{-1}\|\leqslant\|(I-B)^{-1}\|\cdot\|A\|\leqslant\alpha/(1-\|B\|)\leqslant\alpha/(1-\alpha\beta)$。

2.7　线性方程组的误差分析

2.7.1　线性方程组的性态与条件数

判断一个数值计算方法的好坏，可以用方法是否稳定，解的精度高低及计算量、存储量的大小等来衡量。然而有些问题由于数据的微小变化，同一方法求解都可能产生完全不同的结果，这就涉及所需求解问题的性态，即“好”“坏”。本节将介绍在微小系数扰动下线性方程组“好”与“坏”的概念，并给出一个衡量标准。

先看一个例子，容易计算出方程组

$$\begin{cases}12x_1+35x_2=59\\12x_1+35.000001x_2=59.000001\end{cases}$$

的精确解为 $x_1=2$， $x_2=1$。假设系数有一个小的扰动，即原方程组变成

$$\begin{cases}12x_1+35x_2=59\\12x_1+34.999999x_2=59.000002\end{cases}$$

容易解得 $x_1=10.75$， $x_2=-2$。由此可见，系数的微小变化竟使解的结果面目全非，正所谓差之毫厘，谬以千里，这种现象的出现完全是由方程组的性态决定的。

定义 2.7.1　在 n 阶线性方程组 $Ax=b$ 中，如果给定矩阵 A 和 b 的变化 $\|\delta A\|$ 和 $\|\delta b\|$ 很微小，引起的解向量 x 的变化 $\|\delta x\|$ 却很大，则称该方程组为病态的；否则，如果扰动 $\|\delta A\|$ 和 $\|\delta b\|$ 很小，解的改变量 $\|\delta x\|$ 也很小，则称方程组 $Ax=b$ 为良态方程组。

n 阶线性方程组的病态和良态是一个相对概念，其中用到了模糊性的描述语言，如“很小”“很大”等。下面来介绍一种能刻化方程组病态程度的度量，采用的方法就是给方程组的系数矩阵、常数项一个小扰动，考察方程组解的变化。

设 n 阶线性方程组 $Ax=b$ 的系数矩阵 A 是非奇异的，x 是该方程组的精确解。分别给系数矩阵 A 和常数项 b 一个小扰动 δA 和 δb，将由此产生的解 x 的扰动记为 δx，于是

$$(A+\delta A)(x+\delta x)=b+\delta b \tag{2.7.1}$$

下面就 δA、δb 的各种情况，讨论解的扰动 δx 与 δb 间的关系。

（1）若仅有扰动 δb，即 $\delta A=0$，这时式（2.7.1）变成 $A(x+\delta x)=b+\delta b$，于是由 $Ax=b$ 得 $\delta x=A^{-1}\delta b$。由 $\|\delta x\|\leqslant\|A^{-1}\|\cdot\|\delta b\|$，$\|b\|=\|Ax\|\leqslant\|A\|\cdot\|x\|$，得

$$\|\delta x\|/\|x\|\leqslant\|A\|\cdot\|A^{-1}\|\cdot\|\delta b\|/\|b\| \tag{2.7.2}$$

式（2.7.2）表明，当 b 有扰动 δb 时，引起的解的相对误差不超过 b 的相对误差的 $\|A\|\cdot\|A^{-1}\|$ 倍。

（2）若仅有扰动 δA，即 $\delta b=0$，这时式（2.7.1）变成 $(A+\delta A)(x+\delta x)=b$，进而有 $(A+\delta A)\delta x=-\delta Ax$。在 $\|A^{-1}\|\cdot\|\delta A\|<1$ 的条件下，$A+\delta A$ 非奇异，可得 $(I+A^{-1}\delta A)\delta x=-A^{-1}\delta Ax$，于是 $\delta x=-(I+A^{-1}\delta A)^{-1}A^{-1}\delta A\cdot x$，从而

$$\|\delta x\|\leqslant\|(I+A^{-1}\delta A)^{-1}\|\cdot\|A^{-1}\|\cdot\|\delta A\|\|x\|$$

故有

$$\|\delta x\|/\|x\|\leqslant\|A^{-1}\|\cdot\|A\|/(1-\|A^{-1}\|\cdot\|\delta A\|)\cdot\|\delta A\|/\|A\| \tag{2.7.3}$$

其中，用到了 $\|(I+A^{-1}\delta A)^{-1}\|\leqslant 1/(1-\|A^{-1}\|\cdot\|\delta A\|)$。当 $\|A^{-1}\|\cdot\|\delta A\|$ 很小时，式（2.7.3）变成

$$\|\delta x\|/\|x\|\leqslant\|A^{-1}\|\cdot\|A\|/(1-\|A^{-1}\|\cdot\|\delta A\|)\cdot\|\delta A\|/\|A\|\approx(\|A^{-1}\|\cdot\|A\|)\cdot\|\delta A\|/\|A\|$$

此表明，当 $\|A^{-1}\|\cdot\|\delta A\|$ 很小时，扰动 δA 引起的解的相对误差不超过 A 的相对误差的 $\|A\|\cdot\|A^{-1}\|$ 倍。

一般地，若 A 有扰动 δA，b 有扰动 δb，且当 $\|A^{-1}\|\cdot\|\delta A\|<1$ 时，由式（2.7.2）及 $Ax=b$ 可得 $(A+\delta A)\delta x=\delta b-\delta Ax$，即 $\delta x=(I+A^{-1}\delta A)^{-1}(A^{-1}\delta b-A^{-1}\delta Ax)$，于是

$$\|\delta x\|\leqslant 1/(1-\|A^{-1}\|\|\delta A\|)(\|A^{-1}\|\cdot\|\delta b\|/\|b\|+\|A^{-1}\|\cdot\|\delta A\|\cdot\|x\|)$$

进一步，由 $\|b\|=\|Ax\|\leqslant\|A\|\cdot\|x\|$ 可得

$$\|\delta x\|/\|x\|\leqslant\|A^{-1}\|\cdot\|A\|/(1-\|A^{-1}\|\cdot\|\delta A\|)\cdot(\|\delta b\|/\|b\|+\|\delta A\|/\|A\|) \tag{2.7.4}$$

当 $\|A^{-1}\|\cdot\|\delta A\|$ 很小时，式（2.7.4）可变成

$$\|\delta x\|/\|x\|\leqslant\|A^{-1}\|\cdot\|A\|/(1-\|A^{-1}\|\cdot\|\delta A\|)\cdot(\|\delta b\|/\|b\|+\|\delta A\|/\|A\|)$$
$$\approx\|A\|\cdot\|A^{-1}\|(\|\delta b\|/\|b\|+\|\delta A\|/\|A\|) \tag{2.7.5}$$

式（2.7.5）表明，当系数矩阵及常数项有扰动，且$\|A^{-1}\|\cdot\|\delta A\|$很小时，引起的解的相对误差不超过系数矩阵与常数项的相对误差之和的$\|A\|\cdot\|A^{-1}\|$倍。

综上可以看到，当$\|A\|\cdot\|A^{-1}\|$越大时，解的相对误差可能就越大。因此$\|A\|\cdot\|A^{-1}\|$实际上刻画了解对原始数据变化的灵敏度，即刻划了方程组的性态。

定义 2.7.2　设$A\in R^{n\times n}$，且A为非奇异矩阵，$\|\cdot\|$为一个矩阵范数，称数$\|A\|\cdot\|A^{-1}\|$为矩阵A的条件数，记为$\mathrm{cond}(A)=\|A\|\cdot\|A^{-1}\|$。

引入条件数后，式（2.7.2）～式（2.7.4）可分别表示为

$$\|\delta x\|/\|x\|\leqslant\mathrm{cond}(A)\cdot\|\delta b\|/\|b\|$$
$$\|\delta x\|/\|x\|\leqslant\mathrm{cond}(A)/[1-\mathrm{cond}(A)\cdot\|\delta A\|/\|A\|]\cdot\|\delta A\|/\|A\|$$
$$\|\delta x\|/\|x\|\leqslant\mathrm{cond}(A)/[1-\mathrm{cond}(A)\cdot\|\delta A\|/\|A\|]\cdot(\|\delta b\|/\|b\|+\|\delta A\|/\|A\|)$$

因此，n阶线性方程组$Ax=b$的系数矩阵A的条件数$\mathrm{cond}(A)$刻画了其病态程度，即条件数$\mathrm{cond}(A)$越大，其病态越严重。同时，若方程组$Ax=b$是病态的，则称矩阵A是病态的，即条件数$\mathrm{cond}(A)$也是刻画矩阵A是否病态的度量。常用的条件数的计算公式如下：

$$\mathrm{cond}_\infty(A)=\|A\|_\infty\|A^{-1}\|_\infty,\quad \mathrm{cond}_1(A)=\|A\|_1\|A^{-1}\|_1,\quad \mathrm{cond}_2(A)=\sqrt{\lambda_{\max}(A^{\mathrm T}A)/\lambda_{\min}(A^{\mathrm T}A)}$$

它们分别为矩阵A的∞-条件数、1-条件数和 2-条件数。特别地，当A为实对称矩阵时，$\mathrm{cond}_2(A)=|\lambda_{\max}(A)|/|\lambda_{\min}(A)|$；当$A$为对称正定矩阵时，$\mathrm{cond}_2(A)=\lambda_{\max}(A)/\lambda_{\min}(A)$，其中，$\lambda_{\max}(A)$和$\lambda_{\min}(A)$分别表示矩阵$A$的按模最大和最小的特征值。

条件数有以下性质。

性质 2.7.1　对任意的n阶方阵A且A可逆，有

（1）$\mathrm{cond}(A)\geqslant 1$，$\mathrm{cond}(A)=\mathrm{cond}(A^{-1})$。

（2）$\forall 0\neq\alpha\in R$，有$\mathrm{cond}(\alpha A)=\mathrm{cond}(A)$。

（3）对任意正交矩阵U，即$U^{\mathrm T}U=I_n$，有

$$\mathrm{cond}_2(U)=1,\quad \mathrm{cond}_2(A)=\mathrm{cond}_2(UA)=\mathrm{cond}_2(AU)$$

证明　对于（1），有$\mathrm{cond}(A)=\|A\|\cdot\|A^{-1}\|\geqslant\|A\cdot A^{-1}\|=\|I_n\|\geqslant\|I_n\|_2=1$。（2）和（3）可由定义直接推得，此略。

性质 2.7.1 中的（3）表明，对矩阵A的行或列进行正交变换，不会改变A的条件数。进一步得到，正交变换不会使线性方程组的解的误差扩大，这些在以后的讨论中非常重要。

例 2.7.1　已知方程组$Ax=b$，其中，

$$A=\begin{bmatrix}2 & 6\\ 2 & 6.00001\end{bmatrix},\quad b=\begin{bmatrix}8\\ 8.0001\end{bmatrix}$$

已知b有扰动$\delta b=(0,0.00001)^{\mathrm T}$，试计算$\mathrm{cond}_\infty(A)$，并注明$\delta b$对解向量$x$的影响。

解　易求得$A^{-1}=\begin{bmatrix}300000.5 & -300000\\ -100000 & 100000\end{bmatrix}$，则

$$\mathrm{cond}_\infty(A)=\|A^{-1}\|_\infty\cdot\|A\|_\infty=600000.5\times 8.00001\approx 4.8\times 10^6$$

从而，$\|\delta x\|_\infty/\|x\|_\infty\leqslant\mathrm{cond}_\infty(A)\cdot\|\delta b\|_\infty/\|b\|_\infty\approx 600\%$。

这说明，尽管常数项b的第二个分量只有十万分之一的改变，引起的解向量x的改变却是600%。这说明方程组是病态的，且相应的矩阵A病态严重。

例 2.7.2　设方程组$H_n x=b$，其中，

$$H_n=\begin{bmatrix}1 & 1/2 & 1/3 & \cdots & 1/n\\ 1/2 & 1/3 & 1/4 & \cdots & 1/(n+1)\\ \vdots & \vdots & & & \vdots\\ 1/n & 1/(n+1) & 1/(n+2) & \cdots & 1/(2n-1)\end{bmatrix}$$

当$n=3$时，$\|H_3\|_\infty=11/6$，$\|H_3^{-1}\|_\infty=408$，从而$\operatorname{cond}_\infty(H_3)=748$；当$n=6$时，$\operatorname{cond}_\infty(H_6)=29\times10^6$。一般地，$n$越大，矩阵$H_n$的病态就越严重。因此，随着$n$的增大，方程组$H_n x=b$的病态就越严重。这一方程组被称为希尔伯特（Hilbert）方程组，对应的系数矩阵H_n即著名的病态矩阵——希尔伯特矩阵。

求解病态方程组要十分小心，一般需采用高精度的算法。

2.7.2　线性方程组解的误差估计

从理论上讲，用直接法解线性方程组，应得到其精确解。但由于计算机有舍入误差，往往得到的是近似解，以下利用条件数对其近似解进行误差分析。

在式（2.7.1）中，若$\delta A\neq0$，$\delta b\neq0$，且矩阵A的扰动δA非常小，使$\|A^{-1}\|\|\delta A\|<1$，则由前面的讨论可知，式（2.7.1）的解的相对误差为

$$\|\delta x\|/\|x\|\leqslant \operatorname{cond}(A)/[1-\operatorname{cond}(A)\cdot\|\delta A\|/\|A\|]\cdot(\|\delta b\|/\|b\|+\|\delta A\|/\|A\|) \tag{2.7.6}$$

定理 2.7.1　设x和x^*分别是n阶线性方程组$Ax=b$的精确解和近似解，其中，A是n阶可逆矩阵，$b\neq0$。记$r=b-Ax^*$为近似解x^*的残差，则

$$\|x-x^*\|/\|x\|\leqslant \operatorname{cond}(A)\cdot\|r\|/\|b\| \tag{2.7.7}$$

证明　由$x-x^*=A^{-1}r$可得$\|x-x^*\|\leqslant\|A^{-1}\|\cdot\|r\|$；而由$\|b\|=\|Ax\|\leqslant\|A\|\cdot\|x\|$可进一步推得$1/\|x\|\leqslant\|A\|/\|b\|$，因此式（2.7.7）成立。

由式（2.7.7）知，当方程组病态严重即条件数很大时，即使残差很小，解的相对误差仍可能很大。因此，有关病态问题的处理需选用高精度方法求解。

2.8　数值实例

例 2.8.1　使用 MATLAB 进行列主元素的高斯消元，可以输入任意阶的线性方程组。

解　写入 M 文件，并保存为 gausslzy.m。

```
function x=gausslzy(A,b)
n=length(b);A=[A,b];
for k=1:(n-1)
    [Ap,p]=max(abs(A(k:n,k)));p=p+k-1;
    if p>k
```

```
            t=A(k,:);A(k,:)=A(p,:);A(p,:)=t;
        end
        A((k+1):n,(k+1):(n+1))=A((k+1):n,(k+1):(n+1))...
        -A((k+1):n,k)/A(k,k)*A(k,(k+1):(n+1));
        A((k+1):n,k)=zeros(n-k,1);
    end
    x=zeros(n,1);
    x(n)=A(n,n+1)/A(n,n);
    for k=n-1:-1:1
        x(k,:)=(A(k,n+1)-A(k,(k+1):n)*x((k+1):n))/A(k,k);
    end
```

调用函数运行:

```
    A=[1-1 1;5 -4 3;2 1 1];b=[-4 -12 11]';
    x=gausslzy(A,b)
```

输出结果:

```
    x=3,6,-1
```

例 2.8.2　*LU* 分解的 MATLAB 程序。

解　写入 M 文件，并保存为 zhjLU.m。

```
    function hl=zhjLU(A)
    [n n]=size(A);RA=rank(A);
    if RA~=n
        disp('A 的 n 阶行列式 hl 等于零,所以 A 不能进行 LU 分解。A 的秩 R(A)
如下:'),RA,hl=det(A);
        return
    end
    if RA==n
        for p=1:n
            h(p)=det(A(1:p,1:p));
        end
        hl=h(1:n);
        for i=1:n
            if h(1,i)==0
                disp('A 的 r 阶主子式等于零,所以 A 不能进行 LU 分解。A 的秩
R(A)和各阶顺序主子式的值 hl 依次如下:'),hl;RA
                return
            end
        end
        if h(1,i)~=0
```

```
            disp('A的各阶主子式都不等于零,所以A能进行LU分解。A的秩R(A)
和各阶顺序主子式的值hl依次如下:')
            U=zeros(n,n);L=eye(n,n);
            U(1,:)=A(1,:);
            L(2:n,1)=A(2:n,1)/A(1,1);
            for k=2:n
                for i=2:n
                    for j=2:n
                        if i>j
                            L(i,k)=(A(i,k)-L(i,1:k-1)*U(1:k-1,
k))/U(k,k);
                        else
                            U(k,j)=A(k,j)-L(k,1:k-1)*U(1:k-1,j);
                        end
                    end
                end
            end
            hl;RA,U,L
        end
    end
```

运行：

```
    A=[1 -1 1;5 -9 3;2 1 1];
    hl=zhjLU(A)
```

输出结果：

```
    A的各阶主子式都不等于零，所以A能进行LU分解。A的秩R(A)和各阶顺序
主子式的值hl依次如下：
    RA=   3
    U=    1.0000     -1.0000     1.0000
          0          -4.0000     -2.0000
          0          0           -2.5000
    L=    1.0000     0           0
          5.0000     1.0000      0
          2.0000     -0.7500     1.0000
    hl=   1.0000     -4.0000     10.0000
```

例 2.8.3　对称正定矩阵的乔里斯基分解的 MATLAB 程序。

解　MATLAB 有矩阵的楚列斯基分解（矩阵的平方根法）的自建命令 chol，也可以按如下算法进行编程。

```
    clear;clc;
```

```
A=[9,18,9,-27;%输入待分解矩阵A,要求对称正定
   18,45,0,-45;
   9,0,126,9;
   -27,-45,9,135];
b=[1 2 16 8]';
n=length(b);%方程个数n
G=zeros(n,n);
G(1,1)=sqrt(A(1,1));
G(2:n,1)=A(2:n,1)/G(1,1);
for j=2:n-1
   G(j,j)=sqrt(A(j,j)-sum(G(j,1:j-1).^2));
   for i=j+1:n
      G(i,j)=(A(i,j)-sum(G(i,1:j-1).*G(j,1:j-1)))/G(j,j);
   end
end
G(n,n)=sqrt(A(n,n)-sum((G(n,1:n-1)).^2));
G %用A=GG^T分解求解方程组Ax=b(平方根法)
% Gy=b,G^Tx=y;
x=zeros(n,1);%未知向量
y=zeros(n,1);%中间向量
y(1)=b(1)/G(1,1);
for i=2:n
   y(i)=(b(i)-sum(G(i,1:i-1)'.*y(1:i-1)))/G(i,i);
end
y
%---------由G^Tx=y求出x----------
%方法类似于由Gy=b解出x
G=G';
x(n)=y(n)/G(n,n);
for i=n-1:-1:1
   x(i)=(y(i)-sum(G(i,i+1:n)'.*x(i+1)))/G(i,i);
end
x
```

输出结果:

```
G=
   3     0     0   0
   6     3     0   0
   3    -6     9   0
```

```
    -9    3    6    3
y=:0.3333,0,1.6667,0.3333
x=:0.1111,0.1111,0.1111,0.1111
```

类似地，本章关于向量组的格拉姆-施密特（Gram-Schmidt）正交化，向量、矩阵的范数、条件数，MATLAB 软件中也有现成的命令可以直接使用，或按具体要求自己编程解决问题。

本 章 小 结

在用直接法求解线性方程组中，最简单、最实用又常用的方法就是消去法，该方法目前在计算机上依然很有效。消去法的基本思想是通过方程组的同解变换，即将一个方程乘或除以某个常数，或者将两个方程相加、减，逐步减少方程组中变元的数目，最终使每个方程中只含有一个变元，从而得到方程组的解。

本章主要介绍了高斯消去法及高斯主元素消去法。高斯主元素消去法又包含列主元素法和全主元素法，后者更为稳定，但工作量大。严格的误差分析可以证明，列主元素法是更加实用的方法。

直接三角分解法是高斯消去法的变形。从代数学来看，直接三角分解法和高斯消去法本质上是一样的，但从实际计算来看是有差异的。若在直接三角分解法中采用“双精度累加”计算和式 $\sum a_i b_i$，那么通过直接三角分解法得到的解的精度要比高斯消去法高。

对于一些特殊类型的矩阵，如对称正定矩阵和对角占优的三对角矩阵，利用一些更简单的矩阵分析 $A = LL^{-1}$、$A = LDL^{-1}$ 或 $A = LU$，就得到解对称正定方程组的平方根法（或改进的平方根法），以及解对角占优的三对角方程组的追赶法。理论分析表明，平方根法或改进的平方根法（注：没有选主元素）是稳定算法，在工程计算中被广泛使用；追赶法是解对角占优的三对角方程组的有效方法，不仅计算量小、方法简单，而且算法是稳定的。

尽管方程组的病态程度是相对的，但其度量指标——矩阵的条件数是十分重要的，它不仅可以表示方程组的病态程度，还是分析方程组解的误差的重要指标。

一般而言，直接法的工作量小、精度高，但程序复杂，并且对高阶方程组有计算机容量的限制，因此它只适用于解中、小型方程组。对于高阶方程组，特别是高阶稀疏矩阵方程组，其有效解法是第 3 章介绍的迭代法。

习 题 二

1. 用高斯消去法解下列方程组。

（1）$\begin{cases} 2x_1 + 6x_2 - 4x_3 = 4 \\ x_1 + 4x_2 - 5x_3 = 3 \\ 6x_1 - x_2 + 18x_3 = 2 \end{cases}$　　（2）$\begin{cases} 2x_1 + x_2 + 2x_3 = 6 \\ 4x_1 + 3x_2 + x_3 = 11 \\ 6x_1 + x_2 + 5x_3 = 13 \end{cases}$

2. 分别用列主元素法和全主元素法解方程组。

$$\begin{cases} 0.2641x_1 + 0.1735x_2 + 0.8642x_3 = -0.7521 \\ 0.9411x_1 - 0.0175x_2 + 0.1463x_3 = 0.6310 \\ -0.8641x_1 - 0.4243x_2 + 0.0711x_3 = 0.2501 \end{cases}$$

3. 用直接三角分解法的紧凑格式解下列方程组，并写出 L、U 矩阵。

（1）$\begin{bmatrix} 5 & 7 & 9 & 10 \\ 6 & 8 & 10 & 9 \\ 7 & 10 & 8 & 7 \\ 5 & 7 & 6 & 5 \end{bmatrix}\begin{bmatrix} x_1 \\ x_2 \\ x_3 \\ x_4 \end{bmatrix} = \begin{bmatrix} 1 \\ 1 \\ 1 \\ 1 \end{bmatrix}$　　（2）$\begin{bmatrix} 1 & 2 & 3 & 4 \\ 1 & 4 & 9 & 16 \\ 1 & 6 & 27 & 64 \\ 1 & 8 & 81 & 256 \end{bmatrix}\begin{bmatrix} x_1 \\ x_2 \\ x_3 \\ x_4 \end{bmatrix} = \begin{bmatrix} 2 \\ 10 \\ 44 \\ 190 \end{bmatrix}$

4. 对于 n 阶可逆矩阵 A，若能通过初等行变换将增广矩阵 $[A,I_n]$ 化成 $[I_n,B]$，其中，I_n 是 n 阶单位矩阵，则 $B = A^{-1}$。以上求 A^{-1} 的方法称为高斯-若尔当消去法，试用高斯-若尔当消去法求下列矩阵的逆。

（1）$\begin{bmatrix} 1 & 1 & -1 \\ 2 & 1 & 0 \\ 1 & -1 & 0 \end{bmatrix}$　　（2）$\begin{bmatrix} 2 & 2 & -3 \\ 1 & -1 & 0 \\ -1 & 2 & 1 \end{bmatrix}$

5. 用追赶法解三对角方程组。

（1）$\begin{bmatrix} 2 & -1 & 0 & 0 \\ -1 & 2 & -1 & 0 \\ 0 & -1 & 2 & -1 \\ 0 & 0 & -1 & 2 \end{bmatrix}\begin{bmatrix} x_1 \\ x_2 \\ x_3 \\ x_4 \end{bmatrix} = \begin{bmatrix} 0 \\ 1 \\ 0 \\ 2.5 \end{bmatrix}$　　（2）$\begin{bmatrix} 4 & -1 & 0 & 0 & 0 \\ -1 & 4 & -1 & 0 & 0 \\ 0 & -1 & 4 & -1 & 0 \\ 0 & 0 & -1 & 4 & -1 \\ 0 & 0 & 0 & -1 & 4 \end{bmatrix}\begin{bmatrix} x_1 \\ x_2 \\ x_3 \\ x_4 \\ x_5 \end{bmatrix} = \begin{bmatrix} 100 \\ 200 \\ 200 \\ 200 \\ 100 \end{bmatrix}$

6. 分别用平方根法和改进的平方根法求解方程组。

（1）$\begin{bmatrix} 2 & -1 & -1 \\ -1 & 2 & 0 \\ -1 & 0 & 1 \end{bmatrix}\begin{bmatrix} x_1 \\ x_2 \\ x_3 \end{bmatrix} = \begin{bmatrix} 1 \\ 0 \\ 0 \end{bmatrix}$　　（2）$\begin{bmatrix} 4 & 2.4 & 2 & 3 \\ 2.4 & 5.44 & 4 & 5.8 \\ 2 & 4 & 5.21 & 7.45 \\ 3 & 5.8 & 7.45 & 19.66 \end{bmatrix}\begin{bmatrix} x_1 \\ x_2 \\ x_3 \\ x_4 \end{bmatrix} = \begin{bmatrix} 12.280 \\ 16.928 \\ 22.957 \\ 50.945 \end{bmatrix}$

7. 设 $x = (1,-2,3)^{\mathrm{T}}$，$y = (0,2,3)^{\mathrm{T}}$，试计算 x 与 y 的三种常用范数。

8. 设 $A = \begin{bmatrix} -2 & 1 & 0 \\ -1 & 2 & 0 \\ 0 & -2 & 1 \end{bmatrix}$，试计算 $\|A\|_\infty$、$\|A\|_1$、$\|A\|_2$，以及 $\mathrm{cond}_\infty(A)$、$\mathrm{cond}_1(A)$、$\mathrm{cond}_2(A)$。

9. 证明矩阵的 F-范数与向量 2-范数相容。

10. 设 $A = A^{\mathrm{T}}$，若 A 是可逆的，试证明 $\mathrm{cond}_2(A) = |\lambda_1 / \lambda_2|$，其中，$\lambda_1$ 和 λ_2 分别是矩阵 A 的按模最大和最小的特征值。

11. 设 $A = \dfrac{1}{\sqrt{5}}\begin{bmatrix} 2 & -1 \\ 1 & 2 \end{bmatrix}$。

（1）证明 A 是正交矩阵，且 $\mathrm{cond}_2(A) = 1$。

（2）计算 $\mathrm{cond}_\infty(A)$。

12. 设有方程组 $Ax = b$，其中，

$$A = \begin{bmatrix} -2 & 1 & 0 \\ -1 & 2 & 0 \\ 0 & -2 & 1 \end{bmatrix}, \quad b = (-1,1,-1)^{\mathrm{T}}$$

已知它有精确解 $x = (1,1,1)^{\mathrm{T}}$。如果常数项 b 有小扰动 $\|\delta b\| = 1/2 \times 10^{-6}$，试估算由此引起的解的相对误差。

13. 已知方程组

$$\begin{cases} x_1 + 0.99x_2 = 1 \\ 0.99x_1 + 0.98x_2 = 1 \end{cases}$$

的精确解为 $x_1 = 100$， $x_2 = -100$ 。

（1）计算系数矩阵的 ∞ -条件数。

（2）若取 $x_1^* = (1,0)^{\mathrm{T}}$， $x_2^* = (100.5,-99.5)^{\mathrm{T}}$，分别计算残量 $r_i = b - Ax_i^*$ $(i=1,2)$，试根据式（2.7.7）分析计算结果。

第3章 线性方程组的间接解法

第2章介绍了线性方程组的直接解法，它比较适用于中、小型方程组，其优点是在一定条件下，可以获得精度较高的近似解。但它也有致命的缺点，就是所需的存储量大、程序编写复杂，特别是对系数矩阵较为稀疏的高阶方程组。迭代法则能很好地保持稀疏矩阵的稀疏性，且具有计算简单、编写程序容易等优点，并在很多情况下收敛较快。下面就来介绍解线性方程组的迭代法。

3.1 迭代法的基本概念

3.1.1 迭代法的一般形式

迭代法不同于直接解法，不是通过预先规定好的有限步算术运算求得方程组的解，而是从某个初始向量（或近似解）出发，用设计好的步骤逐次计算出近似解向量 $x^{(k)}$，从而得到近似解的向量序列 $\{x^{(0)},x^{(1)},\cdots,x^{(n)},\cdots\}$。

一般地，若 $x^{(k)}$ 的计算公式为

$$x^{(k)}=F_k[x^{(k-1)},x^{(k-2)},\cdots,x^{(k-m)}] \quad (x^{(0)},x^{(1)},\cdots,x^{(m-1)}\text{已知，}k=m,m+1,\cdots) \tag{3.1.1}$$

其中，$x^{(k)}$ 与 $x^{(k-1)}$、$x^{(k-2)}$、$\cdots$、$x^{(k-m)}$ 相关，此称为 m 步迭代法。而当 $m>1$ 时，则统称为多步迭代法；当 $m=1$ 时，即 $x^{(k)}$ 只与 $x^{(k-1)}$ 有关，此时式（3.1.1）变成

$$x^{(k)}=F[x^{(k-1)}] \quad (x^{(0)}\text{已知，}k=1,2,\cdots) \tag{3.1.2}$$

此称为单步迭代法。进一步，在单步迭代法的计算式（3.1.2）中，若 $F[x^{(k-1)}]$ 是线性的，即式（3.1.2）为

$$\begin{cases} x^{(k)}=M_{k-1}x^{(k-1)}+g_{k-1} \\ x^{(0)}\text{已知，}k=1,2,\cdots \end{cases} \tag{3.1.3}$$

其中，$M_{k-1}\in R^{n\times n}$；$x^{(k-1)}$、$g_{k-1}\in R^n$。式（3.1.3）也称为单步线性迭代公式，相应的方法为单步线性迭代法，其中，M_{k-1} 为迭代矩阵。

在式（3.1.3）中，若 M_{k-1} 和 g_{k-1} 都与 k 无关，即

$$\begin{cases} x^{(k)}=Mx^{(k-1)}+g \\ x^{(0)}\text{已知，}k=1,2,\cdots \end{cases} \tag{3.1.4}$$

则称此为单步定常线性迭代法。

线性方程组迭代法的基本思想是构造一组收敛到精确解的向量序列，即建立一种从已有近似解来计算新的近似解的方法。其一般提法是：对 n 阶线性方程组

$$Ax=b \tag{3.1.5}$$

其中，非奇异方阵 $A=(a_{ij})_{n\times n}\in R^{n\times n}$；$b=(b_1,\cdots,b_n)^{\mathrm{T}}$，构造形如

$$x = Mx + g \tag{3.1.6}$$

的同解方程组，其中，M 为 n 阶方阵，$g \in R^n$。对于任取的 $x^{(0)} \in R^n$，代入式（3.1.6）构成迭代公式：

$$x^{(k)} = Mx^{(k-1)} + g \quad (x^{(0)}\text{已知，}k = 1,2,\cdots) \tag{3.1.7}$$

于是产生近似解的向量序列 $\{x^{(k)}\}$。当 k 充分大时，将 $x^{(k)}$ 作为方程组（3.1.5）的近似解。这就是求解线性方程组的单步定常线性迭代法，简称简单迭代法，其中，M 为迭代矩阵，$\{x^{(k)}\}$ 为迭代序列。下面就来介绍此类简单迭代法。

事实上，根据方程组（3.1.5）构造的同解方程组（3.1.6）总是存在的，且有多种构造途径。最简单的方法是将常向量 b 移到等式的另一边，再在等式两边同时加上 x，可得 $x = (I + A)x - b$。

3.1.2 向量序列与矩阵序列的收敛性

为了方便分析迭代法的收敛性，先将数列的收敛性概念推广到向量序列和矩阵序列，并建立向量序列与矩阵序列的收敛性概念。

定义 3.1.1 设 $\{x^{(k)}\}$ 为 $R^n(C^n)$ 中的向量序列，$\|\cdot\|$ 为 $R^n(C^n)$ 上的一个范数。若存在 $x \in R^n$，满足 $\lim\limits_{k\to\infty}\| x^{(k)} - x \| = 0$，则称向量序列 $\{x^{(k)}\}$ 收敛于 x，或称向量序列 $\{x^{(k)}\}$ 是收敛的，同时称 x 为向量序列 $\{x^{(k)}\}$ 的极限，记作 $\lim\limits_{k\to\infty} x^{(k)} = x$。

以上对向量序列的极限的定义在形式上依赖于选择的范数。但由于 R^n 上向量范数的等价性，若 $\{x^{(k)}\}$ 对一种向量范数而言收敛于 x，则对所有范数都收敛于 x，这也说明 $\{x^{(k)}\}$ 的收敛性与选择的范数无关。因此，有下列结论成立。

定理 3.1.1 R^n 中的向量序列 $\{x^{(k)}\}$ 收敛于 R^n 中的向量 x，当且仅当

$$\lim_{k\to\infty} x_i^{(k)} = x_i \quad (i = 1,2,\cdots,n)$$

其中，$x^{(k)} = [x_1^{(k)}, x_2^{(k)}, \cdots, x_n^{(k)}]^{\mathrm{T}}$；$x = (x_1, x_2, \cdots, x_n)^{\mathrm{T}}$。

证明 若选 ∞-范数，则 $\lim\limits_{k\to\infty} x^{(k)} = x \Leftrightarrow \lim\limits_{k\to\infty}\| x^{(k)} - x \|_\infty = 0$，即

$$\lim_{k\to\infty}\max_{1\leqslant i\leqslant n} | x_i^{(k)} - x_i | = 0 \Leftrightarrow \lim_{k\to\infty} | x_i^{(k)} - x_i | = 0 \quad (i = 1,2,\cdots,n)$$

从而 $\lim\limits_{k\to\infty} x_i^{(k)} = x_i \quad (i = 1,2,\cdots,n)$。

定义 3.1.2 设 $\{A^{(k)}\}$ 为 $R^{n\times n}(C^{n\times n})$ 中的方阵序列，$\|\cdot\|$ 为 $R^{n\times n}(C^{n\times n})$ 上的一个范数。若存在 n 阶方阵 $A \in R^{n\times n}(C^{n\times n})$，且满足 $\lim\limits_{k\to\infty}\| A^{(k)} - A \| = 0$，则称 n 阶方阵序列 $\{A^{(k)}\}$ 收敛于 A，或称 n 阶方阵序列 $\{A^{(k)}\}$ 是收敛的，同时称 A 为 n 阶方阵序列 $\{A^{(k)}\}$ 的极限，记作 $\lim\limits_{k\to\infty} A^{(k)} = A$。

定义 3.1.2 表明向量序列的收敛性等价于向量分量构成的 n 个数列的收敛性。类似地，也可以定义矩阵序列的收敛性。

同理可知，$\{A^{(k)}\}$ 的收敛性与选择的范数无关，同时它也有类似于定理 3.1.1 的判别定理。

定理 3.1.2 设 $A^{(k)} = [a_{ij}^{(k)}]_{n\times n}$ $(k = 1,2,\cdots)$、$A = (a_{ij})_{n\times n}$ 均为 n 阶方阵，则 $\lim\limits_{k\to\infty} A^{(k)} = A$ 的充分必要条件是 $\lim\limits_{k\to\infty} a_{ij}^{(k)} = a_{ij} (i, j = 1,2,\cdots,n)$。

有关定理 3.1.2 的证明留给读者。定理 3.1.2 也表明矩阵序列的收敛性等价于对应元素序列的收敛性。定理 3.1.1 和定理 3.1.2 同时表明在序列的收敛性方面，向量是数列的集成，而矩阵又是向量的集成，从而向量序列和矩阵序列的收敛性在形式上等同于若干数列同时的收敛性。

如果线性方程组（3.1.5）能构成迭代公式（3.1.7），则能够产生近似解序列 $\{x^{(k)}\}$。当 $\{x^{(k)}\}$ 收敛时，不妨设 $\lim\limits_{k\to\infty} x^{(k)} = x$，则对式（3.1.7）两边取极限有

$$x = \lim_{k\to\infty} x^{(k+1)} = \lim_{k\to\infty}[Mx^{(k)} + g] = Mx + g$$

从而 $\{x^{(k)}\}$ 的极限 x 满足式（3.1.6），即 x 就是原线性方程组（3.1.5）的唯一解，因此可给出如下定义。

定义 3.1.3　若迭代公式（3.1.7）产生的序列 $\{x^{(k)}\}$ 是收敛的，则称此简单迭代法是收敛的；否则，就称此简单迭代法是发散的。

由上面的讨论知，若一个线性方程组构造的简单迭代法是收敛的，则收敛序列的极限就是此线性方程组的唯一解，从而迭代序列就是精确解的近似解。下面来介绍几种简单、常用的单步定常线性迭代法。

3.2　几种常用的单步定常线性迭代法

3.2.1　雅可比迭代法

给定方程组 $Ax = b$ 或

$$\begin{cases} a_{11}x_1 + a_{12}x_2 + \cdots + a_{1n}x_n = b_1 \\ a_{21}x_1 + a_{22}x_2 + \cdots + a_{2n}x_n = b_2 \\ \qquad\vdots \\ a_{n1}x_1 + a_{n2}x_2 + \cdots + a_{nn}x_n = b_n \end{cases} \tag{3.2.1}$$

其中，系数矩阵 A 是非奇异的，$b \neq 0$。

由于 A 是非奇异矩阵，不妨设 $a_{ii} \neq 0 (i = 1,2,\cdots,n)$，可将式（3.2.1）变形为同解方程组：

$$\begin{cases} x_1 = (-a_{12}x_2 - a_{13}x_3 - \cdots - a_{1n}x_n + b_1) / a_{11} \\ x_2 = (-a_{21}x_1 - a_{23}x_3 - \cdots - a_{2n}x_n + b_2) / a_{22} \\ \qquad\vdots \\ x_n = (-a_{n1}x_1 - a_{n2}x_2 - \cdots - a_{n(n-1)}x_{n-1} + b_n) / a_{nn} \end{cases} \tag{3.2.2}$$

进而可建立如下迭代公式：

$$\begin{cases} x_1^{(k+1)} = [-a_{12}x_2^{(k)} - a_{13}x_3^{(k)} - \cdots - a_{1n}x_n^{(k)} + b_1] / a_{11} \\ x_2^{(k+1)} = [-a_{21}x_1^{(k)} - a_{23}x_3^{(k)} - \cdots - a_{2n}x_n^{(k)} + b_2] / a_{22} \\ \qquad\vdots \\ x_n^{(k+1)} = [-a_{n1}x_1^{(k)} - a_{n2}x_2^{(k)} - \cdots - a_{n(-1)}x_{n-1}^{(k)} + b_n] / a_{nn} \\ x^{(0)} = [x_1^{(0)},\cdots,x_n^{(0)}]^{\mathrm{T}}\text{已知}，k = 0,1,2,\cdots \end{cases} \tag{3.2.3}$$

在给定初值 $x^{(0)}=[x_1^{(0)},\cdots,x_n^{(0)}]^{\mathrm{T}}$ 的条件下，由式（3.2.3）可得迭代序列 $\{x^{(k)}\}$，由定义 3.1.3 知，如果迭代序列 $\{x^{(k)}\}$ 收敛于 x^*，则 x^* 就是原方程组（3.2.1）的解。

称迭代公式（3.2.3）为方程组（3.2.1）的雅可比（Jacobi）迭代法，简称 J 法。为了将式（3.2.3）变成矩阵形式，将系数矩阵

$$A=\begin{bmatrix} a_{11} & a_{12} & \cdots & a_{1n} \\ a_{21} & a_{22} & \cdots & a_{2n} \\ \vdots & \vdots & & \vdots \\ a_{n1} & a_{n2} & \cdots & a_{nn} \end{bmatrix}$$

分解为

$$A=\begin{bmatrix} a_{11} & & & \\ & a_{22} & & \\ & & \ddots & \\ & & & a_{nn} \end{bmatrix}-\begin{bmatrix} 0 & & & & \\ -a_{21} & 0 & & & \\ -a_{31} & -a_{32} & 0 & & \\ \vdots & \vdots & \vdots & \ddots & \\ -a_{n1} & -a_{n2} & -a_{n3} & \cdots & -a_{n(n-1)} & 0 \end{bmatrix}$$

$$-\begin{bmatrix} 0 & -a_{12} & -a_{13} & \cdots & -a_{1n} \\ & \ddots & \ddots & & \vdots \\ & & \ddots & \ddots & \\ & & & 0 & -a_{(n-1)n} \\ & & & & 0 \end{bmatrix}$$

$$=D-L-U \tag{3.2.4}$$

其中，$D=\mathrm{diag}(a_{11},a_{22},\cdots a_{nn})$，

$$L=\begin{bmatrix} 0 & & & & \\ -a_{21} & 0 & & & \\ -a_{31} & -a_{32} & 0 & & \\ \vdots & \vdots & \vdots & \ddots & \\ -a_{n1} & -a_{n2} & -a_{n3} & \cdots\ a_{n(n-1)} & 0 \end{bmatrix},\quad U=\begin{bmatrix} 0 & -a_{12} & -a_{13} & \cdots & -a_{1n} \\ & \ddots & \ddots & & \\ & & \ddots & \ddots & \\ & & & 0 & -a_{(n-1)n} \\ & & & & 0 \end{bmatrix}$$

从而式（3.2.3）可记为 $Dx^{(k+1)}=b+Lx^{(k)}+Ux^{(k)}=(L+U)x^{(k)}+b$，即

$$x^{(k+1)}=D^{-1}(L+U)x^{(k)}+D^{-1}b$$

若记 $M_{\mathrm{J}}=D^{-1}(L+U)$，$g_{\mathrm{J}}=D^{-1}b$，则上式可记为 $x^{(k+1)}=M_{\mathrm{J}}x^{(k)}+g_{\mathrm{J}}$。于是解方程组 $Ax=b$ 的雅可比迭代法的矩阵形式为

$$x^{(k+1)}=M_{\mathrm{J}}x^{(k)}+g_{\mathrm{J}}\quad (x^{(0)}=[x_1^{(0)},x_2^{(0)},\cdots,x_n^{(0)}]^{\mathrm{T}}\text{已知，}k=0,1,2,\cdots) \tag{3.2.5}$$

其中，M_{J} 也称为雅可比迭代法的迭代矩阵，其对角线元素全为 0。雅可比迭代法的计算过程如下。

算法 3.2.1

（1）输入 $A\Leftarrow(a_{ij})_{n\times n},b\Leftarrow(b_1,\cdots,b_n)^{\mathrm{T}}$，维数 n，初值 $x^{(0)}\Leftarrow[x_1^{(0)},\cdots,x_n^{(0)}]^{\mathrm{T}}$，误差限 ε，最大允许迭代次数 N；置 $k\Leftarrow1$。

（2）对于 $i=1,2,\cdots,n$，计算 $x_i=\left[b_i-\sum_{j=1,j\neq i}^{n}a_{ij}x_j^{(0)}\right]\Big/a_{ii}$。

（3）如果 $\|x-x^{(0)}\|<\varepsilon$，则输出 $x\Leftarrow(x_1,\cdots,x_n)^{\mathrm{T}}$ 和 k，并转到（5）。

（4）如果 $k<N, k\Leftarrow k+1$，则赋值 $x_i^{(0)}\Leftarrow x_i(i=1,\cdots,n)$，并转到（2）；否则，输出“无解”，转到（5）。

（5）停止。

雅可比迭代法的一个特点是，每次迭代时，等式右端变量的值全部用前一次的迭代值来代换，因此雅可比迭代法又称为同时代换法或者完全代换法。

例 3.2.1 试用雅可比迭代法求解方程组 $Ax=b$，其中，

$$A=\begin{bmatrix}10 & 3 & 1\\ 2 & -10 & 3\\ 1 & 3 & 10\end{bmatrix},\quad b=\begin{bmatrix}14\\ -5\\ 14\end{bmatrix}$$

要求保留到小数点后四位，取 $x^{(0)}=(0,0,0)^{\mathrm{T}}$。

解 若 A 是严格对角占优矩阵，则 A 是非奇异的，且容易获得雅可比迭代法的迭代公式：

$$\begin{cases}x_1^{(k+1)}=[-3x_2^{(k)}-x_3^{(k)}+14]/10\\ x_2^{(k+1)}=[-2x_1^{(k)}-3x_3^{(k)}-5]/(-10)\\ x_3^{(k+1)}=[-x_1^{(k)}-3x_2^{(k)}+14]/10\\ x^{(0)}=(0,0,0)^{\mathrm{T}},\quad k=0,1,\cdots\end{cases}$$

或变成矩阵形式：

$$\begin{cases}x^{(k+1)}=M_{\mathrm{J}}x^{(k)}+g_{\mathrm{J}}\\ x^{(0)}=(0,0,0)^{\mathrm{T}}\quad k=0,1,2,\cdots\end{cases}$$

其中，$M_{\mathrm{J}}=D^{-1}(L+U)=\begin{bmatrix}0 & -0.3 & -0.1\\ 0.2 & 0 & 0.3\\ -0.1 & 0.3 & 0\end{bmatrix}$，$g_{\mathrm{J}}=\begin{bmatrix}1.4\\ 0.5\\ 1.4\end{bmatrix}$。

由 $x^{(0)}=(0,0,0)^{\mathrm{T}}$，可得 $x^{(1)}=M_{\mathrm{J}}x^{(0)}+g_{\mathrm{J}}=(1.4,0.5,1.4)^{\mathrm{T}}$，从而由迭代公式可计算出迭代序列 $\{x^{(k)}\}$，如表 3-2-1 所示。

表 3-2-1 例 3.2.1 的计算结果

k	$x^{(k)}$	k	$x^{(k)}$
1	$(1.4000,0.5000,1.4000)^{\mathrm{T}}$	8	$(0.9984,0.9985,0.9984)^{\mathrm{T}}$
2	$(1.1100,1.2000,1.1100)^{\mathrm{T}}$	9	$(1.0006,0.9992,1.0006)^{\mathrm{T}}$
3	$(0.9290,1.0550,0.9290)^{\mathrm{T}}$	10	$(1.0002,1.0003,1.0002)^{\mathrm{T}}$
4	$(0.9906,0.9645,0.9906)^{\mathrm{T}}$	11	$(0.9999,1.0002,0.9999)^{\mathrm{T}}$
5	$(1.0116,0.9553,1.0116)^{\mathrm{T}}$	12	$(0.9999,1.0001,0.9999)^{\mathrm{T}}$
6	$(1.0123,1.0058,1.0123)^{\mathrm{T}}$	13	$(1.0000,1.0001,1.0000)^{\mathrm{T}}$
7	$(0.9970,1.0062,0.9970)^{\mathrm{T}}$	14	$(1.0000,1.0001,1.0000)^{\mathrm{T}}$

迭代 9 次可得近似解 $x^{(9)}=(1.0006,0.9992,1.0006)^{\mathrm{T}}$，容易求得方程组的精确解为 $x=(1,1,1)^{\mathrm{T}}$。从表 3-2-1 中可以看出，随着迭代次数的增大，迭代结果越来越接近精确解。当 $k=13$ 时，迭代序列稳定在 $x^{(13)}=(1.0000,1.0001,1.0000)^{\mathrm{T}}$。

3.2.2 高斯–赛德尔迭代法

为了加速雅可比迭代法的收敛速度，可以将每一次迭代序列按分量拆开，且用已算出的分量代替雅可比迭代法中的旧分量进行计算。在线性方程组（3.2.1）中，若 $a_{kk}\neq 0$ $(k=1,2,\cdots,n)$，则对雅可比迭代公式（3.2.3）做如下修正：

$$\begin{cases} x_1^{(k+1)}=\left[-\sum\limits_{j=2}^{n}a_{1j}x_j^{(k)}+b_1\right]\Big/a_{11} \\ \qquad\vdots \\ x_i^{(k+1)}=\left[-\sum\limits_{j=1}^{i-1}a_{ij}x_j^{(k+1)}-\sum\limits_{j=i+1}^{n}a_{ij}x_j^{(k)}+b_i\right]\Big/a_{ii} \\ \qquad\vdots \\ x_n^{(k+1)}=\left[-\sum\limits_{j=1}^{n-1}a_{nj}x_j^{(k+1)}+b_n\right]\Big/a_{nn} \\ x^{(0)}=[x_1^{(0)},x_2^{(0)},\cdots,x_n^{(0)}]^{\mathrm{T}},\quad k=0,1,2,\cdots \end{cases} \tag{3.2.6}$$

式（3.2.6）为高斯–赛德尔（Gauss-Seidel）迭代公式，相应的方法为高斯–赛德尔迭代法，简称 GS 法。其特点是与雅可比迭代法相比，GS 法充分利用得到的新结果，即把通过第一个式子计算出来的 $x_1^{(k+1)}$ 马上在第二个式子中使用（注：在式（3.2.3）的第二个式子中用 $x_1^{(k+1)}$ 代替 $x_1^{(k)}$），把前两个式子算出的 $x_1^{(k+1)}$、$x_2^{(k+1)}$ 马上在第三个式子中使用…。其基本想法是，如果 J 法收敛，则通过式（3.2.6）构造的 GS 法可能会加速迭代序列的收敛速度（注：这一想法不正确，因为 J 法与 GS 法的收敛性没有必然的联系，这点将在 3.3 节介绍）。但在大量数据实践中，GS 法会加快迭代过程的收敛。

若将式（3.2.6）写成矩阵形式，即可变成

$$Dx^{(k+1)}=b+Lx^{(k+1)}+Ux^{(k)} \text{或} (D-L)x^{(k+1)}=b+Ux^{(k)}$$

因 $D-L$ 为非奇异矩阵，于是得到 GS 法迭代公式的矩阵形式：

$$x^{(k+1)}=M_{\mathrm{GS}}x^{(k)}+g_{\mathrm{GS}} \quad (x^{(0)}\text{已知，}k=0,1,2,\cdots) \tag{3.2.7}$$

其中，$M_{\mathrm{GS}}=(D-L)^{-1}U$；$g_{\mathrm{GS}}=(D-L)^{-1}b$。而 M_{GS} 称为高斯–赛德尔迭代矩阵。类似于 J 法，可以给出高斯–赛德尔迭代法的算法步骤，此略。

例 3.2.2 在例 3.2.1 中，若改用 GS 法，其计算公式为

$$\begin{cases} x_1^{(k+1)}=[-3x_2^{(k)}-x_3^{(k)}+14]/10 \\ x_2^{(k+1)}=[-2x_1^{(k+1)}-3x_3^{(k)}-5]/(-10) \\ x_3^{(k+1)}=[-x_1^{(k+1)}-3x_2^{(k+1)}+14]/10 \\ x^{(0)}=(0,0,0)^{\mathrm{T}} \end{cases}$$

相应的 GS 法的数值结果见表 3-2-2。

表 3-2-2 例 3.2.2 的计算结果表

k	$x_1^{(k)}$	$x_2^{(k)}$	$x_3^{(k)}$
1	1.4000	0.7800	1.0260
2	1.0634	1.0205	0.9875
3	0.9950	0.9953	1.0019
4	1.0012	1.0008	0.9997
5	0.9998	0.9999	1.0000
6	1.0000	1.0000	1.0000

计算结果表明，用 GS 法求解例 3.2.1 中方程组的迭代效果比 J 法的迭代效果好，GS 法迭代 5 次所得的近似解相当于 J 法迭代 11 次（若用$\|\cdot\|_\infty$度量的话）获得的结果，且当$k=6$时，GS 法已获得了精确解。此表明在求解例 3.2.1 中的方程组问题时，GS 法比 J 法收敛得快。

3.2.3 超松弛迭代法

在很多情况下，J 法和 GS 法的收敛速度较慢，所以需要进一步考虑 GS 法的改进。先来分析 GS 法，看看它的本质是什么。将式（3.2.6）改变为

$$x_i^{(k+1)}=x_i^{(k)}+\frac{1}{a_{ii}}\left[b_i-\sum_{j=1}^{i-1}a_{ij}x_j^{(k+1)}-\sum_{j=i}^{n}a_{ij}x_j^{(k)}\right] \tag{3.2.8}$$

其中，$i=1,\cdots,n$。并记$r_i^{(k+1)}=b_i-\sum\limits_{j=1}^{i-1}a_{ij}x_j^{(k+1)}-\sum\limits_{j=i}^{n}a_{ij}x_j^{(k)}\quad(i=1,\cdots,n)$，则式（3.2.8）可记为$x_i^{(k+1)}=x_i^{(k)}+r_i^{(k+1)}/a_{ii}\quad(i=1,\cdots,n)$。

称$r_i^{(k+1)}$为第$k+1$步的第i个分量的残量。显然，当迭代收敛时，残量$r_i^{(k+1)}\to 0\quad(i=1,\cdots,n)$。因此，GS 法的第$k+1$步相当于在第$k$步的基础上，给每个分量增加了一个修正量$r_i^{(k+1)}/a_{ii}$。为了加速收敛，将修正量乘一个系数$\omega$，即得

$$x_i^{(k+1)}=x_i^{(k)}+\frac{\omega}{a_{ii}}\left[b_i-\sum_{j=1}^{i-1}a_{ij}x_j^{(k+1)}-\sum_{j=i}^{n}a_{ij}x_j^{(k)}\right]\quad(x^{(0)}\text{已知，}i=1,2,\cdots,n;\ k=0,1,2,\cdots) \tag{3.2.9}$$

称式（3.2.9）为松弛迭代公式，相应的求解线性方程组的方法为松弛迭代法，其中，ω为松弛因子。

在松弛迭代法中，如果松弛因子ω选取得当，可使收敛速度有明显改善。当$\omega>1$时，称此方法为超松弛（successive over-relaxation）迭代法，简称 SOR 方法；当$\omega<1$时，称此方法为低松弛迭代法；当$\omega=1$时，松弛迭代法就是 GS 法。松弛因子$\omega>1$可加速迭代收敛，因此当$\omega>1$时的式（3.2.9）常以如下形式进行计算：

$$x_i^{(k+1)}=(1-\omega)x_i^{(k)}+\frac{\omega}{a_{ii}}\left[b_i-\sum_{j=1}^{i-1}a_{ij}x_j^{(k+1)}-\sum_{j=i+1}^{n}a_{ij}x_j^{(k)}\right]\quad(x^{(0)}=[x_1^{(0)},x_2^{(0)},\cdots,x_n^{(0)}]^{\mathrm T}\text{已知，}i=1,2,\cdots,n;\ k=0,1,\cdots) \tag{3.2.10}$$

迭代公式（3.2.10）的矩阵形式为$Dx^{(k+1)}=(1-\omega)Dx^{(k)}+\omega[b+Lx^{(k+1)}+Ux^{(k)}]$或$x^{(k+1)}=(D-\omega L)^{-1}[(1-\omega)D+\omega U]x^{(k)}+(D-\omega L)^{-1}\omega b$，从而式（3.2.10）的矩阵形式如下：

$$x^{(k+1)} = M_{\text{SOR}} x^{(k)} + g_{\text{SOR}} \quad (x^{(0)}\text{已知}, k=0,1,2\cdots) \tag{3.2.11}$$

其中，$M_{\text{SOR}} = (D-\omega L)^{-1}[(1-\omega)D+\omega U]$；$g_{\text{SOR}} = (D-\omega L)^{-1}\omega b$；且 M_{SOR} 为 SOR 方法的迭代矩阵。SOR 方法的算法过程如下。

算法 3.2.2

（1）输入 $A \Leftarrow (a_{ij})_{n\times n}$，$b \Leftarrow (b_1,\cdots,b_n)^{\text{T}}$，$x^{(0)} \Leftarrow [x_1^{(0)},\cdots,x_n^{(0)}]^{\text{T}}$，参数 ω，误差限 ε，最大允许迭代次数 N。

（2）置 $k \Leftarrow 1$。

（3）计算 $x_1 = (1-\omega)x_1^{(0)} + \omega\left[b_1 - \sum\limits_{j=2}^{n} a_{ij}x_j^{(0)}\right]\Big/ a_{11}$，$x_i = (1-\omega)x_i^{(0)} + \omega\left[b - \sum\limits_{j=1}^{i-1} a_{ij}x_j - \sum\limits_{j=i+1}^{n} a_{ij}x_j^{(0)}\right]\Big/ a_{ii}$ $(i=2,\cdots,n-1)$，$x_n = (1-\omega)x_n^{(0)} + \omega\left[b - \sum\limits_{j=1}^{n-1} a_{nj}x_j\right]\Big/ a_{nn}$。

（4）若 $\|x-x^{(0)}\| \leqslant \varepsilon$，输出 $x=(x_1,\cdots,x_n)^{\text{T}}$，转到（6）。

（5）若 $k < N$，$k \Leftarrow k+1$，$x_i^{(0)} \Leftarrow x_i (i=1,\cdots,n)$，转到（3）；否则，输出“无解”，转到（6）。

（6）停机。

例 3.2.3　方程组

$$\begin{cases} 4x_1 + 3x_2 = 24 \\ 3x_1 + 4x_2 - x_3 = 30 \\ -x_2 + 4x_3 = -24 \end{cases}$$

的精确解为 $x=(3,4,-5)$。取 $\omega=1$ 的 SOR 方法（即 GS 法）的计算公式是

$$\begin{cases} x_1^{(k+1)} = -0.75x_2^{(k)} + 6 \\ x_2^{(k+1)} = -0.75x_1^{(k+1)} + 0.25x_3^{(k)} + 7.5 \\ x_3^{(k+1)} = 0.25x_2^{(k+1)} - 6 \end{cases}$$

若取 $\omega=1.25$，SOR 方法的计算公式为

$$\begin{cases} x_1^{(k+1)} = -0.25x_1^{(k)} - 0.9375x_2^{(k)} + 7.5 \\ x_2^{(k+1)} = -0.9375x_1^{(k+1)} - 0.25x_2^{(k)} + 0.3125x_3^{(k)} + 9.375 \\ x_3^{(k+1)} = 0.3125x_1^{(k+1)} - 0.25x_3^{(k+1)} - 7.5 \end{cases}$$

如果都取 $x^{(0)}=(1,1,1)^{\text{T}}$。当 $\omega=1$ 时，迭代 7 次可得

$$x^{(7)} = (3.0134110, 3.9888241, -5.0027940)^{\text{T}}$$

而当 $\omega=1.25$ 时，迭代 7 次有 $x^{(7)} = (3.0000498, 4.0002586, -5.0003486)^{\text{T}}$。

如果要求达到 7 位有效数字，即 $\varepsilon = 1/2\times10^{-6}$，GS 法要迭代 35 次，SOR 方法（$\omega=1.25$）只要迭代 14 次，显然 $\omega=1.25$ 时的收敛速度要快得多。

在松弛迭代法中，松弛因子 ω 的选取对收敛速度的影响极大，但目前尚无实用的计算最佳松弛因子的方法。在实际计算中，通常是根据系数矩阵的性质及实际计算经验，通

过试算来确定松弛因子的值。另外，为了进一步提高计算效率、改善收敛性，在 SOR 方法的基础上还有许多改进的方法，如对称超松弛（symmetric successive over-relaxation，SSOR）法、快速超松弛（accelerated over-relaxation，AOR）法（1978 年由 Hadjidimas 提出）等，这里不再介绍，如感兴趣，可查阅相关文献。

以上给出了解线性方程组的三种形式的迭代法，即 J 法、GS 法和 SOR 方法。接下来的问题是：在什么条件下它们是收敛的，即迭代法的收敛性判别问题，当然，不能从具体的迭代序列中来讨论收敛性问题；另外，如果迭代法是收敛的，如何进行误差分析，即寻找迭代过程中程序的终止条件（在实际数值计算中）。

3.3　迭代法的收敛条件及误差分析

3.3.1　迭代法的一般收敛条件

在介绍迭代法的一般收敛条件之前，先来介绍矩阵序列 $\{A^k\}$ 收敛于矩阵 O 与矩阵 A 的谱半径间的关系。

定理 3.3.1　设 $A \in R^{n\times n}(C^{n\times n})$，则 $\lim\limits_{k\to\infty} A^k = O$ 的充分必要条件是方阵 A 的谱半径 $\rho(A) < 1$。

证明

必要性证明：若 $\lim\limits_{k\to\infty} A^k = O$，则对于矩阵范数 $\|\cdot\|$ 有 $\lim\limits_{k\to\infty}\|A^k\| = 0$。

由定理 2.6.8（1）知，任给矩阵范数 $\|\cdot\|$，都有 $\rho(A) \leqslant \|A\|$，从而

$$0 \leqslant \rho(A^k) = [\rho(A)]^k \leqslant \|A^k\|$$

由极限的夹逼准则可得 $\lim\limits_{k\to\infty}[\rho(A)]^k = 0$，即 $\rho(A) < 1$。

充分性证明：若 $\rho(A) < 1$，取 $\varepsilon_0 = [1-\rho(A)]/2$，则由定理 2.6.8（2）知，存在范数 $\|\cdot\|$，使 $\|A\| < \rho(A) + \varepsilon_0 = [1+\rho(A)]/2 < 1$。因 $\|A^k\| \leqslant \|A\|^k$，于是

$$\lim_{k\to\infty}\|A^k\| = \lim_{k\to\infty}\|A\|^k = 0，\text{即} \lim_{k\to\infty} A^k = O。$$

定理 3.3.2（简单迭代法的收敛性判别定理）　对任意初始向量 $x^{(0)}$ 和右端项 g，由迭代公式：

$$x^{(k+1)} = Mx^{(k)} + g \quad (k = 0,1,2,\cdots) \tag{3.3.1}$$

产生的向量序列 $\{x^{(k)}\}$ 收敛的充要条件是 $\rho(M) < 1$。

证明

必要性证明：若 $\lim\limits_{k\to\infty} x^{(k)} = x^*$，则 x^* 显然满足 $x^* = Mx^* + g$，于是

$$x^{(k+1)} - x^* = [Mx^{(k)} + g] - (Mx^* + g) = M[x^{(k)} - x^*]$$

可推得 $x^{(k)} - x^* = M^k[x^{(0)} - x^*]$，从而 $\lim\limits_{k\to\infty} M^k[x^{(0)} - x^*] = \lim\limits_{k\to\infty}[x^{(k)} - x^*] = 0$。

因为 $x^{(0)}$ 是任意的，所以 $\lim\limits_{k\to\infty} M^k = O$。再由定理 3.3.1 知，$\rho(M) < 1$。

充分性证明：若 $\rho(M) < 1$，则一方面由定理 3.3.1 知，$\lim\limits_{k\to\infty} M^k = O$；另一方面，$\lambda = 1$

不是M的特征值，从而$I-M$是非奇异的，于是$(I-M)x=g$有唯一解，记为x^*，即$x^*=Mx^*+g$。因此有$x^{(k)}-x^*=M^k[x^{(0)}-x^*]$，进一步有

$$\lim_{k\to\infty}[x^{(k)}-x^*]=\lim_{k\to\infty}M^k[x^{(0)}-x^*]=0$$

即$\{x^{(k)}\}$是收敛的，且收敛于x^*。

特别地，有下列结论成立。

推论 3.3.1 在定理 3.3.2 的条件下，若存在矩阵范数$\|\cdot\|$，使$\|M\|<1$，则迭代序列$\{x^{(k)}\}$收敛。

证明 由定理 3.3.2 和定理 2.6.8 直接推得，此略。

推论 3.3.2 松弛迭代法收敛的必要条件是$0<\omega<2$。

证明 记线性方程组$Ax=b$的松弛迭代法的迭代矩阵为

$$M_{\text{SOR}}=(D-\omega L)^{-1}[(1-\omega)D+\omega U]$$

且M_{SOR}的特征值分别为$\lambda_1,\cdots,\lambda_n$。

因$|\det(M_{\text{SOR}})|=|\lambda_1\cdots\lambda_n|\leqslant[\rho(M_{\text{SOR}})]^n$，若松弛迭代法收敛，则$\rho(M_{\text{SOR}})<1$，从而$|\det(M_{\text{SOR}})|<1$。又因为

$$|\det(M_{\text{SOR}})|=|1/(a_{11}a_{22}\cdots a_{nn})\cdot(1-\omega)^n\cdot a_{11}\cdots a_{nn}|=|(1-\omega)^n|$$

所以$|(1-\omega)^n|<1$，进一步有$|1-\omega|<1$或$0<\omega<2$。

在实际应用中，推论 3.3.2 的结论是很有意义的，它表明了松弛迭代法中松弛因子ω的有效测试范围。综上，定理 3.3.2 表明简单迭代法是否收敛取决于迭代矩阵的谱半径，而谱半径的计算依赖于求迭代矩阵的所有特征值或者按模最大特征值，这是非常困难的问题（注：第 4 章将介绍与此相关的问题），因此通过推论 3.3.1 和推论 3.3.2 就可以进行算法的收敛性判别。但推论 3.3.1 有一个缺点，就是当迭代矩阵范数$\|M\|>1$时不能进行算法的收敛性判别；而推论 3.3.2 也只给出了当松弛迭代法收敛时松弛因子的取值范围。下面来介绍几种特殊类型的线性方程组的迭代法收敛性判别。

3.3.2 几类特殊类型的迭代法收敛性判别

定义 3.3.1 设n阶方阵$A=(a_{ij})_{n\times n}\in R^{n\times n}(C^{n\times n})$。

（1）若满足$|a_{ii}|\geqslant\sum\limits_{j=1,j\neq i}^{n}|a_{ij}|\quad(i=1,2,\cdots,n)$，且至少有一个$i\in\{1,2,\cdots,n\}$使不等号成立，则称$A$为按行弱对角占优矩阵。

（2）若满足$|a_{ii}|>\sum\limits_{j=1,j\neq i}^{n}|a_{ij}|\quad(i=1,2,\cdots,n)$，则称$A$为按行严格对角占优矩阵。

类似地，可定义矩阵的按列弱对角占优或按列严格对角占优。如果一个矩阵是按行（或列）弱对角占优的，则称此矩阵为弱对角占优；如果一个矩阵按行（或列）严格对角占优，则称此矩阵为严格对角占优。

定义 3.3.2 设$A=(a_{ij})_{n\times n}\in R^{n\times n}(C^{n\times n})$。若矩阵$A$不能通过行互换和相应的列互换变

成$\begin{bmatrix} A_{11} & A_{12} \\ O & A_{22} \end{bmatrix}$的形式，其中，$A_{11}$、$A_{22}$是非零方阵，即不能仅存在行互换初等矩阵（仅涉及行互换）P，使$PAP^{\mathrm{T}}=\begin{bmatrix} A_{11} & A_{12} \\ O & A_{22} \end{bmatrix}$，则称$A$为不可约矩阵。

不可约矩阵和可约矩阵都广泛存在。例如，所有元素均不为零的方阵是不可约矩阵，而著名的若尔当矩阵就是可约矩阵。

定理 3.3.3　若矩阵$A=(a_{ij})_{n\times n}\in R^{n\times n}(C^{n\times n})$是严格对角占优矩阵或不可约的弱对角占优矩阵，则$a_{ii}\neq 0\ (i=1,2,\cdots,n)$，且$A$是非奇异的。

证明　当A是严格对角占优矩阵时，由$|a_{ii}|>\sum\limits_{i=1,j\neq i}^{n}|a_{ij}|\geqslant 0\ (i=1,2,\cdots,n)$知，$a_{ii}\neq 0$。下证$A$是非奇异的。用反证法，即假设$A$是奇异的，则存在$x=(x_1,\cdots,x_n)\neq\theta$满足$Ax=\theta$（注：$\theta$为$n$维零向量），设$|x_k|=\|x\|_\infty>0$，则$Ax=\theta$的第$k$个方程可写成

$$a_{kk}x_k=-\sum_{j=1,j\neq k}^{n}a_{ij}x_j$$

由此可推得

$$|a_{kk}|\leqslant\sum_{j=1,j\neq k}^{n}|a_{ij}|\cdot|x_j/x_k|\leqslant\sum_{j=1,j\neq k}^{n}|a_{ij}|$$

此与A为严格对角占优矩阵矛盾，故A是非奇异的。

当A是不可约的弱对角占优矩阵时，若有某个$a_{kk}=0$，由A是弱对角占优矩阵的条件知，A的第k行元素全为 0，交换A的第k行与第n行及第k列与第n列后，A就变成了$\begin{bmatrix} A_{11} & A_{12} \\ O & A_{22} \end{bmatrix}$，其中，$A_{22}$为$1\times 1$的方阵，其元素全为 0，这与$A$是不可约的条件相矛盾，故$a_{ii}\neq 0(i=1,2,\cdots,n)$。进一步，假设$A$是奇异的，即存在非零向量$x=(x_1,\cdots,x_n)^{\mathrm{T}}$满足$Ax=\theta$，分两种情况考虑。

（1）当$|x_1|=\cdots=|x_n|\neq 0$时，从$Ax=\theta$的第i个方程可得，$a_{ii}x_i=-\sum\limits_{j=1,j\neq i}^{n}a_{ij}x_j$。因此有$|a_{ii}|\leqslant\sum\limits_{j=1,j\neq i}^{n}|a_{ij}|\ (i=1,2,\cdots,n)$，此与$A$是弱对角占优的条件矛盾。

（2）若$|x_i|$不全相等，记$M=\|x\|_\infty>0$，不失一般性，令

$$|x_1|\leqslant\cdots\leqslant|x_m|<|x_{m+1}|=\cdots=|x_n|=M$$

事实上，适当调换x_i的次序总可以排成这个次序，其中，$1\leqslant m<n$，而且对应地，对A进行行变换不会改变它的不可约性。现在仅看A的左下角的$(n-m)\times m$子矩阵，因A为不可约矩阵，这个子矩阵至少有一个非零元素，不妨记为$a_{ik}\neq 0$，其中，$m+1\leqslant i\leqslant n,1\leqslant k\leqslant m$，所以有$|x_i|=M$。从$Ax=\theta$的第$i$个方程可导出$|a_{ii}||x_i|\leqslant\sum\limits_{j=1,j\neq i}^{n}|a_{ij}|\cdot|x_j|<|x_i|\sum\limits_{j=1,j\neq i}^{n}a_{ij}$，进一步消去$|x_i|$，即得$|a_{ii}|<\sum\limits_{j=1,j\neq i}^{n}a_{ij}$，此与$A$是弱对角占优矩阵矛盾。

综合（1）和（2）知，A是非奇异的。

当线性方程组的系数矩阵 A 是严格对角占优或不可约的弱对角占优时，有如下的结论。

定理 3.3.4　设方阵 $A=(a_{ij})_{n\times n}\in R^{n\times n}(C^{n\times n})$。若 A 为严格对角占优矩阵或不可约的弱对角占优矩阵，则线性方程组 $Ax=b$ 的 J 法和 GS 法均收敛。

证明　由定理 3.3.3 知，线性方程组 $Ax=b$ 的 J 法与 GS 法均存在。以下仅给出当 A 是不可约的弱对角占优矩阵时 GS 法的收敛性证明，只需要证明 $\rho(M_{GS})<1$，其中，$M_{GS}=(D-L)^{-1}U$。

采用反证法。假定 GS 法不收敛，由定理 3.3.2 知，$\rho(M_{GS})\geqslant 1$，即存在 M_{GS} 的特征值 λ，且满足 $|\lambda|\geqslant 1$，于是 $\det[\lambda I-(D-L)^{-1}U]=0$，即 $\det(D-L-\lambda^{-1}U)=0$。此外，不可约的弱对角占优矩阵 $A=D-L-U$ 与矩阵 $D-L-\lambda^{-1}U$ 的零元素与非零元素的位置完全相同，且 $|1/\lambda|\leqslant 1$，于是 $D-L-\lambda^{-1}U$ 也是不可约的弱对角占优矩阵。由定理 3.3.3 知，矩阵 $D-L-\lambda^{-1}U$ 是非奇异的，因此 $\det(D-L-\lambda^{-1}U)\neq 0$，与前式矛盾。故假设不成立，即 GS 法是收敛的。

类似地，可证明其他。事实上，若 A 是严格对角占优矩阵，则 J 法中的迭代矩阵 $M_J=D^{-1}(L+U)$，易知 $\|M_J\|_\infty<1$，再由推论 3.3.1 知，J 法收敛。

进一步，如果线性方程组的系数矩阵 A 是对称正定矩阵，则有下列结论。

定理 3.3.5　设 $A=(a_{ij})_{n\times n}\in R^{n\times n}$ 为对称矩阵，且有正的对角元素，即 $a_{ii}>0$ $(i=1,2,\cdots,n)$，则线性方程组 $Ax=b$ 的 J 法收敛的充分必要条件是 A 与 $2D-A$ 均为正定矩阵，其中，$D=\mathrm{diag}(a_{11},a_{22},\cdots,a_{nn})$。

证明　根据条件知，D 是对称正定矩阵，记 $D^{1/2}=\mathrm{diag}(a_{11}^{1/2},\cdots,a_{nn}^{1/2})$，满足 $D^{1/2}\cdot D^{1/2}=D$，则 J 法的迭代矩阵为

$$M_J=D^{-1}(L+U)=D^{-1}(D-A)=I-D^{-1}A=D^{-1/2}(I-D^{-1/2}AD^{-1/2})D^{1/2}$$

由 A 和 D 均是对称矩阵知，$D^{-1/2}AD^{-1/2}$、$I-D^{-1/2}AD^{-1/2}$ 和 $I-D^{-1/2}AD^{-1/2}$ 均为对称矩阵，且它们的特征值均为实数。因为 M_J 与 $I-D^{-1/2}AD^{-1/2}$ 相似，所以 M_J 的特征值均为实数。

必要性证明：J 法收敛，从而 $\rho(M_J)<1$。记 $D^{-1/2}AD^{-1/2}$ 的特征值为 μ，则 M_J 的特征值为 $1-\mu$，从而有 $|1-\mu|<1$，可得 $\mu\in(0,2)$。因此 $D^{-1/2}AD^{-1/2}$ 是正定矩阵，从而任给 $0\neq x\in R^n$，$x_1=D^{-1/2}x\neq 0$，有 $(Ax_1,x_1)=(AD^{-1/2}x_1,D^{-1/2}x_1)=(D^{-1/2}AD^{-1/2}x_1,x_1)>0$，即矩阵 A 是正定的。

又因为 $2D-A=D^{1/2}(2I-D^{-1/2}AD^{-1/2})D^{1/2}$，而 $2I-D^{-1/2}AD^{-1/2}$ 的特征值为 $2-\mu\in(0,2)$，即 $2I-D^{-1/2}AD^{-1/2}$ 也是正定矩阵，所以 $2D-A$ 也是正定矩阵。

充分性证明：由 A 是正定矩阵可导出 $D^{-1/2}AD^{-1/2}$ 也是正定的，即 $D^{-1/2}AD^{-1/2}$ 的特征值均大于 0，可得 $I-D^{-1/2}AD^{-1/2}$ 的特征值（即 M_J 的特征值）均小于 1。由 $2D-A$ 是正定的，可得

$$-M_J=-D^{1/2}(I-D^{-1/2}AD^{-1/2})D^{1/2}=D^{-1/2}[I-D^{-1/2}(2D-A)D^{-1/2}]D^{1/2}$$

的特征值也均小于 1，从而 M_J 的特征值均大于 -1。因此 M_J 的特征值在 $(-1,1)$ 内，即 $\rho(M_J)<1$。故由定理 3.3.2 知，J 法收敛。

定理 3.3.6　如果 $A=(a_{ij})_{n\times n}\in R^{n\times n}$ 是对称正定矩阵，则线性方程组 $Ax=b$ 的 SOR 方法收敛的充分必要条件是 $0<\omega<2$，其中，ω 为松弛因子。

证明　由推论 3.3.2 知，必要性是显然的，下证充分性。

由于 $M_{\mathrm{SOR}}=(D-\omega L)^{-1}[(1-\omega)D+\omega U]$，记 λ 是 M_{SOR} 的特征值，对应的特征向量记为 x，则 $(D-\omega L)^{-1}[(1-\omega)D+\omega U]x=\lambda x$，进而有 $[(1-\omega)D+\omega U]x=\lambda(D-\omega L)x$。

又因为 $A=D-L-U$，$A^{\mathrm{T}}=A$，所以 $L^{\mathrm{T}}=U$。在上式两边与 x 做内积可得

$$(1-\omega)(Dx,x)+\omega(Ux,x)=\lambda[(Dx,x)-\omega(Lx,x)] \tag{3.3.2}$$

A 和 D 是正定矩阵，记 $p=(Dx,x)>0,(Lx,x)=\alpha+\mathrm{i}\beta$，则

$$(Ux,x)=\overline{(x,Ux)}=\overline{(Lx,x)}=\alpha-\mathrm{i}\beta$$

代入式（3.3.2），得 $\lambda=\dfrac{(1-\omega)p+\omega\alpha-\mathrm{i}\omega\beta}{p-\omega\alpha-\mathrm{i}\omega\beta}$，即 $|\lambda|^2=\dfrac{[p-\omega(p-\alpha)]^2+\omega^2\beta^2}{(p-\omega\alpha)^2+\omega^2\beta^2}$。

由 $(Ax,x)=[(D-L-U)x,x]=p-(\alpha+\beta\mathrm{i})-(\alpha-\beta\mathrm{i})=p-2\alpha$ 及 A 为正定矩阵可知，$p-2\alpha>0$，且 $p>0$，$0<\omega<2$，则

$$[p-\omega(p-\alpha)]^2-(p-\omega\alpha)^2=\omega p(2-\omega)(2\alpha-p)<0$$

于是 $|\lambda|^2<1$，即 $|\lambda|<1$，因此 $\rho(M_{\mathrm{SOR}})<1$，故 SOR 方法收敛。

由定理 3.3.6 容易推得下面的推论成立。

推论 3.3.3　设 $A=(a_{ij})_{n\times n}\in R^{n\times n}$ 是对称正定矩阵，则线性方程组 $Ax=b$ 的 GS 法收敛。

松弛迭代法尤其是 SOR 方法 $(\omega>1)$ 是一种较好的迭代法。前面也说过，若松弛因子选取适当，可极大地提高收敛速度，因此选取最佳松弛因子具有重要意义，但一般而言是相当困难的。如果 A 为对称正定的三对角矩阵，则其最佳松弛因子为

$$\omega_{\mathrm{opt}}=2/[1+\sqrt{1-\rho(M_{\mathrm{J}})^2}]$$

其中，$\rho(M_{\mathrm{J}})$ 为雅可比迭代矩阵的谱半径。

实际中通常结合经验采用试算的办法，就是从一个初始向量出发，取不同的松弛因子迭代相同次数（次数不宜太小），比较残量 $r^{(k)}=b-Ax^{(k)}$，弃用 $\|r^{(k)}\|$ 较大的松弛因子，这一方法简单有效。

例 3.3.1　试判别下列方程组 $Ax=b$ 的 J 法与 GS 法的收敛性。其中，系数矩阵 A 为

（1）$\begin{bmatrix}1&2&-2\\1&1&1\\2&2&1\end{bmatrix}$　　（2）$\begin{bmatrix}1&0.5&0.5\\0.5&1&0.5\\0.5&0.5&1\end{bmatrix}$　　（3）$\begin{bmatrix}20&2&3\\1&8&1\\2&-3&15\end{bmatrix}$

解　（1）J 法的迭代矩阵 $M_{\mathrm{J}}=D^{-1}(L+U)=\begin{bmatrix}0&-2&2\\-1&0&-1\\-2&-2&0\end{bmatrix}$，由 $|\lambda I-M_{\mathrm{J}}|=\lambda^3=0$ 得，$\lambda_{1,2,3}=0$，从而 $\rho(M_{\mathrm{J}})=0<1$。

由定理 3.3.2 知，J 法收敛。但是，$\|M_{\mathrm{J}}\|_\infty=\|M_{\mathrm{J}}\|_1=4>1$，因此由推论 3.3.1 不能判别 J 法的收敛性。

同理，GS 法的迭代矩阵为

$$M_{\mathrm{GS}}=(D-L)^{-1}U=\begin{bmatrix}0&-2&2\\0&2&-3\\0&0&2\end{bmatrix}$$

从而，由 $|\lambda I - M_{GS}| = \lambda(\lambda-2)^2 = 0$ 得，M_{GS} 的三个特征值为 $\lambda_1 = 0$、$\lambda_{2,3} = 2$，进而有 $\rho(M_{GS}) = 2 > 1$。由定理 3.3.2 知，GS 法发散。

（2）注意到 A 是对称矩阵，且三个顺序主子式 $|A_1| = 1 > 0$，$|A_2| = 0.75 > 0$，$|A_3| = 0.5 > 0$，因此 A 是对称正定矩阵。由推论 3.3.3 知，GS 法收敛。

但 $2D - A = \begin{bmatrix} 1 & -0.5 & -0.5 \\ -0.5 & 1 & -0.5 \\ -0.5 & -0.5 & 1 \end{bmatrix}$ 不是正定矩阵，因为 $\det(2D - A) = 0$。因此由定理 3.3.5 知，J 法是发散的。

（3）因为 A 是严格对角占优矩阵，由定理 3.3.4 知，J 法和 GS 法均收敛。

注：例 3.3.1 的（1）和（2）说明，对于同一个题目，J 法与 GS 法的收敛性没有必然的联系。其中，（1）中 J 法收敛，但 GS 法发散；（2）中 J 法发散，但 GS 法收敛。

例 3.3.2　考虑三阶矩阵 $A = \begin{bmatrix} 1 & a & a \\ a & 1 & a \\ a & a & 1 \end{bmatrix} \in R^{3\times 3}$，试求：

（1）a 满足什么条件时，方程组 $Ax = b$ 的 GS 法一定收敛。

（2）a 满足什么条件时，方程组 $Ax = b$ 的 J 法一定收敛。

解　A 是对称矩阵，且 $a_{11} = a_{22} = a_{33} = 1 > 0$。

（1）若 A 是正定矩阵，由推论 3.3.3 知，方程 $Ax = b$ 的 GS 法一定收敛。此时，

$$|A_1| = 1 > 0, |A_2| = 1 - a^2 > 0, |A_3| = (2a+1)(1-a)^2 > 0$$

可得 $-0.5 < a < 1$。因此，当 $-0.5 < a < 1$ 时，方程组 $Ax = b$ 的 GS 法一定收敛。

（2）由定理 3.3.5 知，只有当 A 及 $2D - A$ 均为正定矩阵时，$Ax = b$ 的 J 法才收敛。当 A 为正定矩阵时，由（1）知，$-0.5 < a < 1$。

而当 $2D - A = \begin{bmatrix} 1 & -a & -a \\ -a & 1 & -a \\ -a & -a & 1 \end{bmatrix}$ 为正定矩阵时，即

$$|1| = 1 > 0, \begin{vmatrix} 1 & -a \\ -a & 1 \end{vmatrix} = 1 - a^2 > 0, |2D - A| = (1-2a)(1+a)^2 > 0$$

可得 $-1 < a < 0.5$。因此，当 $-0.5 < a < 0.5$ 时，$Ax = b$ 的 J 法收敛。

3.3.3　简单迭代法的误差估计

定理 3.3.7　设简单迭代法的迭代公式是

$$x^{(k+1)} = Mx^{(k)} + g \tag{3.3.3}$$

任给初值 $x^{(0)} = [x_1^{(0)}, \cdots, x_n^{(0)}]^{\mathrm{T}}$，若 $\|M\| < 1$，则由式（3.3.3）产生的迭代序列 $\{x^{(k)}\}$ 收敛于线性方程组 $x = Mx + g$ 的唯一解 x^*，且 $x^{(k)}$ 作为 x^* 的近似解的误差估计是

$$\|x^{(k)} - x^*\| \leqslant \|M\|^k / (1 - \|M\|) \cdot \|x^{(1)} - x^{(0)}\| \tag{3.3.4}$$

证明　因为 $\rho(M) \leqslant \|M\| < 1$，所以 $I - M$ 是可逆矩阵，从而方程组 $x = Mx + g$ 有唯一解 x^*，且 $x^* = (I - M)^{-1} g$。由定理 3.3.2 知，$\{x^{(k)}\}$ 收敛于 x^*。

由 $x^{(k)}-x^{*}=[Mx^{(k-1)}+g]-(Mx^{*}+g)=M[x^{(k-1)}-x^{*}]=\cdots=M^{k}[x^{(0)}-x^{*}]=M^{k}[x^{(0)}-(I-M)^{-1}g]=M^{k}\cdot(I-M)^{-1}\{x^{(0)}-[Mx^{(0)}+g]\}$ 可推得

$$x^{(k)}-x^{*}=M^{k}\cdot(I-M)^{-1}[x^{(0)}-x^{(1)}] \tag{3.3.5}$$

进一步，由定理 2.6.10 知，式（3.3.4）成立。

有了式（3.3.4），若要求 $x^{(k)}$ 的各分量的误差绝对值不超过 0.5×10^{-4}，则可要求：

$$\|M\|_{\infty}^{k}/(1-\|M\|_{\infty})\cdot\|x^{(1)}-x^{(0)}\|_{\infty}\leqslant 0.5\times10^{-4}$$

从而 $k\geqslant\log_{\|M\|_{\infty}}[(1-\|M\|_{\infty}/2)\|x^{(1)}-x^{(0)}\|_{\infty}^{-1}\times10^{-4}]$。

如在例 3.2.1 中，$M_{\mathrm{J}}=\begin{bmatrix}0 & -0.3 & -0.1\\ 0.2 & 0 & 0.3\\ -0.1 & -0.3 & 0\end{bmatrix}, x^{(0)}=\begin{bmatrix}0\\0\\0\end{bmatrix}, x^{(1)}=\begin{bmatrix}1.4\\0.5\\1.4\end{bmatrix}$，$\|M_{\mathrm{J}}\|_{\infty}=0.5$，$\|x^{(1)}-x^{(0)}\|_{\infty}=1.4$，代入上式可得

$$k\geqslant\log_{0.5}(0.5\times0.5\times1.4^{-1}\times10^{-4})=15+\log_{2}1.708984325$$

取 $k=16$，即利用 J 法迭代 16 次就可达到其精度要求。

由于唯一解 x^{*} 是未知的，一般不能通过式（3.3.4）来对迭代法的误差进行估计。在实际计算时，常采用事后估计误差的方法，即将相邻两次迭代之差是否达到精度要求作为停机准则，因此下面的结论比定理 3.3.7 更实用。

定理 3.3.8　在定理 3.3.7 的条件下，有

$$\|x^{(k)}-x^{*}\|\leqslant\|M\|/(1-\|M\|)\cdot\|x^{(k)}-x^{(k-1)}\| \tag{3.3.6}$$

证明　在定理 3.3.7 的证明中，$x^{(k)}-x^{*}=M[x^{(k-1)}-x^{*}]=M[x^{(k-1)}-(I-M)^{-1}g]=M(I-M)^{-1}\{x^{(k-1)}-[Mx^{(k-1)}+g]\}=M(I-M)^{-1}[x^{(k-1)}-x^{(k)}]$。于是，式（3.3.6）成立。

如果要求 $\|x^{(k)}-x^{*}\|\leqslant\varepsilon$，由式(3.3.6)知，只需要求 $\|x^{(k)}-x^{(k-1)}\|<(1-\|M\|)/\|M\|\cdot\varepsilon$。因此在实际问题计算中，常把 $\|x^{(k)}-x^{(k-1)}\|$ 作为停机条件。

3.4　最速下降法与共轭梯度法

对于 n 阶线性方程组：

$$Ax=b \tag{3.4.1}$$

如果系数矩阵 A 是对称正定矩阵，则方程组（3.4.1）的解为二次泛函 $\varphi(x)=1/2\cdot x^{\mathrm{T}}Ax-b^{\mathrm{T}}x$ 的唯一极小值点。此表明求解方程组 $Ax=b$ 等价于求二次泛函的极小值问题：

$$\min_{x\in R^{2}}\varphi(x) \tag{3.4.2}$$

3.4.1　最速下降法

求解问题（3.4.2）最简单的方法是最速下降法，其具体做法如下。

（1）选一初始点 $x^{(0)}$。

（2）沿 $\varphi(x)$ 在点 $x^{(0)}$ 的负梯度方向 $r^{(0)}=-\nabla\varphi[x^{(0)}]=b-Ax^{(0)}$（称为搜索方向）求得 $\varphi(x)$ 的极小值点 $x^{(1)}$：$\varphi[x^{(1)}]=\min\limits_{\lambda>0}\{\varphi[x^{(0)}+\lambda r^{(0)}]\}$。

（3）从 $x^{(1)}$ 出发，重复上述过程（2）得到点 $x^{(2)}$，如此继续下去，得到序列 $\{x^{(k)}\}$ 使 $\varphi[x^{(k)}] < \varphi[x^{(k-1)}]$ $(k=1,2,\cdots)$。

可以证明从任意初始点 $x^{(0)}$ 出发，用最速下降法获得的序列 $\{x^{(k)}\}$ 均收敛于问题（3.4.2）的解，即方程组 $Ax=b$ 的解。其收敛速度取决于 $(\lambda_n-\lambda_1)/(\lambda_n+\lambda_1)$，其中，$\lambda_1$、$\lambda_n$ 分别是 A 的最小、最大特征值。

最速下降法计算简便，能充分利用系数矩阵的稀疏性。但当 $\lambda_1=\lambda_n$ 时，收敛十分缓慢，因此在实际中较少使用这种方法。

3.4.2 共轭梯度法

用共轭梯度（conjugate gradient，CG）法求解系数矩阵为对称正定矩阵的线性方程组 $Ax=b$ 的具体步骤与最速下降法类似，归结为求解问题（3.4.2）。只是在选取搜索方向上与最速下降法不同，CG 法是在点 $x^{(k)}$ 处选取搜索方向 $d^{(k)}$，使其与前一次的搜索方向 $d^{(k+1)}$ 关于 A 共轭，即

$$[d^{(k)},Ad^{(k-1)}]=0 \quad (k=1,2,\cdots) \tag{3.4.3}$$

然后从点 $x^{(k)}$ 出发，沿方向 $d^{(k)}$ 求得 $\varphi(x)$ 的极小值点 $x^{(k+1)}$，即

$$\varphi[x^{(k+1)}]=\min_{\lambda>0}\{\varphi[x^{(k)}+\lambda d^{(k)}]\} \tag{3.4.4}$$

如此可得方程组 $Ax=b$ 的近似解序列 $\{x^{(k)}\}$。

由 $\dfrac{\mathrm{d}}{\mathrm{d}\lambda}\varphi[x^{(k)}+\lambda d^{(k)}]=0$ 及式（3.4.4）得 $\lambda_k=\dfrac{[b-Ad^{(k)},x^{(k)}]}{[Ad^{(k)},d^{(k)}]}=\dfrac{[r^{(k)},x^{(k)}]}{[Ad^{(k)},d^{(k)}]}$，从而

$$x^{(k+1)}=x^{(k)}+\lambda_k d^{(k)}=x^{(k)}+[b-Ad^{(k)},x^{(k)}]/[Ad^{(k)},d^{(k)}]\cdot d^{(k)} \tag{3.4.5}$$

若取 $d^{(k)}=-\nabla\varphi[x^{(k)}]+\beta_{k-1}d^{(k-1)}\triangleq r^{(k)}+\beta_{k-1}d^{(k-1)}$，由共轭性质知：

$$[d^{(k)},Ad^{(k-1)}]=[r^{(k)},Ad^{(k-1)}]+\beta_{k-1}[d^{(k-1)},Ad^{(k-1)}]=0$$

可得 $\beta_{k-1}=-[r^{(k)},Ad^{(k-1)}]/[d^{(k-1)},Ad^{(k-1)}]$，因此 CG 法的计算过程如下。

（1）取初始向量 $x^{(0)}$，计算

$$\begin{cases} d^{(0)}=r^{(0)}=-\nabla\varphi[x^{(0)}]=b-Ax^{(0)} \\ \lambda_0=[r^{(0)},d^{(0)}]/[d^{(0)},Ad^{(0)}] \\ x^{(1)}=x^{(0)}+\lambda_0 d^{(0)} \end{cases} \tag{3.4.6}$$

（2）对于 $k=1,2,\cdots$，计算

$$\begin{cases} r^{(k)}=-\nabla\varphi[x^{(k)}]=b-Ax^{(k)} \\ \beta_{k-1}=-[r^{(k)},Ad^{(k-1)}]/[d^{(k-1)},Ad^{(k-1)}] \\ d^{(k)}=r^{(k)}+\beta_{k-1}d^{(k-1)} \\ \lambda_k=[r^{(k)},d^{(k)}]/[d^{(k)},Ad^{(k)}] \\ x^{(k+1)}=x^{(k)}+\lambda_k d^{(k)} \end{cases} \tag{3.4.7}$$

例 3.4.1 用 CG 法求解对称正定方程组：

$$\begin{cases} 3x_1-x_2=2 \\ -x_1+x_2=0 \end{cases}$$

取 $x^{(0)}=(0,0)^{\mathrm{T}}$。

解　由 $A=\begin{bmatrix}3 & -1\\ -1 & 1\end{bmatrix}$，构造 $\varphi(x_1,x_2)=\frac{1}{2}(3x_1^{\ 2}-2x_1x_2+x_2^{\ 2})-2x_1$。

于是 $\nabla\varphi(x_1,x_2)=(3x_1-x_2-2,x_2-x_1)^{\mathrm{T}}$。按式（3.4.6）、式（3.4.7）计算，有 $d^{(0)}=r^{(0)}=-\nabla\varphi[x^{(0)}]=(2,0)^{\mathrm{T}}$；$\lambda_0=1/3$；$x^{(1)}=x^{(0)}+\lambda_0 d^{(0)}=(2/3,0)^{\mathrm{T}}$；$r^{(1)}=-\nabla\varphi[x^{(1)}]=(0,2/3)^{\mathrm{T}}$；$\beta_0=1/9$；$d^{(1)}=r^{(1)}+\beta_0 d^{(0)}=(2/9,2/3)^{\mathrm{T}}$；$\lambda_1=3/2$；$x^{(2)}=x^{(1)}+\lambda_1 d^{(1)}=(1,1)^{\mathrm{T}}$；$r^{(2)}=-\nabla\varphi[x^{(2)}]=(0,0)^{\mathrm{T}}$。

故 $x^{(2)}=(1,1)^{\mathrm{T}}$ 就是 $\varphi(x)$ 的极小值点，它正是所求方程组的解。

例 3.4.1 从 $x^{(0)}$ 出发，用 CG 法通过两步就得到了准确解。理论上可以证明，如果计算过程是精确的，则无论初值 $x^{(0)}$ 取何值，用 CG 法求解问题（3.4.2）至多进行有限步骤就能得到准确解，这表明 CG 法实质上是一种直接方法。但在实际数值计算中，由于有舍入误差的存在，破坏了这种方法的有限步终止性。在实际应用中，常将 CG 法作为迭代法来使用。

在系数矩阵为对称正定矩阵的线性方程组的解法中，CG 法的主要优点是存储量小、计算简便，它能充分利用系数矩阵的稀疏性，具有非常快的收敛速度。大量的数值计算表明，当 A 的条件数很小，或 A 的特征值大部分集中在一点附近时，用此方法仅需迭代很少几步就能得到高精度的解。

3.5　数 值 实 例

例 3.5.1　GS 法的 MATLAB 程序。

解　写入 M 文件，并保存为 Gauss_Seidel_iterative.m。

```
function [x]=Gauss_Seidel_iterative(A,b)
% 用 GS 法求解线性方程组,矩阵 A 是方阵
x0=zeros(1,length(b));% 赋初值
tol=10^(-2);% 给定误差范围
N=1000;% 限定最大迭代次数
[n,n]=size(A);% 确定矩阵 A 的阶
k=1;
while k<=N  % 开始迭代过程
    x(1)=(b(1)-A(1,2:n)*x0(2:n)')/A(1,1);
    for i=2:n
        x(i)=(b(i)-A(i,1:i-1)*x(1:i-1)'-A(i,i+1:n)*x0(i+1:
n)')/A(i,i);
    end
    if max(abs(x-x0))<=tol
        fid=fopen('G_S_iter_result.txt','wt');
```

```
            fprintf(fid,'\n********用 GS 法求解线性方程组的输出结果****
****\n\n');
            fprintf(fid,'迭代次数:%d 次\n\n',k);
            fprintf(fid,'x 的值\n\n');
            fprintf(fid,'%12.8f \n',x);
            break;
        end
        k=k+1;
        x0=x;
    end
    if k==N+1
        fid=fopen('G_S_iter_result.txt','wt');
        fprintf(fid,'\n********用 GS 法求解线性方程组的输出结果*******
*\n\n');
        fprintf(fid,'迭代次数:%d 次\n\n',k);
        fprintf(fid,'超过最大迭代次数,求解失败!');
        fclose(fid);
    end
```

调用函数 Gauss_Seidel_iterative 语句:

```
A=[8 -3 2;4 11 -1;6 3 12];b=[20;33;36];
Gauss_Seidel_iterative(A,b)
```

输出结果:

```
ans=2.9998    1.9997    1.0002
```

例 3.5.2　SOR 方法的 MATLAB 程序，即算法 3.2.2。

解　写入 M 文件，并保存为 sor22.m。

```
function [n,x]=sor22(A,b,X,nm,w,ww)
%用 SOR 方法求解方程组 Ax=b
%输入:A 为方程组的系数矩阵;b 为方程组右端的列向量;X 为迭代初值列向量;
nm 为最大迭代次数;w 为误差精度;ww 为松弛因子
%输出:x 为求得的方程组的解构成的列向量;n 为迭代次数
n=1;
m=length(A);
D=diag(diag(A));      %令 A=D-L-U,计算矩阵 D
L=tril(-A)+D;      %令 A=D-L-U,计算矩阵 L
U=triu(-A)+D;      %令 A=D-L-U,计算矩阵 U
M=inv(D-ww*L)*((1-ww)*D+ww*U);    %计算迭代矩阵
g=ww*inv(D-ww*L)*b;              %计算迭代格式中的常数项
%下面是迭代过程
```

```
    while n<=nm
        x=M*X+g;   %用迭代格式进行迭代
        if norm(x-X,'inf')<w
            disp('迭代次数为');n
            disp('方程组的解为');x
              return;%达到精度要求就结束程序,输出迭代次数和方程组的解
        end
        X=x;n=n+1;
    end  %如果达到最大迭代次数仍不收敛,输出警告语句及迭代的最终结果(并
不是方程组的解)
    disp('在最大迭代次数内不收敛!');
    disp('最大迭代次数后的结果为');x
```

调用函数 sor22 语句:

```
    a=[5 2 1;-1 4 2;2 -3 10];b=[-12;20;3];c=1000;d=5e-6;f=1.03;
k=[0;0;0];
    g=sor22(a,b,k,c,d,f)
```

例 3.5.3 用最速下降法求方程组的解。

解 写入 M 文件，并保存为 fastest.m。

```
    function [x,k]=fastest(A,b,eps);
    x0=zeros(size(b),1);
    x=x0;k=0;m=1000;tol=1;
    while tol>=eps
        r=b-A*x0;
        q=dot(r,r)/dot(A*r,r);
        x=x0+q*r;
        k=k+1;
        tol=norm(x-x0);
        x0=x;
        if k>=m
            disp('迭代次数太多,可能不收敛!');
            return;
        end
    end
```

调用时，输入方程组数据 A、b 和允许误差 eps。

本 章 小 结

本章介绍了解线性方程组的迭代法，主要介绍了三种常用的简单迭代法——雅可比

迭代法、高斯-赛德尔迭代法和松弛迭代法（特别是 SOR 方法），重点介绍了三种简单迭代法的迭代公式构造、收敛性判别及误差估计等，同时也介绍了求解系数矩阵为对称正定矩阵的线性方程组的最速下降法与 CG 法。

与第 2 章线性方程组的直接解法相比，迭代法更适合解具有高阶稀疏性质的方程组。它能充分利用系数矩阵的稀疏性，占用较少内存且程序简单，因此迭代法在线性方程组的求解中占有重要地位。

习　题　三

1. 用 J 法和 GS 法求解方程组（精确到小数点后三位），取 $x^{(0)}=(0,0,0)^{\mathrm{T}}$。

（1）$\begin{bmatrix}7&1&2\\2&8&2\\2&2&9\end{bmatrix}\begin{bmatrix}x_1\\x_2\\x_3\end{bmatrix}=\begin{bmatrix}10\\8\\6\end{bmatrix}$　　（2）$\begin{bmatrix}8&-3&2\\4&11&-1\\2&1&4\end{bmatrix}\begin{bmatrix}x_1\\x_2\\x_3\end{bmatrix}=\begin{bmatrix}20\\33\\12\end{bmatrix}$

2. 已知方程组为

$$\begin{cases}10x_1+4x_2+4x_3=13\\4x_1+10x_2+8x_3=11\\4x_1+8x_2+10x_3=25\end{cases}$$

（1）分别求出 J 法、GS 法和 SOR 方法（取 $\omega=1.35$）的计算公式。

（2）对于任意初值，（1）中各迭代法是否收敛？

（3）当 $x^{(0)}=(0,0,0)^{\mathrm{T}}$ 时，给出 GS 法（注：若其收敛的话）的误差估计式。

3. 分别用 GS 法与 SOR 方法（$\omega=1.25$）求解方程组：

$$\begin{cases}5x_1+2x_2+x_3=-12\\-x_1+4x_2+2x_3=20\\2x_1-3x_2+10x_3=3\end{cases}$$

（1）取 $x^{(0)}=(1,1,1)^{\mathrm{T}}$，迭代 7 次，并比较它们的计算结果。

（2）取 $\|\cdot\|_\infty$ 范数，试求出 GS 法与 SOR 方法（$\omega=1.25$）的误差估计式。

4. 若用 J 法求解方程组：

$$\begin{bmatrix}a&-1&-3\\-1&a&-2\\-3&-2&a\end{bmatrix}\begin{bmatrix}x_1\\x_2\\x_3\end{bmatrix}=\begin{bmatrix}b_1\\b_2\\b_3\end{bmatrix}$$

试讨论实数 a 的取值与 J 法收敛性的关系。

5. 设线性方程组 $Ax=b$，其中，

$$A=\begin{bmatrix}1&a&0\\a&1&a\\0&a&1\end{bmatrix},b\neq 0。$$

（1）当实数 a 取何值时，$Ax=b$ 的 GS 法一定收敛。

（2）当实数 a 取何值时，$Ax=b$ 的 J 法收敛。

6. 分别用 J 法和 GS 法求解方程组：

$$\begin{cases}20x_1+2x_2+3x_3=24\\x_1+8x_2+x_3=12\\2x_1-3x_2+15x_3=30\end{cases}$$

取 $x^{(0)}=(0,0,0)^{\mathrm{T}}$，问两种迭代法是否收敛（说明理由）？若收敛，需要迭代多少次，才能保证各分量的误差绝对值小于 10^{-6}？

7. 设有方程组：

$$\begin{bmatrix} 5 & 2 & 1 \\ 2 & -3 & 10 \\ -1 & 4 & 2 \end{bmatrix}\begin{bmatrix} x_1 \\ x_2 \\ x_3 \end{bmatrix}=\begin{bmatrix} 12 \\ 3 \\ 20 \end{bmatrix}$$

讨论 J 法及 GS 法的收敛性。适当交换方程的次序，结果怎样？

8. 已知方程组 $Ax=b$，其中，$A=\begin{bmatrix} 1 & a \\ 4a & 1 \end{bmatrix}$；$x,b\in R^2$。试用简单迭代法收敛的充要条件求出使 J 法和 GS 法均收敛的 a 的范围。

9. 用 CG 法求解方程组：

$$\begin{bmatrix} 4 & 3 & 0 \\ 3 & 4 & -1 \\ 0 & -1 & 4 \end{bmatrix}\begin{bmatrix} x_1 \\ x_2 \\ x_3 \end{bmatrix}=\begin{bmatrix} 24 \\ 30 \\ -24 \end{bmatrix}$$

10. 已知方程组 $Ax=b$，其中，$A=\begin{bmatrix} 2 & 1 \\ 1 & 2 \end{bmatrix}$，$b=\begin{bmatrix} 1 \\ 2 \end{bmatrix}$。有迭代公式：

$$x^{(k+1)}=x^{(k)}+\omega[Ax^{(k)}-b]$$

试问，（1）ω 取什么范围的值能使迭代法收敛？

（2）ω 取什么值时，可使迭代收敛速度最快（$x^{(0)}$ 取任何值）？

第 4 章　矩阵特征值和特征向量计算

第 3 章的内容表明矩阵的范数对于迭代法的收敛性判别至关重要，特别是迭代矩阵的谱半径与迭代法的收敛性的关系。而迭代矩阵的谱半径正是迭代矩阵的按模最大特征值的模，即它与迭代矩阵的特征值密切相关。事实上，在工程实践中有多种振动问题，如桥梁或建筑物的振动、机械机件的振动、飞机机械的颤动等，这些问题常常归结为求矩阵的特征值。在量子化学中，若忽略重叠积分，通过 Huckel 分子轨道（Huckel molecular orbital，HMO）方法求解久期方程也归结为求矩阵的特征值问题。另外，数学中的一些稳定性分析问题及相关分析问题也可以转化为求矩阵的特征值问题。本章就来介绍矩阵的特征值和特征向量的计算方法。

4.1　幂法和反幂法

在一些工程问题中，往往不需要全部特征值，只需要矩阵的按模最大（或最小）特征值和相应的特征向量，如求矩阵的谱半径问题，这正是幂法和反幂法要解决的问题。

4.1.1　幂法

幂法主要用于求矩阵的按模最大特征值及相应的特征向量。它通过迭代产生向量序列，由此计算矩阵的按模最大特征值和相应的特征向量。

设 n 阶实方阵 A 有一个完全的特征向量，即存在一组线性无关的特征向量 $u_1,u_2,\cdots,u_n$ 及相应的特征值 $\lambda_1,\lambda_2,\cdots,\lambda_n$，且满足：

$$|\lambda_1|>|\lambda_2|\geqslant\cdots\geqslant|\lambda_n| \tag{4.1.1}$$

于是，问题就转化为如何求出 λ_1 和 u_1。

幂法的基本步骤是对于给定的初始向量 $x^{(0)}$（$\neq\theta$），有迭代公式：

$$x^{(k+1)}=Ax^{(k)} \tag{4.1.2}$$

其中，$k=0,1,2,\cdots$，因此可产生向量序列 $\{x^{(k)}\}$。可以证明当 k 充分大时，$\lambda_1\approx x_i^{(k+1)}/x_i^{(k)}$ $(i=1,2,\cdots,n)$，相应的特征向量为 $x^{(k+1)}$，$x^{(k+1)}=[x_1^{(k+1)},x_2^{(k+1)},\cdots,x_n^{(k+1)}]^{\mathrm{T}}$。

事实上，不妨设 $\|u_i\|=1$ $(i=1,2,\cdots,n)$，这一要求是为了简化，不影响结论。对于任给的 $\theta\neq x^{(0)}\in R^n$，由于 $u_1,u_2,\cdots,u_n$ 线性无关，必存在 n 个不全为 0 的数 $\alpha_1,\alpha_2,\cdots,\alpha_n$ 使 $x^{(0)}=\sum\limits_{j=1}^{n}\alpha_j u_j$，再由式（4.1.2）可得

$$x^{(k+1)}=Ax^{(k)}=\cdots=A^{k+1}x^{(0)}=\sum_{i=1}^{n}\alpha_i A^{k+1}u_i=\sum_{i=1}^{n}\alpha_i\lambda_i^{k+1}u_i$$

即

$$x^{(k+1)}=\lambda_1^{k+1}\left[\alpha_1u_1+\sum_{i=2}^{n}(\lambda_i/\lambda_1)^{k+1}\alpha_iu_i\right] \tag{4.1.3}$$

假设 $\alpha_1\neq 0$，由 $|\lambda_1|>|\lambda_i|$ 得 $\lim\limits_{k\to\infty}(\lambda_i/\lambda_1)^{k+1}=0\ (i=2,3,\cdots,n)$，于是 $\lim\limits_{k\to\infty}\sum\limits_{i=2}^{n}(\lambda_i/\lambda_1)^{k+1}\alpha_iu_i=\theta$。因此由式（4.1.3）可得

$$x^{(k+1)}=\lambda_1^{k+1}\left[\alpha_1u_1+\sum_{i=2}^{n}(\lambda_i/\lambda_1)^{k+1}\alpha_iu_i\right]\approx\lambda_1^{k+1}\alpha_1u_1 \tag{4.1.4}$$

由 $x^{(k+1)}\approx\lambda_1^{k+1}\alpha_1u_1$，$x^{(k)}\approx\lambda_1^{k}\alpha_1u_1$，可得 $x^{(k+1)}\approx\lambda_1x^{(k)}$，从而

$$\lambda_1\approx x_i^{(k+1)}/x_i^{(k)}\quad(i=1,2,\cdots,n) \tag{4.1.5}$$

而 $Ax^{(k)}=x^{(k+1)}\approx\lambda_1x^{(k)}$ 表明，$x^{(k)}$ 即近似为 λ_1 对应的特征向量。

按式（4.1.2）、式（4.1.4）和式（4.1.5）计算按模最大特征值和相应的特征向量的方法就称为幂法。

对于利用幂法求按模最大特征值 λ_1 及相应的特征向量 u_1，有两点需要说明。

（1）如果选取的 $x^{(0)}$ 恰好使 $\alpha_1=0$，上述的幂法计算过程仍能进行，因为计算过程中有舍入误差存在，迭代若干次后，必然产生一个向量 $x^{(k)}$，它在 u_1 方向上的分量不为零。

（2）当 $|\lambda_1|>1$（或 $|\lambda_1|<1$）时，迭代向量 $x^{(k)}$ 的每个分量将随 $k\to\infty$ 而趋于∞（或趋于 0），这样在计算机运行时就会溢出。为了克服这一缺陷，实际计算时每次迭代所得的向量都要规范化（即取 $x^{(k)}$ 的绝对值最大的分量遍除所有分量，如此，$x^{(k)}$ 中的最大值分量为 1）。这样做的理由是如果 u 为 λ_1 的特征向量，则 $\forall 0\neq k\in R$，ku 仍是 λ_1 的特征向量。

因此，幂法的实际计算公式如下：

$$\begin{cases}y^{(k)}=x^{(k)}/x_r^{(k)},\quad |x_r^{(k)}|=\max\limits_{1\leqslant i\leqslant n}|x_i^{(k)}|\\ x^{(k+1)}=Ay^{(k)}\quad(k=0,1,2,\cdots)\\ \lambda_1\approx x_r^{(k+1)},\quad u_1\approx x^{(k+1)}\end{cases}$$

具体算法如下。

算法 4.1.1

（1）输入 $A\Leftarrow(a_{ij})_{n\times n}$，初始向量 $x\Leftarrow(x_1,x_2,\cdots,x_n)$，误差限 $\varepsilon>0$，最大迭代次数 N，$k\Leftarrow1$，$\alpha\Leftarrow0$。

（2）求整数 r 使 $|x_r|=\max\limits_{1\leqslant i\leqslant n}|x_i|$，$\alpha\Leftarrow x_r$。

（3）计算 $y=x/\alpha$，$x=Ay$。求 x_r 使 $|x_r|=\max\limits_{1\leqslant i\leqslant n}|x_i|$，$\lambda\Leftarrow x_r$。

（4）若 $|\lambda-\alpha|<\varepsilon$，输出 λ 和 α，转到（6）。

（5）若 $k<N$，置 $k\Leftarrow k+1$，$\alpha\Leftarrow x_r$，转到（3）；否则，输出“无结果”。

（6）停机。

例 4.1.1　用幂法求矩阵 A 的按模最大特征值与相应的特征向量，其中，

$$A=\begin{bmatrix}2&3&2\\10&3&4\\3&6&1\end{bmatrix}$$

选取初始向量为 $x^{(0)}=(0,0,1)^{\mathrm{T}}$，要求误差不超过 $\frac{1}{2}\times10^{-5}$。

解　按算法 4.1.1，有 $y^{(0)}=x^{(0)}/1=(0,0,1)^{\mathrm{T}}$，$\alpha=1$；

$$x^{(1)}=Ay^{(0)}=(2,4,1)^{\mathrm{T}}，\alpha=4\ (\lambda=4)；$$

$$y^{(1)}=x^{(1)}/\alpha=(0.5,1,0.25)^{\mathrm{T}}$$

$$x^{(2)}=Ay^{(1)}=(4.5,9,7.75)^{\mathrm{T}}，\alpha=9\ (\lambda=9)。$$

如此下去得到表 4-1-1。

表 4-1-1　例 4.1.1 的计算结果

k	$x^{(k)}$			α_k	$y^{(k)}$		
	$x_1^{(k)}$	$x_2^{(k)}$	$x_3^{(k)}$		$y_1^{(k)}$	$y_2^{(k)}$	$y_3^{(k)}$
0	0	0	1	1	0	0	1
1	2	4	1	4	0.5	1	0.25
2	4.5	9	7.75	9	0.5	1	0.861111
3	5.722222	11.444444	8.361111	11.444444	0.5	1	0.730583
4	5.461165	10.922330	8.230583	10.922330	0.5	1	0.753556
5	5.567111	11.014222	8.253556	11.014222	0.5	1	0.749354
6	5.498709	10.997417	8.249354	10.997417	0.5	1	0.750117
7	5.500235	11.000470	8.250117	11.000470	0.5	1	0.749979
8	5.499957	10.999915	8.249979	10.999915	0.5	1	0.750004
9	5.500008	11.000016	8.250004	11.000016	0.5	1	0.749999
10	5.499999	10.999997	8.249999	10.999997	0.5	1	0.750000
11	5.500000	11.000001	8.250000	11.000001	0.5	1	0.750000

由于 $11.000001-10.999997=0.4\times10^{-5}<0.5\times10^{-5}$，则 $\lambda_1=11.000001$，$u_1=x^{(11)}=(5.5,11.000001,8.25)^{\mathrm{T}}$，若给定 $\|u_1\|_\infty=1$，则有 $u_1=y^{(11)}=(0.5,1,0.75)^{\mathrm{T}}$。

事实上，例 4.1.1 中矩阵 A 的按模最大特征值的精确值 $\lambda_1=11$，相应的特征向量 $u_1=(0.5,1,0.75)^{\mathrm{T}}$，且 $\lambda_2=-3$，$\lambda_3=-2$。

在前面的讨论中，对按模最大特征值为单个的情形进行研究，即假定 $|\lambda_1|>|\lambda_2|$。如果按模最大特征值有多个，则矩阵 A 的特征值分布满足：

$$|\lambda_1|=|\lambda_2|=\cdots=|\lambda_m|>|\lambda_{m+1}|\geqslant\cdots\geqslant|\lambda_n| \tag{4.1.6}$$

其中，$m\geqslant2$。下面对式（4.1.6）的几种特殊情况进行讨论。

（1）若 λ_1 是 m 重积根，即 $\lambda_1=\lambda_2=\cdots=\lambda_m$，矩阵 A 仍有 n 个线性无关的特征向量，此时式（4.1.3）变成了

$$x^{(k+1)}=\lambda_1^{k+1}\left[\sum_{i=1}^{m}\alpha_i u_i+\sum_{i=m+1}^{n}(\lambda_i/\lambda_1)^{k+1}\alpha_i u_i\right] \tag{4.1.7}$$

显然，只要 $\alpha_1,\alpha_2,\cdots,\alpha_m$ 不全为零，当 k 充分大时，就有

$$x^{(k+1)}\approx\lambda_1^{k+1}\sum_{i=1}^{m}\alpha_i u_i \tag{4.1.8}$$

因为 $\sum_{i=1}^{m}\alpha_i u_i$ 也是矩阵 A 的关于特征值 λ_1 的特征向量，所以仍有

$$\lambda_1=\lambda_2=\cdots=\lambda_m\approx x_i^{(k+1)}/x_i^{(k)}\quad(i=1,2,\cdots,n)$$

（2）若 $\lambda_1=-\lambda_2$，$|\lambda_1|>|\lambda_3|$（即 $m=2$），且矩阵 A 有 n 个线性无关的特征向量，则式（4.1.3）变成了

$$x^{(k+1)}=\lambda_1^{k+1}\left[\alpha_1u_1+(-1)^{k+1}\alpha_2u_2+\sum_{i=3}^{n}(\lambda_i/\lambda_1)^{k+1}\alpha_iu_i\right]\tag{4.1.9}$$

当 k 充分大时，从式（4.1.9）容易获得

$$\begin{cases}x^{(2k-1)}\approx\lambda_1^{2k-1}(\alpha_1u_1-\alpha_2u_2)\\ x^{(2k)}\approx\lambda_1^{2k}(\alpha_1u_1+\alpha_2u_2)\end{cases}\tag{4.1.10}$$

因此有 $\lambda_1^2\approx x_i^{(k+2)}/x_i^{(k)}\ (i=1,2,\cdots,n)$，即

$$\lambda_{1,2}=\pm\sqrt{x_i^{(k+2)}/x_i^{(k)}}\ (i=1,2,\cdots,n)\tag{4.1.11}$$

而由式（4.1.10）可导出：

$$\begin{cases}x^{(k+1)}+\lambda_1x^{(k)}\approx2\lambda_1^{k+1}\alpha_1u_1\\ x^{(k+1)}-\lambda_1x^{(k)}\approx2(-\lambda_1)^{k+1}\alpha_2u_2\end{cases}\tag{4.1.12}$$

因此，在此情况下，仍可将幂法产生的向量序列 $\{x^{(k)}\}$ 按式（4.1.11）和式（4.1.12）处理，得到按模最大特征值 λ_1 和 λ_2，以及相应的特征向量 $x^{(k+1)}+\lambda_1x^{(k)}$ 和 $x^{(k+1)}-\lambda_1x^{(k)}$。

利用幂法求按模最大特征值与相应的特征向量，其最大优点是幂法的计算简便易行，是求大型稀疏矩阵按模最大特征值的最常用方法。当 A 有 n 个线性无关的特征向量且 $|\lambda_1|>|\lambda_2|\geqslant\cdots\geqslant|\lambda_n|$（或 $|\lambda_1|=|\lambda_2|=\cdots=|\lambda_m|>|\lambda_{m+1}|\geqslant\cdots\geqslant|\lambda_n|$）时，它的收敛速度依赖于按模最大特征值与相邻特征值之比 $\rho=|\lambda_{m+1}/\lambda_1|$，且 ρ 越大（即接近于 1），收敛速度就越慢。如在例 4.1.1 中，$\rho=|\lambda_2/\lambda_1|=3/11$ 很小，因此它的收敛速度较快。从表 4-1-1 中可看到，迭代 7 次即可求得误差限不超过 $1/2\times10^{-3}$ 的近似值。此外，当矩阵 A 没有 n 个线性无关的特征向量时，幂法的收敛速度将很慢。下面对幂法收敛速度的改进进行讨论。

4.1.2　幂法的收敛加速

正如前面所述，当矩阵 A 的 n 个特征值满足 $|\lambda_1|>|\lambda_2|\geqslant\cdots\geqslant|\lambda_n|$ 时，利用幂法求 A 的按模最大特征值 λ_1 及相应特征向量 u_1 的收敛速度取决于 $\rho=|\lambda_2/\lambda_1|$。特别是当 ρ 接近 1 时，收敛速度很慢，以至于失去使用价值。针对此种情况，必须配合使用加速技术。

1. 原点平移加速法

由线性代数知识可知，方阵 A 与 $B=A-\lambda_0I$ 的特征值有如下关系：若 λ_i 是 A 的特征值，则 $\lambda_1-\lambda_0$ 就是 B 的特征值，而且 A 与 B 相应的特征向量对应相同。

如果要计算 A 的主特征值（即按模最大特征值）λ_1，就要适当选择一个 λ_0，使 $\lambda_1-\lambda_0$ 是 B 的主特征值，且使

$$|(\lambda_2-\lambda_0)/(\lambda_1-\lambda_0)|<|\lambda_2/\lambda_1|\tag{4.1.13}$$

此时，对矩阵 B 应用幂法，计算 B 的按模最大特征值 $\lambda_1-\lambda_0$：

$$x^{(k+1)}=(A-\lambda_0 I)x^{(k)}=(\lambda_1-\lambda_0)^{k+1}\left\{\alpha_1 u_1+\sum_{i=2}^{n}[(\lambda_i-\lambda_0)/(\lambda_1-\lambda_0)]^{k+1}\alpha_i u_i\right\} \tag{4.1.14}$$

只要选取 λ_0，使

$$|\lambda_1-\lambda_0|>|\lambda_i-\lambda_0|\ (i=2,3,\cdots,n) \tag{4.1.15}$$

就能保证式（4.1.13）成立，同时通过式（4.1.14）易知，收敛过程得到加速。这种加速收敛的方法就称为原点平移加速法，或简称原点平移法。

原点平移法使用简单，不足之处在于 λ_0 的选取十分困难，通常需要使用者对特征值的分布有大概的了解后，才能粗略地估计出 λ_0，并通过计算不断进行修改。但对于一些简单情形，λ_0 是可以估计的，如当矩阵 A 的特征值满足 $\lambda_1>\lambda_2\geqslant\lambda_3\geqslant\cdots\geqslant\lambda_n\geqslant 0$（或 $\lambda_1<\lambda_2\leqslant\lambda_3\leqslant\cdots\leqslant\lambda_n\leqslant 0$）时，取 $\lambda_0=(\lambda_2+\lambda_n)/2$ 就能保证式（4.1.13）成立。

例 4.1.2　设 $A=(a_{ij})_{n\times n}$ 有特征值 $\lambda_j=15-j\ (j=1,2,3,4)$，$\rho=|\lambda_2/\lambda_1|=13/14$ 接近于 1。若取 $\lambda_0=(11+13)/2=12$，进行变换 $B=A-\lambda_0 I$，则 B 的特征值分别为 $\mu_1=2$，$\mu_2=1$，$\mu_3=0$ 和 $\mu_4=-1$。应用幂法计算 B 的按模最大特征值 μ_1 的收敛速度的比值为

$$|\mu_2/\mu_1|=|(\lambda_2-\lambda_0)/(\lambda_1-\lambda_0)|=1/2<13/14$$

因此，利用原点平移法可加速幂法的收敛。

例 4.1.3　取 $\lambda_0=0.75$，用原点平移法求矩阵 A 的按模最大特征值和相应的特征向量，要求误差不超过 0.5×10^{-4}，取 $x^{(0)}=(1,1,1)^{\mathrm{T}}$，其中，

$$A=\begin{bmatrix}1 & 1 & 0.5\\ 1 & 1 & 0.25\\ 0.5 & 0.25 & 2\end{bmatrix}$$

解　$B=A-\lambda_0 I=\begin{bmatrix}0.25 & 1 & 0.5\\ 1 & 0.25 & 0.25\\ 0.5 & 0.25 & 1.25\end{bmatrix}$，要求误差不超过 $\varepsilon=0.5\times10^{-4}$，即近似到小数点后第五位。对 B 应用幂法，计算结果如表 4-1-2 所示。

表 4-1-2　例 4.1.3 的计算结果

k	$x^{(k)}$			α_k	$y^{(k)}$		
	$x_1^{(k)}$	$x_2^{(k)}$	$x_3^{(k)}$		$y_1^{(k)}$	$y_2^{(k)}$	$y_3^{(k)}$
0	1.00000	1.00000	1.00000	1.00000	1.00000	1.00000	1.0000
1	1.75000	1.50000	2.00000	2.00000	0.87500	0.75000	1.0000
2	1.46875	1.31250	1.87500	1.87500	0.78333	0.70000	1.0000
3	1.39583	1.20833	1.81667	1.81667	0.76835	0.66513	1.0000
4	1.35722	1.18463	1.80046	1.80046	0.75382	0.65796	1.0000
5	1.34642	1.16831	1.79140	1.79140	0.75160	0.65218	1.0000
6	1.34008	1.16465	1.78885	1.78885	0.74913	0.65106	1.0000
7	1.33834	1.16190	1.78734	1.78734	0.74879	0.65007	1.0000

续表

k	$x^{(k)}$			α_k	$y^{(k)}$		
	$x_1^{(k)}$	$x_2^{(k)}$	$x_3^{(k)}$		$y_1^{(k)}$	$y_2^{(k)}$	$y_3^{(k)}$
8	1.33727	1.16131	1.78692	1.78692	0.74837	0.64989	1.0000
9	1.33698	1.16084	1.78666	1.78666	0.74831	0.64973	1.0000
10	1.33681	1.16074	1.78659	1.78659	0.74825	0.64970	1.0000
11	1.22676	1.16068	1.78656	1.78656	0.74823	0.64967	1.0000

在表 4-1-2 中，由于$|\alpha_{11}-\alpha_{10}|=1.78659-1.78656=0.00003<0.5\times10^{-4}$，$B$ 的按模最大特征值 $\mu_1\approx\alpha_{11}=1.78656$，于是 A 的按模最大特征值为 $\lambda_1=\mu_1+0.75\approx2.53656$，相应地，$\lambda_1$ 的特征向量为 $y^{(11)}=(0.78423,0.64967,1.00000)^{\mathrm{T}}$（取$\infty$–范数为 1，即规范化后的向量）。

原点平移加速法是一种矩阵变换的方法，这种方法的优点是容易计算，且不破坏矩阵的稀疏性。由于 λ_0 的选择依赖于 A 的所有特征值的分布情况，在实际中难以操作。但对于特殊类型的矩阵，如 n 阶实对称矩阵，可采用瑞利（Rayleigh）商加速方法。

2. 瑞利商加速方法

定义 4.1.1 设 $A=(a_{ij})_{n\times n}\in R^{n\times n}$，且 A 为对称矩阵。对于任意非零向量 $x\in R^n$，称 $R(x)=(Ax,x)/(x,x)$ 为对应于向量 x 的瑞利商。

对于 n 阶实对称矩阵，有下列结论。

定理 4.1.1 设 $A\in R^{n\times n}$ 为实对称矩阵，将其特征值的次序记为 $\lambda_1\geqslant\lambda_2\geqslant\lambda_3\geqslant\cdots\geqslant\lambda_n$，对应的特征向量 $x_1,x_2,\cdots,x_n$ 组成规范正交组，即

$$(x_i,x_j)=\delta_{ij}=\begin{cases}1, & i=j\\ 0, & i\neq j\end{cases}\quad(i=1,2,\cdots,n)$$

则有

（1）$\forall\theta\neq x\in R^{n\times n}$，$\lambda_n\leqslant(Ax,x)/(x,x)\leqslant\lambda_1$，即 $\lambda_n\leqslant R(x)\leqslant\lambda_1$。

（2）$\lambda_1=\max\limits_{\theta\neq x\in R^{n\times n}}R(x)$。

（3）$\lambda_1=\min\limits_{\theta\neq x\in R^{n\times n}}R(x)$。

证明 （1）$\forall\theta\neq x\in R^{n\times n}$，则 $x=\sum\limits_{i=1}^{n}a_ix_i$，于是，

$$R(x)=(Ax,x)/(x,x)=\sum_{i=1}^{n}\lambda_ia_i^2\bigg/\sum_{i=1}^{n}a_i^2$$

由 A 为实对称矩阵知，λ_i 均为实数（$i=1,2,\cdots,n$），显然有 $\lambda_n\leqslant R(x)\leqslant\lambda_1$，即（1）成立。至于（2）和（3）的证明是显然的，此略。

定理 4.1.1 说明瑞利商必介于 λ_n 和 λ_1 之间（即按模最小特征值和按模最大特征值之间）。下面把瑞利商应用到用幂法计算实对称矩阵 A 的按模最大特征值的加速收敛中。

定理 4.1.2 设 $A\in R^{n\times n}$ 为实对称矩阵，且特征值满足：

$$|\lambda_1|>|\lambda_2|\geqslant|\lambda_3|\geqslant\cdots\geqslant|\lambda_n|$$

相应的特征向量 $x_1,x_2,\cdots,x_n$ 组成 R^n 规范正交组。若应用幂法计算 A 的按模最大特征值 λ_1，则规范化向量 $y^{(k)}$ 的瑞利商给出 λ_1 的近似值如下：

$$R[y^{(k)}]=[Ay^{(k)},y^{(k)}]/[y^{(k)},y^{(k)}]=\lambda_1+o[(\lambda_2/\lambda_1)^{2k}] \tag{4.1.16}$$

证明　$y^{(k)}=A^k y^{(0)}/\|A^k y^{(0)}\|_\infty$，记 $y^{(0)}=\sum_{i=1}^{n}a_i x_i$，则

$$R[y^{(k)}]=[Ay^{(k)},y^{(k)}]/[y^{(k)},y^{(k)}]=\sum_{j=1}^{n}a_j^2\lambda_j^{2k+1}\Big/\sum_{j=1}^{n}a_j^2\lambda_j^{2k}=\lambda_1+o[(\lambda_2/\lambda_1)^{2k}]$$

定理 4.1.2 说明若 A 是实对称矩阵，则应用幂法所得的规范化向量序列 $\{y^{(k)}\}$ 的瑞利商可作为 A 的按模最大特征值 λ_1 的近似值，且 k 越大，近似程度越高。

3. 幂法的埃特肯加速方法

这是基于原点平移法的一种加速方法，其基本思路是若序列 $\{a_k\}$ 线性收敛于 a，即有 $\lim\limits_{k\to\infty}(a_{k+1}-a)/(a_k-a)=c\neq 0$，则当 k 充分大时，有 $(a_{k+2}-a)/(a_{k+1}-a)\approx(a_{k+1}-a)/(a_k-a)$，由此可得

$$a\approx(a_{k+2}a_k-a_{k+1}^2)/(a_{k+2}+a_k-2a_{k+1})=a_k-(a_{k+1}-a_k)^2/(a_{k+2}+a_k-2a_{k+1})\triangleq\widehat{a_k} \tag{4.1.17}$$

则序列 $\{\widehat{a_k}\}$ 可比 $\{a_k\}$ 更快地收敛到 a，这就是埃特肯（Aitken）加速方法，其理论证明放在非线性方程迭代法的加速收敛方法中介绍。将埃特肯加速方法应用到幂法产生的序列 $\{\alpha_k\}$ 中就得到幂法的埃特肯加速方法，相应的算法如下。

算法 4.1.2

（1）输入 $A\Leftarrow(a_{ij})_{n\times n}$，初始向量 $x\Leftarrow(x_1,x_2,\cdots,x_n)$，误差限 $\varepsilon>0$，最大迭代次数 N；置 $k\Leftarrow 1$，$\alpha_0\Leftarrow 0$，$\lambda_0\Leftarrow 1$。

（2）求整数 r 使 $|x_r|=\max\limits_{1\leqslant i\leqslant n}|x_i|$，置 $\alpha\Leftarrow x_r$，$\alpha_1\Leftarrow\alpha$。

（3）计算 $y=x/\alpha$，$x=Ay$。求整数 r 使 $|x_r|=\max\limits_{1\leqslant i\leqslant n}|x_i|$，置 $\alpha_2\Leftarrow x_r$，$\alpha\Leftarrow x_r$。

（4）计算 $\lambda=\alpha_0-(\alpha_1-\alpha_0)^2/(\alpha_2+\alpha_0-2\alpha_1)$。

（5）若 $|\lambda-\lambda_0|<\varepsilon$，输出 λ 和 x，转到（7）。

（6）若 $k<N$，置 $k\Leftarrow k+1$，$\alpha_0\Leftarrow\alpha_1$，$\alpha_1\Leftarrow\alpha_2$，$\lambda_0\Leftarrow\lambda$，转到（3）；否则，输出失败信息。

（7）停机。

例 4.1.4　用埃特肯加速方法求矩阵 $A=\begin{bmatrix}2&-1&0\\0&2&-1\\0&-1&2\end{bmatrix}$ 的按模最大特征值及相应的特征向量，取 $x^{(0)}=(0,0,1)^{\mathrm{T}}$，$\varepsilon=0.5\times10^{-5}$，$\alpha_0=0$。

解　由算法 4.1.2 可得计算结果如表 4-1-3 所示。

表 4-1-3　例 4.1.4 的计算结果

k	$x^{(k)}$			α_k	$y^{(k)}$			λ_k
	$x_1^{(k)}$	$x_2^{(k)}$	$x_3^{(k)}$		$y_1^{(k)}$	$y_2^{(k)}$	$y_3^{(k)}$	
1	0	−1	2	2.000000	0.000000	−0.500000	1.000000	
2	0.500000	−2.000000	2.500000	2.500000	0.200000	−0.800000	1.000000	2.666667
3	1.200000	−2.600000	2.800000	2.800000	0.428571	−0.928571	1.000000	3.250000
4	1.785713	−2.857142	2.928571	2.928571	0.609756	−0.975610	1.000000	3.024999
5	2.195122	−2.951220	2.975610	2.975610	0.737705	−0.991803	1.000000	3.002749
6	2.467213	−2.983606	2.991803	2.991803	0.824658	−0.997260	1.000000	3.000304
7	2.646576	−2.994520	2.997260	2.997260	0.882998	−0.999086	1.000000	3.000034
8	2.765082	−2.998172	2.999086	2.999086	0.921975	−0.999695	1.000000	3.000004
9	2.843645	−2.999390	2.999695	2.999695	0.947978	−0.999898	1.000000	3.000000

$|\lambda_9-\lambda_8|=0.4\times10^{-5}<\varepsilon$，即$\lambda_9$是$A$的按模最大特征值，$\lambda\approx\lambda_9=3.000000$，相应的特征向量为$y^{(9)}=(0.947978,-0.999898,1.000000)^{\mathrm{T}}$。事实上，$A$的按模最大特征值$\lambda_1=3$（且$\lambda_2=2$，$\lambda_1=1$），相应的特征向量为$(1,-1,1)^{\mathrm{T}}$。

由α_k与λ_k的比较可知，埃特肯加速方法可加速幂法的收敛。如果仅采用幂法，要达到精度$\varepsilon=0.5\times10^{-5}$，需迭代次数$k=14$，此时$\alpha_{14}=2.999999$，相应的特征向量为$(0.993149,-1.000000,1.000000)^{\mathrm{T}}$。

4.1.3　反幂法

反幂法是幂法的变形形式，主要用于计算矩阵的按模最小特征值及相应的特征向量，同时也是修正特征值、求相应特征向量的一种有效方法。

设A为n阶非奇异方阵。若λ为A的特征值，u为相应的特征向量，则有$Au=\lambda u$，于是$A^{-1}u=\lambda^{-1}u$，即λ^{-1}为A^{-1}的特征值，u为A^{-1}关于λ^{-1}的特征向量。此表明A^{-1}的特征值为A的特征值的倒数，且特征向量不变。因此，若对矩阵A^{-1}采用反幂法，即可计算出A^{-1}的按模最大特征值，倒数正好是A的按模最小特征值，这是反幂法的基本思路。于是运用反幂法可得

$$\begin{cases}x^{(k+1)}=A^{-1}x^{(k)}\\ x^{(0)}\text{已知}\end{cases}\quad(k=0,1,2,\cdots)$$

进而求得迭代序列$\{x^{(k)}\}$。因为A^{-1}的计算比较麻烦，而且往往不能保持矩阵A的一些好的性质，如稀疏性等。因此运用反幂法时，可用方程组$Ax^{(k+1)}=x^{(k)}$替代迭代式$x^{(k+1)}=A^{-1}x^{(k)}$求$x^{(k+1)}$，且每迭代一次即求解一个线性方程组。由于方程组的系数矩阵A不变，可对它进行三角分解。因此，每迭代一次只需解两个三角方程组，其算法步骤如下。

（1）对矩阵A进行杜利特尔分解$A=LU$。

（2）求整数r，使$|x_r^{(k)}|=\max\limits_{1\leqslant i\leqslant n}|x_i^{(k)}|$，令$\alpha=x_r^{(k)}$，计算$y^{(k+1)}=x^{(k)}/\alpha$。

（3）解三角方程组$Lz=y^{(k+1)}$，$Ux^{(k+1)}=z$。

反幂法的主要应用是，已知矩阵的近似特征值，求其对应的特征向量，这就是利用反幂法修正特征值的方法。如果已知 A 的一个特征值 λ 的近似值为 λ^*，因为 λ^* 接近于 λ，一般应有 $0<|\lambda-\lambda^*|<|\lambda_i-\lambda^*|\ (\lambda_i\neq\lambda^*)$。按原点平移法的思想，$\lambda-\lambda^*$ 是矩阵 $A-\lambda^*I$ 的按模最小特征值，且对应的特征向量与 A 关于 λ 的特征向量相同。由于 $|\lambda-\lambda^*|/|\lambda_i-\lambda^*|\ (\lambda_i\neq\lambda^*)$ 较小，一般收敛很快，且精确度较高，其相应的算法如下。

算法 4.1.3

（1）输入 $A\Leftarrow(a_{ij})_{n\times n}$，近似值 λ^*，初始向量 $x\Leftarrow(x_1,x_2,\cdots,x_n)$，误差限 $\varepsilon>0$，最大迭代次数 N；置 $k\Leftarrow1$，$\mu\Leftarrow1$。

（2）进行杜利特尔分解 $B=A-\lambda^*I=LU$。

（3）求整数 r 使 $|x_r|=\max\limits_{1\leqslant i\leqslant n}|x_i|$，置 $\alpha\Leftarrow x_r$。

（4）计算 $y=x/\alpha$，$Lz=y$，$Ux=z$，$\beta\Leftarrow x_r$。

（5）若 $|1/\beta-1/\mu|<\varepsilon$，则 $\lambda\Leftarrow\lambda^*+1/\beta$，输出 λ 和 x，转到步骤（7）；否则，转到步骤（6）。

（6）若 $k<N$，则 $k\Leftarrow k+1$，$\mu\Leftarrow\beta$，转到步骤（3）；否则，输出失败信息。

（7）停机。

例 4.1.5　已知矩阵 A 有一个特征值接近 -6.42，试用反幂法求这一特征值及其对应的特征向量，取 $x^{(0)}=(1,1,1)^{\mathrm{T}}$，$\varepsilon=\frac{1}{2}\times10^{-7}$，其中 $A=\begin{bmatrix}-1&2&1\\2&-4&1\\1&1&-6\end{bmatrix}$。

解　进行 $B=A+6.42I$ 的杜利特尔分解，得

$$A+6.42I=\begin{bmatrix}5.42&2.00&1.00\\2.00&2.42&1.00\\1.00&1.00&0.42\end{bmatrix}$$

$$=\begin{bmatrix}1&0&0\\0.369004&1&0\\0.184502&0.375148&1\end{bmatrix}\cdot\begin{bmatrix}5.42&2&1\\0&1.681993&0.630996\\0&0&-0.001219\end{bmatrix}$$

按算法 4.1.3 计算的数值结果见表 4-1-4。

表 4-1-4　例 4.1.5 的计算结果

k	$y_1^{(k)}$	$y_2^{(k)}$	$y_3^{(k)}$	$x_1^{(k)}$	$x_2^{(k)}$	$x_3^{(k)}$	α_k	λ_k
1	1	1	1	21.920538	178.495300	−474.799916	−474.799916	−6.422106
2	−0.046168	−0.375938	1	43.274814	351.594454	−937.784570	−937.784570	−6.421066
3	−0.046146	−0.374920	1	43.260130	351.477250	−937.470549	−937.470549	−6.421067

迭代 3 次，即得 $\lambda\approx-6.421067$，相应的特征向量为

$$u=x^{(3)}/\alpha_3=(-0.046146,-0.374921,1)^{\mathrm{T}}$$

4.2　雅可比方法

雅可比方法是用来求实对称矩阵的全部特征值及相应的特征向量的一种方法，属于特征值问题的变换方法，雅可比方法的基本原理如下。

（1）任意实对称矩阵 A 通过正交相似变换可化成对角矩阵，即存在正交矩阵 Q，使 $Q^{\mathrm{T}}AQ = Q^{-1}AQ = \mathrm{diag}(\lambda_1, \lambda_2, \cdots, \lambda_n)$，其中，$\lambda_1, \lambda_2, \cdots, \lambda_n$ 为 A 的所有特征值，Q 中的各列向量即相应的特征向量。这一事实表明：**对称矩阵与一对角矩阵相似。**

（2）在正交相似变换下，所有矩阵（实矩阵）元素的平方之和不变，即 $A = (a_{ij})_{n\times n}$，Q 为正交矩阵，记 $B = (b_{ij})_{n\times n} = Q^{\mathrm{T}}AQ$，则 $\sum_{i,j=1}^{n} a_{ij}^2 = \sum_{i,j=1}^{n} b_{ij}^2$。此结论为：**在正交相似变换下，矩阵的 F-范数不变。**

由此可见，雅可比方法的实质和关键就是通过一系列正交相似变换，将 A 化为对角矩阵。

4.2.1　雅可比方法概述

设 n 阶方阵

$$V_{ij}(\varphi) = \begin{bmatrix} 1 & & \vdots & & & \vdots & & \\ & \ddots & \vdots & & & \vdots & & \\ & & 1 & & & \vdots & & \\ \cdots & \cdots & \cos\varphi & \cdots & \cdots & \sin\varphi & \cdots & \cdots \\ & & \vdots & 1 & & \vdots & & \\ & & \vdots & & \ddots & \vdots & & \\ & & \vdots & & & 1 & & \\ \cdots & \cdots & -\sin\varphi & \cdots & \cdots & \cos\varphi & \cdots & \cdots \\ & & \vdots & & & \vdots & 1 & \\ & & \vdots & & & \vdots & & \ddots \\ & & \vdots & & & \vdots & & & 1 \end{bmatrix} \tag{4.2.1}$$

为**旋转矩阵（rotation matrix）**或**吉文斯矩阵（Givens matrix）**，它是在 n 阶单位矩阵的 i 行、i 列和 j 行、j 列（$i < j$）的交叉处分别置 $v_{ii} = \cos\varphi$，$v_{ij} = \sin\varphi$，$v_{ji} = -\sin\varphi$，$v_{jj} = \cos\varphi$ 而形成的。吉文斯（1910 年 12 月～1993 年 3 月）是美国数学家、计算机领域的先驱之一。

显然，旋转矩阵是一个正交矩阵，即满足 $V_{ij}^{\mathrm{T}}(\varphi)V_{ij}(\varphi) = I_n$。若将 $V_{ij}(\varphi)$ 作为 n 维空间的变换矩阵，其对应的几何意义为在 ox_i 轴和 ox_j 轴形成的平面上旋转一个角度 φ，旋转矩阵据此而得名。关于旋转矩阵和正交矩阵有如下结论：任一可逆 n 阶矩阵都可分解为若干个 n 阶旋转矩阵的乘积。

以下介绍求实对称矩阵全部特征值及相应特征向量的雅可比方法。设 $A = (a_{ij})_{n\times n}$ 为实对称矩阵，$V_{ij}(\varphi)$ 为旋转矩阵，若记 $A^{(1)}=[a_{ij}^{(1)}]_{n\times n}=V_{ij}^{\mathrm{T}}(\varphi)AV_{ij}(\varphi)$，易知，$A^{(1)}$ 仍是对称矩阵，则由矩阵的乘法可得

$$\begin{cases}a_{ii}^{(1)}=a_{ii}\cos^2\varphi+a_{jj}\sin^2\varphi-a_{ij}\sin(2\varphi)\\a_{jj}^{(1)}=a_{ii}\sin^2\varphi+a_{jj}\cos^2\varphi+a_{ij}\sin(2\varphi)\\a_{ik}^{(1)}=a_{ki}^{(1)}=a_{ik}\cos\varphi-a_{jk}\sin\varphi\ (k\neq i,j)\\a_{jk}^{(1)}=a_{kj}^{(1)}=a_{ik}\sin\varphi+a_{jk}\cos\varphi\ (k\neq i,j)\\a_{kl}^{(1)}=a_{lk}^{(1)}=a_{kl}\ (k,l\neq i,j)\\a_{ij}^{(1)}=a_{ji}^{(1)}=(a_{ii}-a_{jj})/2\cdot\sin(2\varphi)+a_{ij}\cos(2\varphi)\end{cases}\tag{4.2.2}$$

式（4.2.2）表明，对称矩阵 A 进行旋转变换得到对称矩阵 $A^{(1)}$，则 $A^{(1)}$ 与 A 相比，只有第 i 行、第 j 行与第 i 列、第 j 列上的元素发生改变，其余元素不变化，且通过式（4.2.2）可直接验证：

$$\begin{cases}[a_{ii}^{(1)}]^2+[a_{jj}^{(1)}]^2+2[a_{ij}^{(1)}]^2=a_{ii}^2+a_{jj}^2+2a_{ij}^2\\[a_{ik}^{(1)}]^2+[a_{jk}^{(1)}]^2=a_{ik}^2+a_{jk}^2\ (k\neq i,j)\\[a_{ki}^{(1)}]^2+[a_{kj}^{(1)}]^2=a_{ki}^2+a_{kj}^2\ (k\neq i,j)\\[a_{lk}^{(1)}]^2=a_{lk}^2\ (l,k\neq i,j)\end{cases}\tag{4.2.3}$$

式（4.2.3）表明，在旋转矩阵 $V_{ij}(\varphi)$ 下，对称矩阵 A 的 F-范数不变。

在式（4.2.2）中，若 $a_{ij}\neq 0$，要使 $a_{ij}^{(1)}=0$，只要使 φ 满足 $\cot(2\varphi)=(a_{jj}-a_{ii})/(2a_{ij})$，$-\pi/4<\varphi\leqslant\pi/4$ 即可，用正交矩阵 $V_{ij}(\varphi)$ 对 A 进行吉文斯旋转变换，可得 $A^{(1)}=V_{ij}^{\mathrm{T}}(\varphi)AV_{ij}(\varphi)$，其中，$a_{ij}^{(1)}=a_{ji}^{(1)}=0$。

古典雅可比方法的主要过程：记 $A^{(0)}=A$，选择 A 的一对绝对值最大的非对角元素 a_{ij} 和 a_{ji}，由条件 $(a_{jj}-a_{ii})\sin(2\varphi)+2a_{ij}\cos(2\varphi)=0$，确定 $\sin\varphi$、$\cos\varphi$，为了避免使用三角函数，计算 $a=\cot(2\varphi)=[a_{jj}^{(k)}-a_{ii}^{(k)}]/[2a_{ij}^{(k)}]$，$b=\tan\varphi=\operatorname{sign}(a)\cdot(\sqrt{a^2+1}-|a|)$，$c=\cos\varphi=1/\sqrt{1+b^2}$，$d=\sin\varphi=bc$。相应地，通过吉文斯矩阵 $V_{ij}(\varphi)$ 对 A 进行旋转相似变换得到 $A^{(1)}$，可使 $A^{(1)}$ 的这对非零非对角元素化为零。

再选择 $A^{(1)}$ 的一对绝对值最大的非对角元素，进行上述正交相似变换得到 $A^{(2)}$，可使 $A^{(2)}$ 的这对非零非对角元素化为零。

如此不断地进行下去，可产生一个矩阵序列 $A=A^{(0)},A^{(1)},\cdots,A^{(k)},\cdots$。

虽然 A 至多只有 $n(n-1)/2$ 对非零非对角元素，但是不能期望通过 $n(n-1)/2$ 次变换使 A 对角化。因为每次变换能使一对非零非对角元素化为零，例如，a_{ij} 和 a_{ji} 化为零。但在下一次变换时，它们又可能由零变为非零。4.3 节可以证明，如此产生的矩阵序列 $A=A^{(0)}$，$A^{(1)},\cdots,A^{(k)},\cdots$ 将趋向于对角矩阵，即雅可比方法是收敛的，而这个对角矩阵的主对角线元素就是矩阵 A 的特征值，古典雅可比方法的相应算法如下。

算法 4.2.1

（1）置 $k\Leftarrow 0$，$A^{(k)}\Leftarrow A$，误差限 ε $(\varepsilon>0)$，$Q^{(k)}\Leftarrow I$。

（2）求整数 i、j，使 $|a_{ij}^{(k)}|=\max\limits_{1\leqslant l,m\leqslant n,l\neq m}|a_{lm}^{(k)}|$。

（3）计算 $V_{ij}(\varphi)$：$a=\cot(2\varphi)=[a_{jj}^{(k)}-a_{ii}^{(k)}]/[2a_{ij}^{(k)}]$，$b=\tan\varphi=\mathrm{sign}(a)\cdot(\sqrt{a^2+1}-|a|)$，$c=\cos\varphi=1/\sqrt{1+b^2}$，$d=\sin\varphi=bc$。

（4）置 $k\Leftarrow k+1$。

（5）计算 $A^{(k)}$：

$$\begin{cases}a_{ii}^{(k)}=c^2a_{ii}^{(k-1)}+d^2a_{jj}^{(k-1)}-2cda_{ij}^{(k-1)}\\ a_{jj}^{(k)}=d^2a_{ii}^{(k-1)}+c^2a_{jj}^{(k-1)}+2cda_{ij}^{(k-1)}\\ a_{il}^{(k)}=a_{li}^{(k)}=ca_{il}^{(k-1)}-da_{jl}^{(k-1)}\ (l\neq i,j)\\ a_{jl}^{(k)}=a_{lj}^{(k)}=da_{il}^{(k-1)}+ca_{jl}^{(k-1)}\ (l\neq i,j)\\ a_{lm}^{(k)}=a_{ml}^{(k)}=a_{lm}^{(k-1)}\ (l,m\neq i,j)\\ a_{ij}^{(k)}=a_{ji}^{(k)}=0\end{cases}$$

（6）计算 $Q^{(k)}=Q^{(k-1)}V_{ij}(\varphi)$。

（7）计算 $E[A^{(k)}]=\sum\limits_{l\neq m}[a_{lm}^{(k)}]^2$。

（8）若 $E[A^{(k)}]<\varepsilon$，则输出特征值的近似值 $a_{11}^{(k)},a_{22}^{(k)},\cdots,a_{nn}^{(k)}$ 及 $Q\Leftarrow Q^{(k)}$（注：Q 的列向量即相应特征值的特征向量的近似）；否则，返回步骤（2）。

（9）停机。

按照算法 4.2.1，对于任意实对称矩阵 A，可得矩阵序列 $\{A^{(k)}\}$，以及数列 $\{E[A^{(k)}]\}$。一般地，雅可比方法不能在有限步内将 A 化成对角阵，但有以下收敛性结论。

4.2.2　雅可比方法的收敛性

若记 $E[A^{(1)}]$ 表示矩阵 A 除对角线元素外，其他所有元素的平方和，此时有

$$\begin{aligned}E[A^{(1)}]&=\sum_{k,l\neq i,j;k\neq l}[a_{kl}^{(1)}]^2+2\sum_{k\neq i,j}\{[a_{ik}^{(1)}]^2+[a_{jk}^{(1)}]^2\}\\&=\sum_{k,l\neq i,j;k\neq l}a_{kl}^2+2\sum_{k\neq i,j}(a_{ik}^2+a_{jk}^2)\\&=E(A)-2a_{ij}^2<E(A)\end{aligned}\tag{4.2.4}$$

式（4.2.4）表明：在上述旋转变换下，矩阵的非对角线元素的平方和严格单调递减；相应地，对角线元素的平方和单调递增。

重复上述过程，在一系列旋转相似变换下将 A 变成 $A^{(k+1)}$，此时 $A^{(k+1)}$ 的对角线元素为实对称矩阵 A 的全部特征值的近似值，而相应的所有旋转矩阵之积的列向量为 A 的全部特征值对应的特征向量。这种求实对称矩阵 A 的全部特征值与特征向量的方法就称为雅可比方法。如果在对实对称矩阵 A 进行旋转相似变换的过程中，每一步都选绝对值最大的非对角元素 $a_{ij}^{(k)}$，以确定旋转矩阵（注：此种做法体现了最优原则），这种方法称为古典雅可比方法。

定理 4.2.1　设 A 为 n 阶实对称矩阵，对于由算法 4.2.1 得到的矩阵序列 $\{A^{(k)}\}$，有 $\lim\limits_{k\to\infty}E[A^{(k)}]=0$，即古典雅可比方法收敛。

证明　由算法 4.2.1 的过程知，$|a_{ij}^{(k)}|=\max\limits_{1\leqslant l,m\leqslant n,l\neq m}|a_{lm}^{(k)}|$，$[a_{ij}^{(k)}]^2\geqslant E[A^{(k)}]/[n(n-1)]$，而

$$E[A^{(k+1)}]=E[A^{(k)}]-2[a_{ij}^{(k)}]^2\leqslant\{1-1/[n(n-1)]\}E[A^{(k)}]\leqslant\{1-1/[n(n-1)]\}^{k+1}E(A)$$

因$|1-1/[n(n-1)]|<1$，从而$\lim\limits_{x\to\infty}\{1-1/[n(n-1)]\}^{k+1}E(A)=0$，因此有

$$\lim_{k\to\infty}E[A^{(k+1)}]=0$$

定理 4.2.1 保证了古典雅可比方法的收敛性。

例 4.2.1 用雅可比方法求矩阵$A=\begin{bmatrix}1&-2&0\\-2&-1&1\\0&1&3\end{bmatrix}$的特征值及相应的特征向量，误差取$E[A^{(k)}]<\varepsilon=10^{-1}$。

解 第一步：选取$i=1$，$j=2$。由$a=\cot(2\varphi_1)=(a_{22}-a_{11})/(2a_{12})=-0.5$，可得$b=\tan\varphi=\mathrm{sign}(a)\cdot(\sqrt{a^2+1}-|a|)=0.6180$，$c=\cos\varphi=1/\sqrt{1+b^2}=0.8507$，于是，

$$V_{12}(\varphi_1)=\begin{bmatrix}0.8507&0.5257&0\\-0.5257&0.8507&0\\0&0&1\end{bmatrix},\quad Q_1=IV_{12}(\varphi_1)=V_{12}(\varphi_1),$$

$$A^{(1)}=V_{12}^{\mathrm T}(\varphi_1)AV_{12}(\varphi_1)=\begin{bmatrix}2.2361&0.0000&-0.5257\\0.0000&-2.2361&0.8507\\-0.5257&0.8507&3.0000\end{bmatrix}，且A^{(1)}=Q_1^{\mathrm T}AQ_1。$$

第二步：选取$i=2$，$j=3$。由$a=\cot(2\varphi_1)=(a_{33}-a_{22})/(2a_{23})=-3.0777$，可得$b=\tan\varphi=\mathrm{sign}(a)\cdot(\sqrt{a^2+1}-|a|)=0.1584$，$c=\cos\varphi=1/\sqrt{1+b^2}=0.9877$，$d=\sin\varphi=bc=0.1564$，于是，

$$V_{23}(\varphi_2)=\begin{bmatrix}1.0000&0.0000&0.0000\\0.0000&0.9877&0.1564\\0.0000&0.1564&0.9877\end{bmatrix},\quad Q_2=\begin{bmatrix}0.8507&0.5193&0.0822\\-0.5257&0.8402&0.1331\\0.0000&-0.1564&0.9877\end{bmatrix},$$

$$A^{(2)}=V_{23}^{\mathrm T}(\varphi_2)A^{(1)}V_{23}(\varphi_2)=\begin{bmatrix}2.2361&0.0822&-0.5193\\0.0822&-2.3708&0.0000\\-0.5193&0.0000&3.1347\end{bmatrix}，且A^{(2)}=Q_2^{\mathrm T}AQ_2。$$

第三步：选取$i=1$，$j=3$。此时，由$a=-0.8653$，可得$b=-0.4571$，$c=\cos\varphi=0.9095$，$d=\sin\varphi=-0.4157$，于是，

$$V_{13}(\varphi_3)=\begin{bmatrix}0.9095&0&-0.4157\\0&1.0000&0\\0.4157&0&0.9095\end{bmatrix},\quad Q_3=\begin{bmatrix}0.8079&0.5193&-0.2788\\-0.4228&0.8402&0.3396\\0.4106&-0.1564&0.8983\end{bmatrix},$$

$$A^{(3)}=V_{23}^{\mathrm T}(\varphi_3)A^{(2)}V_{23}(\varphi_3)=\begin{bmatrix}1.9987&0.0748&0.0000\\0.0748&-2.3708&-0.0342\\0.0000&-0.0342&3.3721\end{bmatrix}，且A^{(3)}=Q_3^{\mathrm T}AQ_3。$$

第四步：选取$i=1$，$j=2$。此时，由$a=-29.2084$，可得$b=-0.0171$，$c=\cos\varphi=0.9999$，$d=\sin\varphi=-0.0171$，于是，

$$V_{12}(\varphi_4)=\begin{bmatrix}0.9999 & -0.0171 & 0\\ 0.0171 & 1.0000 & 0\\ 0 & 0 & 1.0000\end{bmatrix},\quad Q_4=\begin{bmatrix}0.8166 & 0.5054 & -0.2788\\ -0.4084 & 0.8473 & 0.3396\\ 0.4079 & -0.1634 & 0.8983\end{bmatrix},$$

$$A^{(4)}=V_{12}^{\mathrm T}(\varphi_4)A^{(3)}V_{12}(\varphi_4)=\begin{bmatrix}2.000 & 0.0000 & -0.0006\\ 0.0000 & -2.3721 & -0.0342\\ -0.0006 & -0.0342 & 3.3721\end{bmatrix}，且 A^{(4)}=Q_4{}^{\mathrm T}AQ_4。$$

此时，$E[A^{(4)}]=0.0023<\varepsilon$（而 $E[A^{(3)}]=0.0135>\varepsilon$）。因此，$A$ 对应的特征值分别是 $\lambda_1\approx 2.0000$，$\lambda_2\approx -2.3721$，$\lambda_3\approx 3.3721$。与 A 的精确特征值 $\lambda_1=2$，$\lambda_2=0.5-\sqrt{33}/2=-2.37228$ 和 $\lambda_3=0.5+\sqrt{33}/2=3.37228$ 相比较，其绝对误差限不超过 0.001，且特征值的相应特征向量近似为 $x_1=(0.8166,-0.4084,0.4079)^{\mathrm T}$，$x_2=(0.5054,0.8473,-0.1634)^{\mathrm T}$，$x_3=(-0.2788,0.3396,0.8983)^{\mathrm T}$。

4.3　QR　方　法

4.3.1　基本 QR 方法

20 世纪 60 年代出现的 QR 方法是目前计算一般中、小型矩阵的全部特征值与特征向量的最有效方法之一。这里仅讨论实矩阵，并假定矩阵是非奇异的；否则，若矩阵 A 是奇异的，则给定一个 $\alpha\in R$，且 α 不是 A 的特征值，就有 $A-\alpha I$ 是非奇异的，且容易从 $A-\alpha I$ 的特征值与特征向量去获取 A 的特征值与特征向量。

QR 方法基于以下事实：任意非奇异实矩阵都可以分解成一个正交矩阵 Q 和一个上三角形矩阵 R 的乘积，且当 R 的对角线元素的符号确定时，分解是唯一的，此为矩阵的 QR 分解。基本 QR 方法正是利用矩阵的 QR 分解，通过迭代格式：

$$\begin{cases}A^{(k)}=Q_kR_k\\ A^{(k+1)}=R_kQ_k\end{cases}\tag{4.3.1}$$

其中，$k=0,1,2,\cdots$。可获得矩阵序列 $\{A^{(k)}\}$，其中 $A^{(0)}=A$。

在式（4.3.1）中，当 $k=0$ 时，由 $A=A^{(0)}=Q_0R_0$ 得 $R_0=Q_0^{-1}A$，于是有 $A^{(1)}=Q_0^{-1}AQ_0$，即 $A^{(1)}$ 与 A 相似。由于矩阵相似满足传递性，容易知道 $\forall k\in N$，$A^{(k)}$ 与 A 相似，即 $A^{(k)}$ 与 A 具有相同的特征值。

可以证明在一定条件下，基本 QR 方法产生的矩阵序列 $\{A^{(k)}\}$ 基本收敛于一个上三角形矩阵（或分块上三角形矩阵），即主对角线（或主对角线子块）及其以下的元素均收敛，主对角线（或主对角线子块）以上的元素可以不收敛。特别地，如果 A 是实对称矩阵，则 $\{A^{(k)}\}$ 基本收敛于对角矩阵。

因为上三角形矩阵的主对角线元素（或分块上三角形矩阵的主对角线元素）为该矩阵的特征值，所以当 k 充分大时，$A^{(k)}$ 的主对角线元素（或主对角线子块的元素）就可看成矩阵 A 的特征值的近似值，相应地，通过矩阵的相似关系可获得特征值对应的特征向量的近似。

基本 QR 方法的主要运算是对矩阵进行 QR 分解。QR 的分解方法有很多，下面以格拉姆-施密特正交化方法为例进行说明。

设 A 为 n 阶非奇异实矩阵，记 $A=(a_{ij})_{n\times n}=[\alpha_1,\alpha_2,\cdots,\alpha_n]$，其中，$\alpha_1,\alpha_2,\cdots,\alpha_n$ 为 A 的 n 个 n 维列向量，显然，向量组 $\alpha_1,\alpha_2,\cdots,\alpha_n$ 线性无关。定义内积 $(\alpha_i,\alpha_j)=\sum_{k=1}^{n}a_{ki}a_{kj}$，对向量组 $\alpha_1,\alpha_2,\cdots,\alpha_n$ 进行格拉姆-施密特正交化处理：

$$\begin{cases}\beta_1=\alpha_1/\|\alpha_1\|\\ \beta_k'=\alpha_k-\sum_{i=1}^{k-1}(\alpha_k,\beta_i)\cdot\beta_i\\ \beta_k=\beta_k'/\|\beta_k'\|\end{cases}\tag{4.3.2}$$

其中，$k=2,3,\cdots,n$。则通过式（4.3.2）获得的向量组 $\beta_1,\beta_2,\cdots,\beta_n$ 为 R^n 的一组标准正交基，且有 $\alpha_k=\sum_{i=1}^{k-1}(\alpha_k,\beta_i)\cdot\beta_i+\|\beta_k'\|\beta_k$，于是，

$$\begin{aligned}A&=[\alpha_1,\alpha_2,\cdots,\alpha_n]\\&=[\beta_1,\beta_2,\cdots,\beta_n]\cdot\begin{bmatrix}\|\alpha_1\| & (\alpha_2,\beta_1) & (\alpha_3,\beta_1) & \cdots & (\alpha_n,\beta_2)\\ 0 & \|\beta_2'\| & (\alpha_3,\beta_2) & \cdots & (\alpha_n,\beta_2)\\ 0 & 0 & \|\beta_3'\| & \cdots & (\alpha_n,\beta_3)\\ \vdots & \vdots & \vdots & & \vdots\\ 0 & 0 & 0 & \cdots & \|\beta_n'\|\end{bmatrix}=QR\end{aligned}\tag{4.3.3}$$

式（4.3.3）正是利用格拉姆-施密特正交化方法对矩阵 A 进行 QR 分解的过程。

例 4.3.1 用格拉姆-施密特正交化方法求矩阵

$$A=\begin{bmatrix}2&1&0\\1&2&3\\0&1&4\end{bmatrix}$$

的 QR 分解。

解 $\det(A)=6\neq 0$，即 A 是非奇异矩阵。记 $\alpha_1=(2,1,0)^{\mathrm T}$，$\alpha_2=(1,2,1)^{\mathrm T}$，$\alpha_3=(0,3,4)^{\mathrm T}$。由式（4.3.2）可得 $\beta_1=1/\sqrt5\cdot(2,1,0)^{\mathrm T}$，$\beta_2'=\alpha_2-(\alpha_2,\beta_1)\cdot\beta_1=1/5\cdot(-3,6,5)^{\mathrm T}$，$\beta_2=1/\sqrt{70}\cdot(-3,6,5)^{\mathrm T}$，$\beta_3'=\alpha_3-(\alpha_3,\beta_1)\cdot\beta_1-(\alpha_3,\beta_2)\cdot\beta_2=3/7\cdot(1,-2,3)^{\mathrm T}$，$\beta_3=1/\sqrt{14}\cdot(1,-2,3)^{\mathrm T}$。

于是，$A=\begin{bmatrix}2/\sqrt5 & -3/\sqrt{70} & 1/\sqrt{14}\\ 1/\sqrt5 & 6/\sqrt{70} & -2/\sqrt{14}\\ 0 & 5/\sqrt{70} & 3/\sqrt{14}\end{bmatrix}\cdot\begin{bmatrix}\sqrt5 & 4/\sqrt5 & 3/\sqrt5\\ 0 & \sqrt{70}/5 & 38/\sqrt{70}\\ 0 & 0 & 3\sqrt{14}/7\end{bmatrix}$。

基本 QR 方法每次迭代都需要做一次 QR 分解与矩阵乘法，计算量大，而且收敛速度慢。实际使用的 QR 方法是先用一系列相似变换将矩阵 A 化成拟上三角形矩阵（也称上海森伯格矩阵），然后对此矩阵用基本 QR 方法，因此拟上三角形矩阵中具有较多的零元素，这样可减少运算量。化矩阵为相似的拟上三角形矩阵的方法同样有多种，以下来介绍其中的豪斯霍尔德（Householder）变换方法。

4.3.2　豪斯霍尔德变换

设向量 $w=(w_1,w_2,\cdots,w_n)^{\mathrm{T}}\in R^n$ 满足 $\|w\|_2=1$，则称矩阵

$$H=I-2ww^{\mathrm{T}}=\begin{bmatrix}1-2w_1^2 & -2w_1w_2 & \cdots & -2w_1w_n\\ -2w_2w_1 & 1-2w_2^2 & \cdots & -2w_2w_n\\ \vdots & \vdots & & \vdots\\ -2w_nw_1 & -2w_nw_2 & \cdots & 1-w_n^2\end{bmatrix}$$

为豪斯霍尔德矩阵或镜面反射矩阵。对于任意向量 $x\in R^n$，称由 $H=H(w)$ 确定的变换 $y=Hx$ 为镜面反射变换（specular reflection transformation）或豪斯霍尔德变换。容易验证豪斯霍尔德矩阵具有以下性质。

（1）H 是实对称矩阵的正交矩阵，即 $H^{-1}=H^{\mathrm{T}}=H$。

（2）$\det(H)=-1$。

（3）H 仅有两个不等的特征值即 ±1，其中，1 是 $n-1$ 重特征值，-1 是单特征值，w 为其相应的特征向量。

（4）$\forall x\in \mathrm{span}\{w\}^{\perp}$，$\alpha\in R$，有 $H(x+\alpha w)=x-\alpha w$。

由（4）可以看出 $x+\alpha w$ 与 $H(x+\alpha w)=x-\alpha w$ 关于超平面 $\mathrm{span}\{w\}^{\perp}$ 对称，镜面反射变换由此而得名。

定理 4.3.1　设 $x,y\in R^n$，且 x,y 均为非零向量，$\|y\|=1$，则存在豪斯霍尔德矩阵 H，使

$$Hx=\pm\|x\|_2\, y \tag{4.3.4}$$

证明　由性质（4）易知 $\forall x\in R^n$，w 与 $x-Hx$ 平行，故要使式（4.3.4）成立，应取

$$w=\frac{x-(\pm\|x\|_2\, y)}{\|x\mp\|x\|_2\, y\|_2} \tag{4.3.5}$$

其中，保证 $\|w\|_2=1$。令 $H=I-2ww^{\mathrm{T}}$，于是，

$$Hx=(I-2ww^{\mathrm{T}})x=x-2\frac{(x\mp\|x\|_2\, y)\cdot(x^{\mathrm{T}}\mp\|x\|_2\, y^{\mathrm{T}})x}{\|x\mp\|x\|_2\, y\|_2^2}$$

由 2-范数的定义知：

$$\begin{aligned}\|x\mp\|x\|_2\, y\|_2^2&=(x\mp\|x\|_2\, y)^{\mathrm{T}}\cdot(x\mp\|x\|_2\, y)\\&=x^{\mathrm{T}}x\mp2\|x\|_2\, y^{\mathrm{T}}+\|x\|_2^2\\&=2(x^{\mathrm{T}}\mp\|x\|_2\, y^{\mathrm{T}})x\end{aligned}$$

代入上式即得 $Hx=\pm\|x\|_2\, y$。

定理 4.3.1 中豪斯霍尔德变换的二维几何示意图见图 4-3-1。定理 4.3.1 表明对任意非零向量 x，都可构造一个豪斯霍尔德变换，它将 x 变成事先指定的单位向量的倍数。特别地，若取 $y=c\varepsilon_i=c(1,0,\cdots,0)^{\mathrm{T}}$，则 x 经过豪斯霍尔德变换后可变成只有一个分量不为零。

在实际计算时，若 $x=(x_1,x_2,\cdots,x_n)^{\mathrm{T}}\approx\varepsilon_1$，则 $x-\|x\|_2\,\mathrm{sgn}(x_1)\varepsilon_1\approx\theta$（注：$\theta$ 为 n 维零向量），即 $\|x-\|x\|_2\,\mathrm{sgn}(x_i)\varepsilon_i\|_2\ll1$，从而在计算 w 时会产生较大的误差，为此取

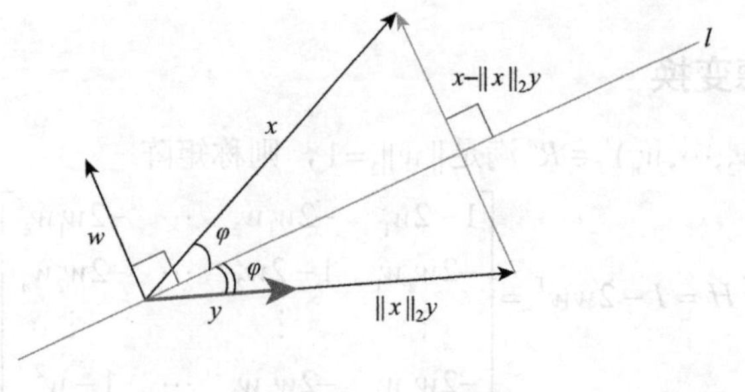

图 4-3-1　定理 4.3.1 中豪斯霍尔德变换的二维几何示意图

$$w=\frac{x+\|x\|_2\operatorname{sgn}(x_1)\varepsilon_1}{\|x+\|x\|_2\operatorname{sgn}(x_1)\varepsilon_1\|_2} \tag{4.3.6}$$

确定的镜面反射矩阵 $H=I-2ww^{\mathrm{T}}$，使 $Hx=-\|x\|_2\operatorname{sgn}(x_1)\varepsilon_1$。

例 4.3.2　设 $x=(-1,2,-2)^{\mathrm{T}}$，构造镜面反射矩阵 H，使 $Hx=(c,0,0)^{\mathrm{T}}$（c 表示非零元素）。

解　$\|x\|_2\operatorname{sgn}(x_1)=(-1)\sqrt{(-1)^2+2^2+(-2)^2}=-3$，且

$$w=[x+\|x\|_2\operatorname{sgn}(x_1)\varepsilon_1]/\|x+\|x\|_2\operatorname{sgn}(x_1)\varepsilon_1\|_2=1/\sqrt{6}\cdot(-2,1,-1)^{\mathrm{T}}$$

其中，$\varepsilon_1=(1,0,0)^{\mathrm{T}}$。则所求镜面反射矩阵为

$$H=I-2ww^{\mathrm{T}}=\begin{bmatrix}-1/3 & 2/3 & -2/3\\ 2/3 & 2/3 & 1/3\\ -2/3 & 1/3 & 2/3\end{bmatrix}$$

进而验证：

$$Hx=\begin{bmatrix}-1/3 & 2/3 & -2/3\\ 2/3 & 2/3 & 1/3\\ -2/3 & 1/3 & 2/3\end{bmatrix}\begin{bmatrix}-1\\ 2\\ -2\end{bmatrix}=\begin{bmatrix}3\\ 0\\ 0\end{bmatrix}$$

4.3.3　化一般矩阵为拟上三角形矩阵

设 $H=(h_{ij})_{n\times n}$ 是 n 阶方阵，当 $i>j+1$ 时，$h_{ij}=0$，将形式为

$$H=\begin{bmatrix}h_{11} & h_{12} & \cdots & \cdots & h_{1n}\\ h_{21} & h_{22} & \cdots & \cdots & h_{2n}\\ & h_{32} & \cdots & \cdots & h_{3n}\\ & & \ddots & \vdots & \vdots\\ & & & h_{n(n-1)} & h_{nn}\end{bmatrix} \tag{4.3.7}$$

的矩阵称为拟上三角形矩阵，也称海森伯格（Hessenberg）矩阵。如果次对角线元素 $h_{i(i-1)}$ $(i=2,3,\cdots,n)$ 全为零，则该矩阵为上三角形矩阵。下面讨论如何利用豪斯霍尔德变换将一般矩阵 A 相似变换成拟上三角形矩阵。

定理 4.3.2　对于任意 n 阶方阵 $A=(a_{ij})_{n\times n}$，存在正交矩阵 Q，使 $H=Q^{\mathrm{T}}AQ$ 为形如式（4.3.7）的海森伯格矩阵。

证明　记

$$A=\begin{bmatrix}a_{11}&a_{12}&\cdots&a_{1n}\\a_{21}&a_{22}&\cdots&a_{2n}\\\vdots&\vdots&&\vdots\\a_{n1}&a_{n2}&\cdots&a_{nn}\end{bmatrix}=\begin{bmatrix}a_{11}^{(1)}&a_{12}^{(1)}&\cdots&a_{1n}^{(1)}\\a_{21}^{(1)}&a_{22}^{(1)}&\cdots&a_{2n}^{(1)}\\\vdots&\vdots&&\vdots\\a_{n1}^{(1)}&a_{n2}^{(1)}&\cdots&a_{nn}^{(1)}\end{bmatrix}=A_1,\quad x_1=\begin{bmatrix}a_{21}^{(1)}\\a_{31}^{(1)}\\\vdots\\a_{n1}^{(1)}\end{bmatrix}$$

构造 $n-1$ 阶对称豪斯霍尔德矩阵 $\tilde{H}_1$，使 $\tilde{H}_1a_1=\sigma_1e_1$，其中，$\sigma_1=-\|x_1\|_2\operatorname{sgn}[a_{21}^{(1)}]$，$e_1=(1,0,\cdots,0)^{\mathrm{T}}\in R^{n-1}$。

记 $H_1=\begin{bmatrix}I_1&\\&\tilde{H}_1\end{bmatrix}$，则 $H_1\in R^{n\times n}$，I_1 是一阶单位矩阵，易见 H_1 是对称正交矩阵。用 H_1 对 A 进行相似变换，得

$$H_1AH_1^{-1}=H_1A_1H_1=\begin{bmatrix}a_{11}^{(1)}&a_{12}^{(2)}&\cdots&a_{1n}^{(2)}\\\sigma_1&a_{22}^{(2)}&\cdots&a_{2n}^{(2)}\\0&a_{32}^{(2)}&\cdots&a_{3n}^{(2)}\\\vdots&\vdots&&\vdots\\0&a_{n2}^{(2)}&\cdots&a_{nn}^{(2)}\end{bmatrix}\stackrel{\Delta}{=}A_2$$

记 $x_2=[a_{32}^{(2)},a_{42}^{(2)},\cdots,a_{n2}^{(2)}]^{\mathrm{T}}\in R^{n-2}$，同理可构造 $n-2$ 阶对称正交矩阵 $\tilde{H}_2$，使 $\tilde{H}_2x_2=\sigma_2e_2$，其中，$\sigma_2=-\|x_2\|_2\operatorname{sgn}[a_{32}^{(2)}]$，$e_2=(1,0,\cdots,0)^{\mathrm{T}}\in R^{n-2}$。记 $H_2=\begin{bmatrix}I_2&\\&\tilde{H}_2\end{bmatrix}$，其中，$I_2$ 为二阶单位矩阵，则 H_2 仍是对称正交矩阵，用 H_2 对 A_2 进行相似变换，得

$$H_2A_2H_2^{-1}=H_2A_2H_2=\begin{bmatrix}a_{11}^{(1)}&a_{12}^{(2)}&a_{13}^{(3)}&\cdots&a_{1n}^{(3)}\\\sigma_1&a_{22}^{(2)}&a_{23}^{(3)}&\cdots&a_{2n}^{(3)}\\0&\sigma_2&a_{33}^{(3)}&\cdots&a_{3n}^{(3)}\\0&0&a_{43}^{(3)}&\cdots&a_{4n}^{(3)}\\\vdots&\vdots&\vdots&&\vdots\\0&0&a_{n3}^{(3)}&\cdots&a_{nn}^{(3)}\end{bmatrix}\stackrel{\Delta}{=}A_3$$

依此类推，经过 k 步相似变换，得

$$H_{k-1}A_{k-1}H_{k-1}^{-1}=H_{k-1}A_{k-1}H_{k-1}$$

$$=\begin{bmatrix}a_{11}^{(1)}&a_{12}^{(2)}&a_{13}^{(3)}&\cdots&a_{1(k-1)}^{(k-1)}&a_{1k}^{(k)}&a_{1(k+1)}^{(k)}&\cdots&a_{1n}^{(k)}\\\sigma_1&a_{22}^{(2)}&a_{23}^{(3)}&\cdots&a_{2(k-1)}^{(k-1)}&a_{2k}^{(k)}&a_{2(k+1)}^{(k)}&\cdots&a_{2n}^{(k)}\\0&\sigma_2&a_{33}^{(3)}&\cdots&a_{3(k-1)}^{(k-1)}&a_{3k}^{(k)}&a_{3(k+1)}^{(k)}&\cdots&a_{3n}^{(k)}\\0&0&\sigma_3&&\vdots&\vdots&\vdots&&\vdots\\0&0&0&\cdots&a_{(k-1)(k-1)}^{(k-1)}&a_{(k-1)k}^{(k)}&a_{(k-1)(k+1)}^{(k)}&\cdots&a_{(k-1)n}^{(k)}\\0&0&0&\cdots&\sigma_{k-1}&a_{kk}^{(k)}&a_{k(k+1)}^{(k)}&\cdots&a_{kn}^{(k)}\\0&0&0&\cdots&0&a_{(k+1)k}^{(k)}&a_{(k+1)(k+1)}^{(k)}&\cdots&a_{(k+1)n}^{(k)}\\\vdots&\vdots&\vdots&&\vdots&\vdots&\vdots&&\vdots\\0&0&0&\cdots&0&a_{nk}^{(k)}&a_{n(k+1)}^{(k)}&\cdots&a_{nn}^{(k)}\end{bmatrix}\stackrel{\Delta}{=}A_k$$

重复上述过程，则有

$$H_{n-2}A_{n-2}H_{n-2}^{-1}=H_{n-2}A_{n-2}H_{n-2}=\begin{bmatrix} a_{11}^{(1)} & a_{12}^{(2)} & a_{13}^{(3)} & \cdots & a_{1(n-1)}^{(n-1)} & a_{1n}^{(n)} \\ \sigma_1 & a_{22}^{(2)} & a_{23}^{(3)} & \cdots & a_{2(n-1)}^{(n-1)} & a_{2n}^{(n)} \\ & \sigma_2 & a_{33}^{(3)} & \cdots & a_{3(n-1)}^{(n-1)} & a_{3n}^{(n)} \\ & & \sigma_3 & \ddots & \vdots & \vdots \\ & & & \ddots & a_{(n-1)(n-1)}^{(n-1)} & a_{(n-1)n}^{(n)} \\ & & & & \sigma_{n-1} & a_{nn}^{(n)} \end{bmatrix}\triangleq A_{n-1}$$

由此可得 $A_{n-1}=H_{n-2}A_{n-2}H_{n-2}=\cdots=H_{n-2}H_{n-3}\cdots H_1AH_1\cdots H_{n-3}H_{n-2}$。

记 $H=A_{n-1}$，$Q=H_1H_2\cdots H_{n-2}$，则 Q 为正交矩阵，且有 $H=Q^{\mathrm{T}}AQ$，证毕。

由定理 4.3.2 知，因为任意 n 阶方阵 A 与 n 阶上海森伯格矩阵 B 相似，所以求 A 的特征值问题就可转化为求上海森伯格矩阵 B 的特征值问题。特别地，如果 A 为对称矩阵，则 B 也对称。由 B 的上海森伯格矩阵形式可知，B 一定是对称三对角矩阵。

例 4.3.3　用豪斯霍尔德变换将矩阵 A 化为上海森伯格矩阵，其中，

$$A=\begin{bmatrix} 5 & -3 & 2 \\ 3 & -4 & 4 \\ 4 & -4 & 5 \end{bmatrix}$$

解　因 $x_1=(3,4)^{\mathrm{T}}$，为使豪斯霍尔德矩阵 $\tilde{H}_1$ 满足 $\tilde{H}_1x_1=\alpha(1,0)^{\mathrm{T}}$，由式（4.3.6）可得，取 $u=x_1-\|x_1\|_2(1,0)^{\mathrm{T}}=2(-1,2)^{\mathrm{T}}$，$w=u/\|u\|_2=1/\sqrt{5}\cdot(-1,2)^{\mathrm{T}}$，有

$$\widetilde{H}_1=I_2-2ww^{\mathrm{T}}=\begin{bmatrix} 3/5 & 4/5 \\ 4/5 & -3/5 \end{bmatrix}$$

于是 $H_1=\begin{bmatrix} 1 & 0 & 0 \\ 0 & 3/5 & 4/5 \\ 0 & 4/5 & -3/5 \end{bmatrix}$，即 $H=H_1AH_1=\begin{bmatrix} 5 & -1/5 & -18/5 \\ 5 & 44/25 & -208/25 \\ 0 & -8/25 & -19/25 \end{bmatrix}$。

4.3.4　拟上三角形矩阵的 QR 分解

因为拟上三角形（上海森伯格）矩阵 H 的特殊形状，通常使用 $n-1$ 次旋转变换可以将它化成上三角形矩阵，从而得到 H 的 QR 分解式，具体步骤如下。

（1）若 $h_{21}\neq 0$（否则进行下一步），取旋转矩阵：

$$V_{21}(\varphi_1)=\begin{bmatrix} \cos\varphi_1 & \sin\varphi_1 & 0 \\ -\sin\varphi_1 & \cos\varphi_1 & \\ & 0 & I_{n-2} \end{bmatrix}$$

其中，$\cos\varphi_1=h_{11}/r_1$；$\sin\varphi_1=h_{21}/r_1$；$r_1=\sqrt{h_{11}^2+h_{21}^2}$，则有

$$V_{21}(\varphi_1)H=\begin{bmatrix} r_1 & h_{12}^{(2)} & h_{13}^{(2)} & \cdots & h_{1(n-1)}^{(2)} & h_{1n}^{(2)} \\ 0 & h_{22}^{(2)} & h_{23}^{(2)} & \cdots & h_{2(n-1)}^{(2)} & h_{2n}^{(2)} \\ 0 & h_{32}^{(2)} & h_{33}^{(2)} & \cdots & h_{3(n-1)}^{(2)} & h_{3n}^{(2)} \\ \vdots & \vdots & \vdots & & \vdots & \vdots \\ 0 & 0 & 0 & \cdots & h_{n(n-1)}^{(2)} & h_{nn}^{(2)} \end{bmatrix}\triangleq H^{(2)}$$

（2）若 $A=h_{32}^{(2)}\neq 0$（否则进行下一步），取

$$V_{32}(\varphi_2)=\begin{bmatrix}1 & & & \\ & \cos\varphi_2 & \sin\varphi_2 & \\ & -\sin\varphi_2 & \cos\varphi_2 & \\ & & & I_{n-3}\end{bmatrix}$$

其中，$\cos\varphi_2=h_{22}^{(2)}/r_2$；$\sin\varphi_2=h_{32}^{(2)}/r_2$；$r_2=\sqrt{(h_{22}^{(2)})^2+(h_{32}^{(2)})^2}$，则

$$V_{32}(\varphi_2)H^{(2)}=\begin{bmatrix}r_1 & h_{12}^{(3)} & h_{13}^{(3)} & \cdots & h_{1(n-1)}^{(3)} & h_{1n}^{(3)}\\ 0 & r_2 & h_{23}^{(2)} & \cdots & h_{2(n-1)}^{(3)} & h_{2n}^{(3)}\\ 0 & 0 & h_{33}^{(2)} & \cdots & h_{3(n-1)}^{(3)} & h_{3n}^{(3)}\\ \vdots & \vdots & \vdots & & \vdots & \vdots\\ 0 & 0 & 0 & \cdots & h_{n(n-1)}^{(3)} & h_{nn}^{(3)}\end{bmatrix}\triangleq H^{(3)}$$

如此继续下去，最多进行 $n-1$ 次旋转变换，可得

$$H^{(n)}=V_{n(n-1)}(\varphi_{n-1})\cdots V_{32}(\varphi_2)V_{21}(\varphi_1)H=\begin{bmatrix}r_1 & h_{12}^{(n)} & h_{13}^{(n)} & \cdots & h_{1(n-1)}^{(n)} & h_{1n}^{(n)}\\ 0 & r_2 & h_{23}^{(n)} & \cdots & h_{2(n-1)}^{(n)} & h_{2n}^{(n)}\\ 0 & 0 & r_3 & \cdots & h_{3(n-1)}^{(n)} & h_{3n}^{(n)}\\ \vdots & \vdots & & & \vdots & \vdots\\ 0 & 0 & 0 & \cdots & 0 & r_n\end{bmatrix}\triangleq R$$

$V_{i(i-1)}(\varphi_{i-1})$ $(i=2,3,\cdots,n)$ 均为正交矩阵，故

$$H=V_{21}^{\mathrm T}(\varphi_1)V_{32}^{\mathrm T}(\varphi_2)\cdots V_{n(n-1)}^{\mathrm T}(\varphi_{n-1})R=QR$$

其中，$Q=V_{21}^{\mathrm T}(\varphi_1)V_{32}^{\mathrm T}(\varphi_2)\cdots V_{n(n-1)}^{\mathrm T}(\varphi_{n-1})$ 仍为正交矩阵，容易算出完成这一过程的运算量约为 $4n^2$，比一般矩阵的 QR 分解的运算量 $O(n^3)$ 少了一个数量级。不难证明 $\tilde H=RQ$ 仍为拟上角形矩阵，于是按上述步骤一直迭代下去，$\tilde H$ 对角线上的元素即 H 对应的特征值的近似值。需要说明的是，通常用 QR 方法计算特征值，然后用反幂法求其相应的特征向量。

例 4.3.4 计算例 4.3.3 中所给矩阵 A 的全部特征值。

解 由前面的理论知，求 A 的全部特征值即求拟上三角形矩阵

$$H=\begin{bmatrix}5 & -1/5 & -18/5\\ 5 & 44/25 & -208/25\\ 0 & -8/25 & -19/25\end{bmatrix}\triangleq H^{(1)}$$

的全部特征值。$r_1^{(1)}=\sqrt{5^2+5^2}=5\sqrt2$，$\cos[\varphi_1^{(1)}]=1/\sqrt2$，$\sin[\varphi_1^{(1)}]=1/\sqrt2$，取

$$V_{21}[\varphi_1^{(1)}]=\begin{bmatrix}1/\sqrt2 & 1/\sqrt2 & 0\\ -1/\sqrt2 & 1/\sqrt2 & 0\\ 0 & 0 & 1\end{bmatrix}$$

$$V_{21}[\varphi_1^{(1)}]\cdot H^{(1)}=\begin{bmatrix}7.071067812 & 1.103086579 & -8.428712832\\ 0 & 1.385929291 & -3.33754400\\ 0 & -0.32 & -0.76\end{bmatrix}$$

$$r_2^{(1)}=\sqrt{1.385929291^2+(-0.32)^2}=1.422392351$$

$$\cos[\varphi_2^{(1)}]=0.974364977,\quad \sin[\varphi_2^{(1)}]=-0.224973088$$

于是，

$$V_{32}[\varphi_2^{(1)}]=\begin{bmatrix}1 & 0 & 0\\ 0 & 0.974364977 & -0.224973088\\ 0 & 0.224973088 & 0.974364977\end{bmatrix}$$

$$R_1=V_{32}[\varphi_2^{(1)}]V_{21}[\varphi_1^{(1)}]H^{(1)}=\begin{bmatrix}7.071067812 & 1.103086579 & -8.428712832\\ 0 & 1.422392351 & -3.062190514\\ 0 & 0 & -1.491374963\end{bmatrix}$$

$$Q_1=V_{21}^{\mathrm{T}}[\varphi_1^{(1)}]V_{32}^{\mathrm{T}}[\varphi_2^{(1)}]=\begin{bmatrix}0.707106781 & -0.688980082 & -0.159079996\\ 0.707106781 & -0.688980082 & 0.159079996\\ 0 & -0.224973088 & 0.974364977\end{bmatrix}$$

第 1 次迭代可得

$$H^{(2)}=R_1Q_1=\begin{bmatrix}5.779999999 & -2.215586648 & -9.162029015\\ 1.005783277 & 1.668910455 & -2.75741702\\ 0 & 0.33551923 & -1.453143532\end{bmatrix}$$

重复上述过程，迭代 10 次可得

$$H^{(11)}=\begin{bmatrix}4.992352253 & -4.202610085 & -9.192929579\\ 0.000573630 & 2.310943107 & -0.45163304\\ 0 & -0.002553314 & -1.304374433\end{bmatrix}$$

所以 A 的特征值为 $\lambda_1\approx 4.992352,\lambda_2\approx 2.310943,\lambda_3\approx -1.304374$ 。

由于 $H^{(11)}$ 对角线以下的非零元素的最大模为 0.002553314，QR 方法的收敛速度较慢。

4.3.5　带原点移位的 QR 方法——QR 加速收敛方法

理论分析和实际计算都表明，QR 方法产生的矩阵序列 $\{H^{(k)}\}$ 的右下角对角线上的元素 $h_{nn}^{(k)}$ 最先与 A 的特征值接近。可以证明若矩阵 A 的特征值满足：

$$|\lambda_1|\geqslant|\lambda_2|\geqslant\cdots\geqslant|\lambda_{n-1}|>|\lambda_n|$$

则 $\{H^{(k)}\}$ 的右下角对角线上的元素 $h_{nn}^{(k)}\to h_n$（$k\to\infty$），且收敛速度是线性的，为 $|\lambda_n/\lambda_1|$。

一般可考虑引入原点移位的方法来加快收敛速度，即取位移 μ，使其满足：

$$|\lambda_1-\mu|\geqslant|\lambda_2-\mu|\geqslant\cdots\geqslant|\lambda_{n-1}-\mu|>|\lambda_n-\mu| \text{ 且 } |(\lambda_n-\mu)/(\lambda_{n-1}-\mu)|\ll 1$$

这样，对 $H-\mu I$ 用 QR 方法就可加快收敛速度，这就是带原点移位的 QR 方法，其具体步骤如下。

（1）用豪斯霍尔德变换将矩阵 A 化成拟上三角形矩阵 $H^{(1)}$ 。

（2）对于 $k=1,2,\cdots$，取位移 μ_k，将 $H^{(k)}-\mu_k I$ 进行 QR 分解，即 $H^{(k)}-\mu_k I=Q_kR_k$ 。

（3）迭代 $H^{(k+1)}=R_kQ_k+\mu_k I\ (k=1,2,\cdots)$ 。

关于每次迭代时位移 μ_k 的取法及 QR 方法的迭代准则可参考徐树方（1995）的文献。

如果 A 为实对称矩阵，在用 QR 方法求其特征值时，充分利用对称性，就可得到对称 QR 方法，这是目前求解中、小型稠密实对称矩阵的全部特征值与特征向量的最有效方法。

另外，从 20 世纪 70 年代开始研究的同伦算法对求解实对称矩阵的特征值问题也非常有效。由于这一算法对特征值的计算相互独立，特别适用于并行计算。同时有一些数值计算经验表明，这种同伦算法的收敛速度优于 QR 方法（冯康等，1978）。

4.4　广义特征值问题的计算方法

广义特征值问题是指对于对称矩阵 A 与对称正定矩阵 B，若存在 λ 和非零向量 x，使

$$Ax = \lambda Bx \tag{4.4.1}$$

成立，则称 λ 为 A、B 的广义特征值，相应地，x 为 A、B 关于 λ 的广义特征向量。

从形式上看，由式（4.4.1）可得

$$B^{-1}Ax = \lambda x \tag{4.4.2}$$

其中，λ 为 $B^{-1}A$ 的特征值；x 为 $B^{-1}A$ 关于 λ 的特征向量。一般地，$B^{-1}A$ 不是对称矩阵，因此不能利用雅可比方法来求 A、B 的广义特征值，必须另想办法。

因为 B 是对称正定矩阵，所以可以将 B 分解为非奇异的下三角形矩阵 L 与其转置矩阵 L^{T} 的乘积，即 $B = LL^{\mathrm{T}}$，代入式（4.4.1）可得 $Ax = \lambda LL^{\mathrm{T}}x$，两边同乘 L^{-1} 即得 $L^{-1}Ax = \lambda L^{\mathrm{T}}x$。

由于 $(L^{\mathrm{T}})^{-1}L^{\mathrm{T}} = I$，上式可改变为 $L^{-1}A(L^{-1})^{\mathrm{T}}(L^{\mathrm{T}}x) = \lambda(L^{\mathrm{T}}x)$。令 $P = L^{-1}A(L^{-1})^{\mathrm{T}}, L^{\mathrm{T}}x = y$，于是，

$$Py = \lambda y \tag{4.4.3}$$

这样，广义特征值问题（4.4.1）就转化为式（4.4.3）的求 P 的特征值问题。变换中的 λ 不变，但特征向量发生变化，即从 x 变成了 $y = L^{\mathrm{T}}x$。因为

$$P^{\mathrm{T}} = [L^{-1}A(L^{-1})^{\mathrm{T}}]^{\mathrm{T}} = L^{-1}A^{\mathrm{T}}(L^{-1})^{\mathrm{T}} = L^{-1}A(L^{-1})^{\mathrm{T}} = P$$

即 P 为对称矩阵，所以可用雅可比方法求解式（4.4.3）的特征值与特征向量，再利用 $L^{\mathrm{T}}x = y$ 即可求得 A、B 关于广义特征值 λ 的特征向量 x。

4.5　数 值 实 例

例 4.5.1　MATLAB 中求特征值、特征向量的内建函数命令 eig。

解　直接输入运行：

```
A=[3,-1,-2;2,0,-2;2,-1,-1];
[X,B]=eig(A)%求矩阵 A 的特征值和特征向量,其中 B 的对角线元素是特征值,X 的列是相应的特征向量
```

输出结果：

```
X=0.7276    -0.5774    0.6230
  0.4851    -0.5774   -0.2417
  0.4851    -0.5774    0.7439
B=1.0000    0.0000    0.0000
  0.0000    0.0000    0.0000
  0.0000    0.0000    1.0000
```

例 4.5.2 利用幂法求矩阵的按模最大特征值，即算法 4.1.1。

解 写入 M 文件，并保存为 pow.m。

```
function [m,u,index,k]=pow(A,u,ep,it_max)
% A 为输入矩阵;
% ep 为精度要求,缺省为 1e-5;
% it_max 为最大迭代次数,缺省为 100;
% m 为绝对值最大的特征值;
% u 输入迭代初值向量,输出按模最大特征值对应的特征向量;
% index,当 index=1 时,迭代成功,当 index=0 时,迭代失败
if nargin<4
   it_max=100;
end
if nargin<3
   ep=1e-5;
end
n=length(A);
index=0;
k=0;
m1=0;
m0=0.00;% 修改移位参数,用原点平移法加速收敛,当位移参数为 0 时,为幂法
I=eye(n);
T=A-m0*I;
while k<=it_max
    v=T*u;
    [vmax,i]=max(abs(v));
    m=v(i);
    u=v/m;
    if abs(m-m1)<ep;
        index=1;
        break;
    end
    m=m+m0;
    m1=m;
    k=k+1;
 end
```

对于具体的矩阵，在该程序中选取合适的 m0 值即可得到原点平移加速法。

例 4.5.3 利用 MATLAB 提供的 QR 分解的内建函数命令 qr，简单得到求矩阵特征值的基本 QR 方法的 MATLAB 程序。

解　写入 M 文件，并保存为 rqrtz.m。

```
function l=rqrtz(A,M)
%基本 QR 方法求矩阵的全部特征值
%已知矩阵:A
%迭代步数:M
%求得的矩阵特征值:l
A=hess(A);
for i=1:M
    N=size(A);
    n=N(1,1);
    u=A(n,n);
    [q,r]=qr(A-u*eye(n,n));
    A=r*q+u*eye(n,n);
    l=diag(A);
end
```

调用程序，以做比较：

```
A=[0 5 0 0 0 0;1 0 4 0 0 0;0 1 0 3 0 0;0 0 1 0 2 0;0 0 0 1
0 1;0 0 0 0 1 0];
T50=rqrtz(A,50)' %迭代 10 次
T70=rqrtz(A,70)'%迭代 50 次
T=eig(A)'
```

结果：

```
T50=3.2837   -3.2837   1.8884   -1.8884   0.6167   -0.6167
T70=3.3242   -3.3242   1.8892   -1.8892   0.6167   -0.6167
T=3.3243   -3.3243   1.8892   0.6167   -1.8892   -0.6167
```

本章小结

矩阵特征值问题是数值计算方法中的一个重要组成部分，内容非常丰富，方法也很多。本章主要介绍了求矩阵的按模最大或最小特征值与特征向量的幂法和反幂法、求实对称矩阵的全部特征值与特征向量的雅可比方法、求一般中小型矩阵的全部特征值与特征向量的 QR 方法及广义特征值计算等方法。

求矩阵特征值与特征向量的幂法和反幂法，算法简单、易于操作，但其收敛速度较慢。因此，应用幂法和反幂法求特征值与特征向量时，需要同时掌握原点平移加速法、瑞利商加速方法和埃特肯加速方法等加速收敛方法。由于雅可比方法能求解实对称矩阵的全部特征值与特征向量，且原理简单，在实际问题中有着广泛的应用。

习　题　四

1. 用幂法求解下列矩阵的按模最大特征值及相应的特征向量，取 $x^{(0)}=(1,1,1)^{\mathrm{T}}$，要求至少迭代 6 次。

（1）$\begin{bmatrix} 11 & 8 & 1 \\ 3 & -5 & -2 \\ 1 & -2 & 2 \end{bmatrix}$　　（2）$\begin{bmatrix} 4 & -1 & 1 \\ -1 & 3 & 2 \\ 1 & -2 & 3 \end{bmatrix}$

2. 用反幂法求矩阵

$$A=\begin{bmatrix} 4 & 1 & 4 \\ 1 & 10 & 1 \\ 4 & 1 & 10 \end{bmatrix}$$

的接近 12 的特征值及相应的特征向量，取 $x^{(0)}=(1,0,0)^{\mathrm{T}}$，要求有 4 位有效数字。

3. 用幂法的埃特肯加速方法计算第 1 题中矩阵的按模最大特征值与相应的特征向量，要求有 4 位有效数字。

4. 用古典雅可比方法求下列对称矩阵的全部特征值与特征向量，要求 $E[A^{(k)}]<10^{-3}$。

（1）$\begin{bmatrix} 4 & 1 & 0 \\ 1 & 2 & 1 \\ 0 & 1 & 1 \end{bmatrix}$　　（2）$\begin{bmatrix} 4 & 2 & 2 \\ 2 & 5 & 1 \\ 2 & 1 & 6 \end{bmatrix}$

5. 已知方阵 A 如下，先用幂法走适当步数（如 2 步或 3 步），然后用原点平移加速法求按模最大特征值及相应的特征向量，要求特征值有 4 位有效数字，$x^{(0)}=(1,0,0)^{\mathrm{T}}$。

$$A=\begin{bmatrix} -4 & -3 & -7 \\ 2 & 3 & 2 \\ 4 & 2 & 7 \end{bmatrix}$$

6. 设矩阵 A 的特征值满足 $\lambda_1>\lambda_2\geqslant\lambda_3\geqslant\cdots\geqslant\lambda_n\geqslant 0$。求证：当取 $\lambda_0=(\lambda_2+\lambda_n)/2$ 时，用原点平移加速法求 λ_1 的收敛速度加快。

7. 用豪斯霍尔德变换将下列矩阵化成相似的拟上三角形矩阵。

$$\begin{bmatrix} -4 & -3 & -7 \\ 2 & 3 & 2 \\ 4 & 2 & 7 \end{bmatrix}$$

8. 设 λ 是实对称矩阵 A 的特征值，相应的特征向量为 u，且 $\|u\|_2=1$，若存在正交矩阵 P 使 $Pu=e_1=(1,0,0,\cdots,0)^{\mathrm{T}}$，求证：矩阵 $B=PAP^{\mathrm{T}}$ 的第 1 行、第 1 列除 λ 外，其余元素均为 0。

9. 用 QR 方法求下列矩阵的全部特征值。

（1）$\begin{bmatrix} 2 & 1 & 0 \\ -1 & 3 & 1 \\ 0 & 1 & 4 \end{bmatrix}$　　（2）$\begin{bmatrix} 3 & -1 & 0 \\ -1 & 2 & -1 \\ 0 & -1 & 1 \end{bmatrix}$

第5章 插值方法

在科学研究和生产实践中，常常会遇到这样的问题，对于给定的一些离散点 $x_0, x_1, \cdots, x_n$，以及这些点对应的值 $y_0, y_1, \cdots, y_n$，求它们之间满足的近似函数关系（或规律）$y = f(x) \approx \varphi(x)$，即给定如表 5-0-1 所示的函数表。

表 5-0-1 函数表

x	x_0	x_1	…	x_i	…	x_n
y	y_0	y_1	…	y_i	…	y_n

需要构造一个简单函数或者便于计算的函数 $\varphi(x)$ 作为求函数 $y = f(x)$ 的近似表达式，这类问题可归结为函数的逼近问题。

函数逼近问题的研究基于以下两个基本步骤。

（1）已知所求复杂函数（或规律）近似满足的函数类型 $F(x,\theta)$，其中，θ 为函数类型的参数，$y = \theta \in \Theta$。有关函数类型的确定取决于研究者对 y 与 x 的对应关系的认识或从样本点 (x_i, y_i) $(i = 1,2,\cdots,n)$ 呈现出的变化规律中提取。

（2）对于给定的函数类型 $F(x,\theta)$，$\theta \in \Theta$，确定求 $\varphi(x,\theta) \in F(x,\theta)$ 的方法，即转化为如何从给定的函数表来确定参数 θ。

步骤（2）的解决方法有两类。

（1）对于给定的函数表 5-0-1，选定一个简单函数类型 $F(x,\theta)$，如多项式、分式线性函数或分式三角函数等，要求它严格通过已知样本点 (x_i, y_i) $(i = 1,2,\cdots,n)$，即由

$$\varphi(x_i,\theta) = y_i \quad (i = 0,1,2,\cdots,n) \tag{5.0.1}$$

确定参数 $\hat{\theta}$，得到函数 $f(x)$ 的近似规律，即 $y = f(x) \approx \varphi(x,\hat{\theta})$。

这种确定方法就称为插值问题，条件（5.0.1）称为插值条件，求解 $\varphi(x)$ 的方法称为插值法，而函数 $f(x)$ 称为被插值函数，点 $x_0, x_1, \cdots, x_n$ 称为插值节点（或节点），区间 $[\min\limits_{1\leqslant i\leqslant n} x_i, \max\limits_{1\leqslant i\leqslant n} x_i]$ 称为插值区间。

（2）在选定近似函数的类型后，不要求近似函数严格通过已知样本点，但需要制定求 $\varphi(x,\theta)$ 中参数 θ 的优化规则，以求得逼近函数 $\varphi(x,\theta)$，这类方法称为曲线（数据）拟合法。

曲线（数据）拟合法将留到第 6 章介绍，本章重点介绍多项式插值问题，以及确定插值多项式常用的方法。

5.1 多项式插值问题的一般描述

5.1.1 多项式插值问题

对于给定的函数表，已知近似函数的类型为多项式，这一插值问题就是多项式插值。

其基本问题是，已知函数在插值区间上的 $n+1$ 个不同节点 $x_0,x_1,\cdots,x_n$ 处对应的函数值 $y_i=f(x_i)\ (i=0,1,\cdots,n)$，求一个至多 n 次的多项式：

$$\varphi_n(x)=a_0+a_1x+\cdots+a_nx^n\in P_n(x) \tag{5.1.1}$$

其中，$a_0,a_1,\cdots,a_n$ 为待定参数。使其在给定节点处满足插值条件：

$$\varphi_n(x_i)=y_i \quad (i=0,1,\cdots,n) \tag{5.1.2}$$

特别地，当 $n=1$ 时，多项式插值问题也称为线性插值问题，获得的插值多项式称为线性插值公式；当 $n=2$ 时，多项式插值问题称为抛物插值问题，获得的插值多项式称为抛物插值公式。

将式（5.1.1）代入式（5.1.2），可得 $n+1$ 个方程的线性方程组：

$$\begin{cases} a_0+a_1x_0+\cdots+a_nx_0^n=y_0 \\ a_0+a_1x_1+\cdots+a_nx_1^n=y_1 \\ \qquad\vdots \\ a_0+a_1x_n+\cdots+a_nx_n^n=y_n \end{cases} \tag{5.1.3}$$

从理论上说，线性方程组（5.1.3）的系数矩阵为 A，且

$$\det(A)=\begin{vmatrix} 1 & x_0 & x_0^2 & \cdots & x_0^n \\ 1 & x_1 & x_1^2 & \cdots & x_1^n \\ \vdots & \vdots & \vdots & & \vdots \\ 1 & x_n & x_n^2 & \cdots & x_n^n \end{vmatrix}=\prod_{0\leqslant i<j\leqslant n}(x_j-x_i)$$

只要当节点 $x_0,x_1,\cdots,x_n$ 互不相同时，$\det(A)\neq 0$，即方程组（5.1.3）有唯一解。因此，只要当节点 $x_0,x_1,\cdots,x_n$ 互不相同时，满足插值条件（5.1.2）的插值多项式（5.1.1）是存在的，并且是唯一的。

5.1.2　插值多项式的误差估计

插值多项式 $\varphi_n(x)$ 与被插值函数 $f(x)$ 之间的差：

$$R_n(x)=f(x)-\varphi_n(x) \tag{5.1.4}$$

称为由插值多项式 $\varphi_n(x)$ 近似表达函数 $f(x)$ 的插值余项，或称为插值多项式 $\varphi_n(x)$ 的误差。关于 $R_n(x)$ 有以下结论成立。

定理 5.1.1　设 $n+1$ 个节点 $x_0,x_1,\cdots,x_n$ 互不相同，且

$$a=\min_{0\leqslant i\leqslant n}x_i,\quad b=\max_{0\leqslant i\leqslant n}x_i$$

$\varphi_n(x)$ 是插值区间 $[a,b]$ 上过这组节点的插值多项式。若 $f(x)$ 在 $[a,b]$ 上具有 $n+1$ 阶连续导数，则存在唯一的不超过 n 次的插值多项式 $\varphi_n(x)$，使 $f(x)=\varphi_n(x)+R_n(x)$，且

$$R_n(x)=\frac{f^{(n+1)}(\xi)}{(n+1)!}w_{n+1}(x) \tag{5.1.5}$$

其中，$\xi\in(a,b)$；$w_{n+1}(x)=\prod_{i=0}^{n}(x-x_i)$。

证明 有关插值多项式$\varphi_n(x)$的存在性和唯一性的证明见5.1.1节中的推导，此处略。下证插值余项估计式（5.1.5）成立。

构造辅助函数：

$$\Phi(t)=f(t)-\varphi_n(t)-\frac{R_n(x)}{w_{n+1}(x)}w_{n+1}(t)$$

由于$f(t)$在$[a,b]$上具有$n+1$阶连续导数，同时$\varphi_n(t)$和$w_{n+1}(t)$均为多项式，从而$\Phi(t)$在$[a,b]$上也具有$n+1$阶连续导数，且具有$n+2$个零点，即$\Phi(x)=0$，$\Phi(x_i)=0$ $(i=0,1,\cdots,n)$。

由罗尔（Roller）中值定理可知，$\Phi(t)$的每两个零点之间至少有一个一阶导数的零点，即$\Phi'(t)$在插值区间(a,b)内至少有n个零点。如此下去，n次应用罗尔中值定理可得，$\Phi^{(n+1)}(t)$在(a,b)内至少有一个$n+1$阶导数的零点，即至少存在$\xi\in(a,b)$，使

$$0=\Phi^{(n+1)}(\xi)=f^{(n+1)}(\xi)-\frac{R_n(x)}{w_{n+1}(x)}(n+1)!$$

易得式（5.1.5）成立。

定理5.1.1给出了n次插值多项式的存在性及误差分析，这在理论上是完备的。然而，在实际的生产实践中，一般规律的函数$f(x)$是未知的，因此式（5.1.5）表述的误差分析是不可求的。同时，通过求解线性方程组（5.1.3）获取插值多项式$\varphi_n(x)$的方法的复杂度过大，特别是对于n较大的情形。以下将介绍几种常用插值多项式的求法。

5.2 几种常用插值多项式的求法

5.2.1 拉格朗日插值公式

对于给定的函数表5-0-1，拉格朗日（Lagrange）插值公式是一种构造性方法。由于插值多项式$\varphi_n(x)\in P_n(x)$，而$P_n(x)=\text{span}(1,x,\cdots,x^n)$是一个$n+1$维线性空间，如果$l_0(x)$, $l_1(x),\cdots,l_n(x)$是$P_n(x)$的一组基函数，且满足：

（1）$l_i(x)$是阶数不超过n次的多项式，$i=0,1,\cdots,n$。

（2）
$$l_i(x_j)=\delta_{ij}=\begin{cases}1 & (i=j)\\ 0 & (i\neq j)\end{cases}\tag{5.2.1}$$

则称$l_0(x),l_1(x),\cdots,l_n(x)$为以$x_0,x_1,\cdots,x_n$为插值节点的基本插值多项式，简称基函数。

由条件（1）可知，$l_i(x)=k_i\prod\limits_{j=0,j\neq i}^{n}(x-x_j)$ $(i=0,1,\cdots,n)$；再由条件（2）知，$1=l_i(x_i)=k_i\prod\limits_{j=0,j\neq i}^{n}(x_i-x_j)$，即$k_i=1\Big/\prod\limits_{j=0,j\neq i}^{n}(x_i-x_j)$。

因此基本插值多项式为

$$l_i(x)=\prod_{j=0,k\neq i}^{n}\frac{x-x_j}{x_i-x_j}\tag{5.2.2}$$

于是，在基函数$l_0(x),l_1(x),\cdots,l_n(x)$的基础上，以$y_0,y_1,\cdots,y_n$为线性组合系数，可得

$$\varphi_n(x)=\sum_{i=0}^{n} y_i \cdot l_i(x)$$

显然，$\varphi_n(x_j)=\sum_{i=0}^{n} y_i \cdot l_i(x_j)=y_j \ (j=0,1,\cdots,n)$，即满足插值条件。

这种通过基本插值多项式(或基函数)构造插值多项式的方法就称为拉格朗日插值法，获得的插值多项式就称为拉格朗日插值公式，记为 $L_n(x)$，即

$$L_n(x)=\sum_{i=0}^{n} y_i \cdot l_i(x_j)=\sum_{i=0}^{n}\left(y_i \prod_{j=0,j\neq i}^{n} \frac{x-x_j}{x_i-x_j}\right) \tag{5.2.3}$$

显然，用拉格朗日插值公式求解插值多项式的方法的计算复杂度比通过线性方程组（5.1.3）求解 $\varphi_n(x)$ 的方法要小得多。另外，拉格朗日插值公式的插值余项仍可以由式（5.1.5）表达。

例 5.2.1　给定函数表如表 5-2-1 所示。

表 5-2-1　函数表

x	…	0.1	0.2	0.3	0.4	0.5	…
$y=e^x$	…	1.1052	1.2214	1.3499	1.4918	1.6487	…

试用线性插值与抛物插值求 $e^{0.354}$ 的近似值，并估计截断误差。

解　在插值计算中，为了减少极端误差，一般选择离 x 较近的点作为节点（即节点就近选取原则)，本题中 $x=0.354$，介于 0.3 与 0.4 之间，故进行线性插值时取 $x_0=0.3$，$x_1=0.4$，由拉格朗日插值公式可得线性插值公式为

$$L_1(x)=1.3499\cdot\frac{x-0.3}{0.3-0.4}+1.4918\cdot\frac{x-0.3}{0.4-0.3}$$

于是，线性插值公式所得的近似值为 $e^{0.354}\approx L_1(0.354)=1.4265$。而误差由式（5.1.5）得到，即 $|R_1(0.354)|=|f''(\xi)(0.354-0.3)\cdot(0.354-0.4)/2!|\leqslant 0.001853$。

对于 $x=0.534$，按照节点就近选取原则，抛物插值选取的节点是 $x_0=0.3$，$x_1=0.4$，$x_2=0.5$，故抛物插值公式为

$$L_2(0.354)=1.3499\frac{(x-0.4)(x-0.5)}{(0.3-0.4)(0.3-0.5)}+1.4918\frac{(x-0.3)(x-0.5)}{(0.4-0.3)(0.4-0.5)}$$
$$+1.6487\frac{(x-0.3)(x-0.4)}{(0.5-0.3)(0.5-0.4)}$$

于是，用抛物插值公式所得的近似值为 $e^{0.354}\approx L_2(0.354)=1.4247$。由式（5.1.5）可计算得 $|R_1(0.354)|\leqslant e^{0.5}\times 0.054\times 0.046\times 0.146/3!=0.00009966$。

拉格朗日插值公式提供了完整的理论体系和求解插值多项式的思路，其在理论上具有很高的价值。但在生产实践中，通常 $f(x)$ 是未知的，因此拉格朗日插值公式的截断误差是难以估计的。另外，一旦试验节点数需要增减，构造拉格朗日插值公式的基函数就要重新构造，而前面已做的工作就全部废除。因此，拉格朗日插值公式在实际问题的应用中存在以下两个致命缺点。

（1）不能有效解决阶段误差的估计（即插值余项估计）问题。

（2）拉格朗日插值公式不具有算法的继承性。

以下介绍插值多项式的另一种求法——牛顿（Newton）插值公式。

5.2.2 牛顿插值公式

1. 差商

定义 5.2.1 给定函数 $f(x)$ 及一系列互不相同的点 $x_0,x_1,\cdots,x_n,\cdots$，称

$$[f(x_i)-f(x_j)]/(x_i-x_j) \quad (i\neq j)$$

为 $f(x)$ 关于点 x_i,x_j 的一阶差商，也称均差，记为 $f[x_i,x_j]$，即

$$f[x_i,x_j]=[f(x_i)-f(x_j)]/(x_i-x_j)$$

类似于高阶导数的定义，称一阶差商的差商 $\{f[x_i,x_j]-f[x_j,x_k]\}/(x_i-x_k)$ 为函数 $f(x)$ 关于点 x_i,x_j,x_k 的二阶差商，记为 $f[x_i,x_j,x_k]$。

一般地，称 $\{f[x_0,x_1,\cdots,x_{k-1}]-f[x_1,\cdots,x_k]\}/(x_0-x_k)$ 为函数 $f(x)$ 关于点 $x_0,x_1,\cdots,x_n$ 的 k 阶差商，记为 $f[x_0,x_1,\cdots,x_k]$，即

$$f[x_0,x_1,\cdots,x_k]=\{f[x_0,x_1,\cdots,x_{k-1}]-f[x_1,\cdots,x_k]\}/(x_0-x_k) \tag{5.2.4}$$

特别地，$f(x)$ 的零阶差商为 $f(x)$ 的函数值，即 $f[x_i]=f(x_i)$。如果有重点，如 x_i 为重点，即 $x_i=x_{i+1}$，从定义中容易看到，如果 $f(x)$ 在 x_i 点处可导，则

$$\lim_{x\to x_i}f[x_i,x]=\lim_{x\to x_i}[f(x_i)-f(x)]/(x_i-x)=f'(x_i)$$

因此规定 $f[x_i,x_i]=f'(x_i)$。一般地，$f[x,x,x_0,\cdots,x_k]=\dfrac{\mathrm{d}}{\mathrm{d}x}f[x,x_0,\cdots,x_k]$。

性质 5.2.1

（1）各阶差商都具有线性性质，即若 $f(x)=a\varphi(x)+b\psi(x)$，其中 a、b 为常数，则对任意正整数 k 均有

$$f[x_0,x_1,\cdots,x_k]=a\varphi[x_0,x_1,\cdots,x_k]+b\psi[x_0,x_1,\cdots,x_k]$$

（2）$f(x)$ 的 k 阶差商 $f[x_0,x_1,\cdots,x_k]$ 可表示成 $f(x_0),f(x_1),\cdots,f(x_k)$ 的线性组合，且

$$f[x,x_0,\cdots,x_k]=\sum_{i=0}^{k}f(x_i)/w'_{k+1}(x_i)$$

其中，$w_{k+1}(x)=\prod\limits_{j=0}^{k}(x-x_j)$；$w'_{k+1}(x_i)=\prod\limits_{j=0,j\neq i}^{k}(x_i-x_j)$。

（3）$f(x)$ 的各阶差商均具有对称性，即改变节点的位置（或次序），差商不变。

（4）若 $f(x)$ 是 n 次多项式，则一阶差商 $f[x,x_i]$ 为 $n-1$ 次多项式。

证明

（1）性质 5.2.1 中的（1）是显然成立的，这里略去其证明。

（2）当 $k=1$ 时，性质 5.2.1 中（2）的结论显然成立；当 $k=2$ 时，

$$f[x_0,x_1,x_2]=\frac{1}{x_0-x_2}\left[\frac{f(x_0)-f(x_1)}{x_0-x_1}-\frac{f(x_1)-f(x_2)}{x_1-x_2}\right]=\frac{f(x_0)}{w'_2(x_0)}+\frac{f(x_1)}{w'_2(x_1)}+\frac{f(x_2)}{w'_2(x_2)}$$

用数学归纳法容易证明一般情形下此结论成立，此略。

（3）由性质 5.2.1 中的（2）易证明性质 5.2.1 中的（3）成立。

（4）若 $f(x)$ 是 n 次多项式，构造 $p(x)=f(x)-f(x_i)$，则 $p(x)$ 也是 n 次多项式，且 $p(x_i)=0$，因此，$p(x)=(x-x_i)\varphi_{n-1}(x)$，其中 $\varphi_{n-1}(x)$ 为 $n-1$ 次多项式。于是，$f[x,x_i]=[f(x)-f(x_i)]/(x-x_i)=\varphi_{n-1}(x)$ 为 $n-1$ 次多项式。

2. 牛顿插值公式

由定义 5.2.1 易知 $f(x)=f(x_0)+(x-x_0)f[x,x_0]$。对于给定的函数表 5-0-1，一般有

$$f(x)=f(x_0)+(x-x_0)f[x,x_0]$$

$$f[x,x_0]=f[x_0,x_1]+(x-x_1)f[x,x_0,x_1]$$

$$\cdots$$

$$f[x,x_0,\cdots,x_{n-1}]=f[x_0,x_1,\cdots,x_n]+(x-x_n)f[x,x_0,\cdots,x_n]$$

将上面的 n 个等式两边分别乘以 1，$(x-x_0),(x-x_0)(x-x_1),\cdots,w_n(x)$，然后将等式左右两边相加得 $f(x)=f(x_0)+(x-x_0)f[x_0,x_1]+(x-x_0)(x-x_1)f[x_0,x_1,x_2]+\cdots+f[x_0,x_1,\cdots,x_n]w_n(x)+f[x,x_0,x_1,\cdots,x_n]w_{n+1}(x)$。

在上式中，若记

$$N_n(x)=f(x_0)+(x-x_0)f[x_0,x_1]+\cdots+f[x_0,x_1,\cdots,x_n]w_n(x) \tag{5.2.5}$$

$$R_n(x)=f[x,x_0,x_1,\cdots,x_n]w_{n+1}(x) \tag{5.2.6}$$

则有

$$f(x)=N_n(x)+R_n(x) \tag{5.2.7}$$

显然，$N_n(x)$ 是不超过 n 次的多项式，$R_n(x)=0$，且满足：

$$N_n(x_i)=f(x_i)=y_i \quad (i=0,1,\cdots,n)$$

这表明式（5.2.5）中的 $N_n(x)$ 即所求的插值多项式。这种由差商求插值多项式的方法就称为牛顿插值方法，求得的插值公式（5.2.5）就称为牛顿插值公式。比较式（5.1.5）和式（5.2.7）及插值多项式的唯一性，可得

$$f^{(n+1)}(\xi)/(n+1)!=f[x,x_0,x_1,\cdots,x_n]\approx N_n[x,x_0,x_1,\cdots,x_n] \tag{5.2.8}$$

在生产实践中，当 $f(x)$ 的情况未知时，利用牛顿插值公式近似计算 $f(x)$ 产生的误差（插值余项）的估计问题可通过式（5.2.8）解决，同时由性质 5.2.1 中的（3）可解决插值多项式在计算过程中的算法继承性问题。正因为牛顿插值公式在实际应用中能有效解决这两类问题（注：它们也是拉格朗日插值公式的缺点），它在实际数据处理中有着广泛的应用。一般地，牛顿插值公式可按表 5-2-2 计算，其中，n 次牛顿插值公式 $N_n(x)$ 为表 5-2-2 中对角线上的差商值与右端因式的乘积之和。

表 5-2-2　差商值

x_i	y_i	1 阶差商	2 阶差商	…	n 阶差商	因式
x_0	y_0					1
x_1	y_1	$f[x_0,x_1]$				$x-x_0$

续表

x_i	y_i	1阶差商	2阶差商	…	n阶差商	因式
x_2	y_2	$f[x_1,x_2]$	$f[x_0,x_1,x_2]$			$(x-x_0)(x-x_1)$
x_3	y_3	$f[x_2,x_3]$	$f[x_1,x_2,x_3]$	…		
…	…	…	…			
x_n	y_n	$f[x_{n-1},x_n]$	$f[x_{n-2},x_{n-1},x_n]$	…	$f[x_0,x_1,\cdots,x_n]$	$\prod_{j=0}^{n-1}(x-x_j)$

算法 5.2.1

（1）输入数据 x，x_i，y_i $(i=0,1,2,\cdots,n)$。

（2）赋值 $f_k \Leftarrow y_k$ $(k=0,1,2,\cdots,n)$，$f_{0n} \Leftarrow 0$，$k \Leftarrow 0$。

（3）计算各阶差商：对于 $i=1,2,\cdots,n$，$k \Leftarrow k+1$，$f_{kn} \Leftarrow (f_{n-1}-f_n)/(x_{n-i}-x_n)$，$f_n \Leftarrow f_{kn}$，$f_k \Leftarrow (f_{j-1}-f_j)/(x_{j-i}-x_j)$ $(j=n-1,n-2,\cdots,i)$。

（4）$N_n(x) \Leftarrow f_0+\sum_{k=1}^{n} f_k\left[\prod_{j=0}^{k-1}(x-x_j)\right]$，$f_{n+1} \Leftarrow N_n(x)$。

（5）对于 $k=1,2,\cdots,n,n+1$，计算 $f_{n+1} \Leftarrow (f_{kn}-f_{n+1})/(x_{n+1-k}-x)$。

（6）$R_n(x) \Leftarrow f_{n+1}\left[\prod_{j=0}^{n}(x-x_j)\right]$。

（7）输出 $N_n(x)$，$R_n(x)$。

（8）停机。

依据算法 5.2.1，可通过 n 次牛顿插值公式计算 $f(x)$ 的 $n+1$ 个节点的近似值及误差。

例 5.2.2 已知 x 与 y 的函数表如表 5-2-3 所示。

表 5-2-3 函数表

x	0.40	0.55	0.65	0.80	0.90	1.05
y	0.41075	0.57815	0.69675	0.88811	1.02652	1.25385

试用 5 次牛顿插值公式计算 $f(0.596)$，并估计它的误差。

根据表 5-2-3 建立如表 5-2-4 所示的差商表。

表 5-2-4 差商表

x	y	1阶差商	2阶差商	3阶差商	4阶差商	5阶差商	6阶差商
0.40	0.41075						
0.55	0.57815	1.11600					
0.65	0.69675	1.18600	0.28000				
0.80	0.88811	1.27573	0.35892	0.19730			
0.90	1.02652	1.38410	0.43348	0.21303	0.03146		
1.05	1.25385	1.51553	0.52572	0.23060	0.03514	0.00566	
0.596	0.63192	1.36989	0.47908	0.228627	0.03654	0.03043	0.12638

可得 5 次牛顿插值公式 $N_5(x)=0.41075+1.11600(x-0.4)+0.28000(x-0.4)(x-0.55)+0.19730(x-0.4)(x-0.55)(x-0.65)+0.03146(x-0.4)(x-0.55)(x-0.65)(x-0.80)+0.00566(x-0.4)(x-0.55)(x-0.65)(x-0.80)(x-0.90)$。于是，

$$f(0.596)\approx N_5(0.596)=0.63192$$

将 $f(0.596)\approx 0.63192$ 放入表 5-2-4 最后一行，可得误差为

$$R_5(0.596)\approx 0.173239\times 10^{-5}$$

3. 等距节点向前插值公式

当节点等距时，即相邻的两个节点之差（称为步长）为常数，牛顿插值公式的形式会更简单。此时，节点间函数的平均变化率（差商）可用函数值之差来表示。下面先介绍函数值之差——差分的概念。

定义 5.2.2　设有等距节点 $x_k=x_0+kh\ (k=0,1,\cdots,n)$，其中步长为常数 h，记 $f_k=f(x_k)$，称相邻的两个节点 x_i，x_{i+1} 处的函数值之差 $f_{i+1}-f_i\ (i=0,1,\cdots,n-1)$ 为函数 $f(x)$ 关于点 x_i 处以 h 为步长的一阶差分，记为 Δf_i，即

$$\Delta f_i=f_{i+1}-f_i \tag{5.2.9}$$

其中，$i=0,1,\cdots,n-1$。

类似地，定义差分的差分为高阶差分，如二阶差分定义如下：

$$\Delta^2 f_i=\Delta f_{i+1}-\Delta f_i\ \ (i=0,1,\cdots,n-1)$$

一般地，m 阶差分为

$$\Delta^m f_i=\Delta^{m-1}f_{i+1}-\Delta^{m-1}f_i \tag{5.2.10}$$

其中，$m=2,3,\cdots,n$；$i=0,1,\cdots,n-m$。

由式（5.2.9）和式（5.2.10）定义的各阶差分又称向前差分。常用的差分有两种，除前面介绍的向前差分外，还有一类为向后差分，其定义如下，一阶向后差分定义为

$$\nabla^2 f_k=\nabla f_k-\nabla f_{k-1} \tag{5.2.11}$$

其中，$k=n,n-1,\cdots,1$。一般地，m 阶向后差分定义为

$$\nabla^m f_k=\nabla^{m-1}f_k-\nabla^{m-1}f_{k-1} \tag{5.2.12}$$

其中，向前差分与向后差分具有下列关系：

$$\nabla^m f_i=\Delta^m f_{i-m} \tag{5.2.13}$$

其中，$m=1,2,\cdots,n$；$i=n,n-1,\cdots,m$。例如，

$$\nabla^2 f_3=\nabla f_3-\nabla f_2=(f_3-f_2)-(f_2-f_1)=f_3-2f_2+f=\nabla^2 f_1=\nabla^2 f_{3-2}\ \ (m=2,i=3)$$

计算各阶向前差分也可列表进行，如表 5-2-5 所示。

表 5-2-5　各阶向前差分表

x_k	f_k	Δf_k	$\Delta^2 f_k$	$\Delta^3 f_k$	$\Delta^4 f_k$
x_0	f_0				
		Δf_0			
x_1	f_1		$\Delta^2 f_0$		

续表

x_k	f_k	Δf_k	$\Delta^2 f_k$	$\Delta^3 f_k$	$\Delta^4 f_k$
x_1	f_1		$\Delta^2 f_0$		
		Δf_1		$\Delta^3 f_0$	
x_2	f_2		$\Delta^2 f_1$		$\Delta^4 f_0$
		Δf_2		$\Delta^3 f_1$	
x_3	f_3		$\Delta^2 f_2$		
		Δf_3			
x_4	f_4				
…	…	…	…	…	…

在表 5-2-5 中，向前差分是按从左上向右下的对角线排列的，如表 5-2-5 中的 f_0、Δf_0、$\Delta^2 f_0$、$\Delta^3 f_0$、$\Delta^4 f_0$，随着差分阶数每增加一阶，除向右平移一格外，纵向还要向下平移一格。同时，由式（5.2.12）知，向后差分是按从左下向右上的对角线排列的，如 f_4、∇f_4、$\nabla^2 f_4$、$\nabla^3 f_4$、$\nabla^4 f_4$ 对应的值就是 f_4、Δf_3、$\Delta^2 f_2$、$\Delta^3 f_1$、$\Delta^4 f_0$。

性质 5.2.2 各阶差分均具有线性性质，即若 $f_k = ag_k + bh_k$，其中 a、b 为常数，则对于任意正整数 m，都有 $\Delta^m f_k = a\Delta^m g_k + b\Delta^m h_k$。

性质 5.2.3 各阶差分均可表示成函数值的线性组合，且

$$f(x)\Delta^m f_k = \sum_{i=0}^{m} (-1)^i \binom{m}{i} f_{k+m-i} \tag{5.2.14}$$

$$\nabla^m f_k = \sum_{i=0}^{m} (-1)^i \binom{m}{i} f_{k-i} \tag{5.2.15}$$

其中，$\binom{m}{i} = \dfrac{m!}{i!(m-i)!}$ 是二项式展开的系数。

例如，$\Delta^2 f_0 = f_2 - 2f_1 + f_0$；$\Delta^3 f_0 = f_3 - 3f_2 + 3f_1 - f_0$；$\Delta^4 f_0 = f_4 - 4f_3 + 6f_2 - 4f_1 + f_0$ 等。

性质 5.2.4 当节点 $x_i = x_0 + ih$，$f_i = f(x_i)$ 时，差分与差商存在如下关系：

$$f[x_0, x_1, \cdots, x_k] = \Delta^k f_0 / (k!h^k) \tag{5.2.16}$$

$$f[x_i, x_{i-1}, \cdots, x_{i-k}] = \nabla^k f_i / (k!h^k) \tag{5.2.17}$$

由式（5.2.16）和式（5.2.17）可得差分与导数的关系：

$$\Delta^m f_k = m!h^k f[x_k, x_{k+1}, \cdots, x_{k+m}] = h^k f^{(m)}(\xi) \tag{5.2.18}$$

其中，$x_k \leqslant \xi \leqslant x_{k+m}$。

性质 5.2.5 n 次多项式的一阶差分是 $n-1$ 次多项式，由此可得 n 次多项式的 n 阶差分为常数，n 次多项式的 $n+1$ 阶差分为零。

证明 设函数 $f(x)$ 是 n 次多项式，将 $f(x+h)$ 展开为点 x 处的泰勒级数可得

$$\Delta f(x) = f(x+h) - f(x) = hf'(x) + h^2 f''(x)/2 + \cdots + h^n f^n(x)/n!$$

上式的右边是 $n-1$ 次多项式，即 n 次多项式的一阶差分为 $n-1$ 次多项式，余下的结论可用归纳法证得，此略。

4. 等距节点向后插值公式

设插值节点为 $x_i = x_0 + ih\ (i=1,2,\cdots,n)$，$h>0$，相应的函数值为 $f_i = f(x_i)$。将式（5.2.16）代入插值公式（5.2.5）得

$$N_n(x) = f_0 + \frac{1}{h}\Delta f_0(x-x_0) + \frac{\Delta^2 f_0}{2!h^2}(x-x_0)(x-x_1) + \cdots + \frac{\Delta^n f_0}{n!h^n}(x-x_0)\cdot\cdots\cdot(x-x_{n-1})$$

令 $x = x_0 + th$，则上式可变形为

$$N_n(x_0+th) = f_0 + t\Delta f_0 + \frac{t(t-1)}{2!}\Delta^2 f_0 + \cdots + \frac{t(t-1)\cdots(t-n+1)}{n!}\Delta^n f_0 \tag{5.2.19}$$

式（5.2.19）称为牛顿向前差分公式，其余项为

$$R_n(x) = \frac{f^{n+1}(\xi)}{(n+1)!}w_{n+1}(x) = \frac{t(t-1)\cdots(t-n)}{(n+1)!}h^{n+1}f^{(n+1)}(\xi) \tag{5.2.20}$$

其中，$\xi \in (x_0, x_n)$。

同理，也可以用向后差分表示牛顿插值公式。令 $x = x_n + th$，$x \in [x_0, x_n]$，则有

$$N_n(x_n+th) = f_n + t\nabla f_n + \frac{t(t+1)}{2!}\nabla^2 f_n + \cdots + \frac{t(t+1)\cdots(t+n-1)}{n!}\nabla^n f_n \tag{5.2.21}$$

式（5.2.21）称为牛顿向后差分公式，其余项为

$$R_n(x) = t(t+1)\cdots(t+n)/(n+1)!\cdot h^{n+1}f^{(n+1)}(\xi) \tag{5.2.22}$$

其中，$\xi \in (x_0, x_n)$。

牛顿向前、向后差分公式均是牛顿插值公式的等距节点的变形。实际计算可列表进行（表 5-2-6），将表 5-2-6 中对角线上的差分值与对应行的右端因子相乘并求和，即得牛顿向前差分公式，而牛顿向后差分公式则为最后的节点所在行的各阶差分值与对应列下端因子的乘积之和。

表 5-2-6　牛顿向前、向后差分公式计算表

x_i	f_i	1 阶差分	2 阶差分	…	n 阶差分	因式
						1
x_0	f_0					
						t
		$\Delta f_0(\nabla f_1)$				
						$t(t+1)/2$
x_1	f_1		$\Delta^2 f_0(\nabla^2 f_2)$			
						…
		$\Delta f_1(\nabla f_2)$				
				…		
x_2	f_2		…		$\Delta^n f_0(\nabla^n f_n)$	$\prod_{j=0}^{n-1}(t+j)/n!$
		…				
…	…					
			$\Delta^2 f_{n-2}(\nabla^2 f_n)$			
		$\Delta f_{n-1}(\nabla f_n)$				
x_n	f_n					
	1	t	$t(t+1)/2$	…	$\prod_{j=0}^{n-1}(t+j)/n!$	

注意：尽管牛顿向前差分公式（5.2.19）和牛顿向后差分公式（5.2.21）均是牛顿插值公式的等距节点的变形，但由于它们的余项（式（5.2.20）和式（5.2.22））的计算均依赖于 $f^{(n+1)}(\xi)$。当 $f(x)$ 未知时，同样会遇到误差无法估计的问题，因此它们的应用没有牛顿插值公式那样适用和广泛。

例 5.2.3 给定 $y=f(x)$ 的函数表，如表 5-2-7 所示。

表 5-2-7 $y=f(x)$ 的函数表

x	0.4	0.5	0.6	0.7
y	0.38942	0.47943	0.56464	0.64422

试分别使用 2 阶牛顿向前和向后差分公式来求 $f(0.57891)$ 的近似值。

解 取 $x_0=0.4$，$x_1=0.5$，$x_2=0.6$，$x_3=0.7$，根据表 5-2-7 可构造差分表，如表 5-2-8 所示。

表 5-2-8 差分表

k	x_k	f_k	Δf_k	$\Delta^2 f_k$	$\Delta^3 f_k$
0	0.4	0.38942			
			0.09001		
1	0.5	0.47943		−0.00480	
			0.08521		−0.00083
2	0.6	0.56464		−0.00563	
			0.07958		
3	0.7	0.64422			
			∇f_k	$\nabla^2 f_k$	$\nabla^3 f_k$

若用牛顿向前差分公式，按就近原则取 $x_0=0.5$，$x_1=0.6$，$x_2=0.7$。可构造 2 阶差分公式 $N_2(x)=f_0+t\Delta f_0+t(t-1)/2!\cdot\Delta^2 f_0$。由 $t=(x-x_0)/h=0.7891$ 可得 $N_2(0.57891)=0.47943+0.7891\times0.08521+0.7891\times(0.7891-1)\times(-0.00563)/2=0.5471$。

若用牛顿向后差分公式，可取 $x_0=0.4$，$x_1=0.5$，$x_2=0.6$。由 $x=0.57891=x_2+sh$，得 $s=-0.2109$，于是 $N_2(0.57891)=0.56464+(-0.2109)\times0.08521+(-0.2109+1)\times(-0.2109)\times(0.00480)/2=0.54627$。

5.2.3 埃尔米特插值

1. 埃尔米特插值问题

不少实际问题除了要求插值节点处的插值函数 $p(x)$ 与被插值函数 $f(x)$ 的值相等，还要求它们在节点处的一阶导数、二阶导数甚至更高阶导数也相等，即

$$p(x_i)=f(x_i),p'(x_i)=f'(x_i),\cdots,p^{(m_i)}(x_i)=f^{(m_i)}(x_i)$$

其中，$m_i\geqslant1$，$i=0,1,\cdots,n$。这样的插值问题就是埃尔米特（Hermite）插值问题，满足

上述要求的多项式 $p(x)$ 称为埃尔米特插值多项式。本节主要讨论节点处的插值函数与函数值及一阶导数值均相等的埃尔米特插值，其一般叙述如下。

已知函数 $y=f(x)$ 在 $n+1$ 个互异节点 $x_0,x_1,\cdots,x_n$ 处的函数值 $y_0,y_1,\cdots,y_n$ 及导数值 y_0', $y_1',\cdots,y_n'$，给定次数不超过 $2n+1$ 的多项式 $H(x)$，使

$$\begin{cases}H(x_i)=y_i\\ H'(x_i)=y_i'\end{cases}\quad(i=0,1,\cdots,n)\tag{5.2.23}$$

满足条件（5.2.23）的多项式 $H(x)$ 称为埃尔米特插值多项式。

2. 埃尔米特插值多项式的求法

为了确定埃尔米特插值多项式 $H(x)$，仍采用类似于求拉格朗日插值公式的方法，即通过构造插值基函数的方法来求埃尔米特插值多项式 $H(x)$。先假设两组函数 $h_i(x)$ 和 $H_i(x)$ $(i=0,1,\cdots,n)$ 满足以下条件。

（1） $h_i(x)$ 和 $H_i(x)$ 都是不超过 $2n+1$ 次的多项式。

（2）
$$\begin{cases}h_i(x_j)=\delta_{ij}, & h_i'(x_j)=0\\ H_i(x_j)=0, & H_i'(x_j)=\delta_{ij}\end{cases}\tag{5.2.24}$$

其中，$i,j=0,1,\cdots,n$。满足以上两组条件的多项式 $h_i(x)$ 和 $H_i(x)$ $(i=0,1,\cdots,n)$ 称为埃尔米特插值问题的基本插值多项式。

满足式（5.2.23）的插值多项式可写成基本插值多项式的线性组合：

$$H(x)=\sum_{i=0}^{n}[y_ih_i(x)+y_i'H(x)]\tag{5.2.25}$$

由条件（5.2.24）可知，显然式（5.2.25）中确定的 $H(x)$ 满足 $H(x_i)=y_i$ ，$H'(x_i)=y_i'$ $(i=0,1,\cdots,n)$。因此，埃尔米特插值问题就归结为构造满足条件的基本插值多项式 $h_i(x)$ 和 $H_i(x)$。先来确定 $h_i(x)$，由插值条件（5.2.24）及 $h_i(x)$ 为不超过 $2n+1$ 次的多项式知：

$$h_i(x)=[a+b(x-x_i)]\cdot l_i^2(x)$$

其中，$l_i(x)$ 为拉格朗日插值基函数，$i=0,1,\cdots,n$。再由条件（5.2.24），有

$$1=h_i(x_i)=a,\quad 0=h_i'(x_i)=bl_i^2(x_i)+2[a+b(x-x_i)]l_i'(x_i)l_i(x)$$

可得 $a=1$，$b=-2l_i'(x_i)=-2\sum\limits_{k=0,k\neq i}^{n}1/(x_i-x_k)$。所以，

$$h_i(x)=[1-2(x-x_i)l_i'(x_i)]l_i^2(x)\quad(i=0,1,\cdots,n)\tag{5.2.26}$$

同理，由 $H_i(x)$ 满足的条件 $H_i(x_j)=H_i'(x_j)=0$ $(i\neq j)$ 和 $H_i(x_i)=0$ 知，x_j 是 $H_i(x)$ 的二重零点（$i\neq j$），x_i 是 $H_i(x)$ 的零点，故可假设 $H_i(x)=\lambda_i(x-x_i)l_i^2(x)$ $(i=0,1,\cdots,n)$。再由条件 $H_i'(x_i)=1$，可得 $\lambda_i=1$。因此，

$$H_i(x)=(x-x_i)l_i^2(x)\quad(i=0,1,\cdots,n)\tag{5.2.27}$$

于是，埃尔米特插值公式为

$$H(x)=\sum_{i=0}^{n}[y_ih_i(x)+y_i'H(x)]=\sum_{i=0}^{n}\{[1-2(x-x_i)l_i'(x)]y_i+(x-x_i)y_i'\}l_i^2(x)$$

特别地，当 $n=1$ 时，有

$$h_0(x)=[1+2(x-x_0)/(x_1-x_0)][(x-x_1)/(x_0-x_1)]^2$$
$$h_1(x)=[1+2(x-x_1)/(x_0-x_1)][(x-x_0)/(x_1-x_0)]^2$$
$$H_0(x)=(x-x_0)[(x-x_1)/(x_0-x_1)]^2$$
$$H_1(x)=(x-x_1)[(x-x_0)/(x_1-x_0)]^2$$

于是，两点三次的埃尔米特插值多项式为

$$H(x)=y_0h_0(x)+y_1h_1(x)+y_0'H_0(x)+y_1'H_1(x) \tag{5.2.28}$$

3. 埃尔米特插值多项式的余项

定理 5.2.1　设 $x_0,x_1,\cdots,x_n$ 是区间 $[a,b]$ 上互异的 $n+1$ 个节点，$H(x)$ 是 $f(x)$ 通过这组节点的 $2n+1$ 次埃尔米特插值多项式。如果 $f(x)$ 在 $[a,b]$ 上连续，在 (a,b) 内具有 $2n+2$ 阶连续导数，则对任意 $x\in[a,b]$，插值余项为

$$R_{2n+1}(x)=f(x)-H(x)=f^{(2n+2)}(\xi)w_{n+1}^2(x)/(2n+2)!$$

其中，$\xi\in(a,b)$。

证明　构造辅助函数 $\psi(t)=f(t)-H(t)-\dfrac{R_{2n+1}(x)}{{w_{n+1}}^2(x)}{w_{n+1}}^2(t)$。显然，$\psi(t)$ 有 $n+2$ 个零点和 $n+1$ 个一阶导数的零点。根据 $\psi(t)$ 有 $n+2$ 个零点，应用罗尔中值定理可得 $\psi(t)$ 有 $n+1$ 个一阶导数零点，从而 $\psi(t)$ 共有 $2n+2$ 个一阶导数零点。由条件知 $\psi(t)$ 具有 $2n+2$ 阶连续导数，连续应用 $2n+1$ 次罗尔中值定理可得，$\psi(t)$ 至少有一个 $2n+2$ 阶导数零点，即存在 $\xi\in(a,b)$，使 $0=\psi^{(2n+2)}(\xi)=f^{(2n+2)}(\xi)-R_{2n+1}(x)\cdot(2n+2)!/w_{n+1}^2(x)$，因此结论成立。

定理 5.2.2　设 $x_0,x_1,\cdots,x_n$ 为 $n+1$ 个互异节点，$a=\min\limits_{0\leqslant i\leqslant n}x_i$，$b=\max\limits_{0\leqslant i\leqslant n}x_i$，若 $f(x)$ 在区间 $[a,b]$ 上连续，且在 (a,b) 上具有连续一阶导数（即 $f(x)\in C^1[a,b]$），则满足插值条件 $H(x_i)=y_i$，$H'(x_i)=y_i'$ $(i=0,1,\cdots,n)$ 的 $2n+1$ 次埃尔米特插值多项式是唯一的。

证明　$H(x)$ 的存在性可由线性方程组的解来证明，下证唯一性。假设 $\tilde{H}(x)$ 是满足插值条件的任意不超过 $2n+1$ 次的埃尔米特插值多项式，易知 $\tilde{H}(x)$ 也是 $H(x)$ 的 $2n+1$ 次埃尔米特插值多项式，于是，

$$H(x)-\tilde{H}(x)=H^{(2n+2)}(\xi){w_{n+1}}^2(x)/(2n+2)!=0 \quad (\because H^{(2n+2)}(x)=0)$$

则有 $H(x)=\tilde{H}(x)$，因此埃尔米特插值多项式唯一。

推论 5.2.1

（1）至多 $2n+1$ 次多项式在任意 $n+1$ 个互异节点上的埃尔米特插值多项式就是其自身。

（2）$\sum\limits_{i=0}^{n}h_i(x)\equiv 1$。

例 5.2.4　求满足表 5-2-9 中条件的埃尔米特插值多项式。

表 5-2-9

k	x_k	y_k	y'
0	1	2	1
1	2	3	–1

解　此为$n=1$，直接代入式（5.2.28）可得，两点三次的埃尔米特插值多项式为

$$H(x)=-2x^3+8x^2-9x+5$$

对于埃尔米特插值多项式，它与拉格朗日插值公式一样，都是采用基函数构造的方法及线性组合表达方式求解其插值多项式。它也具有与拉格朗日插值公式相同的缺点，即不具有算法上的继承性和误差不可计算（当$f(x)$未知时）。如果注意到差商的规定，则可采用牛顿插值方法来解决埃尔米特插值多项式的求解问题。如例 5.2.4，建立如表 5-2-10 所示的差商表。

表 5-2-10　差商表

k	x_k	y_k	一阶差商	二阶差商	三阶差商	因式
0	1	2				1
1	1	2	1			$x-1$
2	2	3	1	0		$(x-1)^2$
3	2	3	−1	−2	−2	$(x-1)^2(x-2)$

于是，

$$H(x)=2\cdot 1+1\cdot(x-1)-2(x-1)^2(x-2)=-2x^3+8x^2-9x+5$$

如前所述，利用差商表来计算插值多项式的优点就在于其在实际工程计算中具有算法继承性，同时也能克服在函数规律（即$y=f(x)$）未知的情况下的误差估计问题。

5.3　分段低次插值

已知$f(x)=1/(1+x^2)$，$x\in[-5,5]$。等分$[-5,5]$区间，可得节点为$x_k=-5+10\cdot k/n$ ($k=0,1,\cdots,n$)，则n次插值公式为

$$L_n(x)=\sum_{k=0}^{n}\frac{1}{1+{x_k}^2}\frac{w_{n+1}(x)}{(x-x_k)w'_{n+1}(x_k)}=\sum_{k=0}^{n}\frac{1}{1+{x_k}^2}l_k(x)$$

图 5-3-1 是$f(x)$和$L_n(x)$的比较图，其中实线为$f(x)$，虚线为$L_n(x)$。可以发现，在原点附近，$L_{12}(x)$与$f(x)$有较好的逼近，而在两端点的附近，逼近效果较差。

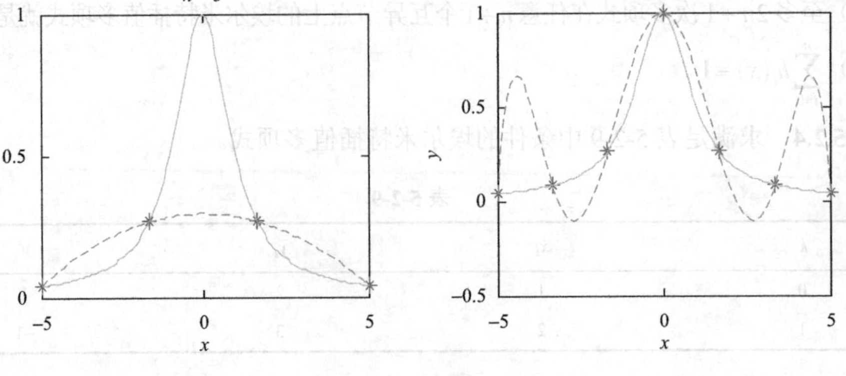

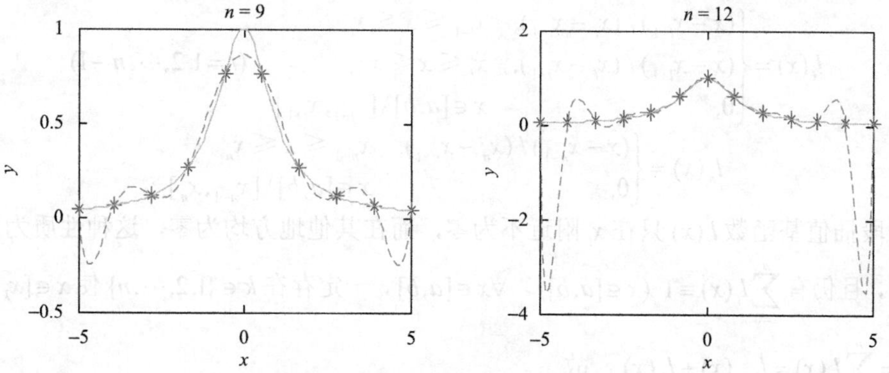

图 5-3-1 $f(x)$ 和 $L_n(x)$ 的比较图

当 $n \to \infty$ 时，可以发现，在原点附近，$L_n(x)$ 与 $f(x)$ 有较好的逼近，而在两端点的附近，逼近效果较差，此现象就称为龙格（Runge）现象。

直观上容易知道，即使不用插值多项式近似，而改用将曲线 $y = f(x)$ 的两个相邻的点用折线相连，随着 $\delta = \max\limits_{1\leqslant i\leqslant n} \delta_i$ 越来越小，这一折线也能很好地逼近 $f(x)$。因此当 $f(x)$ 连续时，节点越密，近似程度越好，由此就得到分段插值的思想。为了提高精度，在加密节点时，可以将节点分成若干段，每段用低次插值多项式近似，即分段低次插值。

5.3.1 分段线性插值

对于给定的 $n+1$ 个节点 $a = x_0 < x_1 < \cdots < x_n = b$ 及节点上的数值 $y_i \ (i = 0,1,\cdots,n)$，记 $h_i = x_i - x_{i-1} \ (i = 1,2,\cdots,n)$，$h = \max\limits_{1\leqslant i\leqslant n} h_i$。若插值函数 $L_h(x)$ 满足：

（1）$L_h(x_i) = y_i (i = 0,1,\cdots,n)$。

（2）在每个小区间 $[x_{i-1}, x_i] \ (i = 1,2,\cdots,n)$ 上，$L_h(x)$ 是线性的。

则插值函数 $L_h(x)$ 称为分段线性插值函数。

若用线性拉格朗日插值公式表示，有

$$L_h(x) = y_{i-1}(x - x_i) / (x_{i-1} - x_i) + y_i(x - x_{i-1}) / (x_i - x_{i-1}) \quad (x \in [x_{i-1}, x_i])$$

其中，$i = 1,2,\cdots,n$。容易看到 $L_h(x)$ 在区间 $[a,b]$ 上是连续的。

分段线性插值的收敛性有下列结论。

定理 5.3.1 如果 $f(x) \in C^2[a,b]$，则分段线性插值函数 $L_h(x)$ 的余项为

$$|R_n(x)| = |f(x) - L_h(x)| \leqslant Mh^2 / 8$$

其中，$h = \max\limits_{1\leqslant i\leqslant n} h_i$；$M = \max\limits_{x\in[a,b]} |f''(x)|$。

证明 略。

若引入分段插值基函数，则在整个区间 $[a,b]$ 上有

$$L_h(x) = \sum_{i=0}^{n} y_i l_i(x) \tag{5.3.1}$$

其中，分段插值基函数 $l_i(x)$ 满足条件 $l_i(x_j) = \delta_{ij} \ (i, j = 0,1,\cdots,n)$，且

$$l_0(x) = \begin{cases} (x - x_1) / (x_0 - x_1), & x_0 \leqslant x \leqslant x_1 \\ 0, & x \in [a,b] \setminus [x_0, x_1] \end{cases}$$

$$l_i(x)=\begin{cases}(x-x_{i-1})/(x_i-x_{i-1}), & x_{i-1}\leqslant x\leqslant x_i\\(x-x_{i+1})/(x_i-x_{i+1}), & x_i\leqslant x\leqslant x_{i+1}\\0, & x\in[a,b]\setminus[x_{i-1},x_{i+1}]\end{cases}\quad (i=1,2,\cdots,n-1)$$

$$l_n(x)=\begin{cases}(x-x_{n-1})/(x_n-x_{n-1}), & x_{n-1}\leqslant x\leqslant x_n\\0, & x\in[a,b]\setminus[x_{n-1},x_n]\end{cases}$$

分段插值基函数 $l_i(x)$ 只在 x_i 附近不为零，而在其他地方均为零，这种性质为局部非零性质，且仍有 $\sum_{i=0}^{n}l_i(x)\equiv 1\ (x\in[a,b])$。$\forall x\in[a,b]$，一定存在 $k\in\{1,2,\cdots,n\}$ 使 $x\in[x_{k-1},x_k]$，从而 $1=\sum_{i=0}^{n}l_i(x)=l_{k-1}(x)+l_k(x)$，故

$$f(x)=[l_{k-1}(x)+l_k(x)]f(x) \tag{5.3.2}$$

这时，

$$L_h(x)=y_{k-1}l_{k-1}(x)+y_kl_k(x) \tag{5.3.3}$$

下面证明 $\lim_{h\to 0}L_h(x)=f(x)$。由式（5.3.2）和式（5.3.3）可得

$$|f(x)-L_h(x)|\leqslant[l_{k-1}(x)+l_k(x)]\omega(h_k)\leqslant\omega(h) \tag{5.3.4}$$

其中，$\omega(h_k)=\max_{x\in[x_{k-1},x_k]}\{|f(x)-y_{k-1}|,|f(x)-y_k|\}$；$\omega(h)=\max_{1\leqslant k\leqslant n}\{\omega(h_k)\}$。$\omega(h)$ 也称为函数 $f(x)$ 在区间 $[a,b]$ 上的连续模，即 $\forall x_1,x_2\in[a,b]$，只要 $|x_1-x_2|\leqslant h$，就有

$$|f(x_1)-f(x_2)|\leqslant\omega(h) \tag{5.3.5}$$

由式（5.3.4）知，

$$\forall x\in[a,b],\quad \max_{x\in[a,b]}|f(x)-L_h(x)|\leqslant\omega(h) \tag{5.3.6}$$

如果 $f(x)\in C[a,b]$，则 $f(x)$ 在区间 $[a,b]$ 上一致连续，从而有 $\lim_{h\to 0}\omega(h)=0$，进而由式（5.3.6）可得，$\lim_{h\to 0}L_h(x)=f(x)$ 在区间 $[a,b]$ 上一致成立。故 $L_h(x)$ 在区间 $[a,b]$ 上一致收敛到 $f(x)$，进而有下列结论。

定理 5.3.2　如果 $f(x)\in C[a,b]$，则分段线性插值函数 $L_h(x)$ 在区间 $[a,b]$ 上一致收敛到 $f(x)$。

5.3.2　分段三次埃尔米特插值

由 5.3.1 节可知，分段线性插值函数 $L_h(x)$ 在区间 $[a,b]$ 上是连续的。但是，分段线性插值函数 $L_h(x)$ 的导数在区间 $[a,b]$ 上一般是不连续的，即 $L_h(x)$ 的导数在节点 $x_i\ (i=1,2,\cdots,n-1)$ 是间断的。也就是说，分段线性插值函数不能保证光滑性。

一般地，对于如表 5-3-1 所示的函数表，其中，$a=x_0<x_1<\cdots<x_n=b$。记 $h_i=x_i-x_{i-1}\ (i=1,2,\cdots,n)$，$h=\max_{1\leqslant i\leqslant n}h_i$。

表 5-3-1　函数表

x	x_0	x_1	…	x_n
y	y_0	y_1	…	y_n
y'	y'_0	y'_1	…	y'_n

若插值函数 $H_h(x)$ 满足：

（1）$H_h(x_i)=y_i$，$H_h'(x_i)=y_i'\ (i=0,1,\cdots,n)$。

（2）$H_h(x)$ 在每一小区间 $[x_{i-1},x_i]\ (i=1,2,\cdots,n)$ 上为三次多项式。

则称 $H_h(x)$ 为区间 $[a,b]$ 上的分段三次埃尔米特插值函数。

事实上，区间 $[a,b]$ 上的分段三次埃尔米特插值就是在每个小区间 $[x_{i-1},x_i]$ 上进行三次埃尔米特插值（$i=1,2,\cdots,n$），即 $H_h(x)$ 是一个分段函数，且当 $x\in[x_{i-1},x_i]\ (i=1,2,\cdots,n)$ 时，有

$$H_h(x)=\left(\frac{x-x_i}{x_{i-1}-x_i}\right)^2\left(1+2\frac{x-x_{i-1}}{x_i-x_{i-1}}\right)y_{i-1}+\left(\frac{x-x_{i-1}}{x_i-x_{i-1}}\right)^2\left(1+2\frac{x-x_i}{x_{i-1}-x_i}\right)y_i$$
$$+\left(\frac{x-x_i}{x_{i-1}-x_i}\right)^2(x-x_{i-1})y_{i-1}'+\left(\frac{x-x_{i-1}}{x_i-x_{i-1}}\right)^2(x-x_i)y_i' \tag{5.3.7}$$

由式（5.3.7）容易证明，分段三次埃尔米特插值函数 $H_h(x)$ 在区间 $[a,b]$ 上具有连续的一阶导数。关于上面所给的函数表（表 5-3-1）及获得的分段三次埃尔米特插值函数 $H_h(x)$，其余项有下列结论成立。

定理 5.3.3 若 $f(x)\in C^4[a,b]$，则分段三次埃尔米特插值函数 $H_h(x)$ 的余项 $R_n(x)$ 满足 $\|R_n(x)\|_\infty=\|f(x)-H_h(x)\|_\infty\leqslant\|f^{(4)}(x)\|_\infty h^4/384$，其中 $h=\max\limits_{1\leqslant i\leqslant n}h_i$。

证明 略。

类似于 3.5.1 节中的讨论，若引入区间 $[a,b]$ 上的一组分段插值基函数 $\alpha_i(x)$ 及 $\beta_i(x)\ (i=0,1,\cdots,n)$，则在整个区间 $[a,b]$ 上，$H_h(x)$ 可表示为

$$H_h(x)=\sum_{i=0}^{n}[y_i\alpha_i(x)+y_i'\beta_i(x)] \tag{5.3.8}$$

其中，分段插值基函数 $\alpha_i(x)$ 及 $\beta_i(x)$ 满足：

$$\begin{cases}\alpha_i(x_j)=\delta_{ij}, & \alpha_i'(x_j)=0\\ \beta_i(x_j)=0, & \beta_i'(x_j)=\delta_{ij}\end{cases}\quad (i,j=0,1,\cdots,n)$$

且

$$\alpha_0(x)=\begin{cases}[(x-x_1)/(x_0-x_1)]^2[1+2(x-x_0)/(x_1-x_0)], & x_0\leqslant x\leqslant x_1\\ 0, & x\in[a,b]\setminus[x_0,x_1]\end{cases}$$

$$\alpha_i(x)=\begin{cases}[(x-x_{i-1})/(x_i-x_{i-1})]^2[1+2(x-x_i)/(x_{i-1}-x_i)], & x_{i-1}\leqslant x\leqslant x_i\\ [(x-x_{i+1})/(x_i-x_{i+1})]^2[1+2(x-x_i)/(x_{i+1}-x_i)], & x_i\leqslant x\leqslant x_{i+1}\\ 0, & x\in[a,b]\setminus[x_{i-1},x_{i+1}]\end{cases}\quad (i=1,2,\cdots,n-1)$$

$$\alpha_n(x)=\begin{cases}[(x-x_{n-1})/(x_n-x_{n-1})]^2[1+2(x-x_n)/(x_{n-1}-x_n)], & x_{n-1}\leqslant x\leqslant x_n\\ 0, & x\in[a,b]\setminus[x_{n-1},x_n]\end{cases}$$

$$\beta_0(x)=\begin{cases}[(x-x_1)/(x_0-x_1)]^2(x-x_0), & x_0\leqslant x\leqslant x_1\\ 0, & x\in[a,b]\setminus[x_0,x_1]\end{cases}$$

$$\beta_i(x)=\begin{cases}[(x-x_{i-1})/(x_i-x_{i-1})]^2(x-x_i), & x_{i-1}\leqslant x\leqslant x_i\\ [(x-x_{i+1})/(x_i-x_{i+1})]^2(x-x_i), & x_i\leqslant x\leqslant x_{i+1}\\ 0, & x\in[a,b]\setminus[x_{i-1},x_{i+1}]\end{cases}\quad(i=1,2,\cdots,n-1)$$

$$\beta_n(x)=\begin{cases}[(x-x_{n-1})/(x_n-x_{n-1})]^2(x-x_n), & x_{n-1}\leqslant x\leqslant x_n\\ 0, & x\in[a,b]\setminus[x_{n-1},x_n]\end{cases}$$

由于分段插值基函数 $\alpha_i(x)$ 和 $\beta_i(x)$ $(i=0,1,\cdots,n)$ 满足局部非零性质，当 $x\in[x_{k-1},x_k]$ 时，只有 $\alpha_{k-1}(x)$ 、$\alpha_k(x)$ 、$\beta_{k-1}(x)$ 和 $\beta_k(x)$ 不为零。于是，$\forall x\in[a,b]$ ，则一定存在 $k\in\{1,2,\cdots,n\}$ 使 $x\in[x_{k-1},x_k]$ ，从而式（5.3.8）可表示为

$$H_h(x)=y_{k-1}\alpha_{k-1}(x)+y_k\alpha_k(x)+y'_{k-1}\beta_{k-1}(x)+y'_k\beta_k(x)\tag{5.3.9}$$

同时，由分段插值基函数 $\alpha_i(x)$ 和 $\beta_i(x)$ $(i=0,1,\cdots,n)$ 的表达式，可直接获得下列估计式：

$$0\leqslant\alpha_i(x)\leqslant 1\quad(i=0,1,\cdots,n)\tag{5.3.10}$$

$$|\beta_{i-1}(x)|\leqslant 4h_{i-1}/27,\quad|\beta_i(x)|\leqslant 4h_{i-1}/27\quad(i=1,2,\cdots,n)\tag{5.3.11}$$

此外，当 $f(x)$ 是分段三次多项式时，$f(x)$ 的分段三次埃尔米特插值函数 $H_h(x)$ 就是它本身。特别地，当 $f(x)=1$ 时，就有 $\sum\limits_{i=1}^{n}\alpha_i(x)=1$ 。因此，当 $x\in[x_{k-1},x_k]$ 时，得

$$\alpha_{k-1}(x)+\alpha_k(x)=1\tag{5.3.12}$$

当 $x\in[x_{k-1},x_k]$ 时，由式（5.3.9）～式（5.3.12）可推得

$$\begin{aligned}|f(x)-H_h(x)|&\leqslant\alpha_{k-1}(x)|f(x)-y_{k-1}|+\alpha_k(x)|f(x)-y_k|+4h_{k-1}[|y'_{k-1}|+|y'_k|]/27\\&\leqslant[\alpha_{k-1}(x)+\alpha_k(x)]\omega(h)+8h\max\{|y'_{k-1}|,|y'_k|\}/27\end{aligned}$$

即 $\forall x\in[a,b]$ ，有

$$|f(x)-H_h(x)|\leqslant\omega(h)+8h\max_{0\leqslant k\leqslant n}|y'_k|/27\tag{5.3.13}$$

其中，$\omega(h)$ 是函数 $f(x)$ 在区间 $[a,b]$ 上的连续模。当 $f(x)\in C[a,b]$ 时，

$$\lim_{h\to 0}H_h(x)=f(x)$$

在区间 $[a,b]$ 上一致成立，故 $H_h(x)$ 在区间 $[a,b]$ 上一致收敛到 $f(x)$ 。

类似地，可以证明当 $f(x)\in C^1[a,b]$ 时，$H'_h(x)$ 在区间 $[a,b]$ 上一致收敛到 $f'(x)$ ，因此有下列结论。

定理 5.3.4　如果 $f(x)\in C^1[a,b]$ ，则分段三次埃尔米特插值函数 $H_h(x)$ 及其一阶导数在区间 $[a,b]$ 上分别一致收敛到 $f(x)$ 及其一阶导数。

5.3.3　三次样条

样条（spline）本是工程设计中使用的一种绘图工具，它由一些富有弹性的细木和金属条组成，绘图员利用它们将一些已知点连接成一条光滑曲线（称为样条曲线），使连接的点有连续的曲率，三次样条就是由此抽象出来的。

1. 一般提法

已知 $y=f(x)$ 在区间 $[a,b]$ 内的 $n+1$ 个节点 $a=x_0<x_1<\cdots<x_n=b$ ，以及节点上的数值 y_i $(i=0,1,2,\cdots,n)$ ，求插值函数 $S(x)$ 。若 $S(x)$ 满足：

（1） $S(x_i)=y_i \quad (i=0,1,\cdots,n)$。

（2）在每个小区间 $[x_{i-1},x_i]$ $(i=1,2,\cdots,n)$ 上，$S(x)$ 是不超过三次的多项式。

（3） $S(x)$ 在 $[a,b]$ 上具有二阶连续导数。

则称 $S(x)$ 为 $[a,b]$ 上 $f(x)$ 的三次样条插值函数。

从三次样条插值函数的定义可知，$S(x)$ 是一个分段三次多项式，要获得 $S(x)$ 就必须求得每个小区间 $[x_{i-1},x_i]$ 内 $S(x)$ 的表达式。设

$$S_i(x)=A_i+B_ix+C_ix^2+D_ix^3 \ (i=1,2,\cdots,n)$$

其中，A_i、B_i、C_i 和 D_i 为待定参数。这里，在每个小区间上求 $S_i(x)$ 需要确定4个参数，因此，求 $S(x)$ 就需要确定 $4n$ 个参数。

由三次样条插值函数 $S(x)$ 在区间 $[a,b]$ 上具有二阶连续导数可知，$S(x)$ 在节点 x_i $(i=1,2,\cdots,n-1)$ 处满足，

（1）连续性条件：$\begin{cases} S(x_i-0)=S(x_i+0) \\ S'(x_i-0)=S'(x_i+0) \\ S''(x_i-0)=S''(x_i+0) \end{cases}$

其中，$i=1,2,\cdots,n-1$。这里有 $3(n-1)$ 个约束条件。

（2）插值条件：$S(x_i)=y_i \ (i=0,1,\cdots,n)$。这里有 $n+1$ 个约束条件。

由（1）和（2）知，共有 $4n-2$ 个约束条件。因此，求三次样条插值函数 $S(x)$ 还需要附加两个约束条件。附加的两个约束条件通常在区间 $[a,b]$ 的两个端点处给出，因此也称为边界条件或端点条件，常见的边界条件有如下三种。

（1）给出端点处的一阶导数值：$S'(x_0)=y_0'$，$S'(x_n)=y_n'$。

（2）给出端点处的二阶导数值：$S''(x_0)=y_0''$，$S''(x_n)=y_n''$。

特别地，$S''(x_0)=S''(x_n)=0$ 称为自然边界条件，满足自然边界条件的三次样条插值函数称为自然样条插值函数。

（3） $y=f(x)$ 是以 $b-a$ 为周期的函数，则可要求 $S(x)$、$S'(x)$ 和 $S''(x)$ 都是以 $b-a$ 为周期的函数，即 $S'(x_0+0)=S'(x_n-0)$，$S''(x_0+0)=S''(x_n-0)$；同时，由 $y=f(x)$ 的周期性知 $S(x_0+0)=S(x_n-0)$，即必须满足 $y_0=y_n$。

2. 三次样条插值函数求法（三弯矩方程）

三次样条插值函数的表达方法是多样的，下面介绍一种利用插值节点处的二阶导数值 $S''(x_i)=M_i \ (i=0,1,\cdots,n)$，工作量低且行之有效的用于计算三次样条插值函数的方法。M_i 在力学上解释为细梁在 x_i 截面处的弯矩，并且得到的弯矩与相邻的两个弯矩有关，故称为三弯矩方程。

设在节点 $a=x_0<x_1<\cdots<x_n=b$ 处的函数值为 $y_0,y_1,\cdots,y_n$，计算三次样条插值函数 $S(x)$。由于 $S(x)$ 在区间 $[x_{i-1},x_i]$ 上是不超过三次的多项式，它的二阶导数 $S''(x)$ 是不超过一次的多项式。

记 $S''(x_i)=M_i \ (i=0,1,\cdots,n)$。在区间 $[x_{i-1},x_i]$ 上，$S''(x_{i-1})=M_{i-1}$，$S''(x_i)=M_i$，于是有 $S''(x)=M_{i-1}(x-x_i)/(x_{i-1}-x_i)+M_i(x-x_{i-1})/(x_i-x_{i-1})$，其中 $x\in[x_{i-1},x_i]$。

记 $h_i=x_i-x_{i-1}$，则上式变成

$$S''(x) = M_{i-1}(x_i - x)/h_i + M_i(x - x_{i-1})/h_i \tag{5.3.14}$$

对式（5.3.14）两端连续积分两次，并利用$S(x_{i-1}) = y_{i-1}$，$S(x_i) = y_i$来确定积分常数，立即得到用M_i $(i = 0,1,\cdots,n)$表达的$S(x)$的公式：

$$\begin{aligned} S(x) = & M_{i-1}(x_i - x)^3/(6h_i) + M_i(x - x_{i-1})^3/(6h_i) + (y_{i-1} - M_{i-1}h_i^2/6)\cdot(x_i - x)/h_i \\ & + (y_i - M_i h_i^2/6)\cdot(x - x_{i-1})/h_i \end{aligned} \tag{5.3.15}$$

其中，$x \in [x_{i-1}, x_i]$ $(i = 1,2,\cdots,n)$。

因此，求三次样条插值函数$S(x)$的关键就在于计算$M_i = S''(x_i)$ $(i = 0,1,\cdots,n)$。

利用$S'(x)$在x_i $(i = 1,2,\cdots,n-1)$处的连续性，即$S'(x_i - 0) = S'(x_i + 0)$，可得含$M_i$的$n-1$个方程的线性方程组：

$$\mu_i M_{i-1} + 2M_i + \lambda_i M_{i+1} = g_i \quad (i = 1,2,\cdots,n-1) \tag{5.3.16}$$

其中，$\mu_i = h_i/(h_i + h_{i+1})$；$\lambda_i = 1 - \mu_i = h_{i+1}/(h_i + h_{i+1})$；

$$g_i = 6[(y_{i+1} - y_i)/h_{i+1} - (y_i - y_{i-1})/h_i]/(h_i + h_{i+1}) = 6f[x_{i-1}, x_i, x_{i+1}] \tag{5.3.17}$$

方程组（5.3.16）是一个含有$n+1$个未知参数$M_0, M_1, \cdots, M_n$和$n-1$个方程的线性方程组，要完全确定它们必须附加两个边界条件。

（1）端点处的一阶导数值为$S'(x_0) = y_0'$，$S'(x_n) = y_n'$。$S(x)$在$[x_0, x_1]$上的导数为

$$S'(x) = -M_0(x_1 - x)^2/(2h_1) + M_1(x - x_0)^2/(2h_1) + (y_1 - y_0)/h_1 - h_1(M_1 - M_0)/6$$

由条件$S'(x_0) = y_0'$，可得

$$2M_0 + M_1 = 6[(y_1 - y_0)/h_1 - y_0']/h_1 \tag{5.3.18}$$

同理，由条件$S'(x_n) = y_n'$可得

$$M_{n-1} + 2M_n = 6[y_n' - (y_n - y_{n-1})/h_n]/h_n \tag{5.3.19}$$

记

$$g_0 = 6[(y_1 - y_0)/h_1 - y_0']/h_1, \quad g_n = 6[y_n' - (y_n - y_{n-1})/h_n]/h_n \tag{5.3.20}$$

综合式（5.3.16）、式（5.3.18）和式（5.3.19），则可确定$M_0, M_1, \cdots, M_n$的线性方程组为

$$\begin{bmatrix} 2 & 1 & & & \\ \mu_1 & 2 & \lambda_1 & & \\ & \ddots & \ddots & \ddots & \\ & & \mu_{n-1} & 2 & \lambda_{n-1} \\ & & & 1 & 2 \end{bmatrix} \begin{bmatrix} M_0 \\ M_1 \\ \vdots \\ M_{n-1} \\ M_n \end{bmatrix} = \begin{bmatrix} g_0 \\ g_1 \\ \vdots \\ g_{n-1} \\ g_n \end{bmatrix} \tag{5.3.21}$$

这是一个含有$n+1$个未知参数$M_0, M_1, \cdots, M_n$和$n+1$个方程的三对角线性方程组。

（2）端点处的二阶导数值为$M_0 = S''(x_0) = y_0''$，$M_n = S''(x_n) = y_n''$。直接由式（5.3.16）可得，含$M_1, M_2, \cdots, M_{n-1}$的线性方程组为

$$\begin{bmatrix} 2 & \lambda_1 & & & \\ \mu_2 & 2 & \lambda_2 & & \\ & \ddots & \ddots & \ddots & \\ & & \mu_{n-2} & 2 & \lambda_{n-2} \\ & & & \mu_{n-1} & 2 \end{bmatrix} \begin{bmatrix} M_1 \\ M_2 \\ \vdots \\ M_{n-2} \\ M_{n-1} \end{bmatrix} = \begin{bmatrix} g_1 - \mu_1 y_0'' \\ g_2 \\ \vdots \\ g_{n-2} \\ g_{n-1} - \lambda_{n-1} y_n'' \end{bmatrix} \tag{5.3.22}$$

这是一个含有$n-1$个未知参数$M_1, M_2, \cdots, M_{n-1}$和$n-1$个方程的三对角线性方程组。

（3）$y=f(x)$是以 $b-a$ 为周期的函数，由 $S''(x_0+0)=S''(x_n-0)$ 可得 $M_0=M_n$，再由条件 $S'(x_0+0)=S'(x_n-0)$ 可得

$$-M_0h_1/2+(y_1-y_0)/h_1-h_1(M_1-M_0)/6=M_nh_n/2+(y_n-y_{n-1})/h_n-h_n(M_n-M_{n-1})/6$$

只要注意到 $y_0=y_n$，$M_0=M_n$，整理上式即得

$$\lambda_nM_1+\mu_nM_{n-1}+2M_n=6[(y_1-y_0)/h_1-(y_n-y_{n-1})/h_n]/(h_1+h_n) \tag{5.3.23}$$

由式（5.3.16）和式（5.3.23）可确定 $M_1,M_2,\cdots,M_n$ 的线性方程组为

$$\begin{bmatrix} 2 & \lambda_1 & & & \mu_1 \\ \mu_2 & 2 & \lambda_2 & & \\ & \ddots & \ddots & \ddots & \\ & & \mu_{n-1} & 2 & \lambda_{n-1} \\ \lambda_n & & & \mu_n & 2 \end{bmatrix}\begin{bmatrix} M_1 \\ M_2 \\ \vdots \\ M_{n-1} \\ M_n \end{bmatrix}=\begin{bmatrix} g_1 \\ g_2 \\ \vdots \\ g_{n-1} \\ g_n \end{bmatrix} \tag{5.3.24}$$

综上所述，不管是何种边界条件，$\lambda_i+\mu_i=1$，且 $\lambda_i>0$，$\mu_i>0$。因此，所得的线性方程组的系数矩阵都按行严格对角占优，故都存在唯一确定的解。这三个线性方程组可用前面介绍过的方法去求解，例如，边界条件（1）和边界条件（2）对应的三对角线性方程组可用追赶法求解，进而通过式（5.3.15）可确定每个小区间 $[x_{i-1},x_i]$ 上的 $S(x)$（或记为 $S_i(x)$，$i=1,2,\cdots,n$）。

例 5.3.1 给定函数表如表 5-3-2 所示。

表 5-3-2

x	1	2	4	5
$y=f(x)$	1	3	4	2

求满足边界条件 $S'(1)=2$，$S'(5)=1$ 的三次样条插值函数 $S(x)$。

解 由题目条件可计算 λ_i、μ_i 和 g_i，如表 5-3-3 所示。

表 5-3-3

i	x_i	y_i	h_i	μ_i	λ_i	g_i
0	1	1				0
1	2	3	1	1/3	2/3	−3
2	4	4	2	2/3	1/3	−5
3	5	2	1			18

将 λ_i、μ_i 和 g_i 代入式（5.3.21），可得方程组：

$$\begin{bmatrix} 2 & 1 & 0 & 0 \\ 1/3 & 2 & 2/3 & 0 \\ 0 & 2/3 & 2 & 1/3 \\ 0 & 0 & 1 & 2 \end{bmatrix}\begin{bmatrix} M_0 \\ M_1 \\ M_2 \\ M_3 \end{bmatrix}=\begin{bmatrix} 0 \\ -3 \\ -5 \\ 18 \end{bmatrix}$$

解得 $M_0=1/35$，$M_1=-2/35$，$M_2=-152/35$，$M_3=391/35$。

将 M_i 代入式(5.3.15)，即可获得各区间上 $S(x)$ 的表达式。例如，$x_0=1$，$x_1=2$，$h_1=1$，$y_0=1$，$y_1=3$，$M_0=1/35$，$M_1=-2/35$，则 $S(x)$ 在区间 $[x_0,x_1]=[1,2)$ 上的表达式为

$$S_1(x) = -x^3/70 + 2x^2/35 + 27x/14 - 34/35$$

同理可求 $S(x)$ 在区间 $[2,4)$、$[4,5]$ 上的表达式，故所求的三次样条插值函数 $S(x)$ 为

$$S(x) = \begin{cases} -x^3/70 + 2x^2/35 + 27x/14 - 34/35, & x \in [1,2) \\ -5x^3/14 + 74x^2/35 - 153x/70 + 62/35, & x \in [2,4) \\ 181x^3/70 - 166x^2/5 + 1947x/14 - 1306/7, & x \in [4,5] \end{cases}$$

例 5.3.2　如果将例 5.3.1 中的边界条件换成自然边界条件 $S''(1) = S''(5) = 0$，即 $M_0 = M_3 = 0$。将 λ_i、μ_i 和 g_i 代入式（5.3.22），可得方程组：

$$\begin{bmatrix} 2 & 2/3 \\ 2/3 & 2 \end{bmatrix} \begin{bmatrix} M_1 \\ M_2 \end{bmatrix} = \begin{bmatrix} -3 \\ -5 \end{bmatrix}$$

解得 $M_1 = -3/4$，$M_2 = -9/4$。

将 M_i 代入式(5.3.15)，即可获得各区间上 $S(x)$ 的表达式。例如，$x_0 = 1$，$x_1 = 2$，$h_1 = 1$，$y_0 = 1$，$y_1 = 3$，$M_0 = 0$，$M_1 = -3/4$，则 $S(x)$ 在区间 $[1,2)$ 上的表达式为

$$S_1(x) = -x^2/8 + 3x^2/8 + 7x/4 - 1$$

同理可求 $S(x)$ 在区间 $[2,4)$、$[4,5]$ 上的表达式。由于 $S_1(x)$ 和 $S_2(x)$ 的表达式是相同的，可将区间 $[1,2)$ 与 $[2,4)$ 合并，所求的三次样条插值函数 $S(x)$ 为

$$S(x) = \begin{cases} -x^3/8 + 3x^2/8 + 7x/4 - 1, & x \in [1,4) \\ 3x^3/8 - 45x^2/8 + 103x/4 - 33, & x \in [4,5] \end{cases}$$

一般地，计算三次样条插值函数的步骤如下。

（1）根据给定的点 (x_i, y_i) $(i = 0,1,2,\cdots,n)$ 及相应的边界条件，计算 h_i、λ_i、μ_i 和 g_i，代入线性方程组（5.3.21）、方程组（5.3.22）或方程组（5.3.24），求出参数 M_i。具体的解线性方程组的方法可采用第 2 章介绍的线性方程组的直接解法，如对边界条件（1）和边界条件（2）可采用三对角线性方程组的追赶法求解，而对边界条件（3）可采用杜利特尔分解的方法求解。

（2）将求得的参数 M_i 代入式（5.3.15），即可获得三次样条插值函数 $S(x)$ 的分段表达式。

3. 三次样条插值函数的收敛性及其优点

由上面的介绍知道，对于边界条件（1）、边界条件（2）或边界条件（3），三次样条插值函数总是存在的，且是唯一的。同时，三次样条插值函数具有较好的收敛性。

定理 5.3.5　若 $f(x) \in C^4[a,b]$，$S(x)$ 是 $f(x)$ 在区间 $[a,b]$ 上的三次样条插值函数，则

$$\| f^{(k)}(x) - S^{(k)}(x) \|_\infty \leqslant c_k h^{4-k} \| f^{(4)}(x) \|_\infty$$

其中，$h = \max\limits_{1\leqslant i\leqslant n} h_i$；$k = 0,1,2,3$；$c_0 = 5/384$；$c_1 = 1/24$；$c_2 = 1/8$；$c_3 = (\beta + \beta^{-1})/2$，$\beta = \max\limits_{1\leqslant i\leqslant n} h_i \Big/ \min\limits_{1\leqslant i\leqslant n} h_i$ 称为划分比。

证明　略。

定理 5.3.5 表明，当分割的小区间长度 $h = \max\limits_{1\leqslant i\leqslant n} h_i$ 趋于零时，只要 $f(x) \in C^4[a,b]$，就有三次样条插值函数 $S(x)$ 及其一～三阶导数在区间 $[a,b]$ 上一致收敛到 $f(x)$ 及其一～三

阶导数，且收敛速度由快到慢分别是 $S(x)$、$S'(x)$、$S''(x)$ 和 $S'''(x)$。由此可知，在实际工程问题中，如果不知道内节点处的一阶导数值，使用三次样条插值函数可保证其总体的光滑性和良好的逼近效果。同时，由于分段三次埃尔米特插值不能保证 $H(x)$ 的二阶导数在区间 $[a,b]$ 上连续，相比之下，三次样条插值函数具有更好的光滑性，且逼近效果更好。因此，三次样条插值函数方法已成为外形设计及计算机辅助设计等众多领域中十分有效的数学工具，在实际工程中得到广泛的应用。

5.4 数值实例

例 5.4.1 求三个一次多项式 $f(x)$、$g(x)$、$h(x)$ 的积，其中，$f(x)$、$g(x)$、$h(x)$ 的零点分别为 0.4、0.8、1.2。

解 可以用两种 MATLAB 程序方法。

方法 1 输入 MATLAB 程序：

```
>> X1=[0.4,0.8,1.2];l1=poly(X1),L1=poly2sym(l1)
```

结果为

```
l1=1.0000    -2.4000    1.7600    -0.3840
L1=x^3-12/5*x^2+44/25*x-48/125
```

方法 2 输入 MATLAB 程序：

```
>> P1=poly(0.4);P2=poly(0.8);P3=poly(1.2);
>> C=conv(conv(P1,P2),P3),L1=poly2sym(C)
```

输出的结果与方法 1 相同。

例 5.4.2 求拉格朗日插值公式和拉格朗日基函数的 MATLAB 程序。

解 写入 M 文件，并保存为 lagran1.m。

```
function [C,L,L1,l]=lagran1(X,Y)
m=length(X);L=ones(m,m);
for k=1:m
  V=1;
  for i=1:m %求拉格朗日基函数
    if k~=i
    V=conv(V,poly(X(i)))/(X(k)-X(i));
  end
end
L1(k,:)=V;% 返回拉格朗日基函数的系数
l(k,:)=poly2sym(V)% 返回拉格朗日基函数的符号
end
  C=Y*L1;% 返回拉格朗日插值公式的系数
L=Y*l;% 返回拉格朗日插值公式的符号
```

例 5.4.3 给出节点数据 $f(-2.15)=17.03$，$f(-1.00)=7.24$，$f(0.01)=1.05$，$f(1.02)=$

2.03，$f(2.03)=17.06$，$f(3.25)=23.05$，构造五次拉格朗日插值公式和基函数，计算在 $x=2$ 的近似值。

解　在 MATLAB 的工作窗口输入数据，并可视化：

```
X=[-2.15  -1.00  0.01  1.02  2.03  3.25];
Y=[17.03  7.24  1.05  2.03  17.06  23.05];
[C,L,L1,l]=lagran1(X,Y)
X1=-3:0.01:4;
Y1=polyval(C,X1);
plot(X,Y,'*',X1,Y1,'r');
legend('插值点','拉格朗日函数')
grid on;
xlabel('x');ylabel('y');
```

运行后输出五次拉格朗日插值公式 L 及其系数向量 C，基函数 l 及其系数矩阵 L1：

```
C=-0.2169   0.0648   2.1076   3.3960   -4.5745   1.0954
L=-0.2169*x^5+0.0648*x^4+2.1076*x^3+3.3960*x^2-4.5745*x+
1.0954
L1=-0.0056   0.0299   -0.0323   -0.0292   0.0382   -0.0004
    0.0331   -0.1377   -0.0503   0.6305   -0.4852   0.0048
   -0.0693   0.2184   0.3961   -1.2116   -0.3166   1.0033
    0.0687   -0.1469   -0.5398   0.6528   0.9673   -0.0097
   -0.0317   0.0358   0.2530   -0.0426   -0.2257   0.0023
    0.0049   0.0004   -0.0266   0.0001   0.0220   -0.0002
l=
[-0.0056*x^5+0.0299*x^4-0.0323*x^3-0.0292*x^2+0.0382*x-
0.0004]
[0.0331*x^5-0.1377*x^4-0.0503*x^3+0.6305*x^2-0.4852*x+0.0048]
[-0.0693*x^5+0.2184*x^4+0.3961*x^3-1.2116*x^2-0.3166*x+
1.0033]
[0.0687*x^5-0.1469*x^4-0.5398*x^3+0.6528*x^2+0.9673*x-
0.0097]
[-0.0317*x^5+0.0358*x^4+0.2530*x^3-0.0426*x^2-0.2257*x+
0.0023]
[0.0049*x^5+0.0004*x^4-0.0266*x^3+0.0001*x^2+0.0220*x-0.0002]
```

估计其误差公式为

$$R_5(x)=f^{(6)}(\xi)(x+2.15)(x+1.00)(x-0.01)(x-1.02)(x-2.03)(x-3.25)/6!,\quad \xi\in(-2.15,3.25)$$

输出如图 5-4-1 所示。

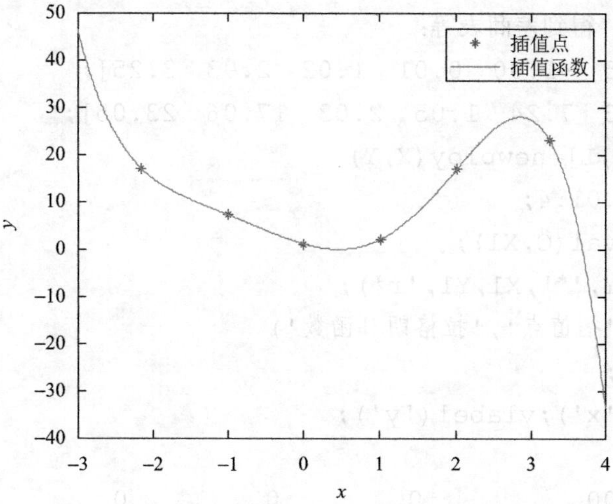

图 5-4-1 例 5.4.3 的插值函数图

例 5.4.4 求牛顿插值公式和差商的 MATLAB 主程序。

解 写入 M 文件，并保存为 newploy.m。

```
function [A,C,L]=newploy(X,Y)
%输入两组插值数据
%返回差商表 A
%返回牛顿插值公式的系数 C
%返回牛顿插值公式的表达式 L
n=length(X);
A=zeros(n,n);
A(:,1)=Y';
  s=0.0;p=1.0;q=1.0;c1=1.0;
    for  j=2:n %计算差商
        for i=j:n
            A(i,j)=(A(i,j-1)-A(i-1,j-1))/(X(i)-X(i-j+1));
        end
            b=poly(X(j-1));q1=conv(q,b);c1=c1*j;q=q1;
    end
  C=A(n,n);b=poly(X(n));q1=conv(q1,b);
for k=(n-1):-1:1
C=conv(C,poly(X(k)));
d=length(C);
C(d)=C(d)+A(k,k);
end
L(k,:)=poly2sym(C);
```

运行调用程序，得到差商表等：

```
X=[-2.15  -1.00  0.01  1.02  2.03  3.25];
Y=[17.03  7.24  1.05  2.03  17.06  23.05];
   [A,C,L]=newploy(X,Y)
X1=-3:0.01:4;
Y1=polyval(C,X1);
plot(X,Y,'*',X1,Y1,'r');
legend('插值点','拉格朗日函数')
grid on;
xlabel('x');ylabel('y');
```

运行结果：

```
A=17.0300        0         0         0         0         0
   7.2400   -8.5130        0         0         0         0
   1.0500   -6.1287   1.1039         0         0         0
   2.0300    0.9703   3.5144    0.7604         0         0
  17.0600   14.8812   6.8866    1.1129    0.0843         0
  23.0500    4.9098  -4.4715   -3.5056   -1.0867   -0.2169
C=-0.2169    0.0648   2.1076    3.3960   -4.5745    1.0954
L=-0.2169*x^5+0.0648*x^4+2.1076*x^3+3.3960*x^2-4.5745*x+
1.0954
```

可以看到，对于相同的数据点，得到的C、L及作图结果与拉格朗日插值公式相同。

例 5.4.5 编写图 5-3-1 的 MATLAB 程序。

解 写入程序并运行：

```
clear;clf;
m=4:3:13;%龙格的例子:g(x)=1/(1+x^2)
for k=1:4
   n=m(k);
   x0=linspace(-5,5,n);%插值点的 x 坐标
   y0=1./(1+x0.^2);%插值点的 y 坐标
   x=-5:0.1:5;y=1./(1+x.^2);%原函数 g(x)
     [A,C,L]=newploy(x0,y0);%调用计算牛顿插值公式函数
     y1=polyval(C,x);
   subplot(2,2,k),plot(x0,y0,'b*',x,y,'g',x,y1,'r--');
title(['n=',int2str(m(k)-1)]);%*为插值点,实线为 g(x),虚线
                                   %为对应的插值函数
End
```

例 5.4.6 利用 MATLAB 的自建命令 interp1 进行以下数据的不同插值并比较，离散数据见表 5-4-1。

表 5-4-1

x	0	0.1	0.2	0.3	0.4	0.5	0.6	0.7	0.8	0.9	1
y	0.3	0.5	1	1.4	1.6	1.9	0.6	0.4	0.8	1.5	2

解　写入程序：

```
close;clear;x=0:0.1:1;
y=[0.3 0.5 1 1.4 1.6 1.9 0.6 0.4 0.8 1.5 2];
xi=0:0.01:1;
gi=interp1(x,y,xi,'nearest');%最近邻插值
yi=interp1(x,y,xi,'linear');%分段线性插值
zi=interp1(x,y,xi,'spline');%分段三次样条插值
wi=interp1(x,y,xi,'cubic');%分段三次多项式插值
subplot(2,2,1);plot(x,y,'*',xi,gi,'b');title('最近邻插值')
subplot(2,2,2);plot(x,y,'*',xi,yi,'r');title('分段线性插值')
subplot(2,2,3);plot(x,y,'*',xi,zi,'g');title('分段三次样条插值')
subplot(2,2,4);plot(x,y,'*',xi,wi,'k');title('分段三次多项式
插值')
```

运行得到图 5-4-2。

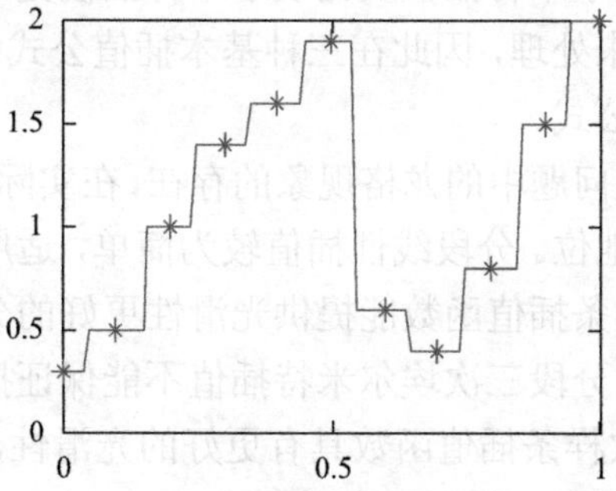

(a) 最近邻插值

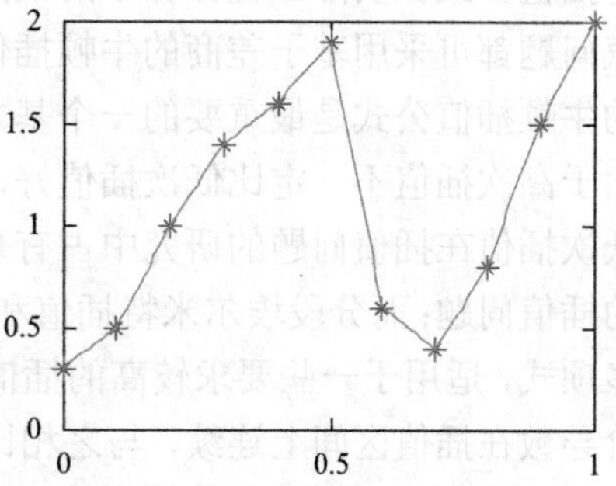

(b) 分段线性插值

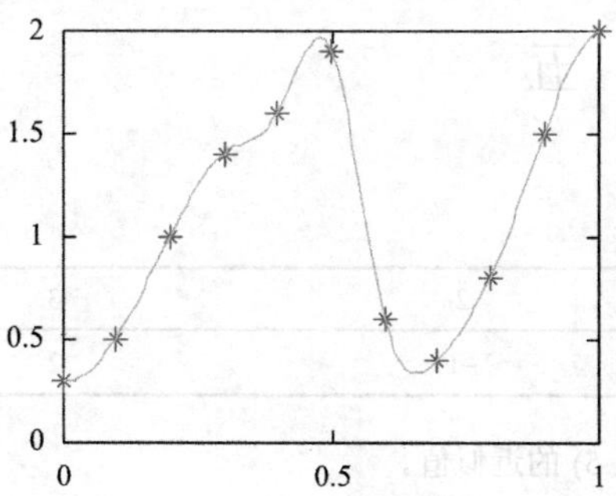

(c) 分段三次样条插值

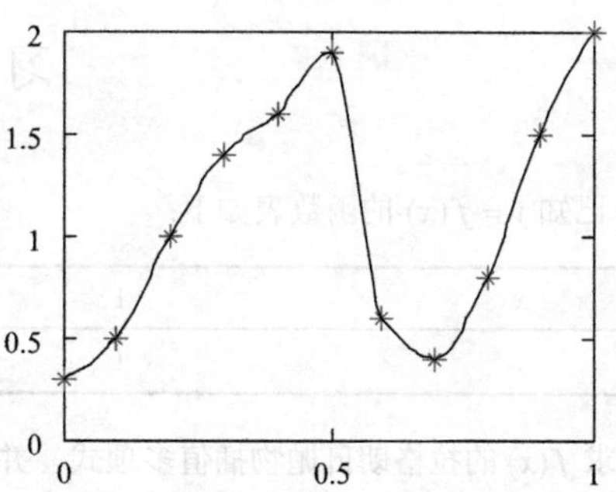

(d) 分段三次多项式插值

* 插值点　—— 插值函数

图 5-4-2　几种分段插值的比较图

根据图 5-4-2 可以比较不同种类插值方法的优、缺点。

本 章 小 结

本章介绍了函数逼近中的插值法的基本概念和一些常用的方法，常用的方法包括基本插值公式，如拉格朗日插值公式、牛顿插值公式和埃尔米特插值公式，以及分段低次插值，如分段线性插值、分段三次埃尔米特插值和三次样条插值函数。

在基本插值公式中，拉格朗日插值公式和埃尔米特插值公式都是采用构造基函数的方法获取相应的插值公式。其优点是与通过求解线性方程组获取插值公式的方法相比，有效解决了插值公式的构造方法，且形式简洁，同时也能提供逼近误差的解析表达式，即拉格朗日插值余项，这些为以后的学习内容提供了理论支撑。但在实际工程计算中，其缺点是它们不具有算法继承性，一旦被逼近函数的解析式不知道，其误差不能估计。而牛顿插值公式可分为基于差商的牛顿插值公式，以及特殊形式的牛顿插值公式，即基于差分的等距节点的牛顿向前差分公式和牛顿向后差分公式。一方面，基于差分的等距节点的牛顿向前差分公式和牛顿向后差分公式仍保持了拉格朗日插值公式和埃尔米特插值公式的缺点；另一方面，它们是基于差商的牛顿插值公式的特殊形式。因此，一般所说的牛顿插值公式都指基于差商的牛顿插值公式。基于差商的牛顿插值公式可有效克服拉格朗日插值公式和埃尔米特插值公式在实际工程计算中的缺点，且埃尔米特插值及比埃尔米特插值更一般情形的插值问题都可采用基于差商的牛顿插值公式来处理，因此在三种基本插值公式中，基于差商的牛顿插值公式是最重要的一个基本插值公式。

由于高次插值不一定比低次插值好，即插值问题中的龙格现象的存在，在实际应用中，分段低次插值在插值问题的研究中占有重要的地位。分段线性插值较为简单，适用于要求较低的插值问题；而分段埃尔米特插值和三次样条插值函数能提供光滑性更好的分段逼近三次多项式，适用于一些要求较高的插值问题。分段三次埃尔米特插值不能保证插值函数的二阶导数在插值区间上连续，与之相比，三次样条插值函数具有更好的光滑性，且逼近的效果更好，因此，三次样条插值函数在实际工程中得到更广泛的应用。

习 题 五

1. 已知 $y=f(x)$ 的函数表如下：

x	1	2	3
y	1	–1	2

试求 $f(x)$ 的拉格朗日抛物插值多项式，并计算 $f(1.5)$ 的近似值。

2. 已知函数表如下：

x	…	10	11	12	13	…
$y=\ln x$	…	2.3026	2.3979	2.4849	2.5649	…

试分别用线性插值、抛物插值和三次插值计算 ln11.85 的近似值，并估计相应的截断误差。

3. 设 $l_i(x)\ (i=0,1,\cdots,n)$ 是 $n+1$ 个互异节点 $x_0,x_1,\cdots,x_n$ 的 n 次基本插值多项式，证明：

（1）对任意不超过 n 次的多项式 $g(x)$，都有 $\sum_{i=0}^{n} g(x_i)l_i(x)\equiv g(x)$。

（2）对 $i=0,1,\cdots,n$，有 $l_i(x)=w(x)/[(x-x_i)w'(x_i)]$，其中 $w(x)=\prod_{j=0}^{n}(x-x_j)$。

4. 试推导等距节点的拉格朗日插值公式，其中节点满足 $a=x_0<x_1<\cdots<x_n=b$，$x_i=a+ih\ (i=0,1,\cdots,n)$，$h=(b-a)/n$，$x=a+th$。

5. 已知函数表如下：

x	0	1	3	4	6
$y=f(x)$	0	−7	5	8	14

试分别用二次、三次牛顿插值公式计算 $f(3.2)$ 的近似值，并估计相应的截断误差。

6. 已知给定的函数表如下：

x	0.0	0.1	0.2	0.3	0.4	0.5	0.6
$y=\cos x$	1.00000	0.99500	0.98007	0.95534	0.92106	0.87758	0.82534

（1）试构造向前差分表和向后差分表。

（2）试分别用二次、三次和四次牛顿向前差分公式计算 cos0.048 的近似值，并估计相应的截断误差。

7. 设 $x_0,x_1,\cdots,x_n$ 为 $n+1$ 个互异节点，$h_i(x)$ 和 $H_i(x)\ (i=0,1,\cdots,n)$ 为这些节点的埃尔米特插值基函数。试证明：（1）$\sum_{i=0}^{n} h_i(x)\equiv 1$。（2）$\sum_{i=0}^{n}[x_i h_i(x)+H_i(x)]\equiv x$。

8. 已知函数表如下：

x	0	1	3
y	0	1	1
y'	0	1	2

试分别用埃尔米特插值基函数和牛顿插值公式求满足条件的插值多项式，并计算在 $x=2.6$ 的函数近似值，估计相应的误差。

9. 求不超过 4 次的多项式 $p(x)$，使其满足下表的插值条件：

x	0	1	2
$p(x)$	0	2	1
$p'(x)$		0	−1

10. 设 $S(x)$ 是区间 $[0,2]$ 上的分段三次样条插值函数，且

$$S(x)=\begin{cases} x^3+x^2, & x\in[0,1] \\ 2x^3+ax^2+bx+c, & x\in[1,2] \end{cases}$$

试求常数 a、b 和 c。

11. 对于给定的插值条件：

x	0	1	2	3
y	0	1	−1	3

试在区间[0,3]上分别求满足下列边界条件的三次样条插值函数。

（1）$S'(0)=1$，$S'(3)=2$。

（2）自然边界条件：$S''(0)=S''(3)=0$。

12. 设 $x_0,x_1,\cdots,x_n$ 为 $n+1$ 个互异的插值节点，且 $a=x_0<x_1<\cdots<x_i<\cdots<x_n=b\ (i=0,1,2,\cdots,n)$，其中 $f(x)\in C^2[a,b]$，$S(x)$ 是 $f(x)$ 在区间 $[a,b]$ 上的三次样条插值函数，若 $f(x_i)=S(x_i)$，证明：

$$\int_a^b S''(x)[f''(x)-S''(x)]\mathrm{d}x = S''(b)[f'(b)-S'(b)]-S''(a)[f'(a)-S'(a)]$$

第 6 章　函数逼近

第 5 章介绍了函数近似的一种方法——函数的插值，其显著的特点就是要求近似函数在节点处与函数同值，即严格通过点 (x_i, y_i) $(i = 0,1,2,\cdots,n)$。事实上，在实际工程计算中，由于误差的存在，要求近似函数严格通过点 (x_i, y_i) $(i = 0,1,2,\cdots,n)$ 是不现实的，同时也是不科学的。求近似函数的另一种方法为曲线拟合，曲线拟合不要求近似曲线过已知点，只要求它尽可能反映给定数据点的基本趋势，即某种意义（即优化规则）下的函数逼近。也就是说，曲线拟合能更加合理地体现数据的特点，并保留全部的测试误差，以产生更好逼近认识规律的效果，但需要构造一个符合某种规则的最优原则。

记通过点 (x_i, y_i) 的规律为 $y = f(x)$，即 $y_i = f(x_i)$（$i = 0,1,2,\cdots,n$）。假设逼近认识规律的近似函数为 $y = \varphi(x)$，即 $y_i^* = \varphi(x_i)$ $(i = 0,1,2,\cdots,n)$，它与观测值 y_i 的差

$$\delta_i = y_i - y_i^* \quad (i = 0,1,2,\cdots,n) \tag{6.0.1}$$

称为残差。显然，残差的大小可作为衡量近似函数好坏的标准。常用的优化规则有以下三种：①使残差的绝对值之和最小，即 $\min\left(\sum_i |\delta_i|\right)$；②使残差的最大绝对值最小，即 $\min\left(\max_i |\delta_i|\right)$；③使残差的平方和最小，即 $\min\left(\sum_i \delta_i^2\right)$。其中，规则①的提出很自然，也合理，但由于含有绝对值的运算，在实际使用过程中会产生诸多的不便；按照规则②求近似函数的方法称为函数的最佳一致逼近，它具有与规则①相同的缺点；按照规则③求近似函数的方法称为最佳平方逼近，也称曲线拟合（或数据拟合）的最小二乘法。一方面，它的计算与规则①和②相比较为简便；另一方面，规则①中的函数 $\sum_i |\delta_i|$ 采用的是向量 1-范数，而规则③中的函数 $\sum_i \delta_i^2$ 采用的是向量 2-范数，由第 2 章向量范数的理论可知，它们是等价的，即最优解是相同的。因此，在实践中常用曲线拟合（或数据拟合）的最小二乘法。

6.1　数据拟合的最小二乘法

数据拟合的最小二乘问题的一般提法为，根据给定的数据组 (x_i, y_i) $(i = 1,2,\cdots,n)$，选取近似函数的形式，即给定函数类 H，求函数 $\varphi(x,\theta) \in H$，使

$$\sum_{i=1}^{n} \delta_i^2 = \sum_{i=1}^{n} [y_i - \varphi(x_i,\theta)]^2 \tag{6.1.1}$$

最小。这种求近似函数的方法称为数据拟合的最小二乘法，获得的函数 $\varphi(x,\theta)$ 称为这组数据的最小二乘解。通常取 H 为一些比较简单的函数集合，如低次多项式、指数函数等。

6.1.1　多项式拟合

对于给定的数据组(x_i, y_i) $(i=1,2,\cdots,n)$，求一个m次多项式$(m<n)$：

$$P_m(x) = a_0 + a_1 x + \cdots + a_m x^m \tag{6.1.2}$$

使

$$\sum_{i=1}^{n} \delta_i^2 = \sum_{i=1}^{n} [y_i - P_m(x_i)]^2 = F(a_0, a_1, \cdots, a_m)$$

最小，即选取参数a_i $(i=0,1,\cdots,m)$，使

$$S(a_0, a_1, \cdots, a_m) = \sum_{i=1}^{n} [y_i - P_m(x_i)]^2 = \min_{\phi \in H} \left\{ \sum_{i=1}^{n} [y_i - \phi(x_i)]^2 \right\}$$

其中，H为至多m次的多项式集合，即$H = P_m[x]$。这就是数据的多项式拟合，$P_m(x)$称为这组数据的最小二乘m次拟合多项式。

下面求解最小二乘m次拟合多项式$P_m(x)$。由多元函数取极值的必要条件可得方程组：

$$\frac{\partial S}{\partial a_j} = -2\sum_{i=1}^{n} \left(y_i - \sum_{k=0}^{m} a_k x_i^k \right) x_i^j = 0 \quad (j=0,1,\cdots,m)$$

移项得

$$\sum_{k=0}^{m} a_k \left(\sum_{i=1}^{n} x_i^{j+k} \right) = \sum_{i=1}^{n} y_i x_i^j \quad (j=0,1,\cdots,m)$$

即

$$\begin{cases} na_0 + a_1 \sum\limits_{i=1}^{n} x_i + a_2 \sum\limits_{i=1}^{n} x_i^2 + \cdots + a_m \sum\limits_{i=1}^{n} x_i^m = \sum\limits_{i=1}^{n} y_i \\ a_0 \sum\limits_{i=1}^{n} x_i + a_1 \sum\limits_{i=1}^{n} x_i^2 + a_2 \sum\limits_{i=1}^{n} x_i^3 + \cdots + a_m \sum\limits_{i=1}^{n} x_i^{m+1} = \sum\limits_{i=1}^{n} y_i x_i \\ \qquad \vdots \\ a_0 \sum\limits_{i=1}^{n} x_i^m + a_1 \sum\limits_{i=1}^{n} x_i^{m+1} + a_2 \sum\limits_{i=1}^{n} x_i^{m+2} + \cdots + a_m \sum\limits_{i=1}^{n} x_i^{2m} = \sum\limits_{i=1}^{n} y_i x_i^m \end{cases} \tag{6.1.3}$$

这是最小二乘m次拟合多项式的系数$a_k (k=0,1,\cdots,m)$应满足的方程组，称为正则方程组或法方程组。由于这一方程组为线性方程组，也称为线性最小二乘问题。由函数组$\{1, x, x^2, \cdots, x^m\}$的线性无关性可证明，方程组（6.1.3）存在唯一解，且其解对应的多项式（6.1.2）一定是已给数据组(x_i, y_i) $(i=1,2,\cdots,n)$的最小二乘m次拟合多项式。

例 6.1.1　求数据表（表 6-1-1）的最小二乘二次拟合多项式。

表 6-1-1

i	1	2	3	4	5	6	7	8	9
x_i	1	3	4	5	6	7	8	9	10
y_i	10	5	4	2	1	1	2	3	4

解 根据表 6-1-1，在坐标纸上标出 (x_i, y_i) $(i=1,2,\cdots,9)$，即可看到各点在一条抛物线附近，故选择拟合函数为二次多项式：

$$P_2(x) = a_0 + a_1 x + a_2 x^2$$

在此例中，$n=9$，$m=2$。将数据表代入式（6.1.2），得到正则方程组：

$$\begin{cases} 9a_0 + 53a_1 + 381a_2 = 32 \\ 53a_0 + 381a_1 + 3017a_2 = 147 \\ 381a_0 + 3017a_1 + 25317a_2 = 1025 \end{cases}$$

其解为 $a_0 = 13.4597$，$a_1 = -3.6053$，$a_2 = 0.2676$。所以此数据组的最小二乘二次拟合多项式为 $P_2(x) = 13.4597 - 3.6053x + 0.2676x^2$，即 $f(x) \approx P_2(x)$。

6.1.2 可化为多项式拟合类型

1. 指数拟合

如果数据组 (x_i, y_i) $(i=1,2,\cdots,n)$ 的分布近似指数曲线，则可考虑用指数函数

$$y = b\mathrm{e}^{ax} \tag{6.1.4}$$

去拟合数据，依据最小二乘原理，a、b 的选取应使 $F(a,b) = \sum_{i=1}^{n} (y_i - b\mathrm{e}^{ax_i})^2$ 最小。由此导出的正则方程组是关于参数 a、b 的非线性方程组，称其为非线性最小二乘问题，非线性最小二乘问题的求解一般比较复杂。若对式（6.1.4）两端取自然对数，则有

$$\tilde{y} = \ln y = ax + \ln b$$

上式中的 $\ln y$ 与 x 具有线性关系。因此，如果数据组 (x_i, y_i) $(i=1,2,\cdots,n)$ 的分布近似指数曲线，则数据组 $(x_i, \ln y_i)$ $(i=1,2,\cdots,n)$ 的分布就近似一条直线，即可转化为通过多项式拟合的线性最小二乘问题来求解指数拟合的非线性最小二乘问题，其求解过程如下。

（1）求出数据组 $(x_i, \ln y_i)$ $(i=1,2,\cdots,n)$ 的最小二乘拟合直线 $\tilde{y} = a_0 + a_1 x$。

（2）两边取指数即得数据组 (x_i, y_i) $(i=1,2,\cdots,n)$ 的最小二乘指数拟合：

$$y = \mathrm{e}^{a_0 + a_1 x} = \mathrm{e}^{a_0}\mathrm{e}^{a_1 x}$$

例 6.1.2 已知 x 与 y 服从 $y = a\mathrm{e}^{bx}$（a、b 为常数）的经验公式，现测得 x 与 y 的数据如表 6-1-2 所示。

表 6-1-2

x_i	1	2	3	4	5	6	7	8
y_i	15.3	20.5	27.4	36.6	49.1	65.6	87.8	117.6

试用最小二乘法确定 a 和 b，以及 x 与 y 的近似函数关系。

解 对式（6.1.4）两边取自然对数可得 $\ln y = bx + \ln a$，构造函数表如表 6-1-3 所示。

表 6-1-3

x_i	1	2	3	4	5	6	7	8
$\ln y_i$	2.7279	3.0204	3.3105	3.6000	3.8939	4.1836	4.4751	4.7673

先求表 6-1-2 的最小二乘拟合直线，将表 6-1-3 的数据处理后代入式（6.1.3），得正则方程组：

$$\begin{cases} 8a_0 + 36a_1 = 29.9787 \\ 36a_0 + 204a_1 = 147.1354 \end{cases}$$

其解为 $a_0 = 2.43685, a_1 = 0.29122$，即有

$$a = \mathrm{e}^{a_0} = 11.43692, b = 0.29122$$

因此，x 与 y 的近似函数关系为

$$I = 11.43692\mathrm{e}^{0.29122x}$$

2. 分式线性拟合

如果数据组 (x_i, y_i) $(i = 1,2,\cdots,n)$ 的分布近似分式线性函数 $y = 1/(ax+b)$ 的图像，怎样求这种形式的最小二乘拟合函数？与指数拟合类似，可先进行变换：

$$\tilde{y} = 1/y = ax + b$$

将问题线性化，按数据组 $(x_i, 1/y_i)$ $(i = 1,2,\cdots,n)$ 求其最小二乘一次拟合多项式：

$$\tilde{y} = ax + b$$

然后取倒数即得数据组 $(x_i, \tilde{y}_i)$ $(i = 1,2,\cdots,n)$ 的最小二乘拟合函数。

若拟合函数的形式为 $y = \dfrac{x}{ax+b}$，则应先进行倒数变换：

$$\tilde{y} = \frac{1}{y} = \frac{ax+b}{x} = a + \frac{b}{x}$$

同时令 $t = \dfrac{1}{x}$，于是 $\tilde{y} = a + bt$ 为线性拟合问题，然后按数据组：

$$(t_i, \tilde{y}_i) = (1/x_i, 1/y_i) \quad (i = 1,2,\cdots,n)$$

求其最小二乘拟合直线 $\tilde{y} = a + bt = a + \dfrac{b}{x}$，再取倒数得所求拟合函数：

$$y = \frac{1}{\tilde{y}} = \frac{1}{a + b/x} = \frac{x}{ax+b}$$

综上所述，求解给定数据组的最小二乘拟合函数的步骤如下。

（1）由给定数据组确定近似函数的表达类型，一般采用的方法是通过描点法去观察或经验估计得到。

（2）按最小二乘法的原则确定表达式中的参数，即由偏差平方和最小导出正则方程组，求解得到参数。

同时也看到，一些简单的非线性最小二乘问题通常需先进行变换，将问题化为线性最小二乘问题再求解，如指数拟合与分式线性拟合。这种先进行变量代换，对新变量求最小二乘拟合函数，然后再还原所得的近似函数与直接对原变量按最小二乘法原则求得的拟合

函数有本质的不同。但这样处理的好处是，一方面，可使原计算问题简化，即将非线性最小二乘问题转化为线性最小二乘问题求解；另一方面，如果采用统计分析软件 SAS 进行统计回归处理，可获得经验公式的可信度。

另外需要说明的是，在实际问题中，由于各点的观测数据的精度不同，常常引入加权偏差平方和作为确定参数的准则，即将式（6.1.1）改为使

$$\sum_{i=1}^{n}\omega_i\delta_i^2=\sum_{i=1}^{n}\omega_i[y_i-\varphi(x_i,\theta)]^2$$

最小，其中，$\omega_i>0\ (i=1,2,\cdots,n)$ 为加权系数。特别地，若 $\omega_i=1\ (i=1,2,\cdots,n)$，则称此为自然权系数。一般地，不特别说明，数据的权就取自然权系数。

6.1.3 线性最小二乘法的一般形式

一般地，设给定数据组 $(x_i,y_i)\ (i=1,2,\cdots,n)$，$\varphi_0(x),\varphi_1(x),\cdots,\varphi_m(x)$ 为已知的一组 $[a,b]$ 上线性无关的函数组，选取近似函数为

$$\varphi(x)=a_0\varphi_0(x)+a_1\varphi_1(x)+\cdots+a_m\varphi_m(x)\in F(x,\theta) \tag{6.1.5}$$

使

$$S(a_0,a_1,\cdots,a_m)=\sum_{i=1}^{n}\omega_i\delta_i^2=\sum_{i=1}^{n}\omega_i[y_i-\varphi(x_i)]^2=\min_{\Phi\in H}\left\{\sum_{i=1}^{n}\omega_i[y_i-\Phi(x_i)]^2\right\} \tag{6.1.6}$$

其中，$\omega_i>0\ (i=1,2,\cdots,n)$ 为加权系数；$H=\mathrm{span}\{\varphi_0(x),\varphi_1(x),\cdots,\varphi_m(x)\}$，这就是线性最小二乘法的一般形式。特别地，$\varphi_k(x)=x^k(k=0,1,\cdots,m)$ 就是多项式拟合。

由 $\dfrac{\partial S}{\partial a_j}=0$ 可得 $\sum_{i=1}^{n}\omega_i[y_i-\varphi(x_i)]\varphi_j(x_i)=0\ (j=0,1,\cdots,m)$，即正则方程组为

$$\sum_{k=0}^{m}a_k\left[\sum_{i=1}^{n}\omega_i\varphi_k(x_i)\varphi_j(x_i)\right]=\sum_{i=1}^{n}\omega_i y_i\varphi_j(x_i)\ (j=0,1,\cdots,m) \tag{6.1.7}$$

记 $(\varphi_k,\varphi_j)=\sum_{i=1}^{n}\omega_i\varphi_k(x_i)\varphi_j(x_i)$，$(y,\varphi_j)=\sum_{i=1}^{n}\omega_i y_i\varphi_j(x_i)$，正则方程组（6.1.7）的矩阵形式可写成

$$\begin{bmatrix}(\varphi_0,\varphi_0) & (\varphi_0,\varphi_1) & \cdots & (\varphi_0,\varphi_m)\\(\varphi_1,\varphi_0) & (\varphi_1,\varphi_1) & \cdots & (\varphi_1,\varphi_m)\\ \vdots & \vdots & & \vdots\\(\varphi_m,\varphi_0) & (\varphi_m,\varphi_1) & \cdots & (\varphi_m,\varphi_m)\end{bmatrix}\begin{bmatrix}a_0\\a_1\\ \vdots\\a_m\end{bmatrix}=\begin{bmatrix}(y,\varphi_0)\\(y,\varphi_1)\\ \vdots\\(y,\varphi_m)\end{bmatrix} \tag{6.1.8}$$

其中，式（6.1.8）的系数矩阵的行列式也称为函数系 $\{\varphi_0(x),\varphi_1(x),\cdots,\varphi_m(x)\}$ 的格拉姆行列式，记为 $G(\varphi_0,\varphi_1,\cdots,\varphi_m)$。关于正则方程组（6.1.8）的解的存在性有下列结论。

定理 6.1.1 正则方程组（6.1.8）存在唯一解 $(a_0,a_1,\cdots,a_m)$，且相应的函数

$$\varphi(x)=\sum_{k=0}^{m}a_k\varphi_k(x)$$

满足式（6.1.6），即它是数据组 $(x_i,y_i)\ (i=1,2,\cdots,n)$ 的最小二乘解。

证明 因 $\varphi_k(x)\ (k=0,1,\cdots,m)$ 线性无关，由定理 2.6.2 知，正则方程组（6.1.8）的系数矩阵是非奇异的，从而保证了正则方程组（6.1.8）的解存在且唯一，下证定理的后一部分。

对任意 $\Phi(x)=\sum_{k=0}^{m}c_k\varphi_k(x)\in H$，有

$$\sum_{i=1}^{n}\omega_i[y_i-\Phi(x_i)]^2=\sum_{i=1}^{n}\omega_i[y_i-\varphi(x_i)+\varphi(x_i)-\Phi(x_i)]^2$$

$$=\sum_{i=1}^{n}[y-\varphi(x_i)]^2+2\sum_{i=1}^{n}\omega_i[y_i-\varphi(x_i)][\varphi(x_i)-\Phi(x_i)]+\sum_{i=1}^{n}\omega_i[\varphi(x_i)-\Phi(x_i)]^2$$

由式（6.1.7）可得

$$\sum_{i=1}^{n}\omega_i[y-\varphi(x_i)][\varphi(x_i)-\Phi(x_i)]=\sum_{k=0}^{m}(a_k-c_k)\left\{\sum_{i=1}^{n}\omega_i[y_i-\varphi(x_i)]\varphi_k(x_i)\right\}=0$$

从而有

$$\sum_{i=1}^{n}\omega_i[y_i-\Phi(x_i)]^2=\sum_{i=1}^{n}\omega_i[y_i-\varphi(x_i)]^2+\sum_{i=1}^{n}\omega_i[\varphi(x_i)-\Phi(x_i)]^2\geqslant\sum_{i=1}^{n}\omega_i[y_i-\varphi(x_i)]^2$$

即

$$\sum_{i=1}^{n}\omega_i[y_i-\varphi(x_i)]^2=\min_{\Phi\in H}\sum_{i=1}^{n}\omega_i[y_i-\Phi(x_i)]^2$$

所以 $\varphi(x)$ 是数据组 (x_i,y_i) $(i=1,2,\cdots,n)$ 的最小二乘解。

一般地，由于最小二乘法的正则方程组是病态的，当 m 较大时更是如此，这使按上述过程求解时的误差较大。如果适当地选取 $\varphi_k(x)$ $(k=0,1,\cdots,m)$，使

$$(\varphi_j,\varphi_k)=\begin{cases}\sum_{i=1}^{n}\omega_i\varphi_j^2(x_i)>0 & (j=k)\\ 0 & (j\neq k)\end{cases}\tag{6.1.9}$$

则方程组（6.1.8）的系数矩阵变成对角矩阵，从而极易求解，且解为

$$a_k=\frac{(y,\varphi_k)}{(\varphi_k,\varphi_k)}=\frac{\sum_{i=1}^{n}\omega_i y_i\varphi_k(x_i)}{\sum_{i=1}^{n}\omega_i\varphi_k^2(x_i)}\quad(k=0,1,\cdots,m)\tag{6.1.10}$$

最小二乘解为

$$\varphi(x)=\sum_{k=0}^{m}a_k\varphi_k(x)=\sum_{k=0}^{m}\frac{(y,\varphi_k)}{(\varphi_k,\varphi_k)}\varphi_k(x)\tag{6.1.11}$$

定义 6.1.1　称满足式（6.1.9）的函数族

$$\varphi_0(x),\varphi_1(x),\cdots,\varphi_m(x)$$

为以 $\{\omega_i\}(i=1,2,\cdots,n)$ 为权，关于点集 $\{x_1,x_2,\cdots x_n\}$ 的正交函数族。

应用格拉姆-施密特正交化方法，类似于定理 6.2.3 的证明（注：6.2 节），可导出下列多项式系

$$\begin{cases}\varphi_0(x)=1\\ \varphi_1(x)=x-\alpha_1 & (k=2,3,\cdots,m)\\ \varphi_k(x)=(x-\alpha_k)\varphi_{k-1}(x)-\beta_k\varphi_{k-2}(x)\end{cases}\tag{6.1.12}$$

是以 $\{\omega_i\}$ $(i=1,2,\cdots,n)$ 为权，关于点集 $\{x_1,x_2,\cdots x_n\}$ 的正交函数族，其中，

$$\begin{cases} \alpha_k = \dfrac{(x\varphi_{k-1},\varphi_{k-1})}{(\varphi_{k-1},\varphi_{k-1})} = \dfrac{\sum\limits_{i=1}^{n}\omega_i x_i \varphi^2{}_{k-1}(x_i)}{\sum\limits_{i=1}^{n}\omega_i \varphi_{k-1}^2(x_i)} \quad (k=1,2,\cdots,m) \\ \beta_k = \dfrac{(\varphi_{k-1},\varphi_{k-1})}{(\varphi_{k-2},\varphi_{k-2})} = \dfrac{\sum\limits_{i=1}^{n}\omega_i x_i \varphi^2{}_{k-1}(x_i)}{\sum\limits_{i=1}^{n}\omega_i \varphi_{k-2}^2(x_i)} \quad (k=2,3,\cdots,m) \end{cases} \tag{6.1.13}$$

于是，按照式（6.1.10）～式（6.1.13）给出求数据组(x_i, y_i) $(i=1,2,\cdots,n)$的带权ω_i $(i=1,2,\cdots,n)$的最小二乘拟合多项式解的方法与步骤。

例 6.1.3 利用正交函数族求下列所给数据表（表 6-1-4）的最小二乘二次拟合多项式。

表 6-1-4

i	1	2	3	4	5	6	7	8	9
x_i	−1	−0.75	−0.5	−0.25	0	0.25	0.5	0.75	1
y_i	−0.2209	0.3395	0.8826	1.4392	2.0003	2.5645	3.1334	3.7601	4.2836

解 按式（6.1.12）和式（6.1.13）计算可得

$$\varphi_0(x)=1$$

$$\alpha_1 = \frac{(x\varphi_0,\varphi_0)}{(\varphi_0,\varphi_0)} = \frac{\sum\limits_{i=1}^{9} x_i}{\sum\limits_{i=1}^{9} 1} = \frac{0}{9} = 0, \quad \varphi_1(x) = x$$

$$\alpha_2 = \frac{(x\varphi_1,\varphi_1)}{(\varphi_1,\varphi_1)} = \frac{\sum\limits_{i=1}^{9} x_i^3}{\sum\limits_{i=1}^{9} x_i^2} = 0$$

$$\beta_2 = \frac{(\varphi_1,\varphi_1)}{(\varphi_0,\varphi_0)} = \frac{\sum\limits_{i=1}^{9} x_i^2}{\sum\limits_{i=1}^{9} 1} = \frac{3.75}{9} = 0.41667, \quad \varphi_2(x) = x^2 - 0.41667$$

由式（6.1.10）计算得

$$a_0 = \frac{(y,\varphi_0)}{(\varphi_0,\varphi_0)} = 2.02026, \quad a_1 = \frac{(y,\varphi_1)}{(\varphi_1,\varphi_1)} = 2.26045, \quad a_2 = \frac{(y,\varphi_2)}{(\varphi_2,\varphi_2)} = 0.0390$$

将上述结果代入式（6.1.11），即得最小二乘二次拟合多项式为

$$\varphi(x) = a_0\varphi_0(x) + a_1\varphi_1(x) + a_2\varphi_2(x) = 2.0040 + 2.2604x + 0.0390x^2$$

6.2　正交多项式

如前所述，利用正交函数系可以化简最小二乘法的求解过程，并提高解的精度。因为其计算简便，所以正交多项式系是函数逼近的重要工具。

6.2.1　正交多项式的基本概念与性质

定义 6.2.1　如果函数系 $\varphi_0(x),\varphi_1(x),\cdots,\varphi_n(x),\cdots$ 满足：

$$(\varphi_j,\varphi_k)=\int_a^b \omega(x)\varphi_j(x)\varphi_k(x)\mathrm{d}x=\begin{cases}0, & j\neq k\\ a_k>0, & j=k\end{cases}\quad (j,k=0,1,2,\cdots)$$

则称此函数系为区间 $[a,b]$ 上关于权函数 $\omega(x)$ 的正交函数系。

特别地，若 $\alpha_k=1\ (k=0,1,2,\cdots)$，则称其为标准正交函数系。

例如，三角函数系 $\{1,\cos x,\sin x,\cos(2x),\cdots,\cos(nx),\sin(nx),\cdots\}$ 就是区间 $[-\pi,\pi]$ 上关于权函数 $\omega(x)\equiv 1$ 的正交函数系。正因为三角函数系是正交函数系，周期性函数的傅里叶（Fourier）级数才具有良好的收敛条件（即狄利克雷条件）。下面介绍正交函数系的一些性质。

定理 6.2.1　区间 $[a,b]$ 上关于权函数 $\omega(x)$ 的正交函数系 $\varphi_0,\varphi_1,\cdots,\varphi_n$ 一定是线性无关的。

证明　用反证法。假设 $\varphi_0,\varphi_1,\cdots,\varphi_n$ 线性相关，即存在不全为零的实数 $c_0,c_1,\cdots,c_n$，使

$$c_0\varphi_0(x)+c_1\varphi_1(x)+\cdots+c_n\varphi_n(x)\equiv 0,\quad x\in[a,b]$$

不妨设 $c_i\neq 0$，用 $\omega(x)\varphi_i(x)$ 乘以上式后，在区间 $[a,b]$ 上积分得

$$0=c_0(\varphi_0,\varphi_i)+c_1(\varphi_1,\varphi_i)+\cdots+c_n(\varphi_n,\varphi_i)=c_i(\varphi_i,\varphi_i)$$

因为 $(\varphi_i,\varphi_i)>0$，所以 $c_i=0$，由此导出矛盾，即 $\varphi_0,\varphi_1,\cdots,\varphi_n$ 在 $[a,b]$ 上线性无关。

如果正交函数系 $\{\varphi_i(x)\}$ 中的函数均为代数多项式，则称其为正交多项式系。由定理 6.2.1 知，正交多项式系是线性无关的。

定理 6.2.2　设 $\varphi_k(x)\ (k=0,1,2,\cdots)$ 是最高次项的系数不为零的 k 次多项式，则 $\{\varphi_k(x)\}$ 是 $[a,b]$ 上关于权函数 $\omega(x)$ 的正交多项式系的充要条件是对任意至多 $k-1$ 次的多项式 $Q_{k-1}(x)$，均有

$$(\varphi_k,Q_{k-1})=\int_a^b \omega(x)\varphi_k(x)Q_{k-1}(x)\mathrm{d}x=0\quad (k=1,2,\cdots)$$

证明　充分性：若对任意至多 $k-1$ 次的多项式 $Q_{k-1}(x)$，都有

$$\int_a^b \omega(x)\varphi_k(x)Q_{k-1}(x)\mathrm{d}x=0\quad (k=1,2,\cdots)$$

特别地，对多项式 $\varphi_j(x)\ (j=0,1,\cdots,k-1)$，有

$$\int_a^b \omega(x)\varphi_k(x)\varphi_j(x)\mathrm{d}x=0$$

即对任意 $k\neq j$，都有 $(\varphi_k,\varphi_j)=0$。此外，由 $\varphi_k(x)$ 的最高次项系数不为零可得 $\varphi_k^2(x)\geqslant 0$，且 $\varphi_k^2(x)\neq 0\ (k=0,1,2,\cdots)$，根据定积分性质有

$$(\varphi_k,\varphi_k)=\int_a^b \omega(x)\varphi_k^2(x)\mathrm{d}x>0$$

所以，$\{\varphi_k(x)\}$ 为正交多项式系。

必要性：设 $\{\varphi_k(x)\}$ 是 $[a,b]$ 上关于权函数 $\omega(x)$ 的正交多项式系，由定理 6.2.1 知，$\varphi_0(x),\cdots,\varphi_{k-1}(x)$ 在 $[a,b]$ 上线性无关，因而任意至多 $k-1$ 次的多项式 $Q_{k-1}(x)$ 均能表示成它们的线性组合。设 $Q_{k-1}(x)=\sum_{j=0}^{k-1}b_j\varphi_j(x)$，于是，

$$\int_a^b \omega(x)\varphi_k(x)Q_{k-1}(x)\mathrm{d}x=\sum_{j=0}^{k-1}b_j\int_a^b \omega(x)\varphi_k(x)\varphi_j(x)\mathrm{d}x=0$$

6.2.2 构造正交多项式的一般方法

下面来介绍构造正交多项式的一般方法——格拉姆-施密特方法。

定理 6.2.3 按以下方式定义的多项式集合 $\{\varphi_0,\varphi_1,\cdots,\varphi_n\}$ 是区间 $[a,b]$ 上关于权函数 $\omega(x)$（注：$\omega(x)\geqslant 0$ 且不恒为零）的正交多项式系：

$$\begin{cases}\varphi_0(x)=1\\ \varphi_1(x)=x-\alpha_1 & (k=2,3,\cdots,n)\\ \varphi_k(x)=(x-\alpha_k)\varphi_{k-1}(x)-\beta_k\varphi_{k-2}(x)\end{cases}\tag{6.2.1}$$

其中，

$$\alpha_k=\frac{(x\varphi_{k-1},\varphi_{k-1})}{(\varphi_{k-1},\varphi_{k-1})}=\frac{\int_a^b \omega(x)x\varphi_{k-1}^2(x)\mathrm{d}x}{\int_a^b \omega(x)\varphi_{k-1}^2(x)\mathrm{d}x}\quad (k=1,2,\cdots,n)$$

$$\beta_k=\frac{(\varphi_{k-1},\varphi_{k-1})}{(\varphi_{k-2},\varphi_{k-2})}=\frac{\int_a^b \omega(x)\varphi_{k-1}^2(x)\mathrm{d}x}{\int_a^b \omega(x)\varphi_{k-2}^2(x)\mathrm{d}x}\quad (k=2,3,\cdots,n)$$

证明 显然，$\varphi_k(x)\ (k=0,1,2,\cdots,n)$ 为 k 次多项式，且 k 次项系数为 1。

因为 $\varphi_k(x)$（$k=0,1,2,\cdots,n$）不恒为零，以及权函数 $\omega(x)\geqslant 0$ 且不恒为零，由定积分性质知，$(\varphi_k,\varphi_k)=\int_a^b \omega(x)\varphi_k^2(x)\mathrm{d}x>0$。

下面用归纳法证明 $(\varphi_j,\varphi_k)=0\ (j\neq k)$。由对称性知，只需证：

$$(\varphi_j,\varphi_k)=0\quad (j<k;k=1,2,\cdots,n)$$

当 $k=1$ 时，
$$\begin{aligned}(\varphi_0,\varphi_1)&=\int_a^b \omega(x)\varphi_0(x)\varphi_1(x)\mathrm{d}x\\&=\int_a^b \omega(x)(x-\alpha_1)\mathrm{d}x\\&=(x\varphi_0,\varphi_0)-\frac{(x\varphi_0,\varphi_0)}{(\varphi_0,\varphi_0)}(\varphi_0,\varphi_0)=0\end{aligned}$$

即结论成立。

假设对于 $k=m-1\ (1\leqslant m\leqslant n)$，结论成立，即 $(\varphi_j,\varphi_{m-1})=0\ (j=0,1,\cdots,m-2)$，下证 $(\varphi_j,\varphi_m)=0\ (j=0,1,\cdots,m-1)$。因为，

$$\begin{aligned}(\varphi_{m-1},\varphi_m)&=\int_a^b \omega(x)\varphi_{m-1}(x)[(x-\alpha_m)\varphi_{m-1}(x)-\beta_m\varphi_{m-2}(x)]\mathrm{d}x\\&=(x\varphi_{m-1},\varphi_{m-1})-\alpha_m(\varphi_{m-1},\varphi_{m-1})-\beta_m(\varphi_{m-1},\varphi_{m-2})\end{aligned}$$

$$(\varphi_{m-2},\varphi_m)=\int_a^b \omega(x)\varphi_{m-2}(x)[(x-\alpha_m)\varphi_{m-1}(x)-\beta_m\varphi_{m-2}(x)]\mathrm{d}x$$
$$=(x\varphi_{m-2},\varphi_{m-1})-\alpha_m(\varphi_{m-2},\varphi_{m-1})-\beta_m(\varphi_{m-2},\varphi_{m-2})$$

而对于 $j<m-2$，有

$$(\varphi_j,\varphi_m)=\int_a^b x\omega(x)\varphi_j(x)\varphi_{m-1}(x)\mathrm{d}x-\alpha_m(\varphi_j,\varphi_{m-1})-\beta_m(\varphi_j,\varphi_{m-2})$$
$$=(x\varphi_j,\varphi_{m-1})-\alpha_m(\varphi_j,\varphi_{m-1})-\beta_m(\varphi_j,\varphi_{m-2})$$

根据归纳法假设：

$$(\varphi_{m-1},\varphi_{m-2})=0,\ (\varphi_j,\varphi_{m-1})=(\varphi_j,\varphi_{m-2})=0\quad (j=0,1,\cdots,m-3)$$

此外，由式（6.2.1）可得 $x\varphi_j(x)=\varphi_{j+1}(x)+\alpha_{j+1}\varphi_j(x)+\beta_{j+1}\varphi_{j-1}(x)$，于是

$$(\varphi_{m-1},\varphi_m)=(x\varphi_{m-1},\varphi_{m-1})-\alpha_m(\varphi_{m-1},\varphi_{m-1})=0$$
$$(\varphi_{m-2},\varphi_m)=(x\varphi_{m-2},\varphi_{m-1})-(\varphi_{m-1},\varphi_{m-1})=(\alpha_{m-1}\varphi_{m-2}+\beta_{m-1}\varphi_{m-3},\varphi_{m-1})=0$$
$$(\varphi_j,\varphi_m)=(\varphi_{j+1}+\alpha_{j+1}\varphi_j+\beta_{j+1}\varphi_{j-1},\varphi_{m-1})=0\quad (j=0,1,\cdots,m-3)$$
$$(\varphi_0,\varphi_m)=(x\varphi_0,\varphi_{m-1})=(\varphi_1+\alpha_1\varphi_0,\varphi_{m-1})=0$$

因此对于 $k=m$，结论成立。由归纳法原理知，对于一切自然数 n，结论均成立。

定理 6.2.3 给出了构造正交多项式的一般方法，同时按式（6.2.1）构造正交多项式的方法也称为格拉姆-施密特方法。

常用的正交多项式主要有以下四种，它们分别是：①勒让德（Legendre）多项式；②第一类切比雪夫（Chebyshev）多项式；③拉盖尔（Laguerre）多项式；④埃尔米特多项式。这四种常用的正交多项式见表 6-2-1。

表 6-2-1　四种常用的正交多项式

多项式名称	区间	权函数	表达式
勒让德多项式	$[-1,1]$	1	$P_n(x)=\dfrac{1}{2^n n!}\dfrac{\mathrm{d}^n}{\mathrm{d}x^n}(x^2-1)^n$
第一类切比雪夫多项式	$[-1,1]$	$\dfrac{1}{\sqrt{1-x^2}}$	$T_n(x)=\cos(n\arccos x)$
拉盖尔多项式	$[0,+\infty)$	e^{-x}	$L_n(x)=\mathrm{e}^x\dfrac{\mathrm{d}^n}{\mathrm{d}x^n}(x^n\mathrm{e}^{-x})$
埃尔米特多项式	$(-\infty,+\infty)$	e^{-x^2}	$H_n(x)=(-1)^n\mathrm{e}^{x^2}\dfrac{\mathrm{d}^n}{\mathrm{d}x^n}(\mathrm{e}^{-x^2})$

这四类常用的正交多项式分别具有下列递推公式。

（1）$\begin{cases}P_{n+1}(x)=\dfrac{2n+1}{n+1}xP_n(x)-\dfrac{n}{n+1}P_{n-1}(x)\\ P_0(x)=1,P_1(x)=x\end{cases}\quad (n=2,3,\cdots)$。

（2）$\begin{cases}T_{n+1}(x)=2xT_n(x)-T_{n-1}(x)\\ T_0(x)=1,T_1(x)=x\end{cases}\quad (n=2,3,\cdots)$。

（3）$\begin{cases}L_{n+1}(x)=(2n+1-x)L_n(x)-n^2L_{n-1}(x)\\ L_0(x)=1,L_1(x)=-x+1\end{cases}\quad (n=2,3,\cdots)$。

（4）$\begin{cases} H_{n+1}(x) = 2xH_n(x) - 2nH_{n-1}(x) \\ H_0(x) = 1, H_1(x) = 2x \end{cases} \quad (n = 2,3,\cdots)$。

这四类常用的正交多项式的正交性分别如下。

（1）$\{P_n(x)\}$ 是区间 $[-1,1]$ 上关于权函数 $\omega(x) \equiv 1$ 的正交多项式系，且

$$[P_m(x), P_n(x)] = \int_{-1}^{1} P_m(x)P_n(x)\mathrm{d}x = \begin{cases} 0, & m \neq n \\ \dfrac{2}{2n+1}, & m = n \end{cases} \quad (m,n = 0,1,2,\cdots)$$

（2）$\{T_n(x)\}$ 是区间 $[-1,1]$ 上关于权函数 $\omega(x) = \dfrac{1}{\sqrt{1-x^2}}$ 的正交多项式系，且

$$[T_m(x), T_n(x)] = \int_{-1}^{1} \frac{T_m(x)T_n(x)}{\sqrt{1-x^2}}\mathrm{d}x = \begin{cases} 0, & m \neq n \\ \pi/2, & m = n \neq 0 \\ \pi, & m = n = 0 \end{cases} \quad (m,n = 0,1,2,\cdots)$$

（3）$\{L_n(x)\}$ 是区间 $[0,+\infty)$ 上关于权函数 $\omega(x) = \mathrm{e}^{-x}$ 的正交多项式系，且

$$[L_m(x), L_n(x)] = \int_{0}^{+\infty} \mathrm{e}^{-x} L_m(x)L_n(x)\mathrm{d}x = \begin{cases} 0, & m \neq n \\ (n!)^2, & m = n \end{cases} \quad (m,n = 0,1,2,\cdots)$$

（4）$\{H_n(x)\}$ 是区间 $(-\infty,+\infty)$ 上关于权函数 $\omega(x) = \mathrm{e}^{-x^2}$ 的正交多项式系，且

$$[H_m(x), H_n(x)] = \int_{-\infty}^{+\infty} \mathrm{e}^{-x^2} H_m(x)H_n(x)\mathrm{d}x = \begin{cases} 0, & m \neq n \\ 2^n\sqrt{\pi}n!, & m = n \end{cases} \quad (m,n = 0,1,2,\cdots)$$

有需要详细了解这四种常用的正交多项式的读者可参考王竹溪和郭敦仁（1979）的文献。

6.3 函数的最佳平方逼近

有些函数由于表达式比较复杂而不易计算和研究，因此需要用简单函数去近似它，这是函数逼近研究的问题。本节将在正交多项式的基础上，讨论如何用最小二乘法求连续函数的近似函数。

定义 6.3.1 设函数 $f(x) \in C[a,b]$，$\varphi_i(x)$ $(i = 0,1,\cdots m)$ 为定义在 $[a,b]$ 上的一组线性无关的连续函数，记 $H = \mathrm{span}\{\varphi_0, \varphi_1, \cdots, \varphi_m\}$。如果函数

$$\varphi(x) = a_0\varphi_0(x) + a_1\varphi_1(x) + \cdots + a_m\varphi_m(x) \tag{6.3.1}$$

使

$$\begin{aligned} S(a_0, a_1, \cdots, a_n) &= \int_a^b \omega(x)\left[f(x) - \sum_{k=0}^{m} a_k\varphi_k(x)\right]^2 \mathrm{d}x \\ &= \min_{\Phi \in H} \int_a^b \omega(x)[f(x) - \Phi(x)]^2 \mathrm{d}x \end{aligned} \tag{6.3.2}$$

其中，$\omega(x)$ 为权函数，则称 $\varphi(x)$ 为函数 $f(x)$ 在 H 中关于权函数 $\omega(x)$ 的最佳平方逼近函数。同时，也称 $\dfrac{1}{b-a}\displaystyle\int_a^b \omega(x)[f(x) - \varphi(x)]^2 \mathrm{d}x$ 为函数 $\varphi(x)$ 平方逼近函数 $f(x)$ 在区间 $[a,b]$ 上产生的平均误差，记为 $\bar{R}[\varphi]$，即

$$\bar{R}[\varphi]=\frac{1}{b-a}\int_a^b \omega(x)[f(x)-\varphi(x)]^2\mathrm{d}x=\frac{1}{b-a}(f-\varphi,f-\varphi)$$

由定义 6.3.1 知，若 $\varphi(x)$ 为函数 $f(x)$ 在 H 中关于权函数 $\omega(x)$ 的最佳平方逼近函数，则它在区间 $[a,b]$ 上产生的平均误差最小。

特别地，如果 $\varphi_k(x)$（$k=0,1,\cdots,m$）为 k 次多项式，则 $\varphi(x)$ 称为函数 $f(x)$ 在 $[a,b]$ 上关于权函数 $\omega(x)$ 的 m 次最佳平方逼近多项式或最小二乘逼近多项式。

在具体问题中，权函数 $\omega(x)$ 是给定的，如果没有特别指明，就表示取自然权系数，即 $\omega(x)\equiv 1$。

与离散的情形类似，由多元函数取极值的必要条件可得

$$\frac{\partial S}{\partial a_j}=-2\int_a^b \omega(x)\left[f(x)-\sum_{k=0}^m a_k\varphi_k(x)\right]\varphi_j(x)\mathrm{d}x=0 \quad (j=0,1,\cdots,m) \tag{6.3.3}$$

得正则方程组：

$$\sum_{k=0}^m a_k\int_a^b \omega(x)\varphi_k(x)\varphi_j(x)\mathrm{d}x=\int_a^b \omega(x)f(x)\varphi_j(x)\mathrm{d}x \quad (j=0,1,\cdots,m)$$

改写成矩阵形式为

$$\begin{bmatrix}(\varphi_0,\varphi_0) & (\varphi_0,\varphi_1) & \cdots & (\varphi_0,\varphi_m)\\(\varphi_1,\varphi_0) & (\varphi_1,\varphi_1) & \cdots & (\varphi_1,\varphi_m)\\ \vdots & \vdots & & \vdots\\(\varphi_m,\varphi_0) & (\varphi_m,\varphi_1) & \cdots & (\varphi_m,\varphi_m)\end{bmatrix}\begin{bmatrix}a_0\\a_1\\ \vdots\\a_m\end{bmatrix}=\begin{bmatrix}(f,\varphi_0)\\(f,\varphi_1)\\ \vdots\\(f,\varphi_m)\end{bmatrix} \tag{6.3.4}$$

其中，$(\varphi_i,\varphi_j)=\int_a^b \omega(x)\varphi_i(x)\varphi_j(x)\mathrm{d}x$。由 $\varphi_0,\varphi_1,\cdots,\varphi_m$ 线性无关，可导出方程组（6.3.4）的系数矩阵非奇异，故解存在且唯一。

类似于定理 6.1.1，有定理 6.3.1 成立。

定理 6.3.1　正则方程组（6.3.4）存在唯一解 $(a_0,a_1,\cdots,a_m)$，且相应的函数

$$\varphi(x)=\sum_{k=0}^m a_k\varphi_k(x)$$

满足式（6.3.2），即它是函数 $f(x)$ 在 H 中关于权函数 $\omega(x)$ 的最佳平方逼近函数。

在定理 6.3.1 中，用函数 $\varphi(x)$ 最佳平方逼近函数 $f(x)$ 在 H 中关于权函数 $\omega(x)$ 的求解过程就转化为解正则方程组（6.3.4）。

定理 6.3.2　设 $f(x)\in C[a,b]$，$\varphi_i(x)\ (i=0,1,\cdots,m)$ 为定义在 $[a,b]$ 上的一组线性无关的连续函数，记 $H=\mathrm{span}\{\varphi_0,\varphi_1,\cdots,\varphi_m\}$，则 $\varphi(x)=\sum_{k=0}^m a_k\varphi_k(x)\in H$ 是 $f(x)$ 在 H 中关于权函数 $\omega(x)$ 的最佳平方逼近函数的充要条件是

$$(f-\varphi,\varphi_j)=0 \quad (j=0,1,\cdots,m) \tag{6.3.5}$$

证明　必要性：若 $\varphi(x)$ 为函数 $f(x)$ 在 H 中关于权函数 $\omega(x)$ 的最佳平方逼近函数，只需使式（6.3.1）等价于下列表达式：

$$(f-\varphi,f-\varphi)=\min_{\Phi\in H}(f-\Phi,f-\Phi) \tag{6.3.6}$$

下面用反证法证明。不妨假设存在 $i\ (0\leqslant i\leqslant m)$，使 $(f-\varphi,\varphi_j)=r\neq 0$，令

$$\Phi(x)=\varphi(x)+\frac{r}{(\varphi_i,\varphi_i)}\varphi_i=\sum_{k=0,k\neq i}^{m}a_k\varphi_k(x)+\left[a_i+\frac{r}{(\varphi_i,\varphi_i)}\right]\varphi_i(x)$$

显然$\Phi(x)\in H$，且

$$(f-\Phi,f-\Phi)=(f-\varphi,f-\varphi)-2\left[f-\varphi,\frac{r}{(\varphi_i,\varphi_i)}\varphi_i\right]+\frac{r^2}{(\varphi_i,\varphi_i)^2}(\varphi_i,\varphi_i)$$

$$=(f-\varphi,f-\varphi)-\frac{r^2}{(\varphi_i,\varphi_i)}<(f-\varphi,f-\varphi)$$

此与$\varphi(x)$为最佳平方逼近函数矛盾（即与式（6.3.6）矛盾），故必要性成立。

充分性：设式（6.3.5）成立，则对任意$\Phi(x)\in H$，记$\Phi(x)=\sum_{k=0}^{m}b_k\varphi_k$，都有

$$(f-\Phi,f-\Phi)=(f-\varphi+\varphi-\Phi,f-\varphi+\varphi-\Phi)$$

$$=(f-\varphi,f-\varphi)+2(f-\varphi,\varphi-\Phi)+(\varphi-\Phi,\varphi-\Phi)$$

因为$(f-\varphi,\varphi-\Phi)=\left[f-\varphi,\sum_{k=0}^{m}(a_k-b_k)\varphi_k\right]=\sum_{k=0}^{m}(a_k-b_k)(f-\varphi,\varphi_k)=0$，

$$(\varphi-\Phi,\varphi-\Phi)\geqslant 0$$

所以$(f-\Phi,f-\Phi)\geqslant(f-\varphi,f-\varphi)$，即$\varphi(x)$是$f(x)$在$H$中关于权函数$\omega(x)$的最佳平方逼近函数。

定理 6.3.2 从另一个角度说明了将正则方程组（6.3.4）的解代入式（6.3.1）所得的函数$\varphi(x)$必定是$f(x)$在H中关于权函数$\omega(x)$的最佳平方逼近函数，且是唯一的。

例 6.3.1 求$f(x)=\sin(\pi x)$在$[0,1]$上的二次最佳平方逼近多项式，并计算其平均误差。

解 本例中$\omega(x)\equiv 1$。若取$\varphi_0(x)=1$，$\varphi_1(x)=x$，$\varphi_2(x)=x^2$，$H=\mathrm{span}\{1,x,x^2\}$，于是，$(\varphi_0,\varphi_0)=1$，$(\varphi_0,\varphi_1)=1/2$，$(\varphi_0,\varphi_2)=(\varphi_1,\varphi_1)=1/3$，$(\varphi_1,\varphi_2)=1/4$，$(\varphi_2,\varphi_2)=1/5$，$(f,\varphi_0)=2/\pi$，$(f,\varphi_1)=1/\pi$，$(f,\varphi_2)=(\pi^2-4)/\pi^3$，因此正则方程组为

$$\begin{cases}a_0+\dfrac{1}{2}a_1+\dfrac{1}{3}a_2=\dfrac{2}{\pi}\\ \dfrac{1}{2}a_0+\dfrac{1}{3}a_1+\dfrac{1}{4}a_2=\dfrac{1}{\pi}\\ \dfrac{1}{3}a_0+\dfrac{1}{4}a_1+\dfrac{1}{5}a_2=\dfrac{\pi^2-4}{\pi^3}\end{cases}\tag{6.3.7}$$

其解为

$$a_0=\frac{12\pi^2-120}{\pi^3},\quad a_1=-\frac{60\pi^2-720}{\pi^3},\quad a_2=\frac{60\pi^2-720}{\pi^3}$$

因此$f(x)=\sin(\pi x)$在$[0,1]$上的二次最佳平方逼近多项式为

$$\varphi(x)=\frac{12\pi^2-120}{\pi^3}-\frac{60\pi^2-720}{\pi^3}x+\frac{60\pi^2-720}{\pi^3}x^2$$

相应地，其平均误差为

$$\begin{aligned}\bar{R}[\varphi]&=\int_0^1[f(x)-\varphi(x)]^2\,\mathrm{d}x=(f-\varphi,f-\varphi)\\&=(f,f)-2\sum_{i=0}^{2}a_i(f,\varphi_i)+\sum_{i,j=0}^{2}a_ia_j(\varphi_i,\varphi_j)\\&=\frac{1}{2}-48\cdot\frac{\pi^4-15\pi^2+60}{\pi^6}\approx 0.0324254\end{aligned}$$

在例 6.3.1 中，不难看到正则方程组（6.3.7）的系数矩阵是希尔伯特（Hilbert）矩阵，这是著名的病态矩阵，即正则方程组（6.3.7）是病态的。一般地，在实际问题中，正则方程组（6.3.4）都是病态的，特别是当正则方程组（6.3.4）的阶数较高时，其系数矩阵常常是高度病态的。为了避免解病态的正则方程组，通常解决方法之一就是采用正交函数系的方法。

如果取 $\varphi_k(x)$ 为 k 次多项式，且 $\varphi_0(x),\varphi_1(x),\cdots,\varphi_m(x)$ 为 $[a,b]$ 上关于权函数 $\omega(x)$ 的正交多项式系，则求函数 $f(x)$ 的 m 次最佳平方逼近多项式就归结为求解正则方程组（6.3.4），变成

$$\begin{bmatrix}(\varphi_0,\varphi_0) & 0 & \cdots & 0\\ 0 & (\varphi_1,\varphi_1) & \cdots & 0\\ \vdots & \vdots & & \vdots\\ 0 & 0 & \cdots & (\varphi_m,\varphi_m)\end{bmatrix}\begin{bmatrix}a_0\\a_1\\\vdots\\a_m\end{bmatrix}=\begin{bmatrix}(f,\varphi_0)\\(f,\varphi_1)\\\vdots\\(f,\varphi_m)\end{bmatrix}\tag{6.3.8}$$

其系数矩阵为对角矩阵，容易得出方程组（6.3.8）的解为

$$a_k=\frac{(f,\varphi_k)}{(\varphi_k,\varphi_k)}\quad(k=0,1,\cdots,m)\tag{6.3.9}$$

因此，$f(x)$ 在 $[a,b]$ 上的 m 次最佳平方逼近多项式为

$$\varphi(x)=\sum_{k=0}^{m}\frac{(f,\varphi_k)}{(\varphi_k,\varphi_k)}\varphi_k(x)\tag{6.3.10}$$

例 6.3.2　试用正交函数系的方法求例 6.3.1 中函数的二次最佳平方逼近多项式。

解　先按式（6.2.1）构造正交多项式系：

$$\varphi_0(x)=1$$

$$\alpha_1=\frac{(x\varphi_0,\varphi_0)}{(\varphi_0,\varphi_0)}=\frac{1}{2},\quad \varphi_1(x)=x-\frac{1}{2}$$

$$\alpha_2=\frac{(x\varphi_1,\varphi_1)}{(\varphi_1,\varphi_1)}=\frac{1}{2}$$

$$\beta_2=\frac{(\varphi_1,\varphi_1)}{(\varphi_0,\varphi_0)}=\frac{1}{12},\quad \varphi_2(x)=x^2-x+\frac{1}{6}$$

于是，可计算得到 $(\varphi_0,\varphi_0)=1$，$(\varphi_1,\varphi_1)=1/12$，$(\varphi_2,\varphi_2)=1/180$，$(f,\varphi_0)=2/\pi$，$(f,\varphi_1)=0$，$(f,\varphi_2)=(\pi^2-12)/(3\pi^3)$。

因此，由式（6.3.10）可得 $f(x)=\sin(\pi x)$ 在 $[0,1]$ 上的二次最佳平方逼近多项式为

$$\varphi(x)=\frac{12\pi^2-120}{\pi^3}-\frac{60\pi^2-720}{\pi^3}x+\frac{60\pi^2-720}{\pi^3}x^2$$

此结果与例 6.3.1 是一致的。

通过例 6.3.2 可以看到，将$\varphi_0(x),\varphi_1(x),\cdots,\varphi_m(x)$取成正交多项式系，可使函数的最佳平方逼近问题的计算更加简便。

例 6.3.3 求$f(x)=\mathrm{e}^x$在$[-1,1]$上的三次最佳平方逼近多项式。

解 勒让德多项式是$[-1,1]$上的正交多项式系，因此可取$\varphi_0(x)=P_0(x)=1$，$\varphi_1(x)=P_1(x)=x$，$\varphi_2(x)=P_2(x)=(3x^2-1)/2$，$\varphi_3(x)=P_3(x)=(5x^3-3x)/2$。

于是，可计算得到$(\varphi_k,\varphi_k)=1/(2k+1)\ (k=0,1,2,3)$，$(f,\varphi_0)=\mathrm{e}-\mathrm{e}^{-1}$，$(f,\varphi_1)=2\mathrm{e}^{-1}$，$(f,\varphi_2)=\mathrm{e}-7\mathrm{e}^{-1}$，$(f,\varphi_3)=-5\mathrm{e}+37\mathrm{e}^{-1}$。

因此，由式（6.3.9）可得正则方程组的解为$a_0=\dfrac{(f,\varphi_0)}{(\varphi_0,\varphi_0)}=\dfrac{\mathrm{e}-\mathrm{e}^{-1}}{2}$，$a_1=\dfrac{(f,\varphi_1)}{(\varphi_1,\varphi_1)}=3\mathrm{e}^{-1}$，

$a_2=\dfrac{(f,\varphi_2)}{(\varphi_2,\varphi_2)}=\dfrac{5(\mathrm{e}-7\mathrm{e}^{-1})}{2}$，$a_3=\dfrac{(f,\varphi_3)}{(\varphi_3,\varphi_3)}=\dfrac{7(-5\mathrm{e}+37\mathrm{e}^{-1})}{2}$。

由式（6.3.10）可得函数$f(x)=\mathrm{e}^x$在$[-1,1]$上的三次最佳平方逼近多项式为

$$\begin{aligned}\varphi(x)&=a_0\varphi_0(x)+a_1\varphi_1(x)+a_2\varphi_2(x)+a_3\varphi_3(x)\\&=\frac{-3\mathrm{e}+33\mathrm{e}^{-1}}{4}+\frac{15(7\mathrm{e}-51\mathrm{e}^{-1})}{4}x+\frac{15(\mathrm{e}-7\mathrm{e}^{-1})}{4}x^2+\frac{35(-5\mathrm{e}+37\mathrm{e}^{-1})}{4}x^3\\&\approx 0.9963+0.9980x+0.5367x^2+0.1761x^3\end{aligned}$$

6.4 应用实例

例 6.4.1 设有函数$f(x)=x^4+4x^3-2x^2+x+2$，$x\in(0,5)$，数据由函数$\tilde{f}(x)=x^4+4x^3-2x^2+x+2+v(x)$，$x\in(0,5)$产生，其中$v(x)$是噪声函数，$v(x)\in(-5,5)$。若取样本总数为 251，噪声函数的样本值由 rand 函数随机生成。

取四次多项式进行最小二乘拟合，得正则方程$Ax=b$，其中A、b如下：

$A=1.0\mathrm{e}+007*$

0.0000	0.0001	0.0002	0.0008	0.0032
0.0001	0.0002	0.0008	0.0032	0.0132
0.0002	0.0008	0.0032	0.0132	0.0566
0.0008	0.0032	0.0132	0.0566	0.2481
0.0032	0.0132	0.0566	0.2481	1.1047

$b=1.0\mathrm{e}+007*$

0.0060	0.0246	0.1042	0.4529	2.0034

利用矩阵的左除运算，得到四次拟合多项式的系数为

$$x=[2.8754\quad -0.5912\quad -1.2174\quad 3.8389\quad 1.0124]$$

四次拟合多项式为$\mathrm{LS}(x)=2.8754-0.5912x-1.2174x^2+3.8398x^3+1.0124x^4$。

拟合数据、原四次多项式曲线及最小二乘曲线如图 6-4-1 所示，拟合结果的误差如图 6-4-2 所示。

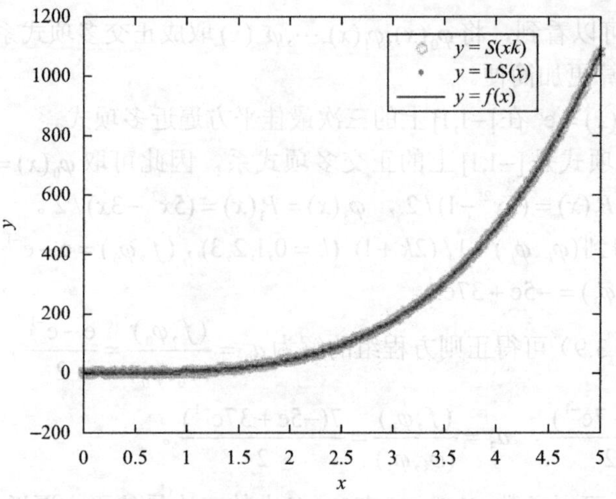

图 6-4-1　例 6.4.1 的拟合数据、原四次多项式曲线及最小二乘曲线图

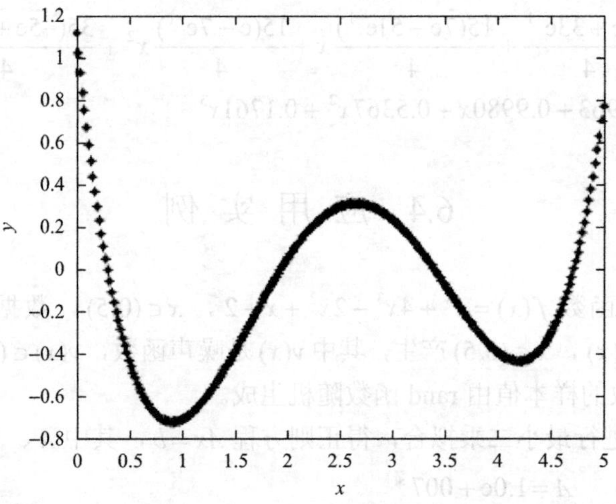

图 6-4-2　例 6.4.1 拟合结果的误差图

程序如下：

```
function LStest(n)
q=250;
L=5;
f=inline('x^4+4*x^3-2*x^2+x+2','x');
for i=1:q+1
    x(i)=L/q*(i-1);
    y(i)=f(x(i))+10*(rand(1,1)-0.5);
    pp(i)=f(x(i));
end
r=LS(n,q,x,y);%最小二乘拟合
```

```
LSx=zeros(q+1,1);
for i=1:q+1
   for j=1:n+1
   LSx(i)=LSx(i)+r(j)*x(i)^(j-1);
   end
end
errorx=zeros(q+1,1);
for i=1:q+1
   errorx(i)=f(x(i))-LSx(i);
end
%plot(x,y,'go',x,LSx,'r.',x,pp,'k-');
%legend('y=S(xk)','y=LS(x)','y=f(x)');
%title('最小二乘曲线拟合');
plot(x,errorx,'k*');
title('最小二乘拟合的误差');
xlabel('x');
ylabel('y');
%最小二乘拟合函数
function [ r ]=LS(n,q,x,y)
A=zeros(n+1,n+1);
b=zeros(n+1,1);
for i=1:n+1
   for j=1:n+1
      if j>=i
        for m=1:q+1
        A(i,j)=A(i,j)+x(m)^(i+j-2);
        end
      end
   end
end
for i=1:n+1
   for j=1:n+1
      if j<i
        A(i,j)=A(j,i);
      end
   end
end
for i=1:n+1
```

```
        for m=1:q+1
            b(i)=b(i)+y(m)*x(m)^(i-1);
        end
    end
    r=A\b;
```

本 章 小 结

本章的主要内容是介绍函数逼近的第二种方法——曲线拟合方法，其内容包括数据拟合的最小二乘法、线性最小二乘法的一般形式及解法、函数的最佳平方逼近等。一般地，由于数据误差的存在，曲线拟合方法在函数逼近问题的研究中具有更强的实际背景和广泛的应用前景。其核心内容是利用正交多项式族或正交多项式系的方法求解线性最小二乘法问题，这是由于正交函数族或正交函数系在线性空间的函数逼近中具有最优的特征（即最佳平方逼近）。

习 题 六

1. 给定函数表：

x	0.1	0.2	0.3	0.4	0.5	0.6	0.7	0.8	0.9
y	5.1234	5.3057	5.5680	5.9378	6.4370	7.0978	7.9493	9.0253	10.3627

试求二次最小二乘拟合多项式。

2. 某化工厂在某种技术革新中需要醋酸比热容 c_p （J/K）和热力学温度 T （K）的关系，已知 5 组试验数据结果如下：

T	293	313	343	363	383
c_p	28.98	30.20	32.90	35.90	38.30

试求，（1）通过描点法确定醋酸比热容 c_p 与热力学温度 T 的多项式逼近的经验公式的类型。

（2）利用最小二乘法计算这一经验公式。

3. 给定函数表：

x	0	1	2	3	4
y	2.00	2.05	3.00	9.60	34.00

已知其经验公式为 $y=a+bx^2$，试采用最小二乘拟合方法确定常数 a 和 b。

4. 利用最小二乘拟合方法求形如 $y=a+bx^3$ （a、b 为常数）的经验公式，其中，数据表如下：

x	−3	−2	−1	0	1	2	3
y	−28.49	−8.99	−1.51	0.001	1.47	9.02	28.42

5. 在某科学试验中，需要观察水分的渗透速度，测得时间 t （s）与水的重量 w （g）的对应数据表如下：

t	1	2	4	8	16	32	64
w	4.22	4.02	3.85	3.59	3.44	3.02	2.59

已知 t 与 w 有关系式 $w = ct^{\lambda}$ ，试采用最小二乘拟合方法确定常数 c 和 λ 。

6. 已知数据对 (x_i, y_i) $(i = 0,1,2,\cdots,m)$ ，以及拟合这批数据的非线性数学模型为

$$y = y(x) = c_0 \mathrm{e}^{-c_1 x}$$

其中，c_0 和 c_1 为常数。试求解下列问题：

（1）如何将非线性数学模型线性化？

（2）写出线性化数学模型中待定系数的法方程，并求解此法方程。

（3）写出线性拟合函数。

7. 利用正交函数族计算下列函数的三次最小二乘拟合多项式，其中 $x_k = 0.25k$ ， $w_k \equiv 1$ ， $k = 0,1,2,3,4$ 。

（1） $f(x) = \sin(2\pi x)$ 。

（2） $f(x) = \ln(1 + x^2)$ 。

（3） $f(x) = \mathrm{e}^{-x^2}$ 。

8. 求下列函数在指定区间上关于 $f(x)$ 的二次最佳平方逼近多项式，并计算其平均误差。

（1） $f(x) = \sqrt{x}$ ， $x \in [0,1]$ 。

（2） $f(x) = \cos\left(\dfrac{\pi}{2} x\right)$ ， $x \in [0,1]$ 。

（3） $f(x) = \mathrm{e}^x$ ， $x \in [0,1]$ 。

9. 证明第一类切比雪夫多项式 $T_n(x) = \cos(n \arccos x),\ x \in [-1,1]$ 是 n 次多项式，且首项系数为 $2^{n-1}(n = 2,3,\cdots)$ 。

10. 利用第一类切比雪夫关于权函数 $\omega(x) = \dfrac{1}{\sqrt{1-x^2}}$ 的正交多项式，求函数

$$f(x) = \arctan x,\quad x \in [-1,1]$$

的三次最佳平方逼近多项式。

第 7 章　数值积分与数值微分

在微积分学中，已经学习了计算函数导数和函数在区间上积分的许多方法，但在实际问题中常常遇到这样一些情况：只给出函数 $f(x)$ 在一些离散点处的函数值，而无函数 $f(x)$ 的解析表达式；或者有函数 $f(x)$ 的解析表达式，但其原函数不能用初等函数表示；或者 $f(x)$ 原函数的形式复杂、难于计算。因此需要建立利用函数在离散点上的信息求函数的导数及积分近似值的方法。本章重点介绍将插值多项式作为被积函数的近似表达式，导出若干实用的数值积分公式，同时也介绍一些实用的求导公式。

7.1　牛顿-科茨求积公式

7.1.1　数值积分的基本思想

由定积分的定义知，函数 $f(x)$ 在区间 $[a,b]$ 上的积分值是和式的极限：

$$I[f]=\int_a^b f(x)\mathrm{d}x=\lim_{\lambda\to 0}\sum_{i=1}^{n} f(\xi_i)\cdot\Delta x_i$$

其中，$a=x_0<x_1<\cdots<x_n=b$；$\Delta x_i=x_i-x_{i-1}$；$\xi_i\in[x_{i-1},x_i]$（$i=1,2,\cdots,n$）；$\lambda=\max\limits_{1\leqslant i\leqslant n}\{\Delta x_i\}$。

构造数值积分方法的基本思想就是将被积函数在积分区间上的节点 x_k 处的函数值的线性组合作为定积分的近似值，即只存在与节点 x_k 有关，且与被积函数 $f(x)$ 无关的常数 A_k（$k=0,1,2,\cdots,n$），使

$$I[f]=\int_a^b f(x)\mathrm{d}x\approx\sum_{k=0}^{n} A_k f(x_k) \tag{7.1.1}$$

其中，A_k 为求积公式（7.1.1）的求积系数。

根据节点集 $\{x_k\}$ 和求积系数集 $\{A_k\}$ 的不同取法，可获得不同的求积公式。获取求积公式最直接、自然的一种方法是利用函数 $f(x)$ 在区间 $[a,b]$ 上的节点集 $\{x_k\}$ 的插值多项式 $\varphi_n(x)$ 近似表达被积函数 $f(x)$，将插值多项式 $\varphi_n(x)$ 在 $[a,b]$ 上的积分作为函数 $f(x)$ 在 $[a,b]$ 上积分的近似值，即

$$I[f]\approx\int_a^b \varphi_n(x)\mathrm{d}x \tag{7.1.2}$$

这样得到的求积公式称为插值型求积公式，通常用于插值型求积公式的插值多项式是拉格朗日插值多项式。以下利用拉格朗日插值多项式近似表达被积函数，推导插值型求积公式。

设积分区间 $[a,b]$ 上的 $n+1$ 个互异节点 $x_0,x_1,\cdots,x_n$，则 $f(x)$ 的不超过 n 次的拉格朗日插值多项式可写成

$$L_n(x)=\sum_{k=0}^{n} f(x_k)\cdot l_k(x)$$

其中，$l_k(x)=\prod_{j=0,\,j\neq k}^{n}(x-x_j)/(x_k-x_j)\ (k=0,1,2,\cdots,n)$ 为拉格朗日插值基函数。因此，相应的插值型求积公式为

$$I[f]=\int_a^b f(x)\mathrm{d}x\approx\int_a^b L_n(x)\mathrm{d}x=\sum_{k=0}^{n} f(x_k)\cdot\int_a^b l_k(x)\mathrm{d}x$$

在上式中，记 $A_k=\int_a^b l_k(x)\mathrm{d}x\ (k=0,1,2,\cdots,n)$，显然 A_k 仅与节点集 $\{x_k\}$ 有关，而与被积函数 $f(x)$ 无关，于是上式就可变成

$$I[f]=\int_a^b f(x)\mathrm{d}x\approx\sum_{k=0}^{n} A_k f(x_k) \tag{7.1.3}$$

求积公式（7.1.3）的截断误差为

$$R_n[f]=\int_a^b R_n(x)\mathrm{d}x=\int_a^b f^{(n+1)}(\xi)w_{n+1}(x)/(n+1)!\mathrm{d}x \tag{7.1.4}$$

其中，$\omega_{n+1}(x)=\prod_{j=0}^{n}(x-x_j)$。式（7.1.4）表示插值型求积公式的误差恰好为拉格朗日插值多项式的插值余项在区间 $[a,b]$ 上的定积分。

7.1.2　牛顿-科茨求积公式概述

如果取区间 $[a,b]$ 上 $n+1$ 个等距节点 $x_0,x_1,\cdots,x_n$，即 $x_k=a+k\cdot h$，$h=\dfrac{b-a}{n}$，$k=0,1,2,\cdots,n$。进行变换 $x=a+t\cdot h$，式（7.1.3）中 A_k 的计算如下：

$$A_k=\int_a^b l_k(x)\mathrm{d}x=h\int_0^n\prod_{j=0,\,j\neq k}^{n}(t-j)/(k-j)\mathrm{d}t$$

从而，$A_k=(-1)^{n-k}(b-a)/[n\cdot k!\cdot(n-k)!]\int_0^n\prod_{j=0,\,j\neq k}^{n}(t-j)\mathrm{d}t$。

记 $C_k^{(n)}=(-1)^{n-k}/[n\cdot k!\cdot(n-k)!]\int_0^n\prod_{j=0,\,j\neq k}^{n}(t-j)\mathrm{d}t$，$k=0,1,2,\cdots,n$，于是求积公式（7.1.3）变成

$$I[f]=\int_a^b f(x)\mathrm{d}x\approx(b-a)\sum_{k=0}^{n} C_k^{(n)}\cdot f(x_k) \tag{7.1.5}$$

求积公式（7.1.5）也称为 n 阶牛顿-科茨（Newton-Cotes）求积公式，其中 $C_k^{(n)}$ 称为科茨系数。同时，牛顿-科茨求积公式的截断误差为

$$R_n[f]=h^{n+2}/(n+1)!\int_0^n f^{(n+1)}(\xi)\cdot\prod_{j=0}^{n}(t-j)\mathrm{d}x \tag{7.1.6}$$

由于科茨系数 $C_k^{(n)}$ 仅与等分区间数 n 有关，而与积分区间 $[a,b]$ 及被积函数 $f(x)$ 无关，可事先构造科茨系数表，如表 7-1-1 所示。

表 7-1-1　科茨系数表

n	$C_k^{(n)}$								
1	$\frac{1}{2}$	$\frac{1}{2}$							
2	$\frac{1}{6}$	$\frac{4}{6}$	$\frac{1}{6}$						
3	$\frac{1}{8}$	$\frac{3}{8}$	$\frac{3}{8}$	$\frac{1}{8}$					
4	$\frac{7}{90}$	$\frac{32}{90}$	$\frac{12}{90}$	$\frac{32}{90}$	$\frac{7}{90}$				
5	$\frac{19}{288}$	$\frac{75}{288}$	$\frac{50}{288}$	$\frac{50}{288}$	$\frac{75}{288}$	$\frac{19}{288}$			
6	$\frac{41}{840}$	$\frac{216}{840}$	$\frac{27}{840}$	$\frac{272}{840}$	$\frac{27}{840}$	$\frac{216}{840}$	$\frac{41}{840}$		
7	$\frac{751}{17280}$	$\frac{3577}{17280}$	$\frac{1323}{17280}$	$\frac{2989}{17280}$	$\frac{2989}{17280}$	$\frac{1323}{17280}$	$\frac{3577}{17280}$	$\frac{751}{17280}$	
8	$\frac{989}{28350}$	$\frac{5888}{28350}$	$\frac{-928}{28350}$	$\frac{10496}{28350}$	$\frac{-4540}{28350}$	$\frac{10496}{28350}$	$\frac{-928}{28350}$	$\frac{5888}{28350}$	$\frac{989}{28350}$

说明：表 7-1-1 中只列出 $n=1,2,\cdots,8$ 时的科茨系数 $C_k^{(n)}$。如果进一步计算下去，不难发现以下事实：当 $n\leqslant 7$ 时，科茨系数 $C_k^{(n)}$ 均为正数；当 $n\geqslant 8$ 时，科茨系数 $C_k^{(n)}$ 中有正数也有负数。

一般地，科茨系数 $C_k^{(n)}$ 具有如下性质。

性质 7.1.1　对所有的自然数 n，有 $\sum_{k=0}^{n} C_k^{(n)}=1$。

证明　由 $\sum_{k=0}^{n} l_k(x)\equiv 1$ 可得 $b-a=\sum_{k=0}^{n}\int_a^b l_k(x)\mathrm{d}x=(b-a)\sum_{k=0}^{n} C_k^{(n)}$，故有 $\sum_{k=0}^{n} C_k^{(n)}=1$。

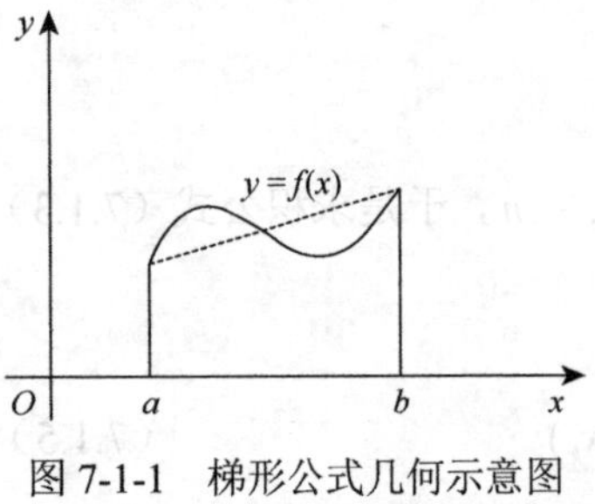

图 7-1-1　梯形公式几何示意图

由科茨系数表 7-1-1 可知，当 $n=1$ 时，$C_0^{(1)}=C_1^{(1)}=1/2$，因此对应的求积公式为

$$I[f]=\int_a^b f(x)\mathrm{d}x\approx\frac{h}{2}[f(a)+f(b)]\tag{7.1.7}$$

其中，$h=b-a$。从几何上看（图 7-1-1），这是以过点 $(a,f(a))$，$(b,f(b))$ 的直线代替曲线 $y=f(x)$，以梯形面积近似曲边梯形的面积，因此求积公式（7.1.7）也称为梯形公式。

当 $n=2$ 时，牛顿-科茨求积公式为

$$I[f]=\int_a^b f(x)\mathrm{d}x\approx h/3\cdot\{f(a)+4f[(a+b)/2]+f(b)\}\tag{7.1.8}$$

其中，$h=(b-a)/2$。从几何上看，这是以过三点 $(a,f(a))$，$((a+b)/2,f[(a+b)/2])$ 和 $(b,f(b))$ 的抛物线代替曲线 $y=f(x)$ 去求曲边梯形面积的近似值，因此式（7.1.8）称为抛物线求积公式，又称辛普森（Simpson）求积公式。

当 $n=4$ 时，牛顿-科茨求积公式为

$$I[f]\approx 2h/45\cdot[7f(a)+32f(a+h)+12f(a+2h)+32f(a+3h)+7f(b)] \quad (7.1.9)$$

其中，$h=(b-a)/4$。式（7.1.9）也称为科茨求积公式。

梯形公式和辛普森求积公式是常用的求积公式。

例 7.1.1　当 $f(x)=1$，x，x^2，x^3，x^4，e^x 时，试分别利用梯形公式、辛普森求积公式和科茨求积公式计算区间 $[0,2]$ 上的积分值。

解　当 $f(x)=1$，x，x^2，x^3，x^4，e^x 时，积分区间 $[0,2]$ 上的梯形公式、辛普森求积公式和科茨求积公式的计算结果见表 7-1-2。

表 7-1-2　例 7.1.1 的计算结果与积分真值表

$f(x)$	1	x	x^2	x^3	x^4	e^x
梯形公式	2	2	4	8	16	8.389
辛普森求积公式	2	2	2.667	4	5.667	6.421
科茨求积公式	2	2	2.667	4	6.400	6.389
积分真值	2	2	2.667	4	6.400	6.389

从表 7-1-2 中可以看到，与积分真值相比，当被积函数 $f(x)$ 分别取 1，x，x^2，x^3，x^4 和 e^x 时，科茨求积公式的精度最高，辛普森求积公式次之，而梯形公式最差。

7.1.3　求积公式的误差估计

1. 梯形公式和辛普森求积公式的误差估计

定理 7.1.1　若 $f(x)\in C^2[a,b]$，则梯形公式（7.1.7）的误差为

$$R_1[f]=-f''(\xi)\cdot h^3/12 \quad (7.1.10)$$

其中，$h=b-a$；$\xi\in(a,b)$。

证明　由定理条件及求积公式的截断误差（7.1.4）知，梯形公式（7.1.7）的截断误差为

$$R_1[f]=\int_a^b f''(\eta)(x-a)(x-b)/2!\mathrm{d}x$$

其中，$\eta\in(a,b)$。

因为被积函数中的 $(x-a)(x-b)$ 在积分区间 $[a,b]$ 内不变号，且 $f(x)\in C^2[a,b]$，所以由积分的第二中值定理可得，存在 $\xi\in(a,b)$，使

$$R_1[f]=f''(\xi)/2!\int_a^b(x-a)(x-b)\mathrm{d}x=-f''(\xi)/12\cdot h^3$$

类似地可导出辛普森求积公式的误差估计。

定理 7.1.2　若 $f(x)\in C^4[a,b]$，则辛普森求积公式（7.1.8）的截断误差为

$$R_2[f]=-f^{(4)}(\xi)\cdot h^5/90 \quad (7.1.11)$$

其中，$h=(b-a)/2$；$\xi\in(a,b)$。

证明　构造 $f(x)$ 的三次插值多项式 $H_3(x)$，使其满足 $H_3(a)=f(a)$，$H_3(b)=f(b)$，$H_3[(a+b)/2]=f[(a+b)/2]$，$H_3'[(a+b)/2]=f'[(a+b)/2]$，从而插值余项为

$$R(x)=f(x)-H_3(x)=f^{(4)}(\eta)/4!\cdot(x-a)\cdot[x-(a+b)/2]^2\cdot(x-b)$$

其中，$\eta\in(a,b)$。于是，$R_2[f]=\int_a^b f^{(4)}(\eta)/4!\cdot(x-a)\cdot[x-(a+b)/2]^2\cdot(x-b)\mathrm{d}x$。

因上式的被积函数中的$(x-a)\cdot[x-(a+b)/2]^2\cdot(x-b)$在积分区间$[a,b]$内不变号，而$f(x)\in C^4[a,b]$，则由积分的第二中值定理可得，存在$\xi\in(a,b)$，使

$$R_2[f]=f^{(4)}(\xi)/4!\int_a^b(x-a)\cdot[x-(a+b)/2]^2\cdot(x-b)\mathrm{d}x=-f^{(4)}(\xi)\cdot h^5/90$$

其中，$h=(b-a)/2$；$\xi\in(a,b)$。

类似地，若$f(x)\in C^6[a,b]$，可以证明科茨求积公式（7.1.9）的截断误差为

$$R_4[f]=-8f^{(6)}(\xi)\cdot h^7/945 \qquad (7.1.12)$$

其中，$h=(b-a)/4$；$\xi\in(a,b)$。

2. *求积公式的代数精度*

在实际应用中，在被积函数$f(x)$不知道的情况下，$f(x)$的各阶导数都不能计算，因此式（7.1.10）～式（7.1.12）是无法获得的。为了评价求积公式的好坏，下面引入另一种衡量数值积分公式近似程度的工具——代数精度。

定义 7.1.1　若当$f(x)$为任意不超过m次的多项式时，求积公式

$$I[f]=\int_a^b f(x)\mathrm{d}x\approx\sum_{k=0}^n A_k f(x_k)$$

均严格成立（即无截断误差），而对某个$m+1$次的多项式，上述积分公式不严格成立，则称此求积公式具有m次代数精度。

从定义 7.1.1 不难看出，求积公式的代数精度越高，使公式精确成立的多项式次数就越大，即逼近函数的多项式组成的线性空间维数就越高，从而使用这一求积公式就越可靠。因此，代数精度在一定程度上能反映求积公式的近似程度。

不难验证梯形公式具有一次代数精度，因为当$f(x)$为一次多项式时，梯形公式的误差为

$$R_1[f]=\int_a^b f''(\xi)/2!\cdot(x-a)(x-b)\mathrm{d}x=0$$

即无截断误差；而当$f(x)=x^2$时，截断误差为

$$R_1[f]=\int_a^b f''(\xi)/2!\cdot(x-a)(x-b)\mathrm{d}x=\int_a^b(x-a)(x-b)\mathrm{d}x=-(b-a)^3/6\neq0$$

一般地，由n次插值多项式导出的求积公式至少有n次代数精度，而对牛顿-科茨求积公式有下列结论成立。

定理 7.1.3　$2n$阶牛顿-科茨求积公式至少有$2n+1$次代数精度。

证明　设$\varphi_{2n+1}(x)=a_{2n+1}x^{2n+1}+a_{2n}x^{2n}+\cdots+a_1x+a_0$为任意的$2n+1$次多项式，由截断误差公式（7.1.4）可得

$$R_{2n}[\varphi_{2n+1}]=\int_a^b\frac{\varphi_{2n+1}^{(2n+1)}(\xi)}{(2n+1)!}\cdot\prod_{j=0}^{2n}(x-x_j)\mathrm{d}x=a_{2n+1}\int_a^b\prod_{j=0}^{2n}(x-x_j)\mathrm{d}x$$

其中，$x_j=a+j\cdot h$，$h=(b-a)/(2n)$。进行积分变换$x=(a+b)/2+t\cdot h$，上面的积分可变成

$$R_{2n}[\varphi_{2n+1}]=a_{2n+1}\cdot h^{2n+2}\cdot\int_{-n}^{n}\prod_{j=0}^{2n}(t+n-j)\mathrm{d}t=a_{2n+1}\cdot h^{2n+2}\cdot\int_{-n}^{n}t\cdot\prod_{j=1}^{n}(t^2-j^2)\mathrm{d}t=0$$

故结论成立。

由定理 7.1.3 知，辛普森求积公式至少有 3 次代数精度，科茨求积公式至少有 5 次代数精度。而从它们的截断误差分析中又可以看到，辛普森求积公式的代数精度是 3 次，科茨求积公式的代数精度是 5 次。定义 7.1.1 也给出了求一个求积公式的代数精度的一般方法，即分别取 $f(x)=1, x, x^2, \cdots$，代入求积公式。如果直到 $f(x)=x^m$，求积公式左右两边准确相等；而当 $f(x)=x^{m+1}$ 时，求积公式左右两边不相等，则求积公式的代数精度为 m。

例 7.1.2　确定求积公式的代数精度：

$$\int_{-1}^{1}f(x)\mathrm{d}x\approx[5f(1)+8f(0)+5f(-1)]/9$$

解　因为当 $f(x)=1$ 时，左 $=\int_{-1}^{1}\mathrm{d}x=2=[5\cdot1+8\cdot1+5\cdot1]/9=$ 右；

当 $f(x)=x$ 时，左 $=\int_{-1}^{1}x\mathrm{d}x=0=[5\cdot1+8\cdot0+5\cdot(-1)]/9=$ 右；

当 $f(x)=x^2$ 时，左 $=\int_{-1}^{1}x^2\mathrm{d}x=2/3\neq[5\cdot1^2+8\cdot0^2+5\cdot(-1)^2]/9=10/9=$ 右。

所以此求积公式的代数精度为 1。

3. 牛顿–科茨求积公式的稳定性与收敛性

在实际使用求积公式时，除截断误差外，还要考虑到舍入误差。求积公式的稳定性是指计算中的舍入误差对计算结果的影响。如果在计算过程中，求积公式的舍入误差在一个有效范围内或是可以控制的，就称该求积公式是稳定的；否则，就称该求积公式是不稳定的。

假设在节点 x_k 的函数值为 $f(x_k)$，计算值为 $\hat{f}(x_k)$，舍入误差记为 ε_k，则

$$\varepsilon_k=f(x_k)-\hat{f}(x_k)\ (k=0,1,\cdots,n)$$

于是，利用牛顿–科茨求积公式产生的舍入误差为 $\delta_n=(b-a)\sum_{k=0}^{n}C_k^{(n)}\cdot\varepsilon_k$，从而

$$|\delta_n|\leqslant(b-a)\sum_{k=0}^{n}|C_k^{(n)}|\cdot|\varepsilon_k|\leqslant(b-a)\varepsilon\sum_{k=0}^{n}|C_k^{(n)}| \tag{7.1.13}$$

其中，$\varepsilon=\max\limits_{0\leqslant k\leqslant n}\varepsilon_k$。关于式（7.1.13），分以下两种情况讨论。

（1）当 $n\leqslant7$ 时，由于科茨系数 $C_k^{(n)}$ 均为正数，且 $\sum_{k=0}^{n}C_k^{(n)}=1$，式（7.1.13）变成

$$|\delta_n|\leqslant(b-a)\varepsilon\sum_{k=0}^{n}|C_k^{(n)}|=(b-a)\varepsilon\sum_{k=0}^{n}C_k^{(n)}=(b-a)\varepsilon \tag{7.1.14}$$

因此，当 $n\leqslant7$ 时，牛顿–科茨求积公式的舍入误差在一个有效范围内或是可以控制的，即牛顿–科茨求积公式的计算是稳定的。

（2）当 $n\geqslant8$ 时，科茨系数 $C_k^{(n)}$ 中有正也有负。此时，$\sum_{k=0}^{n}|C_k^{(n)}|>\sum_{k=0}^{n}C_k^{(n)}=1$，因此有

$$(b-a)\varepsilon\sum_{k=0}^{n}|C_k^{(n)}|>(b-a)\varepsilon\sum_{k=0}^{n}C_k^{(n)}=(b-a)\varepsilon \tag{7.1.15}$$

式（7.1.15）表明$|\delta_n|$有可能很大，即牛顿-科茨求积公式的舍入误差是不可控制的。因此，当$n\geqslant 8$时，牛顿-科茨求积公式的计算是不稳定的。

此外，还可以证明，并非对一切连续函数$f(x)$，当$n\to\infty$时，牛顿-科茨求积公式的截断误差$R_n[f]\to 0$，即牛顿-科茨求积公式的收敛性也得不到保证。

因此，在实际数值积分的求积公式应用中，不宜选择高阶的牛顿-科茨求积公式。

7.2　复合求积公式

正如 7.1 节看到的，当n较大时，牛顿-科茨求积公式的计算稳定性与收敛性得不到保证。同时，从前面导出的牛顿-科茨求积公式的截断误差表达式可以看到，步长越小，求积公式的截断误差就越小。但缩小步长等于增加节点数，即提高插值多项式的次数，龙格现象表明这样做不一定能提高精度。因此，为了提高计算精度，常选择分段低次插值多项式近似被积函数，即低次复合求积方法——复合求积公式，下面就来介绍复合求积公式。

7.2.1　复合梯形公式

用分段线性插值函数近似被积函数$f(x)$，等于把积分区间$[a,b]$分成若干个小区间，在每个小区间上以梯形面积近似曲边梯形面积，即在每个小区间上以梯形公式求曲边梯形面积的近似值，再相加就得到$f(x)$在区间$[a,b]$上的新的求积公式，这就是复合梯形公式的基本思想。如图 7-2-1 所示，这样求得的近似值比梯形公式的计算精度高。

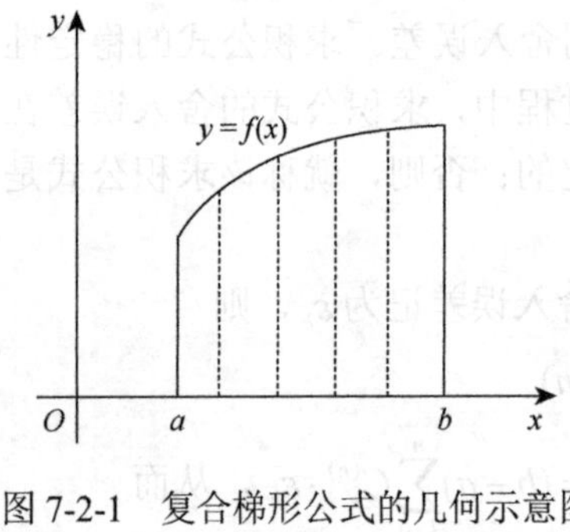

图 7-2-1　复合梯形公式的几何示意图

其基本过程如下，将积分区间$[a,b]$分成n等份，记$h=(b-a)/n$，$x_k=a+k\cdot h\ (k=0,1,\cdots,n)$。在每个小区间$[x_{k-1},x_k]\ (k=1,2,\cdots,n)$上使用梯形公式并求和可得

$$I[f]=\int_a^b f(x)\mathrm{d}x\approx h/2\cdot[f(a)+f(b)+2\sum_{k=1}^{n-1}f(x_k)]\triangleq T_n \tag{7.2.1}$$

式（7.2.1）也称为复合梯形公式。

如果$f(x)\in C^2[a,b]$，则复合梯形公式（7.2.1）的截断误差为

$$R_{T_n}[f]=\int_a^b f(x)\mathrm{d}x-T_n=-\sum_{k=1}^{n}f''(\xi_k)/12\cdot h^3$$

其中，$\xi_k\in(x_{k-1},x_k)\quad(k=1,2,\cdots,n)$。由于$f''(x)$在$[a,b]$上连续，由连续函数介值定理知，存在$\xi\in(a,b)$，使$f''(\xi)=1/n\cdot\sum_{k=1}^{n}f''(\xi_k)$，从而有

$$R_{T_n}[f]=\int_a^b f(x)\mathrm{d}x-T_n=-nh^3f''(\xi)/12=-h^2(b-a)f''(\xi)/12 \tag{7.2.2}$$

其中，$\xi\in(a,b)$。式（7.2.2）就是复合梯形公式（7.2.1）的截断误差。

下面来讨论复合梯形公式（7.2.1）的数值稳定性。将函数值 $f(x_k)$ 的舍入误差记为 $\delta_k\ (k=0,1,\cdots,n)$，则复合梯形公式（7.2.1）的舍入误差为

$$|\delta|=h/2\cdot\left|\delta_0+\delta_n+2\sum_{k=1}^{n-1}\delta_k\right|\leqslant nh\cdot\max_{0\leqslant k\leqslant n}|\delta_k|=(b-a)\cdot\max_{0\leqslant k\leqslant n}|\delta_k|$$

因此，无论 n 为多大，复合梯形公式（7.2.1）的计算都是稳定的。如果被积函数 $f(x)$ 在 $[a,b]$ 上连续，当 $n\to\infty$ 时，T_n 收敛于积分 $I[f]=\int_a^b f(x)\mathrm{d}x$。

7.2.2　复合辛普森公式

如果用分段二次插值函数来近似被积函数，即在小区间上用辛普森求积公式计算积分的近似值，就导出复合辛普森公式。其基本过程如下，将积分区间 $[a,b]$ 分成 $n=2m$ 等份，记 $h=(b-a)/n$，$x_k=a+k\cdot h\ (k=0,1,\cdots,n)$，在每个小区间 $[x_{2(k-1)},x_{2k}]\ (k=1,2,\cdots,m)$ 上使用辛普森求积公式并求和，可得

$$I[f]=\int_a^b f(x)\mathrm{d}x\approx h/3\cdot\left[f(a)+f(b)+2\sum_{k=1}^{m-1}f(x_{2k})+4\sum_{k=1}^{m}f(x_{2k-1})\right]\triangleq S_m \tag{7.2.3}$$

式（7.2.3）也称为复合辛普森公式。

若 $f(x)\in C^4[a,b]$，则复合辛普森公式（7.2.3）的截断误差为

$$R_{S_m}[f]=\int_a^b f(x)\mathrm{d}x-S_m=-\sum_{k=1}^{m}f^{(4)}(\xi_k)\cdot h^5/90$$

其中，$\xi_k\in(x_{2(k-1)},x_{2k})\ (k=1,2,\cdots,m)$。由于 $f^{(4)}(x)$ 在 $[a,b]$ 上连续，由连续函数介值定理知，存在 $\xi\in(a,b)$，使 $f^{(4)}(\xi)=1/m\cdot\sum_{k=1}^{m}f^{(4)}(\xi_k)$，从而有

$$R_{S_m}[f]=\int_a^b f(x)\mathrm{d}x-S_m=-mh^5f^{(4)}(\xi)/90=-h^4(b-a)f^{(4)}(\xi)/180 \tag{7.2.4}$$

其中，$\xi\in(a,b)$。式（7.2.4）就是复合辛普森公式（7.2.3）的截断误差。

类似于复合梯形公式的分析，如果被积函数 $f(x)$ 在 $[a,b]$ 上连续，当 $n=2m\to\infty$ 时，复合辛普森公式求得的近似值 S_m 收敛于积分值 $I[f]$，而且计算的数值是稳定的。

7.2.3　复合科茨公式

如果用分段四次插值函数来近似被积函数，即在小区间上用科茨求积公式计算积分的近似值，就可以导出复合科茨公式。

其基本过程如下，将积分区间 $[a,b]$ 分成 $n=4m$ 等份，记 $h=(b-a)/n$，$x_k=a+k\cdot h$ $(k=0,1,\cdots,n)$，在每个小区间 $[x_{4(k-1)},x_{4k}]\ (k=1,2,\cdots,m)$ 上使用科茨求积公式并求和，可得

$$\begin{aligned}I[f]&\approx\frac{2h}{45}\sum_{k=1}^{m}\{7f[x_{4(k-1)}]+32f(x_{4k-3})+12f(x_{4k-2})+32f(x_{4k-1})+7f(x_{4k})\}\\&=\frac{2h}{45}\left[7f(a)+7f(b)+32\sum_{k=1}^{m}f(x_{4k-3})+12\sum_{k=1}^{m}f(x_{4k-2})+32\sum_{k=1}^{m}f(x_{4k-1})+14\sum_{k=1}^{m-1}f(x_{4k})\right]\\&\triangleq C_m\end{aligned} \tag{7.2.5}$$

式（7.2.5）也称为复合科茨公式。

若 $f(x)\in C^6[a,b]$，则复合科茨公式（7.2.5）的截断误差为

$$R_{C_m}[f]=\int_a^b f(x)\mathrm{d}x-C_m=-8/945\cdot\sum_{k=1}^{m}f^{(6)}(\xi_k)\cdot h^7$$

其中，$\xi_k\in(x_{4(k-1)},x_{4k})\quad(k=1,2,\cdots,m)$。由于 $f^{(6)}(x)$ 在 $[a,b]$ 上连续，由连续函数介值定理知，存在 $\xi\in(a,b)$，使 $f^{(6)}(\xi)=1/m\cdot\sum_{k=1}^{m}f^{(6)}(\xi_k)$，从而有

$$R_{C_m}[f]=\int_a^b f(x)\mathrm{d}x-C_m=-2(b-a)/945\cdot h^6 f^{(6)}(\xi) \tag{7.2.6}$$

其中，$\xi\in(a,b)$。式（7.2.6）就是复合科茨公式（7.2.5）的截断误差。

类似于复合梯形公式的分析，如果被积函数 $f(x)$ 在 $[a,b]$ 上连续，当 $n=4m\to\infty$ 时，复合科茨公式求得的近似值 C_m 收敛于积分值 $I[f]$，而且计算的数值是稳定的。

例 7.2.1　分别利用复合梯形公式和复合辛普森公式计算积分

$$I=\int_0^1 \mathrm{e}^{-x}\mathrm{d}x$$

的近似值，要求计算结果具有四位有效数字，问区间 $[0,1]$ 的等份数 n 应至少取多少？

解　因为当 $x\in[0,1]$ 时，$0.3<\mathrm{e}^{-1}\leqslant\mathrm{e}^{-x}\leqslant 1$，于是 $0.3<\int_0^1\mathrm{e}^{-x}\mathrm{d}x<1$。若要求计算结果具有四位有效数字，即要求计算误差不超过 $1/2\times10^{-4}$。而对于 $x\in[0,1]$，有 $|f^{(k)}(x)|=\mathrm{e}^{-x}\leqslant 1$ $(k=1,2,\cdots)$。于是，利用复合梯形公式计算，必须有

$$|R_{T_n}[f]|=h^2|f''(\xi)|/12\leqslant 1/(12n^2)<1/2\times10^{-4}$$

可得 $n>40.8$，即至少取 $n=41$，才能保证计算结果具有四位有效数字。

类似地，若改用复合辛普森公式计算，必须有

$$|R_{S_n}[f]|=1/180\cdot h^4|f^{(4)}(\xi)|\leqslant 1/(180n^4)<1/2\times10^{-4}$$

可得 $n>3.2$，即至少取 $n=4$，才能保证计算结果具有四位有效数字。

从例 7.2.1 可以看到，需要采集 42 个节点的函数值，才能保证利用复合梯形公式计算的结果具有四位有效数字，而利用复合辛普森公式计算，达此要求只需 9 个节点的函数值。同时，前者的计算复杂度也远大于后者，此表明在相同的计算精度要求下，复合辛普森公式比复合梯形公式优越。

例 7.2.2　利用复合梯形公式计算积分

$$I[f]=\int_0^1\frac{\sin x}{x}\mathrm{d}x$$

的近似值，使截断误差不超过 $1/2\times10^{-3}$。进一步，若取相同的步长 h，改用复合辛普森公式和复合科茨公式计算，求它们的近似值和截断误差分别是多少？

解　由于 $f(x)=\sin x/x=\int_0^1\cos(tx)\mathrm{d}t$，因此，

$$f^{(k)}(x)=\int_0^1 t^k\cos(tx+k\pi/2)\mathrm{d}t,\quad |f^{(k)}(x)|\leqslant\int_0^1 t^k\mathrm{d}t=1/(k+1)$$

根据式（7.2.2），为了使截断误差不超过 $1/2\times10^{-3}$，步长 h 只需满足：

$$(1-0)\cdot h^2|f''(\xi)|/12\leqslant h^2/12\cdot1/3\leqslant 1/2\cdot10^{-3},\quad \xi\in(0,1)$$

从而 $h \leqslant 0.1342$。取 $h = 1/8 = 0.1250 < 0.1342$，即 $n = 8$，构造函数表见表 7-2-1。

表 7-2-1　步长 $h = 0.1250$ 的 $f(x)$ 函数表

k	x_k	$f(x_k)$	k	x_k	$f(x_k)$
0	0.000	1.000000000	5	0.625	0.936155637
1	0.125	0.997397867	6	0.750	0.908851680
2	0.250	0.989615837	7	0.875	0.877192574
3	0.375	0.976726744	8	1.000	0.841470985
4	0.500	0.958851077			

由复合梯形公式（7.2.1）计算可得

$$T_8 = \frac{h}{2}\left[f(0) + f(1) + 2\sum_{k=1}^{7} f(x_k) \right] = 0.945690864$$

若采用步长 $h = 0.1250$，利用复合辛普森公式（7.2.3）来计算，此时 $m = 4$，于是有 $S_4 = 0.946083311$，相应的截断误差为

$$|R_{S_4}[f]| = h^4 \,|\, f^{(4)}(\xi)| / 180 \leqslant 0.125^4 / (180 \cdot 5) = 0.271267 \cdot 10^{-6}$$

若采用步长 $h = 0.1250$，利用复合科茨公式（7.2.5）来计算，此时 $m = 2$，于是 $C_2 = 0.946083069$，相应的截断误差为

$$|R_{C_2}[f]| = 2/945 \cdot h^6 \,|\, f^{(6)}(\xi)| \leqslant 2/(945 \cdot 7) \cdot 0.125^6 = 0.115335 \cdot 10^{-8}$$

从例 7.2.2 的复合梯形公式、复合辛普森公式和复合科茨公式计算的截断误差可以看到，利用相同的信息（即 9 个节点的函数值），复合梯形公式的计算值 $T_8 = 0.945690864$，只有 3 位有效数字；复合辛普森公式的计算值 $S_4 = 0.946083311$，有 6 位有效数字；复合科茨公式的计算值 $C_2 = 0.946083069$，却有 8 位有效数字。此表明在相同的信息条件下，复合辛普森公式比复合梯形公式的计算精度要高，而复合科茨公式比复合梯形公式和复合辛普森公式的计算精度都要高。

7.2.4　复合求积公式的逐次分半算法

如前所述，复合求积公式的截断误差随着步长的缩小而减少。为了提高节点信息的有效性，提高计算的有效性，在实际使用复合求积公式时，一般采用逐次分半算法来分割积分区间。顾名思义，逐次分半算法就是每次将积分区间一分为二的分割方法。

1. 复合梯形公式的逐次分半算法

将积分区间 $[a,b]$ 分成 $n = 2^m$ $(m = 0,1,2,\cdots)$ 等份，记 $h_m = (b-a)/2^m$，$x_k = a + k \cdot h_m$ $(k = 0,1,\cdots,n)$，有

$$T_{2^m} = \frac{h_m}{2}\left[f(a) + f(b) + 2\sum_{k=1}^{2^m-1} f(a + kh_m) \right] \tag{7.2.7}$$

称 $\{T_{2^m}\}$ 为梯形值序列。由于对积分区间采用逐次分半算法，第 $m-1$ 次计算的区间内节点

是第 m 次计算的区间内偶数节点，在计算 T_{2^m} 时只需计算在第 m 次分割的新增节点处的函数值。由复合梯形公式（7.2.1）可得

$$\begin{aligned}T_{2^m}&=\frac{h_m}{2}\left\{f(a)+f(b)+2\sum_{k=1}^{2^{m-1}-1}f(a+2kh_m)+2\sum_{k=1}^{2^{m-1}}f[a+(2k-1)h_m]\right\}\\&=\frac{1}{2}\cdot\frac{h_{m-1}}{2}\left\{f(a)+f(b)+2\sum_{k=1}^{2^{m-1}-1}f(a+kh_{m-1})+h_m\sum_{k=1}^{2^{m-1}}f[a+(2k-1)h_m]\right\}\end{aligned}$$

于是得到递推公式：

$$T_{2^m}=\frac{1}{2}T_{2^{m-1}}+h_m\sum_{k=1}^{2^{m-1}}f[a+(2k-1)h_m] \tag{7.2.8}$$

式（7.2.8）也称为逐次分半复合梯形计算公式。

由复合梯形公式的截断误差公式（7.2.2）易得式（7.2.8）的截断误差为

$$R_{T_{2^m}}[f]=\int_a^b f(x)\mathrm{d}x-T_{2^m}=-(b-a)/12\cdot h_m^2 f''(\xi_m)\text{，}\quad \xi_m\in(a,b)$$

同理可得 $R_{T_{2^{m-1}}}[f]=\int_a^b f(x)\mathrm{d}x-T_{2^{m-1}}=-(b-a)/12\cdot h_{m-1}^2 f''(\xi_{m-1})$，$\xi_{m-1}\in(a,b)$，将两式相减可得

$$T_{2^m}-T_{2^{m-1}}=-(b-a)/12\cdot h_m^2[4f''(\xi_{m-1})-f''(\xi_m)]$$

由前面的讨论知道，$f''(\xi_{m-1})$ 和 $f''(\xi_m)$ 分别是 $f''(x)$ 在区间 $[a,b]$ 上 2^{m-1} 个和 2^m 个节点处的算术平均值（注：每个小区间内取一个节点）。如果 $f(x)\in C^2[a,b]$，则当 m 较大时，有 $f''(\xi_{m-1})\approx f''(\xi_m)$，上式又可写成 $T_{2^m}-T_{2^{m-1}}\approx-3\cdot(b-a)/12\cdot h_m^2 f''(\xi_m)=3R_{T_{2^m}}[f]$，即

$$|R_{T_{2^m}}[f]|\approx|T_{2^m}-T_{2^{m-1}}|/3 \tag{7.2.9}$$

若给定数值积分的计算误差限 ε，则当 $|T_{2^m}-T_{2^{m-1}}|\leqslant 3\varepsilon$ 时，利用逐次分半复合梯形计算公式（7.2.8）的计算就可停止，并认为 T_{2^m} 是满足精度要求的积分近似值，于是由式（7.2.8）和式（7.2.9）可得如下算法。

算法 7.2.1

（1）输入 $a,b,f(x),\varepsilon$。

（2）$m=1$，$h=(b-a)/2$，$T_0=h\cdot[f(a)+f(b)]$。

（3）$F=0$。

（4）对 $k=1,2,\cdots,2^{m-1}$，计算 $F=:F+f[a+(2k-1)h]$。

（5）$T=T_0/2+h\cdot F$。

（6）若 $|T-T_0|>3\varepsilon$，则 $m\Leftarrow m+1$，$h\Leftarrow h/2$，$T_0\Leftarrow T$，转（3）。

（7）若 $|T-T_0|\leqslant 3\varepsilon$，输出 T，停止。

2. 复合辛普森公式的逐次分半算法

将积分区间 $[a,b]$ 分成 $n=2^m\ (m=0,1,2,\cdots)$ 等份，记 $h_m=(b-a)/2^{m+1}$，$x_k=a+k\cdot h_m$ $(k=0,1,\cdots,2n)$，有

$$S_{2^m}=\frac{h_m}{3}\left\{f(a)+f(b)+2\sum_{k=1}^{2^m-1}f(a+2kh_m)+4\sum_{k=1}^{2^m}f[a+(2k-1)h_m]\right\} \tag{7.2.10}$$

称 $\{S_{2^m}\}$ 为辛普森值序列。由于对积分区间采用逐次分半算法，第 $m-1$ 次计算的区间内节点是第 m 次计算的区间内偶数节点，它们在第 m 次计算中体现在式（7.2.10）的以下计算项上：

$$2\cdot\frac{h_m}{3}\sum_{k=1}^{2^m-1}f(a+2kh_m)=2\cdot\frac{h_m}{3}\sum_{k=1}^{2^m-1}f(a+kh_{m-1}) \tag{7.2.11}$$

第 m 次分割的新增节点的作用在第 m 次计算中体现在以下计算项（式（7.2.10））：

$$4\cdot\frac{h_m}{3}\sum_{k=1}^{2^m}f[a+(2k-1)h_m] \tag{7.2.12}$$

类似于在复合梯形公式的逐次分半算法中的讨论，利用复合辛普森公式的截断误差公式（7.2.4），可得式（7.2.10）的截断误差为 $R_{S_{2^m}}[f]=\int_a^b f(x)\mathrm{d}x-S_{2^m}\approx[S_{2^m}-S_{2^{m-1}}]/15$，即

$$|R_{S_{2^m}}[f]|\approx|S_{2^m}-S_{2^{m-1}}|/15 \tag{7.2.13}$$

若给定数值积分的计算误差限 ε，则当 $|S_{2^m}-S_{2^{m-1}}|\leqslant 15\varepsilon$ 时，利用复合辛普森公式的逐次分半计算公式（7.2.10）的计算就可停止，并认为 S_{2^m} 就是满足精度要求的积分近似值，于是由式（7.2.10）～式（7.2.13）可得如下算法。

算法 7.2.2

（1）输入 $a,b,f(x),\varepsilon$。

（2）令 $F_1=f(a)+f(b)$，$F_2=f[(a+b)/2]$，$S_0=(b-a)/6\cdot(F_1+4F_2)$，$m=1$，$h=(b-a)/4$。

（3）令 $F_3=0$。

（4）对 $k=1,2,\cdots,2^m$，计算 $F_3=:F_3+f[a+(2k-1)h]$。

（5）计算 $S=h/3\cdot(F_1+2F_2+4F_3)$。

（6）若 $|S-S_0|>15\varepsilon$，则 $m\Leftarrow m+1$，$h\Leftarrow h/2$，$F_2\Leftarrow F_2+F_3$，$S_0\Leftarrow S$，转（3）。

（7）若 $|S-S_0|<15\varepsilon$，输出 S，停止。

类似于上面的讨论，可给出复合科茨公式的逐次分半公式与算法，这里不再赘述。

7.3　龙贝格求积公式

尽管复合求积公式利用分段低次多项式很好地解决了数值积分的精度问题，但在使用求积公式之前必须给出一个合适的积分区间等份数。若积分区间等份数太小，则精度难以保证；若积分区间等份数太大，则会导致计算量的浪费。同时，由于截断误差公式中 ξ 的不确定性，事先要给出一个恰当的等份数往往是很困难的。因此，面对具有一定精度要求的数值积分，研究一种能自动变步长（即自动调整等份数）的方法将具有更实际的意义。本节将在理查森（Richardson）外推法和复合梯形公式的基础上，给出具有自动变步长的龙贝格（Romberg）求积公式。

7.3.1 理查森外推法

复合梯形公式的截断误差公式(7.2.2)表明其截断误差为$O(h^2)$，因而梯形值序列$\{T_{2^m}\}$的收敛速度较慢。事实上，利用泰勒展开式进一步分析可得

$$I[f]-T_n=R_{T_n}[f]=a_1h^2+a_2h^4+\cdots+a_kh^{2k}+\cdots \tag{7.3.1}$$

其中，系数$a_k=B_{2k}[f^{(2k-1)}(b)-f^{(2k-1)}(a)]/(2k)!\ (k=1,2,\cdots)$，它们与步长$h$无关，式（7.3.1）也称为欧拉-麦克劳林（Euler-Maclaurin）公式，B_{2k}为伯努利（Bernoulli）常数。若记$I=I[f]$，$I_1(h)=T_n$，式（7.3.1）可记为

$$I-I_1(h)=a_1h^2+a_2h^4+\cdots+a_kh^{2k}+\cdots \tag{7.3.2}$$

若用αh代替式（7.3.2）中的h，可得

$$I-I_1(\alpha h)=a_1(\alpha h)^2+a_2(\alpha h)^4+\cdots+a_k(\alpha h)^{2k}+\cdots \tag{7.3.3}$$

将式（7.3.3）减去式（7.3.2）的α^2倍，整理可得（注：α满足$|\alpha|\neq 1$）

$$I-[I_1(\alpha h)-\alpha^2I_1(h)]/(1-\alpha^2)=b_2h^4+b_3h^6+\cdots+b_kh^{2k}+\cdots$$

其中，$b_k=a_k(\alpha^{2k}-\alpha^2)/(1-\alpha^2)\ (k=2,3,\cdots)$，仍与$h$无关。记

$$I_2(h)=[I_1(\alpha h)-\alpha^2I_1(h)]/(1-\alpha^2) \tag{7.3.4}$$

则

$$I-I_2(h)=b_2h^4+b_3h^6+\cdots+b_kh^{2k}+\cdots \tag{7.3.5}$$

式（7.3.5）表明，将$I_2(h)$作为计算量I的近似值，其误差至少为$O(h^4)$，因此$I_2(h)$收敛于I的速度要比$I_1(h)$快。一般地，用归纳法可证明下列结论。

定理 7.3.1 若$I(h)$是计算量I的近似值，其误差可表示为

$$I-I(h)=a_1h^{P_1}+a_2h^{P_2}+\cdots+a_kh^{P_k}+\cdots$$

其中，自然数$P_1,P_2,\cdots,P_k,\cdots$与$h$无关，且满足$P_1<P_2<\cdots<P_k<\cdots$。定义算法序列$\{I_m(h)\}$如下：

$$I_1(h)=I(h),\quad I_m(h)=[I_{m-1}(\alpha h)-\alpha^{P_{m-1}}I_{m-1}(h)]/(1-\alpha^{P_{m-1}})\ (m=2,3,\cdots)$$

其中，α满足$|\alpha|\neq 1$。则将$I_m(h)$作为计算量I的近似值，其误差至少为$O(h^{P_m})$。

定理 7.3.1 表明，随着m的增大，收敛到计算量I的速度越来越快，上述方法就称为理查森外推法。理查森外推法的应用非常广泛且有效，将其应用于梯形值序列$\{T_{2^m}\}$，可以构造出一种计算简便、收敛快速的数值积分方法——龙贝格求积公式。

7.3.2 龙贝格求积公式概述

若记$T_0^{(k)}=T_{2^k}=I_1[(b-a)/2^k]$，$h=(b-a)/2^k\quad (k=0,1,2,\cdots)$，则将此应用到式（7.3.1）可得

$$I-I_1[(b-a)/2^k]=R_{T_0^{(k)}}[f]=a_1h^2+a_2h^4+\cdots+a_kh^{2k}+\cdots \tag{7.3.6}$$

取$\alpha=1/2$，由理查森外推法可得

$$I_2[(b-a)/2^k]=\{I_1[(b-a)/2^{k+1}]-(1/2)^2I_1[(b-a)/2^k]\}/[1-(1/2)^2]$$

记$T_1^{(k)}=I_2[(b-a)/2^k]$，则上式为

$$T_1^{(k)} = [4T_0^{(k+1)} - T_0^{(k)}]/3 \qquad (7.3.7)$$

且有 $I - T_1^{(k)} = O(h^4)$。

重复使用理查森外推公式，可得

$$I_{m+1}[(b-a)/2^k] = \{4^m \cdot I_m[(b-a)/2^{k+1}] - I_m[(b-a)/2^k]\}/(4^m - 1)$$

记 $T_m^{(k)} = I_{m+1}[(b-a)/2^k]$，则上式可记为

$$T_m^k = [4^m \cdot T_{m-1}^{(k+1)} - T_{m-1}^{(k)}]/(4^m - 1) \qquad (7.3.8)$$

其中，$m = 1,2,\cdots$；$k = 0,1,2,\cdots$；且有 $I - I_{m+1}(h) = O[h^{2(m+1)}]$。式（7.3.8）就称为龙贝格求积公式，其中，$T_0^k$ $(k = 0,1,2,\cdots)$ 由逐次分半复合梯形计算公式计算（即采用算法 7.2.1 计算）。

容易验证序列值 $\{T_1^{(k)}\}$ 就是辛普森值序列 $\{S_{2^k}\}$。由复合梯形公式有

$$4T_0^{(k+1)} - T_0^{(k)} = h\left\{f(a) + f(b) + 4\sum_{j=1}^{2^{k-1}-1} f[a + (2j-1)h] + 2\sum_{j=1}^{2^{k-1}-1} f(a + 2jh)\right\} = 3S_{2^k}$$

于是，$S_{2^k} = [4T_0^{(k+1)} - T_0^{(k)}]/3 = T_1^{(k-1)}$。类似地，有

$$C_{2^k} = (4^2 S_{2^{k+1}} - S_{2^k})/(4^2 - 1) = [4^2 T_1^{(k)} - T_1^{(k-1)}]/(4^2 - 1) = T_2^{(k-1)}$$

即序列值 $\{T_2^{(k)}\}$ 就是科茨值序列 $\{C_{2^k}\}$。龙贝格求积公式的计算过程见表 7-3-1。

表 7-3-1　龙贝格求积公式的计算过程

k	$T_0^{(k)}$	$T_1^{(k-1)}$	$T_2^{(k-2)}$	$T_3^{(k-3)}$	…
0	$T_0^{(0)}$				
1	$T_0^{(1)}$	$T_1^{(0)}$			
2	$T_0^{(2)}$	$T_1^{(1)}$	$T_2^{(0)}$		
3	$T_0^{(3)}$	$T_1^{(2)}$	$T_2^{(1)}$	$T_3^{(0)}$	
…	…	…	…	…	…

表 7-3-1 中的计算次序是按行从上到下，每行是从左至右，即先后次序为 $T_0^{(0)}$，$T_0^{(1)}$，$T_1^{(0)}$，$T_0^{(2)}$，$T_1^{(1)}$，…，且表 7-3-1 中右侧对角线上的值 $T_0^{(0)}$，$T_1^{(0)}$，$T_2^{(0)}$，$T_3^{(0)}$，…为相应的 k 值对应的最终外推的计算结果，其算法如下。

算法 7.3.1

（1）输入 $a,b,f(x),\varepsilon$。

（2）令 $h = b-a$，$T_0^0 = h[f(a)+f(b)]/2$，$k = 1$。

（3）计算 $T_0^{(k)} = \dfrac{1}{2}\left\{T_0^{(k-1)} + h\sum\limits_{i=1}^{2^{k-1}} f\left[a + \left(i - \dfrac{1}{2}\right)h\right]\right\}$。

（4）对 $j = 1,2,\cdots,k$，计算 $T_j^{(k-j)} = [4^j T_{j-1}^{(k-j+1)} - T_{j-1}^{(k-j)}]/(4^j - 1)$。

（5）若 $|T_k^{(0)} - T_{k-1}^{(0)}| > \varepsilon$，则 $k \Leftarrow k+1$，$h \Leftarrow h/2$，转（3）。

（6）若 $|T_k^{(0)} - T_{k-1}^{(0)}| < \varepsilon$，输出 T_k^0，停止。

例 7.3.1　利用龙贝格求积公式计算例 7.2.2 中的积分 $I[f] = \int_0^1 \dfrac{\sin x}{x}\mathrm{d}x$ 的近似值。

解　根据函数表 7-2-1，按算法 7.2.1 可计算 $T_0^{(0)} = 0.920735492$，$T_0^{(1)} = 0.939793285$，$T_0^{(2)} = 0.944513522$，$T_0^{(3)} = 0.945690864$，按算法 7.3.1 可得表 7-3-2。

表 7-3-2　例 7.3.1 中龙贝格求积公式的计算过程

k	$T_0^{(k)}$	$T_1^{(k-1)}$	$T_2^{(k-2)}$	$T_3^{(k-3)}$
0	0.920735492			
1	0.939793285	0.946145882		
2	0.944513522	0.946086934	0.946083004	
3	0.945690864	0.946083311	0.946083069	0.94608307

由表 7-3-2 可得 $T_3^{(0)} = 0.94608307$。通过例 7.2.2 中的讨论可知，$T_3^{(0)}$ 具有 8 位有效数字，与复合梯形公式的计算结果 $T_8 = T_0^{(3)} = 0.945690864$ 只有 3 位有效数字相比，精度提高了很多。

7.4　高斯型求积公式

正如在 7.1 节中提到的，在实际工程应用中，在被积函数 $f(x)$ 不知道或者 $f(x)$ 的各阶导数的绝对值上界难以估计的情况下，数值积分的误差也是无法估计的。为了评价求积公式的好坏，下面引入求积公式的代数精度作为衡量数值积分公式近似程度的工具。本节将在此基础上介绍高斯型求积公式。

7.4.1　高斯型求积公式的一般提法

先看一个例子。

例 7.4.1　试确定 $x_0, x_1 \in [-1,1]$ 及常数 A_0, A_1，使下列求积公式

$$\int_{-1}^{1} f(x)\mathrm{d}x \approx A_0 f(x_0) + A_1 f(x_1)$$

有尽可能高的代数精度，并求其代数精度。

解　由于有 4 个待求的参数 x_0, x_1, A_0, A_1，要确定它们至少需 4 个约束条件。因此，分别取 $f(x) = 1, x, x^2, x^3$，代入上面的求积公式，使求积公式左右两边严格相等，即有

$$\begin{cases} A_0 + A_1 = \int_{-1}^{1} \mathrm{d}x = 2 \\ A_0 x_0 + A_1 x_1 = \int_{-1}^{1} x\mathrm{d}x = 0 \\ A_0 x_0^2 + A_1 x_1^2 = \int_{-1}^{1} x^2\mathrm{d}x = 2/3 \\ A_0 x_0^3 + A_1 x_1^3 = \int_{-1}^{1} x^3\mathrm{d}x = 0 \end{cases}$$

这是一个含 4 个变量 x_0, x_1, A_0, A_1 和 4 个方程的非线性方程组。求解这个非线性方程组可得 $A_0 = A_1 = 1, x_0 = -1/\sqrt{3}, x_1 = 1/\sqrt{3}$，即对应的求积公式为

$$\int_{-1}^{1} f(x)\mathrm{d}x \approx f(-1/\sqrt{3}) + f(1/\sqrt{3})$$

而当 $f(x)=x^4$ 时，左 $=\int_{-1}^{1}x^4\mathrm{d}x=2/5\neq 2/9=f(-1/\sqrt{3})+f(1/\sqrt{3})=$ 右。因此，所求的求积公式具有 3 次代数精度。

例 7.4.1 表明，只要适当地选取参数 x_0,x_1,A_0,A_1，就可使求积公式

$$\int_{-1}^{1}f(x)\mathrm{d}x\approx A_0f(x_0)+A_1f(x_1)$$

具有尽可能高的代数精度（这里是 3 次代数精度）。更一般地，如果已知求积公式中节点的个数，如何求这些节点 $\{x_i\}$ 及相应的组合常数 $\{A_i\}$，使这一求积公式具有尽可能高的代数精度，这一问题在实际问题的研究与应用中具有一般意义和应用背景。

一般提法：在求积公式

$$\int_a^b\rho(x)f(x)\mathrm{d}x\approx\sum_{k=0}^{n}A_kf(x_k)\tag{7.4.1}$$

中，一共有 $2n+2$ 个待定参数 x_k 与 A_k $(k=0,1,2,\cdots,n)$，如何确定这些参数，使求积公式具有尽可能高的代数精度或至少具有 $2n+1$ 次代数精度，其中 $\rho(x)\geqslant 0$ 为区间 $[a,b]$ 上的权函数。

事实上，在例 7.4.1 中，$\rho(x)\equiv 1$。从例 7.4.1 中知道，求解这一问题可转化为求解一个含 $2n+2$ 个未知变量、$2n+2$ 个方程的非线性方程组，这是一个非常困难的问题。

定义 7.4.1　若一组互异的节点 $x_0,x_1,\cdots,x_n\in[a,b]$ 及系数 $A_0,A_1,\cdots,A_n$，使求积公式(7.4.1)具有 $2n+1$ 次代数精度，则称求积公式(7.4.1)为高斯型求积公式，并称此组节点 $x_0,x_1,\cdots,x_n$ 为高斯点。

定义 7.4.1 将所求问题转化为计算求积公式的高斯点及相应的组合系数 $A_0,A_1,\cdots,A_n$。一旦求积公式的高斯点已知，求系数 $A_0,A_1,\cdots,A_n$ 就转化为求解一个含 $n+1$ 个方程的线性方程组，按照前面的介绍，这是一个比较容易解决的问题。因此，解决所求问题的关键是计算求积公式的高斯点，下面就来介绍高斯点的求法。

7.4.2　高斯点与正交多项式的关系

定理 7.4.1　对于求积公式（7.4.1），其节点 $x_0,x_1,\cdots,x_n$ 是高斯点的充分必要条件是 $w_{n+1}(x)=\prod_{k=0}^{n}(x-x_k)$ 是区间 $[a,b]$ 上的关于权函数 $\rho(x)$ 的 $n+1$ 次正交多项式，即 $x_0,x_1,\cdots,x_n$ 是区间 $[a,b]$ 上的关于权函数 $\rho(x)$ 的 $n+1$ 次正交多项式的 $n+1$ 个零点。

证明　必要性证明。设 $x_0,x_1,\cdots,x_n$ 为求积公式（7.4.1）在区间 $[a,b]$ 上的高斯点，则求积公式（7.4.1）具有 $2n+1$ 次代数精度。设 $q(x)$ 为任意不超过 n 次的多项式，则对于 $f(x)=q(x)w_{n+1}(x)$，求积公式（7.4.1）精确成立，即

$$\int_a^b\rho(x)q(x)w_{n+1}(x)\mathrm{d}x=\sum_{k=0}^{n}A_kq(x_k)w_{n+1}(x_k)=0$$

因此，由 $q(x)$ 的任意性知，$w_{n+1}(x)$ 是区间 $[a,b]$ 上的关于权函数 $\rho(x)$ 的 $n+1$ 次正交多项式。

充分性证明。假设 $w_{n+1}(x)$ 是区间 $[a,b]$ 上的关于权函数 $\rho(x)$ 的 $n+1$ 次正交多项式，设 $P(x)$ 为任意不超过 $2n+1$ 次的多项式，则用 $w_{n+1}(x)$ 除 $P(x)$，记其商为 $q(x)$，余项为 $r(x)$，

即 $P(x)=w_{n+1}(x)q(x)+r(x)$，其中，$q(x)$ 和 $r(x)$ 都是不高于 n 次的多项式。由于 $w_{n+1}(x)$ 是区间 $[a,b]$ 上的关于权函数 $\rho(x)$ 的 $n+1$ 次正交多项式，于是 $\int_a^b \rho(x)w_{n+1}(x)q(x)\mathrm{d}x=0$；同时，由于求积公式（7.4.1）至少具有 n 次代数精度，即有 $\int_a^b \rho(x)r(x)\mathrm{d}x=\sum_{k=0}^{n}A_k r(x_k)$，因此，

$$\int_a^b \rho(x)P(x)\mathrm{d}x=\int_a^b \rho(x)w_{n+1}(x)q(x)\mathrm{d}x+\int_a^b \rho(x)r(x)\mathrm{d}x=\int_a^b \rho(x)r(x)\mathrm{d}x$$

$$=\sum_{k=0}^{n}A_k q(x_k)w_{n+1}(x_k)+\sum_{k=0}^{n}A_k r(x_k)=\sum_{k=0}^{n}A_k P(x_k)$$

此表明求积公式（7.4.1）对任意不超过 $2n+1$ 次的多项式 $P(x)$ 都准确成立，即求积公式（7.4.1）是高斯型求积公式，$x_0,x_1,\cdots,x_n$ 为高斯点。

定理 7.4.1 表明，所求问题可转化为以下两个步骤进行。

（1）通过区间 $[a,b]$ 上的关于权函数 $\rho(x)$ 的 $n+1$ 次正交多项式的零点来计算高斯点 $x_0,x_1,\cdots,x_n$，此为求解一个一元 $n+1$ 次的非线性方程。

（2）在高斯点 $x_0,x_1,\cdots,x_n$ 确定后，分别取 $f(x)=1,x,x^2,\cdots,x^n$，代入求积公式（7.4.1），使其左右两边严格相等，这是一个含变量 $A_0,A_1,\cdots,A_n$ 的 $n+1$ 个方程的线性方程组，通过求解这一线性方程组获得 $A_0,A_1,\cdots,A_n$ 的取值。

如在例 7.4.1 中，采用上面的求解步骤得到的结果如下。

（1）先求 2 次正交多项式。$\varphi_0(x)=1$，$\alpha_1=(x\varphi_0,\varphi_0)/(\varphi_0,\varphi_0)=0$，即 $\varphi_1(x)=x$；$\alpha_2=(x\varphi_1,\varphi_1)/(\varphi_1,\varphi_1)=0$，$\beta_2=(\varphi_1,\varphi_1)/(\varphi_0,\varphi_0)=1/3$，即 $\varphi_2(x)=x^2-1/3$。再令 $\varphi_2(x)=0$，即得高斯点 $x_0=-1/\sqrt{3},x_1=1/\sqrt{3}$。

（2）将 $x_0=-1/\sqrt{3},x_1=1/\sqrt{3}$ 代入式（7.4.1），则求积公式变为

$$\int_{-1}^{1}f(x)\mathrm{d}x\approx A_0 f(-1/\sqrt{3})+A_1 f(1/\sqrt{3})$$

分别取 $f(x)=1,x$，代入上述求积公式，使其左右两边严格相等，可得这是一个含变量 A_0,A_1 的 2 个方程的线性方程组：

$$\begin{cases}A_0+A_1=\int_{-1}^{1}\mathrm{d}x=2\\ A_0\cdot(-1/\sqrt{3})+A_1\cdot 1/\sqrt{3}=\int_{-1}^{1}x\mathrm{d}x=0\end{cases}$$

解得 $A_0=A_1=1$，从而所求的求积公式为 $\int_{-1}^{1}f(x)\mathrm{d}x\approx f(-1/\sqrt{3})+f(1/\sqrt{3})$。

例 7.4.2　确定 $x_0,x_1,x_2\in[-1,1]$ 及常数 A_0,A_1,A_2，使下列求积公式

$$\int_{-1}^{1}f(x)\mathrm{d}x\approx A_0 f(x_0)+A_1 f(x_1)+A_2 f(x_2)$$

为高斯型求积公式，并求其代数精度。

解　由上面的结果（1）继续可得 $\alpha_3=(x\varphi_2,\varphi_2)/(\varphi_2,\varphi_2)=0$，$\beta_3=(\varphi_2,\varphi_2)/(\varphi_1,\varphi_1)=4/15$，即 $\varphi_3(x)=x(x^2-3/5)$。令 $\varphi_3(x)=0$，即得高斯点 $x_0=-\sqrt{15}/5,x_1=0,x_2=\sqrt{15}/5$。

从而求积公式为 $\int_{-1}^{1}f(x)\mathrm{d}x\approx A_0 f(-\sqrt{15}/5)+A_1 f(0)+A_2 f(\sqrt{15}/5)$。

分别取 $f(x)=1,x,x^2$，代入上面的求积公式，使求积公式左右两边严格相等，有

$$\begin{cases} A_0 + A_1 + A_2 = \int_{-1}^{1} \mathrm{d}x = 2 \\ -\sqrt{15}/5 \cdot A_0 + \sqrt{15}/5 \cdot A_2 = \int_{-1}^{1} x\mathrm{d}x = 0 \\ 3/5 \cdot A_0 + 3/5 \cdot A_2 = \int_{-1}^{1} x^2 \mathrm{d}x = 2/3 \end{cases}$$

解得 $A_0 = A_2 = 5/9$，$A_1 = 8/9$，即对应的求积公式为

$$\int_{-1}^{1} f(x)\mathrm{d}x \approx [5f(-\sqrt{15}/5) + 8f(0) + 5f(\sqrt{15}/5)]/9$$

由定理 7.4.1 知，上面的求积公式至少有 5 次代数精度。而当 $f(x) = x^6$ 时，代入上式有，左 $= \int_{-1}^{1} x^6 \mathrm{d}x = 2/7 \neq 6/25 = [5 \cdot (-\sqrt{15}/5)^6 + 5 \cdot (\sqrt{15}/5)^6]/9 =$ 右，即所求的求积公式只有 5 次代数精度。

7.4.3　高斯型求积公式的稳定性和收敛性

高斯型求积公式（7.4.1）的系数有下列特点。

（1）当 $\rho(x) \equiv 1$ 时，由于求积公式对 $f(x) = 1$ 精确成立，$\sum\limits_{k=0}^{n} A_k = b - a$。

（2）由于 $\rho(x) > 0$，且求积公式对 $2n$ 次多项式 $f(x) = l_k^2(x)$ 精确成立，有

$$\int_a^b \rho(x) l_k^2(x)\mathrm{d}x = \sum_{k=0}^{n} A_k l_k^2(x_i) = A_k > 0$$

即高斯型求积公式的系数是正的。

假设在求积公式 $I_n(f) = \sum\limits_{k=0}^{n} A_k f(x_k)$ 中，函数 $f(x_k)$ 有舍入误差 $\varepsilon_k = f(x_k) - \tilde{f}(x_k)$，令 $\varepsilon_k = \max\limits_{0 \leqslant k \leqslant n} |\varepsilon_k|$，则求积公式的误差 $\delta = |I_n(f) - I_n(\tilde{f})|$。

定义 7.4.2　如果 $\delta \leqslant C\varepsilon$，其中，$C$ 是与 ε 无关的常数，则称求积公式是数值稳定的。

定理 7.4.2　高斯型求积公式 $\int_a^b \rho(x) l_k^2(x)\mathrm{d}x \approx \sum\limits_{k=0}^{n} A_k f(x_k)$ 是数值稳定的。

证明　因为高斯型求积公式的系数 $A_k > 0$，显然 $\sum\limits_{k=0}^{n} |A_k| = \sum\limits_{k=0}^{n} A_k = \int_a^b \rho(x)\mathrm{d}x = C$，其中，$C$ 是常数，所以，

$$\delta = |I_n(f) - I_n(\tilde{f})| = \left|\sum_{k=0}^{n} A_k [f(x_k) - \tilde{f}(x_k)]\right| = \left|\sum_{k=0}^{n} A_k \varepsilon_k\right| \leqslant \max_{0 \leqslant k \leqslant n} |\varepsilon_k| \sum_{k=0}^{n} A_k \leqslant C\varepsilon$$

根据求积公式的稳定性定义，高斯型求积公式是数值稳定的。

定理 7.4.3　设 $f(x) \in C[a,b]$，则高斯型求积公式收敛，且

$$\lim_{n \to \infty} I_n(f) = \int_a^b \rho(x) f(x)\mathrm{d}x$$

7.4.4　常用的高斯型求积公式

正交多项式因权函数而异，因此有各种各样的高斯型求积公式，下面列出几个常用的高斯型求积公式，其系数 A_k 和节点 x_k 都有表可查。

1. 高斯-勒让德求积公式

给定权函数 $\rho(x)=1$，积分区间 $[a,b]=[-1,1]$，其相应的正交多项式是勒让德多项式 $P_n(x)$，高斯型求积公式的节点取勒让德多项式 $P_n(x)$ 的根，则得高斯-勒让德求积公式：

$$\int_{-1}^{1} f(x)\mathrm{d}x \approx \sum_{k=1}^{n} A_k f(x_k) \tag{7.4.2}$$

其余项为

$$E[f]=2^{2n+1}(n!)^4 f^{(2n)}(\eta)/\{[(2n)!]^3(2n+1)\}\quad (-1\leqslant\eta\leqslant 1) \tag{7.4.3}$$

例 7.4.3　当 $n=2$ 时，利用式（7.4.2）计算 $I=\int_1^3 1/x\mathrm{d}x$。

解　进行变量置换 $x=t+2$，使积分变为 $I=\int_{-1}^{1} 1/(t+2)\mathrm{d}t$。利用 $n=2$ 的高斯-勒让德求积公式得

$I=0.5555556\times[1/(2-0.7745967)+1/(2+0.7745967)]+0.8888889/2=1.0980393$

对于构造的任意区间 $[a,b]$ 上的高斯型求积公式，只要进行变量置换 $x=(a+b)/2+(b-a)t/2$，使当 $x\in[a,b]$ 时，$t\in[-1,1]$，则有

$$\begin{aligned}\int_a^b f(x)\mathrm{d}x &= (b-a)/2\cdot\int_{-1}^{1} f[(a+b)/2+(b-a)t/2]\mathrm{d}t\\ &\approx (b-a)/2\sum_{k=0}^{n} A_k f[(a+b)/2+(b-a)t_k/2]\end{aligned} \tag{7.4.4}$$

其中，t_k 和 A_k 取表 7-4-1 中对应的值。

例 7.4.4　构造 $\int_1^5 f(x)\mathrm{d}x$ 的高斯-勒让德求积公式，使其具有 5 次代数精度。

解　由代数精度 $2n+1=5$，得 $n=2$，即 2 个区间 3 个节点。进行变量置换 $x=3+2t$，$\mathrm{d}x=2\mathrm{d}t$，则有

$$\int_1^5 f(x)\mathrm{d}x = 2\int_{-1}^{1} f(3+2t)\mathrm{d}t \approx 2\sum_{k=0}^{n} A_k f(3+2t)$$

查表 7-4-1 可得 $t_0=-\sqrt{3/5}$，$t_1=0$，$t_2=\sqrt{3/5}$，$A_0=A_2=5/9$，$A_1=8/9$。代入上式，可得高斯-勒让德求积公式为

$$\int_1^5 f(x)\mathrm{d}x \approx 2\{5/9\cdot[f(3-2\sqrt{3/5})+f(3+2\sqrt{3/5})]+8/9\cdot f(3)\}$$

下面构造复合高斯-勒让德求积公式，将 $[a,b]$ 分成 n 等份，等分点为 $x_k=a+kh$ $(k=0,1,2,\cdots,n)$，$h=(b-a)/n$，在每一个子区间 $[x_k,x_{k+1}]$ 上采用 2 点高斯-勒让德求积公式：

$$\int_{x_k}^{x_{k+1}} f(x)\mathrm{d}x \approx \frac{x_{k+1}-x_k}{2}\left[f\left(\frac{x_k+x_{k+1}}{2}-\frac{x_{k+1}-x_k}{2\sqrt{3}}\right)+f\left(\frac{x_k+x_{k+1}}{2}+\frac{x_{k+1}-x_k}{2\sqrt{3}}\right)\right]$$

在区间 $[a,b]$ 上的复合积分公式为

$$\int_a^b f(x)\mathrm{d}x \approx h/2\cdot\sum_{k=0}^{n-1}\{f[x_{k+0.5}-h/(2\sqrt{3})]+f[x_{k+0.5}+h/(2\sqrt{3})]\} \tag{7.4.5}$$

称式（7.4.5）为**复合高斯-勒让德 I 型求积公式**。

将区间$[a,b]$分成$2n$等份，$x_k = a + kh\ (k = 0,1,2,\cdots,2n)$，$h = (b-a)/(2n)$，在每个区间$[x_k, x_{k+2}]$上采用 3 点高斯-勒让德求积公式：

$$\int_{x_k}^{x_{k+2}} f(x)\mathrm{d}x \approx (x_{k+2} - x_k)/2 \cdot (5/9 \cdot \{f[(x_k + x_{k+2})/2 - \sqrt{0.15}(x_{k+2} - x_k)] + f[(x_k + x_{k+2})/2 + \sqrt{0.15}(x_{k+2} - x_k)]\} + 8f(x_{k+1})/9)$$

在区间$[a,b]$上的复合积分公式为

$$\int_a^b f(x)\mathrm{d}x \approx h/9 \cdot \sum_{k=0}^{n-1} \{5[f(x_{2k+1} - h\sqrt{0.6}) + f(x_{2k+1} + h\sqrt{0.6})] + 8f(x_{2k+1})\} \quad (7.4.6)$$

称式（7.4.6）为**复合高斯-勒让德Ⅱ型求积公式**。

例 7.4.5　已知定积分$\int_0^{\frac{\pi}{2}} x^2 \cos x \mathrm{d}x$，分别用 3 段 4 点复合梯形公式、2 段 5 点复合辛普森公式、4 点高斯-勒让德求积公式和 2 段复合高斯-勒让德 I 型求积公式计算，并比较计算结果。

解　该定积分的准确值是 0.4674011。

（1）3 段 4 点复合梯形公式：$h = \dfrac{\pi}{6}$，

$$T(f) = h/2 \cdot \{f(0) + 2[f(h) + f(2h)] + f(\pi/2)\} = 0.411411$$

（2）2 段 5 点复合辛普森公式：$h = \pi/8$，

$$S(f) = h/3 \cdot \{f(0) + 4[f(h) + f(3h)] + 2f(2h) + f(\pi/2)\} = 0.466890$$

（3）4 点高斯-勒让德求积公式：

$$G(f) = \frac{\pi}{4}\int_{-1}^{1} g(t)\mathrm{d}t \approx \frac{\pi}{4}\sum_{k=0}^{3} A_k g(t_k) = 0.467429$$

其中，$g(t) = [\pi(1+t)/2]^2 \cos[\pi(1+t)/4]$；$t_3 = -t_0 = 0.8611363$，$t_2 = -t_1 = 0.339981$；$A_3 = A_0 = 0.3478548$，$A_2 = A_1 = 0.652145$。

（4）2 段复合高斯-勒让德 I 型求积公式：$h = \pi/4, x_0 = 0, x_1 = \pi/4, x_2 = \pi/2$，

$$G_2(f) \approx \frac{\pi}{8}\left[f\left(\frac{\pi}{8} - \frac{\pi}{8\sqrt{3}}\right) + f\left(\frac{\pi}{8} + \frac{\pi}{8\sqrt{3}}\right) + f\left(\frac{3\pi}{8} - \frac{\pi}{8\sqrt{3}}\right) + f\left(\frac{3\pi}{8} + \frac{\pi}{8\sqrt{3}}\right)\right] = 0.467744$$

显然，高斯-勒让德求积公式的准确度最高，特别是 4 点高斯-勒让德求积公式。高斯-勒让德求积公式的n、节点x_k及系数A_k见表 7-4-1。

表 7-4-1　高斯-勒让德求积公式的 n、节点 x_k 及系数 A_k 表

n	x_k	A_k
1	±0.577350209	1
2	±0.7745966692	0.555555556
	0	0.8888888889
3	±0.8611363116	0.3478548451
	±0.3399810436	0.6521451549
4	±0.9061798459	0.2369268851
	±0.5394693101	0.4786286705
	0	0.5688888889

2. 高斯-拉盖尔求积公式

当权函数 $\rho(x)=\mathrm{e}^{-x}$，积分区间 $[a,b]=[0,\infty)$ 时，选节点为拉盖尔多项式 $L_n(x)$ 的根，则得高斯-拉盖尔求积公式：

$$\int_0^{\infty}\mathrm{e}^{-x}f(x)\mathrm{d}x\approx\sum_{k=0}^{n}A_k f(x_k) \tag{7.4.7}$$

其余项为

$$E[f]=(n!)^2 f^{(2n)}(\eta)/(2n)! \tag{7.4.8}$$

其中，$0<\eta<\infty$。高斯-拉盖尔求积公式的 n、节点 x_k 及系数 A_k 见表 7-4-2。

表 7-4-2　高斯-拉盖尔求积公式的 n、节点 x_k 及系数 A_k 表

n	x_k	A_k
1	0.5857864375	0.853553390
	3.4142135624	0.1464466094
2	0.4157745568	0.7110930099
	2.2942803603	0.2785177336
	6.2899450829	0.0103892565
3	0.3225476896	0.6031541043
	1.7457611012	0.3574186924
	4.5366202969	0.0388879085
	9.3950709123	0.0005392947
4	0.2635603197	0.5217556106
	1.4134030591	0.3986668111
	3.5964257710	0.0759424497
	7.6858100059	0.0036117587
	12.6408008443	0.0000233700

3. 高斯-埃尔米特求积公式

当权函数 $\rho(x)=\mathrm{e}^{-x^2}$，积分区间 $[a,b]=(-\infty,\infty)$ 时，选节点 x_k 为 n 次埃尔米特多项式 $H_n(x)$ 的根，则得高斯-埃尔米特求积公式：

$$\int_{-\infty}^{\infty}\mathrm{e}^{-x^2}f(x)\mathrm{d}x\approx\sum_{k=0}^{n}A_k f(x_k) \tag{7.4.9}$$

其余项为

$$E[f]=\sqrt{\pi}\cdot n!\,f^{(2n)}(\eta)/[2^n(2n)!] \tag{7.4.10}$$

其中，$-\infty<\eta<\infty$。高斯-埃尔米特求积公式的 n、节点 x_k 及系数 A_k 见表 7-4-3。

表 7-4-3　高斯-埃尔米特求积公式的 n、节点 x_k 及系数 A_k 表

n	x_k	A_k
1	±0.7071067812	0.8862269255
2	±1.2247448714	0.2954089752
	0	1.1816359006
3	±1.6506801239	0.08131283545
	±0.5246476233	0.8049140900
4	±2.0201828705	0.01995324206
	±0.9585724646	0.3936193232
	0	0.9453087205

4. 高斯-切比雪夫求积公式

当权函数 $\rho(x)=1/\sqrt{1-x^2}$，积分区间 $[a,b]=[-1,1]$ 时，选节点 x_k 为 n 次切比雪夫多项式 $T_n(x)$ 的根，则得高斯-切比雪夫求积公式及其余项分别为

$$\int_{-1}^{1} f(x)/\sqrt{1-x^2}\,\mathrm{d}x \approx \sum_{k=0}^{n} A_k f(x_k) \tag{7.4.11}$$

$$E[f]=\pi f^{(2n)}(\eta)/[2^{2k-1}(2n)!] \tag{7.4.12}$$

其中，$-1<\eta<1$。不难得到式（7.4.11）的节点 x_k 及系数 A_k 分别为

$$x_k=\cos\{(2k+1)\pi/[2(n+1)]\},\quad A_k=\pi/(n+1)\ (k=0,1,\cdots,n)$$

7.4.5　高斯型求积公式的余项

定理 7.4.4　设 $f\in C^{2n+2}[a,b]$，则高斯型求积公式为

$$\int_a^b \rho(x)f(x)\mathrm{d}x \approx \sum_{k=0}^{n} A_k f(x_k)$$

且余项为 $R_{\mathrm{G}}(f)=\int_a^b \rho(x)f(x)\mathrm{d}x-\sum_{k=0}^{n} A_k f(x_k)=\dfrac{f^{(2n+2)}(\eta)}{(2n+2)!}\int_a^b \rho(x)w_{n+1}^2\mathrm{d}x$。

对于 2 点高斯-勒让德求积公式，其高斯点为 $x_0=-1/\sqrt{3}$，$x_1=1/\sqrt{3}$，余项为

$$R_{\mathrm{G-L}}(f)=f^{(4)}(\eta)/4!\int_{-1}^{1}(x+1/\sqrt{3})^2(x-1/\sqrt{3})^2\mathrm{d}x=f^{(4)}(\eta)/135$$

其中，$\eta\in(-1,1)$。

对于 2 点高斯-切比雪夫求积公式，其高斯点为 $x_0=-1/\sqrt{2}$，$x_1=1/\sqrt{2}$，余项为

$$R_{\mathrm{G-C}}(f)=f^{(4)}(\eta)/4!\int_{-1}^{1}(x+1/\sqrt{2})^2(x-1/\sqrt{2})^2/\sqrt{1-x^2}\,\mathrm{d}x=\pi f^{(4)}(\eta)/192$$

其中，$\eta\in(-1,1)$。

7.5　数 值 微 分

下面来介绍数值微分，即讨论函数 $y=f(x)$ 的导数值计算问题。

7.5.1 插值型求导公式

设函数 $f(x)$ 在 x_k 处的取值为 $f(x_k)=y_k$，$P_n(x_k)=y_k\ (k=0,1,2,\cdots,n)$ 是满足条件的插值多项式。自然地，利用 $P_n(x)$ 的导数值作为 $f(x)$ 导数值的近似值，就得到数值导数公式：

$$f'(x)\approx P_n'(x) \tag{7.5.1}$$

$$f''(x)\approx P_n''(x) \tag{7.5.2}$$

称此为**插值型求导公式**。

现在来讨论式（7.5.1）及式（7.5.2）的截断误差。需要强调的是，即使 $f(x)$ 与 $P_n(x)$ 相差不多，导数的近似值 $P_n'(x)$ 与导数的真值 $f'(x)$ 也可能相差很大，因而在使用式（7.5.1）和式（7.5.2）时，要特别注意误差的分析。

拉格朗日插值多项式的误差公式为

$$R_n(x)=f(x)-P_n(x)=f^{(n+1)}(\xi)w_{n+1}(x)/(n+1)! \tag{7.5.3}$$

其中，$w_{n+1}(x)=(x-x_0)(x-x_1)\cdots(x-x_n)$，$\xi$ 与 x 有关。

在式（7.5.3）两边对 x 求导，得式（7.5.1）的截断误差为

$$R_n'(x)=\frac{\mathrm{d}}{\mathrm{d}x}[f^{(n+1)}(\xi)/(n+1)!]w_{n+1}(x)+f^{(n+1)}(\xi)w_{n+1}'(x)/(n+1)! \tag{7.5.4}$$

由拉格朗日插值公式与牛顿插值公式的余项知 $f^{(n+1)}(\xi)/(n+1)!=f(x,x_0,x_1,\cdots,x_n)$，从而有

$$\begin{aligned}\frac{\mathrm{d}}{\mathrm{d}x}[f^{(n+1)}(\xi)/(n+1)!]&=\lim_{\tilde{x}\to x}\frac{f(\tilde{x},x_0,x_1,\cdots,x_n)-f(x,x_0,x_1,\cdots,x_n)}{\tilde{x}-x}\\&=\lim_{\tilde{x}\to x}f(\tilde{x},x,x_0,x_1,\cdots,x_n)=\lim_{\tilde{x}\to x}f^{(n+2)}(\tilde{\eta})/(n+2)!=f^{(n+2)}(\eta)/(n+2)!\end{aligned}$$

其中，η 介于 $x,x_0,x_1,\cdots,x_n$ 之间，代入式（7.5.4）得

$$R_n'(x)=f^{(n+2)}(\eta)w_{n+1}(x)/(n+2)!+f^{(n+1)}(\xi)w_{n+1}'(x)/(n+1)! \tag{7.5.5}$$

类似地，可得

$$R_n''(x)=\frac{f^{(n+3)}(\xi_1)}{(n+3)!}w_{n+1}(x)+\frac{2f^{(n+2)}(\xi_2)}{(n+2)!}w_{n+1}'(x)+\frac{f^{(n+1)}(\xi)}{(n+1)!}w_{n+1}''(x) \tag{7.5.6}$$

其中，ξ_1 和 ξ_2 介于 $x,x_0,x_1,\cdots,x_n$ 之间。

在节点等距的情形下，即 $x_k=x_0+kh\ (k=0,1,2,\cdots,n)$，当 $n=1$ 和 2 时，由式（7.5.1）、式（7.5.2）、式（7.5.5）、式（7.5.6）可得如下数值导数公式。

（1）两点公式：

$$\begin{cases}f'(x_0)=(y_1-y_0)/h-hf''(\xi)/2\\f'(x_1)=(y_1-y_0)/h+hf''(\xi)/2\end{cases} \tag{7.5.7}$$

（2）三点公式：

$$\begin{cases}f'(x_0)=(-3y_0+4y_1-y_2)/(2h)+h^2f'''(\xi)/3\\f'(x_1)=(-y_0+y_2)/(2h)-h^2f'''(\xi)/6\\f'(x_2)=(y_0-4y_1+3y_2)/(2h)+h^2f'''(\xi)/3\end{cases} \tag{7.5.8}$$

二阶数值导数公式：

$$\begin{cases} f''(x_0)=(y_0-2y_1+y_2)/h^2-hf'''(\xi_1)+h^2f^{(4)}(\xi_2)/6 \\ f''(x_1)=(y_0-2y_1+y_2)/h^2-h^2f^{(4)}(\xi)/12 \\ f''(x_2)=(y_0-2y_1+y_2)/h^2+hf'''(\xi_1)-h^2f^{(4)}(\xi_2)/6 \end{cases} \tag{7.5.9}$$

例 7.5.1　已知函数 $y=\mathrm{e}^x$ 的数值（表 7-5-1）。

表 7-5-1

x	2.5	2.6	2.7	2.8	2.9
y	12.1825	13.4637	14.8797	16.4446	18.1741

试用式（7.5.7）～式（7.5.9）分别计算 $x=2.7$ 处函数的一、二阶导数值。

解　当 $h=0.2$ 时，有

$$f'(2.7)\approx(14.8797-12.1825)/0.2=13.486$$

$$f'(2.7)\approx(18.1741-12.1825)/(2\times0.2)=14.979$$

$$f''(2.7)\approx(12.1825-2\times14.8797+18.1741)/0.2^2=14.930$$

当 $h=0.1$ 时，有

$$f'(2.7)\approx(14.8797-13.4637)/0.1=14.160$$

$$f'(2.7)\approx(16.4446-13.4637)/(2\times0.1)=14.9045$$

$$f''(2.7)\approx(13.4637-2\times14.8797+16.4446)/0.1^2=14.890$$

注：因为 $f'(2.7)=f''(2.7)=14.87973\cdots$，所以上面的计算表明，三点公式比两点公式准确，且步长越小结果越准确。一般情况下，这个结论也是对的，但由式（7.5.5）和式（7.5.6）可知，如果高阶导数无界，或舍入误差超过截断误差，这个结论就不对了。

7.5.2　外推法

式（7.5.5）和式（7.5.6）中包含了未知点 ξ 处的高阶导数，实际应用起来非常困难。故在具体应用某一数值导数公式时，为了保证精度，在某一步长 h 算出导数值后，常常缩小步长再算一次，如果两次计算结果差不多，便认为结果已满足精度要求；否则，再缩小步长进行计算。

此外，还可以利用若干次计算结果的适当组合即外推法，得到非常精确的结果。式（7.5.8）和式（7.5.9）中的第二个式子最适合用外推法，这里以式（7.5.8）中的第二个式子为例，来说明外推法在数值导数中的应用。

现将式（7.5.8）中的第二个式子改写一下。为了书写方便，记 x_1 为 x，则 $x_0=x-h$，$x_2=x+h$，由泰勒公式有

$$f(x+h)=f(x)+hf'(x)+h^2f''(x)/2!+h^3f'''(x)/3!+\cdots$$

$$f(x-h)=f(x)-hf'(x)+h^2f''(x)/2!-h^3f'''(x)/3!+\cdots$$

两式相减，除以 $2h$，移项得

$$f'(x)=[f(x+h)-f(x-h)]/(2h)-\sum_{i=1}^{\infty}f^{(2i+1)}(x)h^{2i}/(2i+1)! \tag{7.5.10}$$

这便是式（7.5.8）中第二个式子的另一种形式，其清楚表明，如果令

$$T(h)=[f(x+h)-f(x-h)]/(2h) \tag{7.5.11}$$

则式（7.5.10）类似于式（7.3.1），因此可用式（7.3.2）～式（7.3.7）推算 $f'(x)$。

例 7.5.2 已知函数 $y=e^x$ 的数值（表 7-5-2），试用外推法计算 $y'(1)$。

表 7-5-2

x	0.2	0.6	0.8	1.2	1.4	1.8
y	1.221403	1.822118	2.225541	3.320117	4.055200	6.049648

解 据式（7.5.8）得到计算结果如表 7-5-3 所示，故有 $y'(1)\approx T_2^0\approx 2.718284$。注意到 $y'(1)=e=2.7182818\cdots$，计算结果十分准确。

表 7-5-3 例 7.5.2 的外推表

$T_0^{(i)}$	$T_1^{(i-1)}$	$T_2^{(i-2)}$
3.017653		
2.791353	2.715920	
2.736440	2.718136	2.718284

7.5.3 用三次样条函数求数值导数

三次样条函数 $s(x)$ 作为 $f(x)$ 的近似函数，不但彼此的函数值很接近，导数值也很接近。事实上，对于三次样条函数有

$$|f^{(n)}(x)-s^{(n)}(x)|\approx o(h^{4-\alpha})\ (\alpha=0,1,2,3)$$

其中，$h=\max\limits_j|h_j|$。

当插值函数将 x_i 处的二阶导数 M_i 作为求解参数时，从 M_i 满足的三对角方程组解出 M_i 后，要求任意点 x 处的导数值，只需按下列公式计算：设 $x\in[x_{j-1},x_j]$，则

$$f'(x)\approx(y_i-y_{i-1})/h_j+h_j(M_{j-1}+2M_j)/6+M_j(x-x_j)+(M_j-M_{j-1})(x-x_j)^2/h_j$$

$$f''(x)\approx M_j+(M_j-M_{j-1})(x-x_j)/h_j$$

$$f'''(x)\approx(M_j-M_{j-1})/h_j$$

这些公式是由第 5 章的式（5.3.15）求导得到的。

本 章 小 结

本章通过多项式插值公式逼近的思想进行数值积分和数值导数的基本计算公式的推导。基本方法是函数逼近，即设法构造某个简单函数 $P(x)$ 来近似 $f(x)$，然后对 $P(x)$ 求积（求导）来近似 $f(x)$ 的积分（导数）值。本章的中心是介绍数值积分。

关于数值积分，介绍了两类数值计算公式或算法。

（1）基于等距节点的插值型求积公式，包括牛顿-科茨求积公式和龙贝格求积公式。这是基于被积函数已知时给出的数值积分计算公式，其误差通过多项式逼近的插值型积分来表达。

在牛顿-科茨求积公式中主要介绍了梯形公式、辛普森求积公式和科茨求积公式 3 种基本插值型求积公式，3 种基本插值型求积公式的复合求积公式，以及这些插值型求积公式的误差计算、收敛性和算法的稳定性分析。为了解决利用复合求积公式计算数值积分的算法继承性问题，还介绍了复合求积公式的逐次分半算法。龙贝格求积公式是基于复合梯形公式的逐次分半算法和理查森外推法而获得的，且具有公式简练、计算结果的准确程度高、使用方便、稳定性好等优点。无论从计算结果的准确程度、算法稳定性和收敛性，还是使用方便等诸多方面看，牛顿-科茨求积公式都不如龙贝格求积公式。因此，龙贝格求积公式在插值型求积公式的应用中具有重要地位，同时也能体现在不增加试验成本的情况下获取高精度的数值计算结果的现代计算方法的核心理念。插值型求积公式的缺点为一旦被积函数未知，其计算误差无法估计。

（2）基于不等距情况下的求积公式——高斯型求积公式。这是针对被积函数未知时插值型求积公式的计算误差无法估计的缺点，引入数值积分的计算误差的另一种度量形式——代数精度。在节点数相同的情况下，用高斯型求积公式得到的结果准确程度高，而且公式中的系数都是非负的，则计算中舍入误差的累积必然是稳定的，因此用大致相同的计算工作量往往可以获得准确程度高得多的计算结果。同时，介绍了一些常用的高斯型求积公式，其缺点是当节点个数改变时，所用数据都要重新计算。

习　题　七

1. 分别用梯形公式、辛普森求积公式和科茨求积公式计算下列积分：

$$I=\int_0^1 x\mathrm{e}^x/(1+x)^2\mathrm{d}x$$

并估计计算值的误差。

2. 若要求精确度达到 $1/2\times10^{-4}$，试分别用复合梯形公式、复合辛普森公式和复合科茨公式计算上题的积分近似值。

3. 试分别用复合梯形公式和复合辛普森公式计算积分 $\int_0^3 \mathrm{e}^x\sin x\,\mathrm{d}x$，要求截断误差不超过 $1/2\times10^{-4}$，问各需计算多少个节点上的函数值。

4. 试分别用 $n=8$ 的复合梯形公式和复合辛普森公式计算积分 $\int_0^1 \mathrm{e}^{-x^2}\mathrm{d}x$ 的近似值，并估计误差。

5. 设 $f''(x)<0$，$x\in[a,b]$，试证明使用梯形公式计算积分 $\int_a^b f(x)\mathrm{d}x$ 获得的近似值小于精确值。

6. 求下列近似求积公式的代数精度。

（1）$\int_0^1 f(x)\mathrm{d}x\approx 1/3\cdot[2f(1/4)-f(1/2)+2f(3/4)]$

（2）$\int_0^1 xf(x)\mathrm{d}x\approx 1/3\cdot[2f(1/4)-f(1/2)+2f(3/4)]$

7. 在区间 $[-1,1]$ 上求点 x_1,x_2,x_3 及待定系数 C，使求积公式

$$\int_{-1}^1 f(x)\mathrm{d}x\approx C[f(x_1)+f(x_2)+f(x_3)]$$

至少具有三次代数精度，并求其代数精度。

8. 设 $u_0(h)$ 的近似计算公式如下：

$$u_0(h)=J+a_1h+a_2h^3+a_3h^5+\cdots$$

试用理查森外推法建立近似计算 J 的外推公式。

9. 试用梯形公式的逐次分半算法计算积分 $\int_0^1 4/(1+x^2)\,\mathrm{d}x$，要求误差不超过 $1/2\times10^{-4}$。

10. 试用龙贝格求积公式计算第 9 题。

11. 试判别下列近似求积公式是否为高斯型求积公式，并指明其代数精度。

（1）$\int_{-1}^1 f(x)\mathrm{d}x \approx 2/3\cdot[f(-1)+f(0)+f(1)]$

（2）$\int_{-1}^1 f(x)\mathrm{d}x \approx 1/3\cdot[f(-1)+4f(0)+f(1)]$

（3）$\int_0^2 f(x)\mathrm{d}x \approx 1/9\cdot[5f(1-\sqrt{0.6})+8f(0)+5f(1+\sqrt{0.6})]$

（4）$\int_0^1 f(x)\mathrm{d}x \approx 1/3\cdot[2f(1/4)-f(1/2)+2f(3/4)]$

12. 试确定下列求积公式中的节点和求积系数，使其为高斯型求积公式，并求其代数精度。

（1）$\int_0^1 f(x)\mathrm{d}x \approx A_0 f(x_0)+A_1 f(x_1)$

（2）$\int_0^1 \sqrt{x} f(x)\mathrm{d}x \approx A_0 f(x_1)+A_1 f(x_2)$

（3）$\int_{-1}^1 f(x)\mathrm{d}x \approx A_0 f(x_0)+A_1 f(x_1)+A_2 f(x_2)$

（4）$\int_0^2 x^2 f(x)\mathrm{d}x \approx A_0 f(x_0)+A_1 f(x_1)+A_2 f(x_2)$

13. 使用高斯-拉盖尔求积公式计算下列积分，其中 $n=2$（取三个节点）。

（1）$\int_0^\infty \mathrm{e}^{-10x}\sin x\mathrm{d}x$

（2）$\int_0^\infty \mathrm{e}^{-x}/(1+\mathrm{e}^{-2x})\mathrm{d}x$

14. 使用高斯-埃尔米特求积公式计算积分：

$$\int_{-\infty}^{\infty} \mathrm{e}^{-x^2}\cos x\,\mathrm{d}x$$

取节点个数分别为 2 和 3。

15. 应用高斯-切比雪夫求积公式计算积分 $I=\int_{-1}^1 \sqrt{1-x^2}\,\mathrm{d}x$，取节点个数分别为 2 和 3。

16. 应用 5 点高斯-切比雪夫求积公式计算积分 $I=\int_{-1}^1 6x/\sqrt{1-x^2}\,\mathrm{d}x$。

17. 用两点公式与三点公式求 $f(x)=1/(1+x)^2$ 在 $x=1.0,1.2$ 处的导数值，并估计误差，$f(x)$ 的值由下表给出：

x	1.0	1.1	1.2	1.3
$f(x)$	0.2500	0.2268	0.2066	0.1890

第 8 章　非线性方程（组）的数值解法

8.1　引　言

8.1.1　问题的背景

本章讨论一元非线性方程 $f(x)=0$，以及多元非线性方程组

$$f_i(x_1,x_2,\cdots,x_n)=0 \quad (i=1,2,\cdots,n)$$

的数值解法，其中，$f(x)$ 是 x 的非线性函数，$f_1,f_2,\cdots,f_n$ 中至少有一个是 $x_1,x_2,\cdots,x_n$ 的非线性函数。这类方程在工程和科学计算如电路和电力系统计算，非线性力学、非线性微分和积分方程、非线性规划等众多领域都有着广泛的应用。

与线性方程组不同，求解非线性方程一般不用直接法，而采用迭代法，迭代法的基本问题是收敛性、收敛速度和计算效率。在 8.2 节中将介绍一元方程的基本迭代法及收敛定理，在 8.3 节中讨论一种常用的有效解法——牛顿迭代法。这些理论和方法大多可推广到多元的情形，对此将在 8.4 节中做简要的介绍。

对于线性方程组，如前所述，若某迭代法收敛，则取任意初值都收敛。但是，对于非线性方程，不同的初值可能有不同的收敛性态，有的初值使迭代法收敛，而有的不收敛。一般来说，为了使迭代法收敛，初值应取在解的附近，一元方程比较容易做到，如用作图法、搜索法和二分法，以下逐一介绍。

8.1.2　一元方程的搜索法

对于一元非线性方程：

$$f(x)=0 \tag{8.1.1}$$

如有 x^* 满足 $f(x^*)=0$，则称 x^* 为该方程的解或根，也称 x^* 为函数 $f(x)$ 的零点或根。众所周知，方程（8.1.1）的实根在几何上是函数 $f(x)$ 的图形与横坐标的交点。若在 x 的区间 $[a,b]$ 上有方程的根，则称 $[a,b]$ 为有根区间；若 $[a,b]$ 上只有一根，则称 $[a,b]$ 为根的隔离区间。对于连续函数 $f(x)$，如果它在根的两侧变号，那么可用搜索法寻找足够小的根的隔离区间，然后取其中的任意一点，如取中点作为根的近似值。

例 8.1.1　设有方程 $f(x)=x^3-x^2-x+1=0$，试用搜索法寻找长度为 0.2 的根的隔离区间。

解　构造函数图像见图 8-1-1。可以看出，函数在左边一个根的两侧变号。令步长 $h=0.2$，以 $a_0=-1.5$ 为起点，取点列 $a_k=a_0+kh(k=0,1,2,\cdots)$，依次计算它们的函数值，直到出现相邻两个函数值变号，即可得到长度为 0.2 的根的隔离区间。由表 8-1-1 知，这个区间为[−1.1, −0.9]。

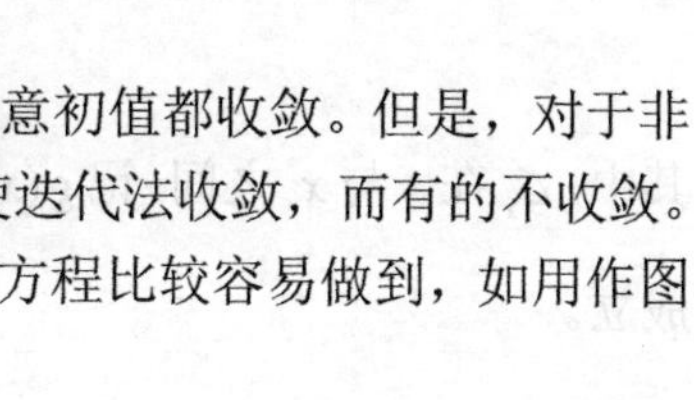

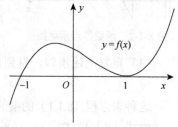

图 8-1-1　例 8.1.1 中函数的零点图

表 8-1-1　例 8.1.1 中函数符号变化表

a_k	−1.5	−1.3	−1.1	−0.9
$f(a_k)$	−3.125	−1.587	−0.441	0.361

值得注意的是，为了用搜索法求出足够精确的近似值，步长必须取得非常小，从而需要计算很多次函数值。因此，搜索法是效率很低的一种方法，通常用来求根的粗略近似，把它作为后面要讨论的迭代法的初值。搜索法只适用于一元方程的奇重实根，并且不能推广到多元的情形。

例 8.1.1 只求了一个根的隔离区间，从图 8-1-1 中可以看到，函数在另一个根的两侧不变号，因此，搜索法对它是无效的。解析函数在根的两侧是否变号，取决于根的重数。

称点 x^* 是函数 $f(x)$ 的 m 重根，如果 $f(x)$ 在 x^* 邻域上可表示为

$$f(x)=(x-x^*)^m g(x) \tag{8.1.2}$$

其中，m 是不小于 1 的正整数；$g(x^*)\neq 0$。由此可见，当 m 为奇数时，$f(x)$ 在点 x^* 处变号，当 m 为偶数时不变号。式（8.1.2）表明函数 $f(x)$ 满足：

$$f(x^*)=f'(x^*)=\cdots=f^{(m-1)}(x^*)=0,\ f^{(m)}(x^*)\neq 0 \tag{8.1.3}$$

反之，由式（8.1.3）可推知式（8.1.2）成立。事实上，$f(x)$ 在点 x^* 处的泰勒展开式为

$$f(x)=\frac{f^{(m)}(\zeta_x)}{m!}(x-x^*)^m$$

其中，ζ_x 在 x 与 x^* 之间，记 $g(x)=\dfrac{f^{(m)}(\zeta_x)}{m!}$，令 $x\to x^*$ 得 $g(x^*)=\dfrac{f^{(m)}(x^*)}{m!}\neq 0$，从而式(8.1.2)成立。

8.1.3　二分法

设 $f(x)$ 在区间 $[a,b]$ 上连续，$f(a)f(b)<0$，则由连续函数的性质知，$f(x)=0$ 在 (a,b) 内至少有一个实根。若再设 $f(x)$ 在区间 $[a,b]$ 上单调，那么 $f(x)=0$ 在 (a,b) 内只有唯一的实根 x^*，如图 8-1-2 所示。现采用以下步骤来求这个根的近似值。

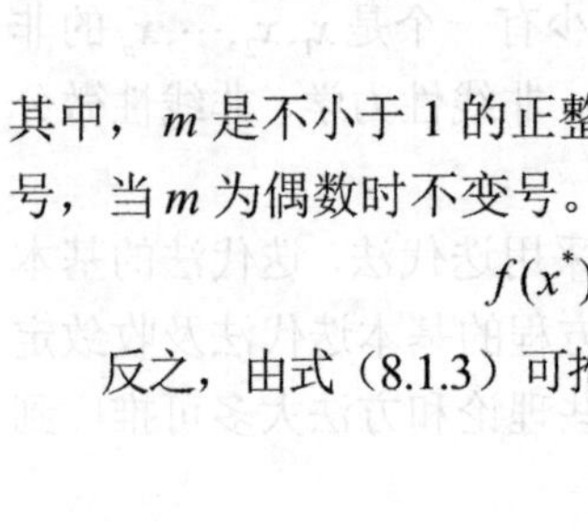

图 8-1-2　函数零点示意图

（1）将区间 $[a,b]$ 分半，记 $x_0=(a+b)/2$，求 $f(x_0)$。若 $|f(x_0)|<\delta$，则取 $x^*\approx x_0$，否则进行下一步。

（2）计算 $f(a)f(x_0)$，若 $f(a)f(x_0)>0$，则取 $a_1=x_0$，$b_1=b$；否则取 $a_1=a, b_1=x_0$。无论出现哪种情况，新的有根区间的长度仅为 $[a,b]$ 的一半。

（3）重复上述步骤，直到 $|b_n-a_n|<\varepsilon$，则取 $x^*\approx x_n=(a_n+b_n)/2$，此时误差为

$$|x^*-x_n|<(b_n-a_n)/2=(b-a)/2^{n+1} \tag{8.1.4}$$

这种求方程（8.1.1）的根的方法称为二分法，δ 和 ε 是事先给定的适当小的正数。

由式（8.1.4）知，$x_n\to x^*(n\to\infty)$，且 $|x^*-x_n|$ 收敛于零的速度相当于以 1/2 为公比的等比级数收敛于零的速度。

例 8.1.2　证明方程 $x^3-2x^2-4x-7=0$ 在[3, 4]内只有一个根，使用二分法求误差不超过 10^{-3} 的根的迭代次数。

解　设 $f(x)=x^3-2x^2-4x-7=0$，显然它是连续函数，且 $f(3)=-10, f(4)=9$，$f(3)f(4)<0$，又因为 $f'(x)=3x^2-4x-4$ 在区间[3,4]上恒大于零，所以 $f(x)$ 在[3,4]上单调，从而 $f(x)$ 在[3,4]上只有一个根。

为了使 x_n 精确到 10^{-3}，用式（8.1.4）可估计出 n 的最小值。令 $(b-a)/2^{(n+1)}\leqslant 10^{-3}$，由 $(b-a)=1$，解得 $n\geqslant 9$，即 x_9 可达到精度要求，且经过 10 次迭代求得 x^* 的近似值为 $x_9=3.632$。

二分法的优点是计算简单，对函数要求低（注：只要求连续），但不能用来求偶数重根、复根。实际计算时一般不单独使用，而是用它来计算其他方法的初值，方程求根的主要方法是迭代法。

8.2　一元方程的基本迭代法

8.2.1　基本迭代法及其收敛性

为了求一元非线性方程（8.1.1）的实根，首先把它转换成等价形式：

$$x=\varphi(x) \tag{8.2.1}$$

使两者有相同的解，其次构造迭代过程：

$$x_{k+1}=\varphi(x_k)\quad (k=0,1,2,\cdots) \tag{8.2.2}$$

对于给定的初值 x_0，由此生成数列 $\{x_k\}$。若此数列有极限，不妨设 $\lim\limits_{k\to\infty}x_k=x^*$，显然 x^* 是式（8.2.1）的解，从而 x^* 也就是方程（8.1.1）的解。

式（8.2.2）称为基本迭代公式，$\varphi(x)$ 称为迭代函数。由于收敛点 x^* 满足 $x^*=\varphi(x^*)$，称 x^* 为 $\varphi(x)$ 的不动点，式（8.2.2）也称为不动点迭代公式。迭代过程（8.2.2）中的 x_{k+1} 仅由 x_k 决定，因此式（8.2.2）也称为单步迭代法，或称简单迭代法。

把式（8.1.1）转化成等价形式（8.2.1）的方法很多，如令 $\varphi(x)=x+f(x)$ 等。迭代函数的不同选择对应不同的迭代法，它们的收敛性可能有很大的差异。当方程有多个解时，同一迭代法的不同初值也可能收敛到不同的根。

例 8.2.1　求 $f(x)=x^3-x-1=0$ 的一个实根。

解　把它转换成两种等价形式 $x=\varphi_1(x)=\sqrt[3]{x+1}$，$x=\varphi_2(x)=x^3-1$。对应的基本迭代法分别为：① $x_{k+1}=\sqrt[3]{x_k+1}\ (k=0,1,2,\cdots)$；② $x_{k+1}=x_k^3-1\ (k=0,1,2,\cdots)$。

由于 $f(1)=-1, f(2)=5$，即连续函数 $f(x)$ 在区间[1, 2]上变号，则[1, 2]为有根区间，取它的中点为初值，即 $x_0=1.5$。此方程有唯一实根 $x^*=1.32471795724475$，相应的迭代结果见表 8-2-1。显然，方法①收敛，方法②发散。

表 8-2-1　例 8.2.1 中两种方法的比较表

k	0	1	2	…	11
方法①的 x_k	1.5	1.35720881	1.33086096	…	1.32471796
方法②的 x_k	1.5	2.37500000	12.3964844	…	$\to\infty$

例 8.2.2　求 $f(x)=x^2-2=0$ 的根 $x^*=\pm\sqrt{2}$ 的近似值。

解　把它转换成等价形式 $x=\varphi(x)=\dfrac{1}{2}\left(x+\dfrac{2}{x}\right)$，基本迭代法为

$$x_{k+1}=\frac{1}{2}\left(x_k+\frac{2}{x_k}\right)\quad (k=0,1,2,\cdots)$$

取初值 $x_0=\pm1.0$，迭代结果分别收敛到 $x^*=\pm\sqrt{2}$，如表 8-2-2 所示。

表 8-2-2　例 8.2.2 中两实根的迭代法的计算表

k	0	1	2	3	4	5
初值 $x_0=1.0$ 的 x_k	1.0	1.5	1.41666667	1.41421569	1.41421356	1.41421356
初值 $x_0=-1.0$ 的 x_k	−1.0	−1.5	−1.41666667	−1.41421569	−1.41421356	−1.41421356

由此可见，基本迭代法的收敛性质取决于迭代函数 $\varphi(x)$ 和初值 x_0 的选取，下面给出简单迭代法的收敛性基本定理。

定理 8.2.1　设函数 $\varphi(x)$ 在闭区间 $[a,b]$ 上连续，并且满足，

（1）映内性：$a\leqslant\varphi(x)\leqslant b,\quad \forall x\in[a,b]$。　(8.2.3)

（2）压缩性：存在常数 $0<L<1$（L 为压缩系数），使

$$|\varphi(x)-\varphi(y)|\leqslant L|x-y|,\quad \forall x,y\in[a,b] \tag{8.2.4}$$

则函数 $\varphi(x)$ 在闭区间 $[a,b]$ 上存在唯一的不动点 x^*。

对于任意初值 $x_0\in[a,b]$，由式（8.2.2）生成的点 x_k 都在区间 $[a,b]$ 中，并且收敛到 x^*，即 $\{x_k\}_{k=0}^{\infty}\subset[a,b]$，$\lim\limits_{k\to\infty}x_k=x^*$。其中，$\{x_k\}_{k=0}^{\infty}\subset[a,b]$ 称为迭代的适定性。

（3）误差估计式为

$$|x_k-x^*|\leqslant L/(1-L)\cdot|x_k-x_{k-1}| \tag{8.2.5}$$

证明　（1）令 $\psi(x)=x-\varphi(x)$，则由式（8.2.3）得

$$\psi(a)=a-\varphi(a)\leqslant 0,\quad \psi(b)=b-\varphi(b)\geqslant 0$$

因为 $\psi(x)$ 是连续函数，所以它在 $[a,b]$ 上有零点，即 $\varphi(x)$ 在 $[a,b]$ 上有不动点。若 $\varphi(x)$ 在 $[a,b]$ 上有两个相异的不动点 x_1^* 和 x_2^*，则由式（8.2.4）和 $x_1^*\neq x_2^*$ 可知，$|x_1^*-x_2^*|=|\varphi(x_1^*)-\varphi(x_2^*)|\leqslant L|x_1^*-x_2^*|<|x_1^*-x_2^*|$。此与条件矛盾，因此 $\varphi(x)$ 在区间 $[a,b]$ 上只有一个不动点。

（2）根据映内性，显然 $\{x_k\}_{k=0}^{\infty}\subset[a,b]$，进而由压缩性可知

$$|x_k-x^*|=|\varphi(x_{k-1})-\varphi(x^*)|\leqslant L|x_{k-1}-x^*|\leqslant\cdots\leqslant L^k|x_0-x^*|$$

从而 $\lim\limits_{k\to\infty}|x_k-x^*|=0$，即 $\lim\limits_{k\to\infty}x_k=x^*$。

（3）首先，根据适定性和压缩性显然有

$$|x_{k+1}-x_k|=|\varphi(x_k)-\varphi(x_{k-1})|\leqslant L|x_k-x_{k-1}| \tag{8.2.6}$$

进而对任意正整数 p，同理可得

$$|x_{k+p}-x_k|\leqslant|x_{k+p}-x_{k+p-1}|+\cdots+|x_{k+1}-x_k|\leqslant(L^{p-1}+\cdots+L+1)|x_{k+1}-x_k|$$

因为 $0<L<1$，从而 $1/(1-L)=\sum\limits_{k=0}^{\infty}L^k$，所以由上式和式（8.2.6）可得

$$|x_{k+p}-x_k|\leqslant 1/(1-L)\cdot|x_{k+1}-x_k|\leqslant L/(1-L)\cdot|x_k-x_{k-1}|$$

当 $p\to\infty$ 时，由收敛性即得式（8.2.5）。

注：（1）定理 8.2.1 中的压缩性条件（8.2.4）不容易验证。如果函数 $\varphi(x)$ 在区间 (a,b) 上可导，那么式（8.2.5）可用更强的条件

$$|\varphi'(x)|\leqslant L<1,\quad \forall x\in(a,b) \tag{8.2.7}$$

替代。事实上，若式（8.2.7）成立，则根据微分中值定理，对任何 $x,y\in[a,b]$ 都有

$$|\varphi(x)-\varphi(y)|=|\varphi'(\zeta)||x-y|\leqslant L|x-y|$$

其中，ζ 在 x 和 y 之间，从而条件（8.2.4）成立。

（2）式（8.2.5）表明，可以用相邻两个迭代点之间的差距来估计迭代点的误差。因为压缩系数 L 一般是未知的，故迭代终止准则通常采用：

$$|x_k-x_{k-1}|/(1+|x_k|)<\varepsilon \tag{8.2.8}$$

其中，$\varepsilon>0$ 为给定的相对误差限。分母加 1，是考虑到可能有 $|x_k|=0$。

（3）函数 $\varphi(x)$ 的不动点 x^* 在几何上是直线 $y=x$ 与曲线 $y=\varphi(x)$ 的交点的横坐标，因此，定理 8.2.1 的几何解释如图 8-2-1 所示。

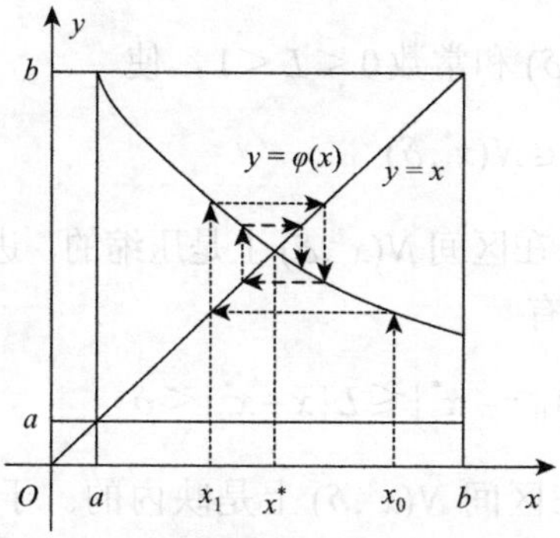

(a) 迭代函数的映内压缩

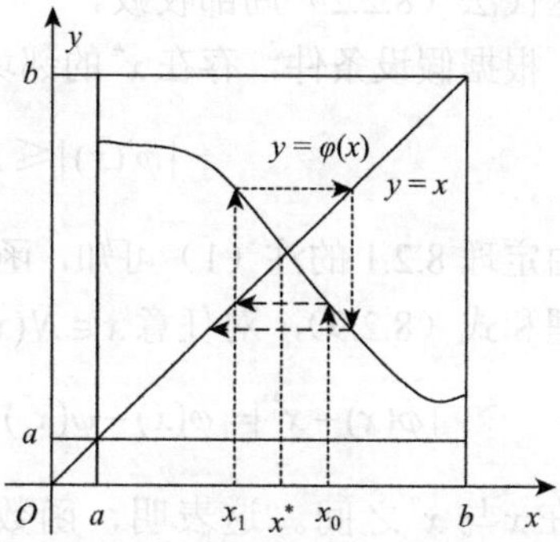

(b) 迭代函数的映内不压缩

图 8-2-1　定理 8.2.1 的几何解释

例 8.2.3　对于例 8.2.1 中的两种迭代法，讨论它们的收敛性。

解　方法①：迭代函数及其导数分别为 $\varphi_1(x)=\sqrt[3]{x+1}$ 和 $\varphi_1'(x)=(x+1)^{-2/3}/3$。易知 $\varphi_1(x)$ 在区间 $[1,2]$ 上满足映内性和压缩性条件：

$$\varphi_1(x)\in[1.26,1.45],|\varphi_1'(x)|\leqslant 0.21<1,\quad \forall x\in[1,2]$$

因此根据定理 8.2.1，对于任意初值 $x_0\in[1,2]$，例 8.2.1 的方法①都能收敛到区间[1, 2]上的唯一不动点 $x^*\approx 1.32471796$。

方法②：迭代函数及导数分别为 $\varphi_2(x)=x^3-1$ 和 $\varphi_2'(x)=3x^2$。显然，$\varphi_2(x)$ 不满足定理 8.2.1 的条件。特别地，在 x^* 的邻域内有 $\varphi_2'(x)>1$。读者不难从几何上说明，只要初值 $x_0\neq x^*$，该迭代必定发散。

8.2.2　局部收敛性和收敛阶

对于迭代函数 $\varphi(x)$，如果能找到满足映性内且压缩的大区间 $[a,b]$，那么就不难

根据定理 8.2.1 求得问题的解。从这个意义上讲，可以称定理 8.2.1 为全局收敛性定理，但一般来说，这不是一件容易的事。如果无法找到这样的区间又怎么办呢？根据 8.2.1 节的分析，应设法靠近不动点的初值，这时，收敛的迭代法生成的点列会很快逼近不动点。如果无法给出靠近不动点的初值，那么可以进行试算。当试验初值选取合适时，收敛的迭代法生成的点列也会很快地逼近不动点。对于不收敛的迭代法，无论取什么初值都不会收敛。因此，对非线性方程的迭代法来说，重要的是在不动点邻域上是否收敛，即局部收敛性，而定理 8.2.1 是它的理论基础，为此给出如下定义。

定义 8.2.1　设 x^* 是 $\varphi(x)$ 的不动点，对于某个 $\delta>0$，称闭区间 $[x^*-\delta,x^*+\delta]$ 为 x^* 的一个邻域，记作 $N(x^*,\delta)=[x^*-\delta,x^*+\delta]$。若存在 x^* 的一个邻域 $N(x^*,\delta)$，使对任意初值 $x_0\in N(x^*,\delta)$，由迭代法（8.2.2）生成的序列满足适定性 $\{x_k\}_{k=0}^{\infty}\subset N(x^*,\delta)$，且有 $\lim\limits_{k\to\infty}x_k=x^*$，则称迭代法（8.2.2）是局部收敛的。

定理 8.2.2 称为局部收敛性定理，它给出了局部收敛的一个充分条件。

定理 8.2.2　设 x^* 为 $\varphi(x)$ 的不动点，若 $\varphi'(x)$ 在 x^* 的某个邻域上连续，并且有 $|\varphi'(x)|<1$，则不动点迭代法（8.2.2）局部收敛。

证明　根据假设条件，存在 x^* 的邻域 $N(x^*,\delta)$ 和常数 $0<L<1$，使

$$|\varphi'(x)|\leqslant L,\quad \forall\, x\in N(x^*,\delta) \tag{8.2.9}$$

从而由定理 8.2.1 的注（1）可知，函数 $\varphi(x)$ 在区间 $N(x^*,\delta)$ 上是压缩的，进而根据微分中值定理和式（8.2.9），对任意 $x\in N(x^*,\delta)$ 都有

$$|\varphi(x)-x^*|=|\varphi(x)-\varphi(x^*)|=|\varphi'(\zeta)||x-x^*|\leqslant L|x-x^*|<\delta$$

其中，ζ 在 x 与 x^* 之间。这表明，函数 $\varphi(x)$ 在区间 $N(x^*,\delta)$ 上是映内的。于是根据定理 8.2.1 和定义 8.2.1，得知迭代法（8.2.2）局部收敛。

当迭代收敛时，收敛的速度用下述收敛阶来衡量。

定义 8.2.2　设序列 $\{x_k\}_{k=0}^{\infty}$ 收敛到 x^*，记误差 $e_k=x_k-x^*$，若存在常数 $p\geqslant1$ 和 $c\neq0$，使

$$\lim_{k\to\infty}|e_{k+1}|/|e_k|^p=c \tag{8.2.10}$$

则称 $\{x_k\}_{k=0}^{\infty}$ 为 p 阶收敛，称 c 为渐近误差常数。当 $p=1$ 时称为线性收敛，当 $p>1$ 时称为超线性收敛，当 $p=2$ 时称为二次收敛或平方收敛。

式（8.2.10）表明，当 $k\to\infty$ 时，e_{k+1} 是 e_k 的 p 阶无穷小量，因此阶数 p 越大，收敛就越快。显然，线性收敛时必有 $0<|c|\leqslant1$。

根据收敛阶的概念，定理 8.2.2 有如下一种特殊情况。

推论 8.2.1　若定理 8.2.2 中还有 $\varphi'(x^*)\neq0$，即 $\varphi'(x^*)$ 满足 $0<|\varphi'(x^*)|<1$，则不动点迭代法（8.2.2）是线性收敛的。

事实上，由 $e_{k+1}=x_{k+1}-x^*=\varphi(x_k)-\varphi(x)=\varphi'(\zeta_k)(x_k-x^*)=\varphi'(\zeta_k)e_k$，其中 ζ_k 位于 x_k 与 x^* 之间，以及局部收敛性得知 $\lim\limits_{k\to\infty}e_{k+1}/e_k=\lim\limits_{\zeta_k\to x^*}\varphi'(\zeta_k)=\varphi'(x^*)\neq0$，从而收敛是线性的。

例 8.2.4　求方程 $f(x)=xe^x-1=0$ 的根。

解　此方程等价于 $x=\varphi(x)=e^{-x}$。作函数 $y=x$ 和 $y=e^{-x}$ 的图像，见图 8-2-2。显然，$\varphi(x)$ 只有一个不动点 $x^*>0$。因为对任何 $x>0$ 都有 $0<|\varphi'(x)|=e^{-x}<1$，所以由推论 8.2.1 可知，迭代法 $x_{k+1}=e^{-x_k}$ 是线性收敛的。取初值 $x_0=0.5$，终止准则用式(8.2.9)，计算结果列于表 8-2-3。准确解是 $x^*=0.56714329040978$，可见线性收敛的速度是很慢的。

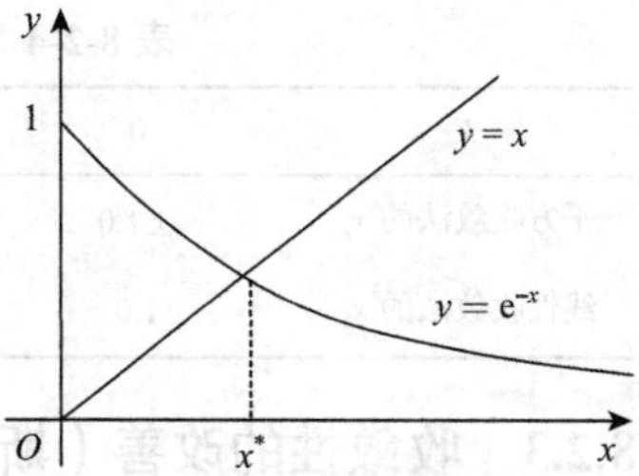

图 8-2-2　例 8.2.4 中函数 $y=x$ 和 $y=e^{-x}$ 的图像

表 8-2-3　例 8.2.4 中迭代计算数值表

k	0	1	…	28	29
x_k	0.5	0.606530660	…	0.567143282	0.567143295

从定理 8.2.2 和推论 8.2.1 可以看出，提高收敛阶的一个途径是选择迭代函数 $\varphi(x)$，使它满足 $\varphi'(x)=0$，下面给出整数阶超线性收敛的一个充分条件。

定理 8.2.3　设 x^* 为 $\varphi(x)$ 的不动点，若有整数 $p\geqslant 2$，使 $\varphi^{(p)}(x)$ 在 x^* 的某邻域上连续，其满足：

$$\varphi^{(l)}(x^*)=0\ (l=1,2,\cdots,p-1),\quad \varphi^{(p)}(x^*)\neq 0 \tag{8.2.11}$$

则不动点迭代法（8.2.2）局部收敛，并且迭代误差 $e_k=x_k-x^*$ 满足：

$$\lim_{k\to\infty} e_{k+1}/e_k^p=(-1)^{p-1}\varphi^{(p)}(x^*)/p! \tag{8.2.12}$$

从而不动点迭代法（8.2.2）是 p 阶收敛的。

证明　由 $\varphi'(x^*)=0$ 及定理 8.2.2 可知迭代法（8.2.2）局部收敛。进行泰勒展开 $x_{k+1}=\varphi(x_k)=\varphi(x^*)+\varphi'(x^*)(x_k-x^*)+\cdots+\varphi^{(p)}(\zeta_k)(x_k-x^*)^p/p!$，其中 ζ_k 位于 x_k 与 x^* 之间。代入 $\varphi(x^*)=x^*$ 和条件（8.2.11）的第一个式子，可得 $e_{k+1}/e_k^p=\varphi^{(p)}(\zeta_k)/p!$。注意到当 $k\to\infty$ 时，$x_k\to x^*$，从而 $\zeta_k\to x^*$，所以式（8.2.12）成立。

例 8.2.5　对于例 8.2.2 中的方程 $f(x)=x^2-2=0$，求它的根的近似值。

解　在例 8.2.2 中，迭代函数 $\varphi(x)=(x+2/x)/2$，它的 1、2 阶导数分别为

$$\varphi'(x)=(1-2/x^2)/2,\varphi'(x^*)=0;\quad \varphi''(x)=2/x^3,\varphi''(x^*)=\pm 1/\sqrt{2}\neq 0$$

从而，由定理 8.2.3 可知，迭代法 $x_{k+1}=(x_k+2/x_k)/2$ 平方收敛。现在改用迭代函数 $\varphi(x)=x-(x^2-2)/2$，显然 $x=\varphi(x)$ 与 $f(x)=0$ 等价。此时 $\varphi'(x)=1-x$，$\varphi'(\sqrt{2})\approx -0.414214$，$\varphi'(-\sqrt{2})\approx -2.414214$，根据推论 8.2.1，对于 $x^*=\sqrt{2}$，迭代法

$$x_{k+1}=x_k-(x_k^2-2)/2 \tag{8.2.13}$$

线性收敛。仍取初值 $x_0=1.0$，终止准则用式（8.2.9），两者的计算结果见表 8-2-4，可以看出平方收敛比线性收敛快得多。另外，容易得知，只要初值 $x_0\neq-\sqrt{2}$，式（8.2.13）不可能收敛到 $x^*\neq-\sqrt{2}$。

表 8-2-4　例 8.2.5 中平方收敛法与线性收敛法的比较表

k	0	…	5	…	20
平方收敛法的 x_k	±1.0	…	±1.41421356	…	
线性收敛法的 x_k	1.0	…	1.41689675	…	1.41421356

8.2.3　收敛性的改善（斯蒂芬森迭代法）

根据推论 8.2.1，若 x^* 是 $\varphi(x)$ 的不动点，$\varphi'(x)$ 在 x^* 的某个邻域上连续，并且 $0<|\varphi'(x^*)|<1$，那么迭代法（8.2.2）局部线性收敛。$|\varphi'(x^*)|=1$ 为临界情况，这时或者局部线性收敛，或者不收敛；当 $|\varphi'(x^*)|>1$ 时，肯定不收敛。这里介绍改善收敛性的一种方法——斯蒂芬森（Steffensen）迭代法，当 $|\varphi'(x^*)|\neq 1$ 时，它至少具有二次局部收敛性。

按定义 8.2.2，若迭代法（8.2.2）线性收敛，则迭代误差 $e_k = x_k - x^*$ 满足：

$$\lim_{k\to\infty} e_{k+1}/e_k = \lim_{k\to\infty}(x_{k+1}-x^*)/(x_k-x^*) = c \neq 0$$

因此，当 k 充分大时有 $(x_{k+1}-x^*)/(x_k-x^*) \approx (x_{k+2}-x^*)/(x_{k+1}-x^*)$，从中解出 x^*（称为外推），得到它的近似值：

$$x^* \approx (x_{k+2}x_k - x_{k+1}^2)/(x_{k+2}-2x_{k+1}+x_k) = x_k - (x_{k+1}-x_k)^2/(x_{k+2}-2x_{k+1}+x_k)$$

由此可望获得 x^* 的比 x_k、x_{k+1} 和 x_{k+2} 更好的近似解。这就需要把线性收敛的迭代法（8.2.2），即 $x_{k+1}=\varphi(x_k)$，改造成下述过程，称为斯蒂芬森迭代法：

$$\begin{cases} y_k = \varphi(x_k),\ z_k = \varphi(y_k) \\ x_{k+1} = x_k - (y_k - x_k)^2/(z_k - 2y_k + x_k) \end{cases} \quad (k=0,1,2,\cdots) \tag{8.2.14}$$

它的不动点迭代形式是

$$x_{k+1} = \psi(x_k) \quad (k=0,1,2,\cdots) \tag{8.2.15}$$

其中，迭代函数为

$$\psi(x) = x - [\varphi(x)-x]^2/\{\varphi[\varphi(x)] - \varphi(x) + x\} \tag{8.2.16}$$

例 8.2.6　采用斯蒂芬森迭代法求解例 8.2.4 中的方程 $f(x)=xe^x-1=0$。

解　例 8.2.4 中的迭代函数 $\varphi(x)=e^{-x}$，迭代法 $\varphi(x_{k+1})=e^{-x_k}$ 线性收敛，对应的斯蒂芬森迭代法如式（8.2.14）所示。仍取初值 $x_0=0.5$，终止准则用式（8.2.8），计算结果列于表 8-2-5。与例 8.2.4 的结果比较，可见斯蒂芬森迭代法比原方法收敛快得多，仅迭代 4 次就达到了原方法迭代 29 次的结果，但是要注意它每一步迭代的计算量是原方法的两倍。

表 8-2-5　例 8.2.6 的迭代计算表

k	0	1	2	3	4
x_k	0.5	0.567623876	0.567143314	0.567143290	0.567143290

用洛必达（L'Hospital）法则可以证明下面的定理。

定理 8.2.4　设函数 $\psi(x)$ 由 $\varphi(x)$ 按式（8.2.16）定义。

（1）若 x^* 是 $\varphi(x)$ 的不动点，$\varphi'(x)$ 在 x^* 处连续，且 $\varphi'(x^*)\neq 1$，则 x^* 也是 $\psi(x)$ 的不动点；反之，若 x^* 是 $\psi(x)$ 的不动点，x^* 也是 $\varphi(x)$ 的不动点。

（2）若 x^* 是 $\varphi(x)$ 的不动点，$\varphi'''(x)$ 在 x^* 处连续，且 $\varphi'(x^*)\neq 1$，则斯蒂芬森迭代法（8.2.14）至少具有二次局部收敛性。

简言之，只要 $\varphi'(x^*)\neq 1$，那么不管原迭代法收敛还是不收敛，由它构成的斯蒂芬森迭代法（8.2.14）至少平方收敛。因此，斯蒂芬森迭代法是原迭代法的一种改善。当然，如果原迭代法的收敛阶已经大于等于 2，那么就没有必要再使用斯蒂芬森迭代法改善，关于原迭代法不收敛的情形，举例如下。

例 8.2.7　求方程 $f(x)=x^3-x-1=0$ 的实根。

解　在例 8.2.1 中，方法②即 $x_{k+1}=\varphi_2(x_k)=x^3-1$ 发散，现用 $\varphi_2(x)$ 构造斯蒂芬森迭代法：

$$\begin{cases} y_k = x_k^3-1, z_k = y_k^3-1 \\ x_{k+1}=x_k-(y_k-x_k)^2/(z_k-2y_k+x_k) \end{cases}$$

仍取初值 $x_0=1.5$，终止准则用式（8.2.8），计算结果如表 8-2-6 所示，斯蒂芬森迭代法对不收敛的情形同样有效。

表 8-2-6　例 8.2.7 的迭代计算表

k	0	1	…	5	6
x_k	1.5	1.41629297	…	1.32471799	1.32471796

8.3　一元方程牛顿迭代法

8.3.1　牛顿迭代法及其收敛性

设一元非线性函数 $f(x)$ 连续可微，x^* 是方程 $f(x)=0$ 的实根，x_k 是某个迭代值。用点 x_k 处的一阶泰勒展开近似 $f(x^*)$，即 $0=f(x^*)\approx f(x_k)+f'(x_k)(x^*-x_k)$。当 $f'(x_k)\neq 0$ 时，可以解出 $x^*\approx x_k-f(x_k)/f'(x_k)$，把它的右端看成新的迭代值 x_{k+1}，获得迭代公式为

$$x_{k+1}=x_k-f(x_k)/f'(x_k)\quad (k=0,1,2,\cdots) \tag{8.3.1}$$

式（8.3.1）称为牛顿迭代法，又称牛顿-拉弗森（Newton-Raphson）迭代法，其中，$\varphi(x)=x-f(x)/f'(x)$ 称为牛顿迭代函数。

由于方程 $f(x)=0$ 的实根 x^* 是函数 $y=f(x)$ 的图形和横坐标的交点，牛顿迭代法（8.3.1）的几何意义是，x_{k+1} 为函数 $f(x)$ 在点 x_k 的切线与横坐标的交点，见图 8-3-1。容易得知 $f'(x_k)=f(x_k)/(x_k-x_{k+1})$ 即式（8.3.1）。因此，牛顿迭代法也称为切线法。

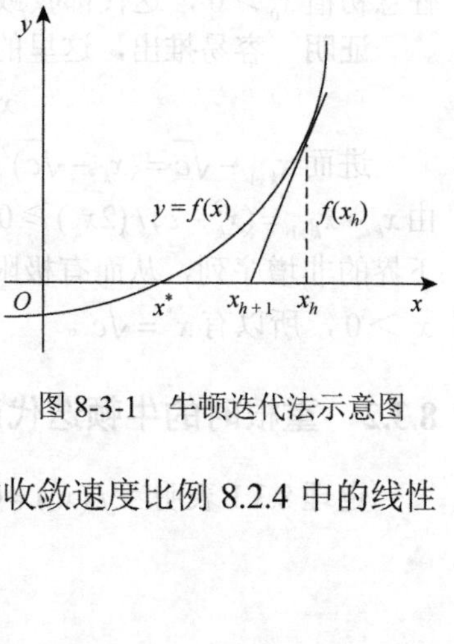

图 8-3-1　牛顿迭代法示意图

例 8.3.1　用牛顿迭代法求解例 8.2.4 和例 8.2.6 的方程 $f(x)=xe^x-1=0$。

解　对应式（8.3.1）的牛顿迭代为 $x_{k+1}=x_k-(x_k-e^{-x_k})/(1+x_k)$ $(k=0,1,2,\cdots)$。仍取初值 $x_0=0.5$，终止准则用式（8.2.8），计算结果列于表 8-3-1。可见，牛顿迭代法的收敛速度比例 8.2.4 中的线性

收敛法快得多，且与例 8.2.6 中平方收敛的斯蒂芬森迭代法一样快。牛顿迭代法和斯蒂芬森迭代法的区别在于牛顿迭代法的每步迭代都需要计算导数值，而后者每步相当于进行两次原迭代。

表 8-3-1　例 8.3.1 的迭代计算值

k	0	1	2	3	4
x_k	0.5	0.571020440	0.567155569	0.567143291	0.567143290

现在来讨论牛顿迭代法的收敛性质。

定理 8.3.1　设 x^* 满足 $f(x^*)=0$，若 $f'(x^*)\neq 0$，并且 $f''(x)$ 在 x^* 的邻域上连续，则牛顿迭代法（8.3.1）在点 x^* 处局部收敛并且有

$$\lim_{k\to\infty} e_{k+1}/e_k^2 = f''(x^*)/[2f'(x^*)] \tag{8.3.2}$$

其中，$e_k = x_k - x^*$ 为迭代误差，即牛顿迭代法至少有二次收敛。

证明　把牛顿迭代法（8.3.1）写成不动点迭代形式 $x_{k+1}=\varphi(x_k)$，其中牛顿迭代函数为

$$\varphi(x) = x - f(x)/f'(x)$$

当 $f'(x^*)\neq 0$ 时，显然有 $x^*=\varphi(x^*)$，即 x^* 是 $\varphi(x)$ 的不动点，容易求出：

$$\varphi'(x) = f(x)f''(x)/[f'(x)]^2 \tag{8.3.3}$$

因为 $f'(x^*)\neq 0$，所以 $\varphi'(x^*)=0$。于是，由定理 8.2.2 得知，牛顿迭代法（8.3.1）局部收敛。进而，在点 x_k 处进行泰勒展开 $0=f(x^*)=f(x_k)+f'(x_k)(x^*-x_k)+f''(\zeta_k)(x^*-x_k)^2/2$，其中，$\zeta_k$ 在 x_k 和 x^* 之间。牛顿迭代法（8.3.1）等价于 $f(x_k)-f'(x_k)x_k=-f'(x_k)x_{k+1}$，因此有

$$0 = f'(x_k)(x^*-x_{k+1}) + f''(\zeta_k)(x^*-x_k)^2/2$$

即 $e_{k+1}/e_k^2 = f''(\zeta_k)/[2f'(x_k)]$。令 $k\to\infty$，由局部收敛性可知 $x_k\to x^*$，同时 $\zeta_k\to x^*$，于是式（8.3.2）成立。根据定义 8.2.2，式（8.3.2）表明牛顿迭代法至少有二次收敛。

容易检验，例 8.3.1 满足定理 8.3.1 的条件，因此牛顿迭代法具有二次收敛性。又如例 8.2.5，方程 $f(x)=x^2-2=0$ 的根也满足定理 8.3.1 的条件，且它的牛顿迭代法的迭代函数为 $\varphi(x)=(x+2/x)/2$。因此，例 8.2.5 中对应的牛顿迭代法具有二次收敛性。

以上讨论的是局部收敛性，对于某些非线性方程，牛顿迭代法具有全局收敛性。

例 8.3.2　设有常数 $c>0$，对方程 $x^2-c=0$ 使用牛顿迭代法求算术根 $\sqrt{c}$。试证：取任意初值 $x_0>0$，迭代都收敛到 $\sqrt{c}$。

证明　容易推出，这里的牛顿迭代法为

$$x_{k+1} = (x_k + c/x_k)/2 \quad (k=0,1,2,\cdots) \tag{8.3.4}$$

进而 $x_{k+1}-\sqrt{c}=(x_k-\sqrt{c})^2/(2x_k)$。对任意 $x_0>0$，都有 $x_k\geqslant\sqrt{c}\ (k=1,2,\cdots)$。于是，由 $x_k-x_{k+1}=(x_k^2-c)/(2x_k)\geqslant 0\ (k=1,2,\cdots)$ 可知，迭代序列 $\{x_k\}_{k=1}^{\infty}$ 非增。因此，$\{x_k\}_{k=1}^{\infty}$ 是有下界的非增序列，从而有极限 x^*。对式（8.3.4）的两边取极限，得到 $(x^*)^2-c=0$。因为 $x_k>0$，所以有 $x^*=\sqrt{c}$。

8.3.2　重根时的牛顿迭代改善

定理 8.3.1 表明当 $f(x^*)=0$，$f'(x^*)\neq 0$，即 x^* 是函数 $f(x)$ 的单根，或者说函数 $y=f(x)$

的图形在点 x^* 处与横坐标不相切时，牛顿迭代法至少具有二次局部收敛性。但是，这个条件不一定满足，如例 8.1.1 的方程：

$$f(x)=x^3-x^2-x+1=(x+1)(x-1)^2=0 \tag{8.3.5}$$

有 $f(1)=f'(1)=0$，$x^*=1$ 为二重根。取初值 $x_0=1.5$，终止准则用式（8.2.8），牛顿迭代法的计算结果如表 8-3-2 所示。由此可见牛顿迭代法仍收敛，但是速度很慢。

表 8-3-2　例 8.1.1 的牛顿迭代计算值

k	0	1	…	24	25
x_k	1.5	1.272727273	…	1.000000037	1.000000019

一般地说，设 x^* 是 $f(x)$ 的 m 重根，$m \geqslant 2$。由重根的定义式（8.1.2），即

$$f(x)=(x-x^*)^m g(x),\ g(x^*)\neq 0$$

以及牛顿迭代函数 $\varphi(x)$ 的导数表达式（8.3.3），容易求出

$$\varphi'(x^*)=1-1/m \tag{8.3.6}$$

从而 $0<\varphi'(x^*)<1$。因此，由推论 8.2.1 可知，只要 $f'(x_k)\neq 0$，牛顿迭代法（8.3.1）线性收敛。改善重根时牛顿迭代法的收敛性有如下两种方法。

方法一　利用 $f(x)$ 构造函数 $\mu(x)=f(x)/f'(x)$。若 x^* 是 $f(x)$ 的 m 重根（$m\geqslant 2$），那么 x^* 是 $f'(x)$ 的 $m-1$ 重根，从而 x^* 是函数 $\mu(x)$ 的单根。于是，根据定理 8.3.1，对函数 $\mu(x)$ 使用牛顿迭代法时，至少具有二次局部收敛性。注意到

$$\mu(x)/\mu'(x)=f(x)f'(x)/\{[f'(x)]^2-f(x)f''(x)\}$$

于是，函数 $\mu(x)$ 的牛顿迭代公式为

$$x_{k+1}=x_k-f(x_k)f'(x_k)/\{[f'(x_k)]^2-f(x_k)f''(x_k)\}\ (k=0,1,2,\cdots) \tag{8.3.7}$$

方法二　如果根的重数 $m\geqslant 2$ 已知，那么可构造迭代公式为

$$x_{k+1}=\varphi(x_k)=x_k-mf(x_k)/f'(x_k)\ (k=0,1,2,\cdots) \tag{8.3.8}$$

其中，函数 φ 满足 $\varphi'(x^*)=0$，从而式（8.3.8）至少二次收敛。

例 8.3.3　用上述两种牛顿迭代法求方程（8.3.5）的二重根 $x^*=1$。

解　仍取初值 $x_0=1.5$，终止准则用式（8.2.8），计算结果见表 8-3-3。

表 8-3-3　例 8.3.3 的迭代计算值

k	0	1	2	3	4
方法一中的 x_k	1.5	0.960784314	0.999600080	0.999999960	1.000000000
方法二中的 x_k	1.5	1.045454545	1.000499500	1.000000062	1.000000000

应该注意的是，方法一需要求函数的二阶导数，并且当所求根为单根时，不能改善本来已经二次收敛的牛顿迭代法；方法二需要已知根的重数，因此不实用。对于实际问题，往往事先并不知道所求根是否是重根，需要通过试算来判断，如当牛顿迭代法收敛很慢时通常为重根。

8.3.3　离散牛顿法

牛顿迭代法（8.3.1）的每一步都要计算函数的导数值，工作量比较大。如果函数 $f(x)$ 不可导，那就无法使用牛顿迭代法。为了克服这些困难，又要利用牛顿迭代法收敛快的优点，可以采用离散牛顿法。众所周知，函数在某点处的导数是函数在该点处切线的斜率。离散牛顿法的基本思想是，用割线的斜率（即差商）代替牛顿迭代法（8.3.1）中的切线的斜率，因此离散牛顿法也称为牛顿弦截法或牛顿割线法，其示意图如图 8-3-2 所示。

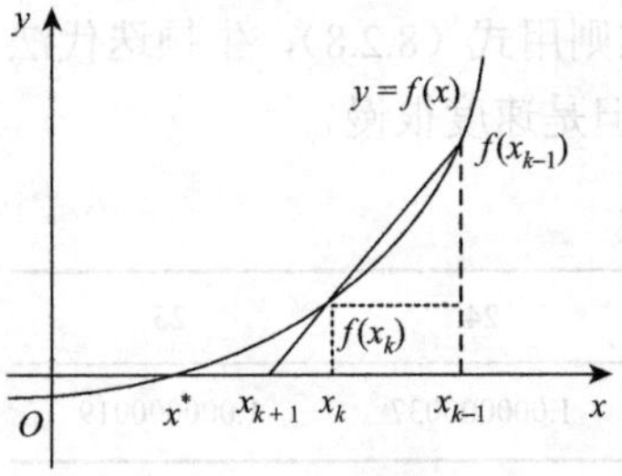

图 8-3-2　牛顿弦截法示意图

设已知两个点 x_{k-1} 和 x_k，如图 8-3-2 所示，把近似关系

$$f'(x_k) \approx [f(x_k) - f(x_{k+1})]/(x_k - x_{k+1})$$

代入牛顿迭代法（8.3.1），就得到离散牛顿法：

$$x_{k+1} = x_k - f(x_k)(x_k - x_{k+1})/[f(x_k) - f(x_{k+1})] \ (k = 1,2,\cdots) \tag{8.3.9}$$

与牛顿迭代法相比，它需要两个初值 x_0 和 x_1，这两个初值应尽量取在方程 $f(x)=0$ 的根 x^* 的附近。离散牛顿法的收敛性如何呢？先看一个例子。

例 8.3.4　用离散牛顿法来求解例 8.3.1 中的方程 $f(x) = xe^x - 1 = 0$。

解　对应式（8.3.9）的迭代公式为

$$x_{k+1} = x_k - (x_k e^{x_k} - 1)(x_k - x_{k-1})/(x_k e^{x_k} - x_{k-1}e^{x_{k-1}}) \ (k = 1,2,\cdots)$$

取初值 $x_0 = 0.3, x_1 = 0.5$，终止准则仍用式（8.2.8），计算结果见表 8-3-4。

表 8-3-4　例 8.3.4 的迭代计算值

k	0	1	2	…	5	6
x_k	0.3	0.5	0.583756848	…	0.567143300	0.567143290

与例 8.3.1 和例 8.2.4 的计算结果相比，不难看出，离散牛顿法的收敛速度比二次收敛的牛顿迭代法稍慢些，但比线性收敛法快得多。一般地说，在与定理 8.3.1 大体相同的条件下，离散牛顿法（8.3.9）具有局部收敛性，并且收敛阶 $p = (1+\sqrt{5})/2 = 1.618$，即离散牛顿法是超线性收敛的，这里略去证明。需要注意的是，离散牛顿法是两步法，它不是不动点迭代，因此不能用前面的不动点迭代理论证明它的收敛性。

8.4　非线性方程组的解法

8.4.1　不动点迭代法

本节简要介绍非线性方程组

$$\begin{cases} f_1(x_1, x_2, \cdots, x_n) = 0 \\ f_2(x_1, x_2, \cdots, x_n) = 0 \\ \qquad \vdots \\ f_n(x_1, x_2, \cdots, x_n) = 0 \end{cases} \tag{8.4.1}$$

的解法，其中，$x=(x_1,x_2,\cdots,x_n)^{\mathrm{T}}$ 为 n 维列向量，$f_i(x)\ (i=1,2,\cdots,n)$ 中至少有一个是 x 的非线性函数，并假设自变量和函数值都是实数。记 $F(x)=[f_1(x),f_2(x),\cdots,f_n(x)]^{\mathrm{T}}$，则方程组可简写成

$$F(x)=0 \tag{8.4.2}$$

显然函数 $F(x)$ 的值也是 n 维列向量。多元非线性方程组（8.4.2）与一元非线性方程 $f(x)=0$ 具有相同的形式，可以与 8.2 节和 8.3 节并行讨论它的迭代解法，如不动点迭代法和牛顿迭代法。但是，某些定理的证明较为复杂，故此略。

作为单步法的一般形式，把式（8.4.2）转化成等价方程：

$$x=\varPhi(x)=[\varphi_1(x),\varphi_2(x),\cdots,\varphi_n(x)]^{\mathrm{T}} \tag{8.4.3}$$

并构造不动点迭代法：

$$x^{(k+1)}=\varPhi[x^{(k)}]\ (k=0,1,2,\cdots) \tag{8.4.4}$$

对于给定的初始点 $x^{(0)}$，若由此生成的序列收敛，如 $\lim\limits_{k\to\infty}x^{(k)}=x^*$，则 x^* 满足 $x^*=\varPhi(x^*)$，即 x^* 是迭代函数 $\varPhi(x)$ 的不动点，从而 x^* 是方程（8.4.2）的解。

例 8.4.1　设有非线性方程组：

$$\begin{cases}x_1^2-10x_1+x_2^2+8=0\\ x_1x_2^2+x_1-10x_2+8=8\end{cases} \tag{8.4.5}$$

把它改写成等价形式：

$$\begin{cases}x_1=\varphi_1(x_1,x_2)=(x_1^2+x_2^2+8)/10\\ x_2=\varphi_2(x_1,x_2)=(x_1x_2^2+x_1+8)/10\end{cases}$$

并由此构造不动点迭代法：

$$\begin{cases}x_1^{(k+1)}=\varphi_1[x_1^{(k)},x_2^{(k)}]=\{[x_1^{(k)}]^2+[x_2^{(k)}]^2+8\}/10\\ x_2^{(k+1)}=\varphi_2[x_1^{(k)},x_2^{(k)}]=\{x_1^{(k)}[x_2^{(k)}]^2+x_1^{(k)}+8\}/10\end{cases} \tag{8.4.6}$$

其中，$k=0,1,2,\cdots$。取初始点 $x^{(0)}=(0,0)^{\mathrm{T}}$，计算结果如表 8-4-1 所示，可见迭代收敛的方程（8.4.5）的解为 $x^*=(1,1)^{\mathrm{T}}$。

表 8-4-1　例 8.4.1 的迭代计算值

k	0	1	2	…	18	19
$x_1^{(k)}$	0.0	0.8	0.9280	…	0.999999972	0.999999989
$x_2^{(k)}$	0.0	0.8	0.9312	…	0.999999972	0.999999989

关于不动点迭代法（8.4.4）的收敛性，与定理 8.2.1 的结果类似，定义向量值函数的映内性和压缩性。

定义 8.4.1　设有函数 $\varPhi:D\subset R^n\to R^n$，若

$$\forall x\in D,\ \varPhi(x)\in D$$

则称 $\varPhi(x)$ 在 D 上是映内的，记作 $\varPhi(D)\subset D$。若存在常数 $L\in(0,1)$，使

$$\forall x,y\in D,\ \|\varPhi(x)-\varPhi(y)\|\leqslant L\|x-y\|$$

则称 $\varPhi(x)$ 在 D 上是可压缩的，L 为压缩系数。

映内性可保证不动点存在，但不能保证唯一。事实上，有下述结论（证略）。

定理 8.4.1（布劳威尔不动点存在定理） 若Φ在有界闭凸集$D_0 \subset D$上连续且是映内的，则Φ在D_0内存在不动点。

为了保证唯一性，还需要附加可压缩性条件。注意：可压缩性与所用的向量范数有关，即函数Φ可能对某种范数是压缩的，但对另一种范数可能不是压缩的。

定理 8.4.2（压缩映射原理） 设函数$\Phi: D \subset R^n \to R^n$在闭集$D_0 \subset D$上是映内的，并且对某一种范数是压缩的，压缩系数为$L$，则

（1）$\Phi(x)$在D_0上存在唯一的不动点x^*。

（2）对任意初值$x^{(0)} \in D_0$，迭代法（8.4.4）适定且收敛到x^*，即$\{x^{(k)}\}_{k=0}^{\infty} \subset D_0$，$\lim\limits_{k\to\infty} x^{(k)} = x^*$，且有误差估计式$\| x^{(k)} - x^* \| \leqslant L/(1-L) \cdot \| x^{(k)} - x^{(k-1)} \|$。

上述误差估计表明，对于迭代过程（8.4.4），终止准则也可采用式（8.2.8），只要把其中的数的绝对值改成向量的范数即可。值得注意的是，关于压缩性，这里没有与式（8.2.7）类似的强条件。

例 8.4.2 在例 8.4.1 中，设$D_0 = \{(x_1, x_2)^{\mathrm{T}} \mid -1.5 \leqslant x_1, x_2 \leqslant 1.5\}$。试证：对任意初值$x^{(0)} \in D_0$，由迭代法（8.4.6）生成的序列都收敛到方程（8.4.5）在D_0中的唯一解$x^* = (1,1)^{\mathrm{T}}$。

证明 首先容易计算出，对于任意$x = (x_1, x_2)^{\mathrm{T}} \in D_0$，都有$0.8 \leqslant \varphi_1(x) \leqslant 1.25$，$0.315 \leqslant \varphi_2(x) \leqslant 1.2875$。因此，迭代函数$\Phi$在$D_0$上是映内的。其次，对任意$x = (x_1, x_2)^{\mathrm{T}} \in D_0$，$y = (y_1, y_2)^{\mathrm{T}} \in D_0$，都有

$$|\varphi_1(x) - \varphi_1(y)| \leqslant 0.3(|x_1 - y_1| + |x_2 - y_2|) = 0.3\|x - y\|_1$$
$$|\varphi_2(x) - \varphi_2(y)| \leqslant 0.45(|x_1 - y_1| + |x_2 - y_2|) = 0.45\|x - y\|_1$$

因此，$\|\Phi(x) - \Phi(y)\|_1 \leqslant 0.75\|x - y\|_1$。

可见函数Φ在D_0上是压缩的，因此由定理 8.4.1 得知结论成立。

类似于定义 8.2.1，对于不动点迭代法（8.4.4），也可引入局部收敛性定义。

定义 8.4.2 对于函数$\Phi: D \subset R^n \to R^n$，设$x^* \in D$是$\Phi$的不动点。如果存在$x^*$的一个邻域$S \subset D$，使对任意初值，由式（8.4.4）生成的序列满足适定性并且有$\lim\limits_{k\to\infty} x^{(k)} = x^*$，则称不动点迭代法（8.4.4）在点$x^*$处局部收敛。

下面给出局部收敛的一个充分条件。

定理 8.4.3 对于函数$\Phi: D \subset R^n \to R^n$，设$x^* \in D$是$\Phi$的不动点。若存在半径为$\delta(\delta > 0)$的闭球：

$$S = S(x^*, \delta) = \{x \mid \|x - x^*\| \leqslant \delta\} \subset D \tag{8.4.7}$$

以及常数$L \in (0,1)$，使

$$\forall x \in S，\ |\Phi(x) - \Phi(x^*)| \leqslant L\|x - x^*\| \tag{8.4.8}$$

则不动点迭代法（8.4.4）在点x^*处局部收敛。

证明 任给$x^{(0)} \in S$，一般地，设式（8.4.4）的第k次迭代值$x^{(k)} \in S$，即$\|x^{(k)} - x^*\| \leqslant \delta$，则由式（8.4.8）可知，$\|x^{(k+1)} - x^*\| = \|\Phi[x^{(k)}] - \Phi(x^*)\| \leqslant L\|x^{(k)} - x^*\| \leqslant L\delta \leqslant \delta$，即$x^{(k+1)} \in S$，从而不动点迭代法（8.4.4）对闭球$S$是适定的。再由

$$\|x^{(k)} - x^*\| \leqslant L\|x^{(k-1)} - x^*\| \leqslant \cdots \leqslant L^k\|x^{(0)} - x^*\|$$

可得 $\lim_{k\to\infty}\|x^{(k)}-x^*\|=0$，从而有 $\lim_{k\to\infty}x^{(k)}=x^*$。于是，按定义 8.4.2，不动点迭代法（8.4.4）在点 x^* 处局部收敛。

定理 8.4.3 可用于证明下面牛顿迭代法的收敛性定理，先引入函数 Φ 的导数的雅可比矩阵：

$$\Phi'(x)=\begin{bmatrix}\nabla\varphi_1(x)^{\mathrm{T}}\\ \nabla\varphi_2(x)^{\mathrm{T}}\\ \vdots\\ \nabla\varphi_n(x)^{\mathrm{T}}\end{bmatrix}=\begin{bmatrix}\dfrac{\partial\varphi_1(x)}{\partial x_1} & \dfrac{\partial\varphi_1(x)}{\partial x_2} & \cdots & \dfrac{\partial\varphi_1(x)}{\partial x_n}\\ \dfrac{\partial\varphi_2(x)}{\partial x_1} & \dfrac{\partial\varphi_2(x)}{\partial x_2} & \cdots & \dfrac{\partial\varphi_2(x)}{\partial x_n}\\ \vdots & \vdots & & \vdots\\ \dfrac{\partial\varphi_n(x)}{\partial x_1} & \dfrac{\partial\varphi_n(x)}{\partial x_2} & \cdots & \dfrac{\partial\varphi_n(x)}{\partial x_n}\end{bmatrix}$$

定理 8.4.4　假设 x^* 是 $\Phi:D\subset R^n\to R^n$ 的一个不动点，并且已知 x^* 在区域 D 的内部，即 $x^*\in\mathrm{int}(D)$。若 $\Phi'(x^*)$ 存在且谱半径 $\rho[\Phi'(x^*)]=\sigma<1$，则不动点迭代法（8.4.4）在点 x^* 处局部收敛。

利用谱半径和范数的关系 $\rho(A)\leqslant\|A\|$，可直接推得定理 8.4.4 的一个推论。

推论 8.4.1　在定理 8.4.4 的假设条件下，若 $\Phi'(x^*)$ 存在且 $\|\Phi'(x^*)\|<1$，则不动点迭代法（8.4.4）在点 x^* 处局部收敛。特别地，若有 x^* 的邻域 $S\subset D$，$\Phi'(x)$ 在其上存在，并且 $\|\Phi'(x)\|<1$，则不动点迭代法（8.4.4）在点 x^* 处局部收敛。

在此推论的后半部分中，$\|\Phi'(x)\|<1$ 与强条件（8.2.7）很相似。与定理 8.2.1 不同的是，这里要求已知 x^* 在 D 的内部，而且只得到局部收敛的结论。

如例 8.4.1 有

$$\Phi'(x)=\frac{1}{10}\begin{bmatrix}2x_1 & 2x_2\\ x_2^{\ 2}+1 & 2x_1x_2\end{bmatrix}$$

对于例 8.4.2 中所取的区域 D_0，Φ 的不动点 x^* 在它的内部。容易检验，在 D_0 上有 $\|\Phi'(x)\|_1\leqslant 0.75$，因此不动点迭代法（8.4.6）在点 x^* 处局部收敛。

8.4.2　牛顿迭代法

对于非线性方程组，也可以构造类似于一元方程的牛顿迭代法，而且同样具有二次局部收敛性。这里，收敛阶的概念与定义 8.2.2 相同。

定义 8.4.3　设序列 $\{x^{(k)}\}_{k=0}^{\infty}\subset R^n$ 收敛到 x^*。若有常数 $p\geqslant 1$ 和 $c>0$，使

$$\lim_{k\to\infty}\|x^{(k+1)}-x^*\|/\|x^{(k)}-x^*\|^p=c$$

则称 p 为该序列的收敛阶。当 $p=1$ 时称为线性收敛（这时有 $0<c<1$），当 $p>1$ 时称为超线性收敛，当 $p=2$ 时称为二次收敛或平方收敛。

现在设 x^* 是方程（8.4.1）的解，$x^{(k)}$ 是某个迭代值。用点 $x^{(k)}$ 处的一阶泰勒展开近似每一个分量的函数值 $f_i(x^*)=0$，则有 $0=f_i(x^*)\approx f_i[x^{(k)}]+\sum_{j=1}^{n}\dfrac{\partial f_i[x^{(k)}]}{\partial x_j}[x_j^*-x_j^{(k)}]$ $(i=1,2,\cdots,n)$，或按式（8.4.2）用矩阵和向量表示为

$$0 = F(x^*) \approx F[x^{(k)}] + F'[x^{(k)}][x^* - x^{(k)}] \tag{8.4.9}$$

其中，$F'(x)$ 为函数 $F(x)$ 的导数，即一个雅可比矩阵。

若矩阵 $F'[x^{(k)}]$ 非奇异，则可从式（8.4.9）中解出 x^* 的近似值，并把它作为下一次迭代值。于是，可得到与式（8.3.1）类似的牛顿迭代法：

$$x^{(k+1)} = x^{(k)} - F'[x^{(k)}]^{-1} F[x^{(k)}] \ (k = 0,1,2,\cdots) \tag{8.4.10}$$

其中，$x^{(0)}$ 是给定的初值，它的不动点迭代形式是

$$x^{(k+1)} = \Phi[x^{(k)}] \ (k = 0,1,2,\cdots) \tag{8.4.11}$$

其中，$\Phi(x) = x - F'(x)^{-1} F(x)$ 称为牛顿迭代函数。

例 8.4.3　用牛顿迭代法求解例 8.4.1 中的方程（8.4.5）。

解　此例的函数 $F(x)$ 和它的导数 $F'(x)$ 分别为

$$F(x) = \begin{bmatrix} x_1^2 - 10x_1 + x_2^2 + 8 \\ x_1 x_2^2 + x_1 - 10x_2 + 8 \end{bmatrix}，\quad F'(x) = \begin{bmatrix} 2x_1 - 10 & 2x_2 \\ x_2^2 + 1 & 2x_1 x_2 - 10 \end{bmatrix}$$

仍取初值 $x^{(0)} = (0,0)^{\mathrm{T}}$，牛顿迭代法（8.4.10）的迭代结果如表 8-4-2 所示。

表 8-4-2　例 8.4.3 的迭代计算值

k	0	1	2	3	4
$x_1^{(k)}$	0.0	0.80	0.991787221	0.999975229	1.000000000
$x_2^{(k)}$	0.0	0.88	0.991711737	0.999968524	1.000000000

可见，牛顿迭代法的收敛速度比例 8.4.1 中的不动点迭代法（8.4.6）要快得多。一般地说，牛顿迭代法有下列局部收敛定理。

定理 8.4.5　对于函数 $F: D \subset R^n \to R^n$，设 $x^* \in D$ 满足 $F(x^*) = 0$。若有 x^* 的开邻域 $S_0 \subset D$，$F'(x)$ 在其上存在并连续，而且 $F'(x^*)$ 非奇异，则存在 x^* 的闭球 $S = S(x^*, \delta) \subset S_0$，其中 $\delta > 0$，有下列结论成立。

（1）牛顿迭代函数 $\Phi(x)$ 对所有 $x \in S$ 有定义，并且 $\Phi(x) \in S$，从而牛顿迭代法（8.4.10）在 S 上适定。

（2）对于任意初值 $x^{(0)} \in S$，牛顿迭代序列 $\{x^{(k)}\}_{k=0}^{\infty}$ 超线性收敛于 x^*。

（3）若有常数 $a > 0$，使

$$\| F'(x) - F'(x^*) \| \leqslant a \| x - x^* \|, \ \forall x \in S \tag{8.4.12}$$

则牛顿迭代序列 $\{x^{(k)}\}_{k=0}^{\infty}$ 至少二次收敛于 x^*。

注：（1）牛顿迭代法（8.4.10）的每步都要解一个线性方程组，通常把它写成

$$F'[x^{(k)}]\Delta x^{(k)} = -F[x^{(k)}]，\quad x^{(k+1)} = x^{(k)} + \Delta x^{(k)} \ (k = 0,1,2,\cdots) \tag{8.4.13}$$

其中，关于增量 $\Delta x^{(k)}$ 的线性方程组称为牛顿方程，可用直接法如列主元素法求解。因此，对于大型问题，牛顿迭代法的计算量是很大的。为了减少每步的计算量，可采用拟牛顿法，有关此法的内容可参考徐树方（1995）的文献。

（2）虽然牛顿迭代法具有二次局部收敛性，但它要求 $F'(x^*)$ 非奇异。如果矩阵 $F'(x^*)$

奇异或病态，那么 $F'[x^{(k)}]$ 也可能奇异或病态，从而可能导致数值计算失败或产生的数值不稳定。这时可采用阻尼牛顿法，即把式（8.4.13）改写成

$$\{F'[x^{(k)}]+\mu_k I\}\Delta x^{(k)}=-F[x^{(k)}]，\quad x^{(k+1)}=x^{(k)}+\Delta x^{(k)}\quad (k=0,1,2,\cdots)\qquad(8.4.14)$$

其中，μ_k 为阻尼因子，$\mu_k I$ 称为阻尼项。增加阻尼项的目的是使线性方程组的系数矩阵非奇异并良态。当 μ_k 选取合适时，阻尼牛顿法是线性收敛的。

（3）正如本章引言中提到的用迭代法求解非线性方程，特别是对于非线性方程组，初值的选取至关重要。初值不仅影响迭代的收敛性，而且不同初值可能收敛到不同的解（当方程多解时）。

例 8.4.4　用牛顿迭代法和阻尼牛顿法求解方程 $F(x)=0$，其中，

$$F(x)=\begin{bmatrix}x_1^2-10x_1+x_2^2+23\\ x_1x_2^2+x_1-10x_2+2\end{bmatrix}$$

解　易知该方程的一个解是 $x^*=(4,1)^{\mathrm T}$，并且 $F'(x^*)=\begin{bmatrix}-2&2\\2&-2\end{bmatrix}$ 奇异。取初值 $x^{(0)}=(2.5,2.5)^{\mathrm T}$，阻尼因子 $\mu_k\equiv10^{-5}$，计算结果如表 8-4-3 所示。

表 8-4-3　例 8.4.4 的迭代计算值

	k	0	1	…	25	…	29
牛顿迭代法	$x_1^{(k)}$	2.5	3.538461538	…	4.000000025		
	$x_2^{(k)}$	2.5	1.438461538	…	1.000000025		
阻尼牛顿法	$x_1^{(k)}$	2.5	3.539463160			…	4.000000286
	$x_2^{(k)}$	2.5	1.438461083			…	1.000000286

可见，即使矩阵 $F'(x^*)$ 奇异，只要 $F'[x^{(k)}]$ 非奇异，牛顿迭代法仍收敛，且收敛是线性的。因为本例的维数太小，牛顿迭代法并没有出现奇异或数值稳定性问题，而且没有显示阻尼牛顿法的作用，反而是迭代次数更多。但可以看出，阻尼牛顿法是线性收敛的。

例 8.4.5　用牛顿迭代法求解方程 $F(x)=0$，其中，

$$F(x)=\begin{bmatrix}x_1^2-x_2-1\\(x_1-2)^2+(x_2-0.5)^2-1\end{bmatrix}，\quad F'(x)=\begin{bmatrix}2x_1&-1\\2x_1-4&2x_2-1\end{bmatrix}$$

该方程的实数解是抛物线与圆的交点，共有两个，如图 8-4-1 所示。分别取初值 $x^{(0)}=(0,0)^{\mathrm T}$ 和 $x^{(0)}=(2,2)^{\mathrm T}$，牛顿迭代法的计算结果如表 8-4-4 所示，它们分别收敛到两个不同的解。

一般来说，为了保证迭代的收敛性，初值应当取在所求解的足够小的邻域内。有的实际问题可以凭借经验取初值，有的则可以用某些方法预测一个近似值，从数学的角度讲，这是个相当困难的问题。现在有一些可以实现这一目标的数值计算方法，如延拓法，可参考徐树方（1995）的文献。

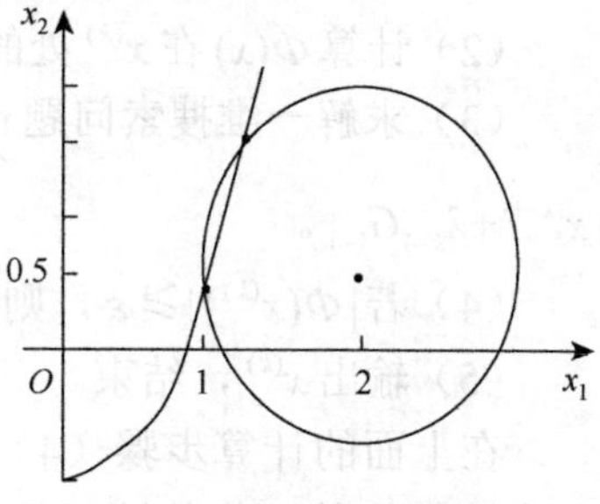

图 8-4-1　例 8.4.5 中两个函数方程交点的示意图

表 8-4-4　例 8.4.5 的牛顿迭代法计算表

k	0	1	…	5	6
$x_1^{(k)}$	0.0	1.062500000	…	1.067343609	1.067346086
$x_2^{(k)}$	0.0	−1.000000000	…	0.139221092	0.139227667
$x_1^{(k)}$	2.0	1.645833333	…	1.546342883	1.546342882
$x_2^{(k)}$	2.0	1.583333333	…	1.391176313	1.391176313

8.4.3　最速下降法

对于非线性方程组（8.4.1），构造模函数：

$$\Phi(x)=\sum_{i=1}^{m} f_i^2(x) \tag{8.4.15}$$

其中，$x=(x_1,x_2,\cdots,x_n)^{\mathrm{T}}$。显然，求方程组（8.4.1）解的问题等价于求模函数 $\Phi(x)$ 的零点。因此，求方程组（8.4.1）解的问题可转化为求解式（8.4.16）的最优化问题：

$$\min_{x\in R^n}\{\Phi(x)\} \tag{8.4.16}$$

这是一个无约束最优化问题，其主要的求解方法就是最速下降法。

类似于 3.4 节的介绍，最速下降法的基本思想就是从方程组（8.4.1）的近似解 $x^{(k)}$ 出发，沿着使函数 $\Phi(x)$ 下降最快的方向，即函数 $\Phi(x)$ 的负梯度方向：

$$-\mathrm{grad}\{\Phi[x^{(k)}]\}=-\left(\frac{\partial\Phi(x)}{\partial x_1},\frac{\partial\Phi(x)}{\partial x_2},\cdots,\frac{\partial\Phi(x)}{\partial x_n}\right)\Bigg|_{x=x^{(k)}}$$

寻找新的近似解 $x^{(k+1)}$。如此，可一步步逼近方程组（8.4.1）的解 x^*。其中，从近似解 $x^{(k)}$ 寻找新的近似解 $x^{(k+1)}$ 的过程为

$$\Phi[x^{(k+1)}]=\min_{\lambda>0}\{\Phi(x^{(k)}-\lambda\,\mathrm{grad}\{\Phi[x^{(k)}]\})\}=\min_{\lambda>0}\{\varphi(\lambda)\}$$

这是一个一维极值问题，称为一维搜索问题，负梯度方向 $-\mathrm{grad}\{\Phi[x^{(k)}]\}$ 也称为搜索方向。

最速下降法计算方程组（8.4.1）的步骤如下。

（1）选一初始点 $x^{(0)}$，给定精度 $\varepsilon>0$，置 $k\Leftarrow 0$。

（2）计算 $\Phi(x)$ 在 $x^{(k)}$ 处的负梯度方向值 $G_k=-\mathrm{grad}\{\Phi[x^{(k)}]\}$。

（3）求解一维搜索问题 $\min\limits_{\lambda>0}\{\Phi[x^{(k)}+\lambda G_k]\}$，记其最优解为 λ_k，置 $k\Leftarrow k+1$，$x^{(k)}\Leftarrow x^{(k-1)}+\lambda_{k-1}G_{k-1}$。

（4）若 $|\Phi(x^{(k)})|\geqslant\varepsilon$，则转到（2）。

（5）输出 $x^{(k)}$，结束。

在上面的计算步骤（4）中，终止条件有时可换成 $\|x^{(k)}-x^{(k-1)}\|_\infty\geqslant\varepsilon$。最速下降法具有计算简单、收敛性好等优点，但收敛速度较慢，一般为线性收敛速度。因此，常常将它与牛顿迭代法联用，即先用最速下降法求得较好的近似解，再用牛顿迭代法求方程组（8.4.1）的解。

8.5　应 用 实 例

公路和铁路设计中常出现高架悬索桥梁，由于桥梁的质量检测要求，在设计中需计算各个支撑部件承受的张力。设悬索承受的质量是均匀分布的，$g = 9.78\text{m}/\text{s}^2$ 表示重力加速度，则悬索承受的负荷密度为 $w = mg/a$，其中，a 表示悬索的跨度，m 是悬索承受的质量。若不计温度变化的影响，悬索端点的张力由公式 $T = wa/2 \cdot \sqrt{1+(a/x)^2}$ 确定，其中，x 是悬索的垂度。设悬索的长度为 $L > a$，垂度 x 近似满足如下代数方程：

$$x = a[1 + 8(x/a)^2/3 - 32(x/a)^4/5 + 256(x/a)^6/7]$$

若取 $a = 100\text{m}$，$L = 110\text{m}$，$m = 1400\text{kg}$，则悬索承受的负荷密度 $w = 136.92\text{N/m}$。若采用牛顿迭代法求此方程的解 x，取迭代初值 $x_0 = a/2$，误差精度 $\varepsilon = 10^{-6}$，规定最大迭代步数为 100。由悬索端点的张力公式得到悬索端点的张力为 $T = 49418.87\text{N}$。

对于给定的 a 和 m，选取不同的悬索长度 L，观察悬索长度和悬索端点的张力之间的关系，如图 8-5-1 所示，即增加悬索长度可减少悬索端点的张力，其中横坐标表示悬索长度，纵坐标表示悬索端点的张力。

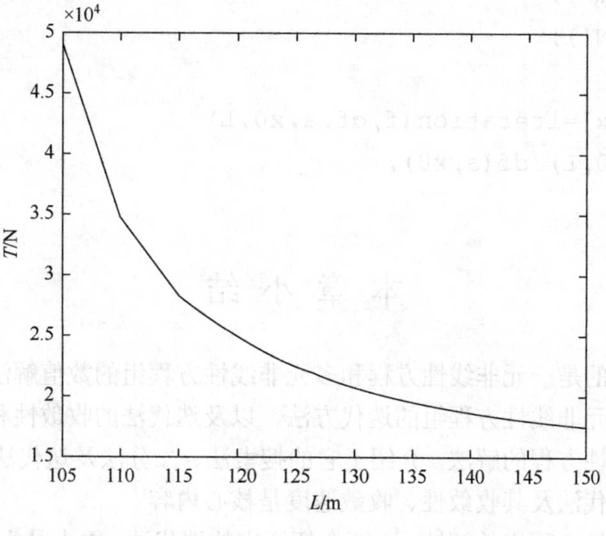

图 8-5-1　悬索长度和悬索端点的张力之间的关系

程序如下：

```
function 牛顿(tol)
a=100;m=1400;g=9.78;w=m*g/a;N=100;
f=inline('a*(1+8/3*(x/a)^2-32/5*(x/a)^4+256/7*(x/a)^6)-L','a',
'x','L');
df=inline('a*(8/3*2*x/a^2-32/5*4*(x/a)^3/a+256/7*6*(x/a)^5/a)',
'a','x');
i=1;                %迭代步数初始化
```

```
x0=a/2;        %迭代初值
for j=1:10
   L(j)=a+5*j;
   while(i<=100)
      x=iteration(f,df,a,x0,L(j));%牛顿迭代法求方程的根
      if abs(x-x0)<=tol
          break;
      end;
      x0=x;
      i=i+1;
   end
   T(j)=w*a/2*sqrt(1+(a/x)^2);
end
plot(L,T,'k-');
title('悬度与长度的关系');
xlabel('L/m');
ylabel('T/N');
%牛顿迭代法
function [x]=iteration(f,df,a,x0,L)
x=x0-f(a,x0,L)/df(a,x0);
end
```

本章小结

本章主要介绍的是一元非线性方程和多元非线性方程组的数值解法。本章的中心是一元非线性方程和多元非线性方程组的迭代方法，以及迭代法的收敛性和收敛速度等。

对于一元非线性方程的解法，介绍了它的搜索法、二分法及迭代法，其中，牛顿迭代法、改进的牛顿迭代法及其收敛性、收敛速度是核心内容。

对于多元非线性方程组的解法，主要介绍了它的迭代法，重点是牛顿迭代法及其收敛性、收敛速度等内容。

习　题　八

1. 证明方程 $1-x-\sin x=0$ 在 $[0,1]$ 中只有一个根。试计算采用二分法求误差不大于 $1/2\times10^{-4}$ 的根需要的迭代次数。

2. 使用二分法求 $x^3-2x-5=0$ 的实根，精确到小数点后两位。

3. 方程 $x^3-x^2-1=0$ 在 $x_0=1.5$ 附近有根，把方程改写成三种不同的等价形式构成迭代式。

（1）由 $x=1+1/x^2$ 对应的迭代式 $x_{n+1}=1+1/x_n^2$。

（2）由 $x^3=1+x^2$ 对应的迭代式 $x_{n+1}=\sqrt[3]{1+x_n^2}$ 。

（3）由 $x^2=1/(x-1)$ 对应的迭代式 $x_{n+1}=\sqrt{1/(x_n-1)}$ 。

判断迭代式在 $x_0=1.5$ 附近的收敛性，选一种收敛迭代式，准确到四位有效数字。

4. 用牛顿迭代法求下列方程的最小正根，准确到四位小数。

（1） $x-\tan x=0$ 。

（2） $2^x-4x=0$ 。

5. 试导出计算 $1/\sqrt{a}$ （ $a>0$ ）的牛顿迭代式，使公式中既无开方，又无除法运算。

6. 试用离散牛顿法求 $x^3-2x-5=0$ 的最小正根，准确到四位小数。

7. 试证明，

（1）函数 $\varphi(x)=2x-1$ 在闭区间 $[0,2]$ 上不是映内的，但在其上有不动点。

（2）函数 $\varphi(x)=\ln(1+e^x)$ 在任何闭区间 $[a,b]$ 上都是压缩的，但没有不动点。

8. 设 x^* 是方程 $f(x)=0$ 的 m 重根（ $m\geqslant 2$ ），试证，

（1）牛顿迭代函数 $\varphi(x)=x-f(x)/f'(x)$ ，满足 $\varphi'(x^*)=1-1/m$ 。

（2）迭代法 $x_{k+1}=\psi(x_k)=x_k-mf(x_k)/f'(x_k)$ 的迭代函数满足 $\psi'(x^*)=0$ 。

9. 设方程 $x=1+1/2\cdot\sin x$ ，构造简单迭代式 $x_{k+1}=2x_k-1-1/2\cdot\sin x_k$ ，问其是否收敛？能否用斯蒂芬森迭代法求解？若能，试比较它们的收敛速度，要求满足 $|x_k-x_{k-1}|<1/2\times10^{-2}$ 。

10. 用图解法说明下述方程组有唯一解，并用迭代法求其近似解。

$$\begin{cases}x_1^2+x_2^2-x_1=0\\x_1^2-x_2^2-x_2=0\end{cases}$$

要求满足 $\|x^{(k+1)}-x^{(k)}\|_\infty<1/2\times10^{-3}$ 。

11. 在 $|x|<1,\ |y|<1$ 域内，用迭代法求解下述方程组，准确到两位小数。

$$\begin{cases}2x-\cos y=0\\2y-\sin x=0\end{cases}$$

12. 用牛顿迭代法求下述方程组在 $x_1=1,\ x_2=2$ 附近的解，准确到两位小数。

$$\begin{cases}x_1+2x_2-3=0\\2x_1^2+x_2^2-5=0\end{cases}$$

第 9 章　常微分方程数值解法

科学研究和工程技术的许多实际问题中常常涉及求解微分方程或微分方程组的定解问题，如物体运动、电路振荡、化学反应及生物群体的变化等。而这类问题中最基本、最简单的形式就是一阶微分方程的初值问题，其一般形式是

$$\begin{cases}\dfrac{\mathrm{d}y}{\mathrm{d}x}=f(x,y) \quad (a\leqslant x\leqslant b)\\ y(a)=y_0\end{cases} \tag{9.0.1}$$

能用解析方法求出精确解的微分方程并不多，而且即使有解析解，也可能由于表达式非常复杂而不易计算。本章主要介绍常微分方程的数值解法。如果函数 $f(x,y)$ 连续，且 y 满足利普希茨（Lipschitz）条件，即存在常数 L 使 $|f(x,y_1)-f(x,y_2)|\leqslant L|y_1-y_2|$，则由常微分方程理论知，初值问题（9.0.1）的解必定存在且唯一。

微分方程的数值解法就是利用离散方法寻求初值问题（9.0.1）的解 $y(x)$ 在一系列节点

$$a=x_0<x_1<x_2<\cdots<x_N=b$$

处的近似值 $y(x_k)$，称 $h_k=x_{k+1}-x_k$ 为由 x_k 到 x_{k+1} 的步长，通常取为常量 h，即 $x_k=x_0+kh$，其中 $x_0=a$，$h=(b-a)/N$，$k=0,1,2,\cdots,N-1$。

建立微分方程初值问题的数值解法，首先要将微分方程离散化，一般采用以下几种方法。

（1）差商近似导数的方法。若用向前差商替代 $y'(x_k)$ 代入式（9.0.1），则得 $[y(x_{k+1})-y(x_k)]/h\approx f[x_k,y(x_k)]$，化简得 $y(x_{k+1})\approx y(x_k)+hf[x_k,y(x_k)]$。若用近似值 y_k 表示 $y(x_k)$，则可得

$$y_{k+1}=y_k+hf(x_k,y_k)\ (k=0,1,\cdots) \tag{9.0.2}$$

如此，初值问题（9.0.1）就转化为下列离散化格式问题：

$$\begin{cases}y_{k+1}=y_k+hf(x_k,y_k)\\ y_0=y(a)\end{cases} (k=0,1,\cdots) \tag{9.0.3}$$

式（9.0.3）也称为初值问题（9.0.1）的差分方程初值问题。根据式（9.0.3），结合初值 y_0 可逐次算出 $\{y_k\,|\,k=1,2,\cdots\}$。

（2）数值积分方法。若将初值问题（9.0.1）的解表示成积分形式，用数值积分方法离散化，就可获得微分方程的数值积分方法。对初值问题（9.0.1）的微分方程两端积分，可得

$$y(x_{k+1})-y(x_k)=\int_{x_k}^{x_{k+1}}f[x,y(x)]\mathrm{d}x\ \ (k=0,1,\cdots) \tag{9.0.4}$$

对式（9.0.4）中右端的积分采用取左端点的矩形公式，即 $\int_{x_k}^{x_{k+1}}f[x,y(x)]\mathrm{d}x\approx hf(x_k,y_k)$，则可得 $y_{k+1}-y_k=hf(x_k,y_k)$。从而可得初值问题（9.0.1）的近似解，这个结果与式（9.0.3）一致。

（3）泰勒多项式近似法。若将函数 $y(x)$ 在 x_k 处展开，取一次泰勒多项式近似，则得

$$y(x_{k+1}) = y(x_k + h) \approx y(x_k) + hy'(x_k) = y(x_k) + hf[x_k, y(x_k)]$$

得到离散化的计算公式与式（9.0.3）一致。泰勒多项式近似法的优点是不仅可以得到求数值解的公式，而且容易估计截断误差，故本章在推导数值求解公式时主要用这种方法。

通过上面三种基本方法的推导，都可以获得初值问题（9.0.1）的数值计算公式（9.0.3），且几何意义明确，下面就来介绍欧拉（Euler）法。

9.1　欧拉法与改进的欧拉法

9.1.1　欧拉法

欧拉法就是用差分方程初值问题

$$\begin{cases} y_{k+1} = y_k + hf(x_k, y_k) \\ y_0 = y(a) \end{cases} \quad (k = 0,1,\cdots) \tag{9.1.1}$$

的解来近似微分方程初值问题（9.0.1）的解，即由式（9.1.1）依次计算 $y(x_k)$ 的近似值 y_k。

欧拉法可以看作基于向前差商公式推导的。如果在微分方程离散化时，用向后差商代替导数，即有 $y'(x_{k+1}) \approx [y(x_{k+1}) - y(x_k)]/h$，可得计算公式：

$$\begin{cases} y_{k+1} = y_k + hf(x_{k+1}, y_{k+1}) \\ y_0 = y(a) \end{cases} \quad (k = 0,1,\cdots) \tag{9.1.2}$$

用式（9.1.2）获取初值问题（9.0.1）的数值解的方法称为向后欧拉法。

向后欧拉法与欧拉法形式上相似，但实际计算时却复杂得多。向后欧拉公式的右端含有 y_{k+1}，因此向后欧拉法也称为欧拉隐式法。相应地，欧拉法也称为欧拉显式法。一般欧拉隐式法可用如下迭代公式求解：

$$\begin{cases} y_{k+1}^{(0)} = y_k + hf(x_k, y_k) \\ y_{k+1}^{(n+1)} = y_k + hf[x_{k+1}, y_{k+1}^{(n)}] \end{cases} \quad (n = 0,1,2,\cdots) \tag{9.1.3}$$

一般在实际计算时，若精度要求不高，迭代公式（9.1.3）只进行一次迭代，即 $n = 0$。此时，迭代公式（9.1.3）中第一个式子给出的值 $y_{k+1}^{(0)}$ 称为 y_{k+1} 的预测值，第二个式子给出的值 $y_{k+1}^{(1)}$ 称为 y_{k+1} 的校正值，相应的方法也称为预测-校正法。

例 9.1.1　给定初值问题：

$$\begin{cases} y' = -2y - 4x \quad (0 \leqslant x \leqslant 1) \\ y(0) = 2 \end{cases}$$

取 $h = 0.1$。试用欧拉显式法和欧拉隐式法求初值问题的数值解，并与精确解进行比较。

解　由于初值问题中的微分方程为线性微分方程，容易求得其精确解为

$$y = y(x) = \mathrm{e}^{-2x} - 2x + 1 \quad (0 \leqslant x \leqslant 1)$$

欧拉显式迭代公式为 $y_{k+1} = y_k + hf(x_k, y_k) = (1-2h)y_k - 4hx_k$。相应地，由欧拉隐式法容易解得其迭代公式为 $y_{k+1} = (y_k - 4hx_{k+1})/(1+2h)$。取 $h = 0.1$，计算结果见表 9-1-1。

表 9-1-1　例 9.1.1 的欧拉法与精确解的比较表

x_k	欧拉显式法	欧拉隐式法	精确解
0.0	2.000000	2.000000	2.000000
0.1	1.600000	1.633333	1.678131
0.2	1.240000	1.294444	1.270320
0.3	0.912000	0.978704	0.948812
0.4	0.609600	0.682253	0.649329
0.5	0.327680	0.401878	0.367879
0.6	0.062144	0.134898	0.101194
0.7	–0.190285	–0.120918	–0.153403
0.8	–0.432228	–0.367432	–0.398103
0.9	–0.665782	–0.606193	–0.634701
1.0	–0.892626	–0.838494	–0.864665

在例 9.1.1 中，与精确解相比，欧拉显式法和欧拉隐式法的精度都不高。下面来介绍欧拉法的误差估计。

9.1.2　欧拉法的误差估计

欧拉显式法、欧拉隐式法及后面将介绍的其他方法，它们在计算 y_{k+1} 时都用到前一步的值 y_k，这类方法称为单步法。单步法的一般形式为

$$y_{k+1}=y_k+h\varphi(x_k,y_k,x_{k+1},y_{k+1},h) \tag{9.1.4}$$

其中，函数 φ 与微分方程的右端项 $f(x,y)$ 有关。若 φ 中不含 y_{k+1}，则此方法为显式的；否则为隐式的。如欧拉法是显式的，且 $\varphi(x_k,y_k,x_{k+1},y_{k+1},h)=f(x_k,y_k)$；向后欧拉法是隐式的，且 $\varphi(x_k,y_k,x_{k+1},y_{k+1},h)=f(x_{k+1},y_{k+1})$。

为了简化分析，先考虑计算一步产生的误差。

定义 9.1.1　设 $y(x)$ 是初值问题（9.0.1）的精确解，则

$$R_{k+1}=y(x_{k+1})-y(x_k)-h\varphi[x_k,y(x_k),x_{k+1},y(x_{k+1}),h] \tag{9.1.5}$$

称为单步法（9.1.4）的局部截断误差，简称截断误差。

局部截断误差通常由泰勒展开得到，如欧拉法有

$$R_{k+1}=y(x_{k+1})-y_{k+1}=y(x_k+h)-y(x_k)-hy'(x_k)=h^2y''(\xi)/2 \tag{9.1.6}$$

式（9.1.6）的误差有时也记为 $R_{n+1}=h^2y''(x_n)/2+O(h^3)=O(h^2)$。

实际计算时，y_k 是 $y(x_k)$ 的近似值。因此，计算过程中除每步产生的局部截断误差外，还有因计算不准确而引起的误差。

定义 9.1.2　在不考虑舍入误差的情况下，初值问题（9.0.1）的精确解 $y(x_{k+1})$ 与数值解 y_{k+1} 之差称为整体截断误差，记为 $e_{k+1}=y(x_{k+1})-y_{k+1}$。

下面讨论欧拉法的整体截断误差。

为了简便起见，假定函数 $f(x,y)$ 充分光滑，式（9.0.1）的解 $y(x)$ 在 $[a,b]$ 上二阶连续可微，即存在 $M>0$，使对任意 $x\in[a,b]$，都有 $|y''(x)|\leqslant M$。于是由式（9.1.6）可知，

局部截断误差有界，即$|R_{k+1}|=h^2|y''(\xi)|/2\leqslant h^2M/2\ (k=0,1,\cdots)$。

记$\overline{y}_{n+1}=y(x_n)+hf[x_n,y(x_n)]$，于是由利普希茨条件，可推得

$$\begin{aligned}|e_{k+1}|&=|y(x_{k+1})-y_{k+1}|\leqslant|y(x_{k+1})-\overline{y}_{k+1}|+|\overline{y}_{k+1}-y_{k+1}|\\&\leqslant|R_{k+1}|+|y(x_k)-y_k|+h|f[x_k,y(x_k)]-f(x_k,y_k)|\\&\leqslant|R_{k+1}|+(1+hL)|y(x_k)-y_k|\end{aligned}$$

从而有$|e_{k+1}|\leqslant Mh^2/2+(1+hL)|e_k|\ (k=0,1,\cdots)$，反复递推可得

$$|e_{k+1}|\leqslant Mh^2/2\cdot\sum_{n=0}^{k}(1+hL)^n=hM[(1+hL)^{k+1}-1]/(2L)$$

因为$(n+1)h\leqslant b-a$，所以$(1+hL)^{k+1}\leqslant(1+hL)^{(b-a)/n}<e^{L(b-a)}$，于是有

$$|e_{k+1}|\leqslant hM[e^{L(b-a)}-1]/(2L) \tag{9.1.7}$$

式（9.1.7）表明，欧拉法的整体截断误差与h同阶无穷小，即当$h\to 0$时，$e_N\to 0$。

一般地，如果某种数值方法的局部截断误差为$O(h^{p+1})$，则称该方法是p阶的。显然，p越大，该方法的精度越高。式（9.1.7）说明，欧拉法是一阶方法，因此它的精度不高。

9.1.3　改进的欧拉法

为了提高欧拉法的精度，在利用数值积分方法将微分方程离散化时，若用式（9.0.4）中的右端积分，即$\int_{x_k}^{x_{k+1}}f[x,y(x)]\mathrm{d}x\approx h\{f[x_k,y(x_k)]+f[x_{k+1},y(x_{k+1})]\}/2$，并用$y_{k+1}$和$y_k$分别代替$y(x_{k+1})$和$y(x_k)$，则得计算公式：

$$y_{k+1}=y_k+h/2\cdot[f(x_k,y_k)+f(x_{k+1},y_{k+1})] \tag{9.1.8}$$

这就是求解初值问题（9.0.1）的梯形公式。

直观上容易看出，用梯形公式计算数值积分要比矩形公式好。事实上，由数值积分的梯形公式的误差估计式可得式（9.1.8）的局部截断误差为

$$R_{k+1}=y(x_{k+1})-y(x_k)-h/2\cdot\{f[x_k,y(x_k)]+f[x_{k+1},y(x_{k+1})]\}=-h^3y'''(\xi)/12$$

其中，$x_k<\xi<x_{k+1}$。也可由泰勒展开得到$R_{k+1}=-h^3y'''(x_n)/12+O(h^4)$，故梯形公式为二阶方法。

梯形公式也是隐式的，一般需用迭代法求解，迭代公式为

$$\begin{cases}y_{k+1}^{(0)}=y_k+hf(x_k,y_k)\\y_{k+1}^{(n+1)}=y_k+h/2\cdot\{f(x_k,y_k)+f[x_{k+1},y_{k+1}^{(n)}]\}\end{cases}(n=0,1,\cdots) \tag{9.1.9}$$

由于函数$f(x,y)$关于y满足利普希茨条件，容易得到

$$|y_{n+1}^{(k+1)}-y_{n+1}^{(k)}|=h/2\cdot|f(x_{n+1},y_{n+1}^{(k)})-f[x_{n+1},y_{n+1}^{(k-1)}]|\leqslant hL/2\cdot|y_{n+1}^{(k)}-y_{n+1}^{(k-1)}|$$

其中，L为利普希茨常数。因此，当$0<hL/2<1$时，迭代收敛，但这样做计算量较大。如果实际计算时的精度要求不太高，用式（9.1.9）求解，每步可以只迭代一次，即采用预测-校正法。于是就可导出一种新的方法——改进的欧拉法，其迭代公式为

$$\begin{cases}y_{k+1}=y_k+h/2\cdot[f(x_k,y_k)+f(x_{k+1},y_{k+1})]\\y(x_0)=y_0\end{cases} \tag{9.1.10}$$

其中，y_{k+1}的计算式为

$$\begin{cases} \overline{y}_{k+1} = y_k + hf(x_k, y_k) \\ y_{k+1} = y_k + h/2 \cdot [f(x_k, y_k) + f(x_{k+1}, \overline{y}_{k+1})] \end{cases}$$

为了便于编写程序上机，式（9.1.10）常改写成

$$\begin{cases} y_p = y_k + hf(x_k, y_k) \\ y_q = y_k + hf(x_k + h, y_p) \\ y_{k+1} = (y_p + y_q)/2 \end{cases} \tag{9.1.11}$$

算法 9.1.1

（1）输入 $a,b,f(x,y)$，整数 N，初值 y_0。

（2）置 $h=(b-a)/N, n=0, x=a, y=y_0$，输出 (x,y)。

（3）计算 $y_p = y + hf(x,y)$，$y_q = y + hf(x+h, y_p)$。置 $y \Leftarrow (y_p + y_q)/2$，$x \Leftarrow x+h$，输出 (x,y)。

（4）若 $n < N-1$，置 $n \Leftarrow n+1$，转（3）；否则停机。

例 9.1.2 用改进的欧拉法求解例 9.1.1。

解 由式（9.1.11）知 $y_p = 0.8y_k - 0.4x_k$，$y_q = y_k + 0.1\cdot(-4x_{k+1} - 2y_p)$，$y_{k+1} = (y_p + y_q)/2$，数值计算结果见表 9-1-2。

表 9-1-2 例 9.1.2 中改进的欧拉法与精确解的比较表

x_k	y_k	$y(x_k)$	$y(x_k)-y_k$
0	2.000000	2.000000	0.000000
0.1	1.620000	1.678131	0.058131
0.2	1.272400	1.270320	−0.002080
0.3	0.951368	0.948812	−0.002556
0.4	0.652122	0.649329	−0.002793
0.5	0.370740	0.367879	−0.002861
0.6	0.104007	0.101194	−0.002813
0.7	−0.150715	−0.153403	−0.002688
0.8	−0.395586	−0.398103	−0.002517
0.9	−0.632380	−0.634701	−0.002321
1.0	−0.862552	−0.864665	−0.002113

与例 9.1.1 的计算结果相比，改进的欧拉法的精度明显高于欧拉显式法和欧拉隐式法，这是由于改进的欧拉法是二阶方法，而欧拉显式法和欧拉隐式法都是一阶方法。

9.2 龙格–库塔法

所用方法的阶数越高，其计算结果的精度就越高。一方面，从欧拉法的误差分析可以看到，用一阶泰勒多项式近似函数得到的欧拉公式，其局部截断误差的余项为 $O(h^2)$。类似地，若用 p 阶泰勒多项式近似函数，即

$$y_{n+1}=y(x_n)+hy'(x_n)+h^2y''(x_n)/2!+\cdots+h^py^{(p)}(x_n)/p!$$

其中，$y'(x)=f(x,y);\ y''(x)=f_x'(x,y)+f_y'(x,y)f(x,y),\cdots$，则局部截断误差应为 p 阶泰勒余项 $O(h^{p+1})$。因此，可以通过提高泰勒多项式的次数来提高算法的阶数，获得高精度的数值计算方法。另一方面，如果将欧拉公式与改进的欧拉公式分别写成以下形式：

$$\begin{cases}y_{k+1}=y_k+hK_1\\K_1=f(x_k,y_k)\end{cases},\quad\begin{cases}y_{k+1}=y_k+h(K_1+K_2)/2\\K_1=f(x_k,y_k)\\K_2=f(x_k+h,y_k+hK_1)\end{cases}$$

这两组公式都是用函数 $f(x,y)$ 在某些点上的函数值的线性组合来计算 $y(x_{k+1})$ 的近似值 y_{k+1}。欧拉公式每步需计算一次 $f(x,y)$ 的值，它是 $y(x_{k+1})$ 在 x_k 处的一阶泰勒多项式，因而是一阶方法。改进的欧拉公式每步需计算两次 $f(x,y)$ 的值，它在 (x_k,y_k) 处的泰勒展开式的前三项完全相同，故是二阶方法。于是，考虑用函数 $f(x,y)$ 在若干点上的函数值的线性组合来构造近似公式，要求其在 (x_k,y_k) 处与解 $y(x)$ 在 x_k 处的泰勒展开式的前几项重合，以使近似公式达到需要的阶数。这样既避免了计算函数 $f(x,y)$ 的偏导数，又提高了方法的精度，这正是龙格–库塔（Runge-Kutta）法（简称 R-K 法）的基本思想。

一般地，R-K 法设近似公式为

$$\begin{cases}y_{k+1}=y_k+h\sum_{i=1}^{p}c_iK_i\\K_1=f(x_k,y_k)\\K_i=f\left(x_k+a_ih,y_k+h\sum_{j=1}^{i-1}b_{ij}K_j\right)\end{cases}\quad(i=2,3,\cdots,p)\tag{9.2.1}$$

其中，a_i,b_{ij},c_i 都是参数，且 $\sum_{i=1}^{p}c_i=1$，$a_i\leqslant1$，$b_{ij}\leqslant1$。确定它们的原则是使近似公式在 (x_k,y_k) 处与解 $y(x)$ 在 x_k 处的泰勒展开式的前面的项尽可能多地重合，这样就使近似公式有尽可能高的精度，其局部截断误差为

$$R_{k+1}=y(x_{k+1})-\left(y_k+h\sum_{i=1}^{p}c_iK_i\right)$$

当 $p=2$ 时，近似公式为

$$\begin{cases}y_{k+1}=y_k+h(c_1K_1+c_2K_2)\\K_1=f(x_k,y_k)\\K_2=f(x_k+a_2h,y_k+hb_{21}K_1)\end{cases}\tag{9.2.2}$$

式（9.2.2）在 (x_k,y_k) 处的泰勒展开式为

$$\begin{aligned}y_{k+1}&=y_k+h\{c_1f(x_k,y_k)+c_2f[x_k+a_2h,y+hb_{21}f(x_k,y_k)]\}\\&=y_k+(c_1+c_2)f(x_k,y_k)h+c_2[a_2hf_x'(x_k,y_k)+b_{21}hf_y'(x_k,y_k)f(x_k,y_k)]h^2+O(h^3)\end{aligned}$$

而 $y(x_{k+1})$ 在 x_k 处的一阶泰勒多项式为

$$y(x_{k+1})=y_k+f(x_k,y_k)h+[f_x'(x_k,y_k)+f_y'(x_k,y_k)f(x_k,y_k)]h^2/2+O(h^3)$$

比较上面两个泰勒展开式的对应项，要使局部截断误差为 $O(h^3)$，只需

$$
\begin{cases}
c_1 + c_2 = 1 \\
c_2 a_2 = 1/2 \\
c_2 b_{21} = 1/2
\end{cases} \tag{9.2.3}
$$

成立。式（9.2.3）有无穷多组解，将它的每一组解代入式（9.2.2），得到近似公式的局部截断误差为$O(h^3)$，故这些方法都是二阶方法。例如，取$c_1 = c_2 = 1/2, a_2 = b_{21} = 1$，近似公式为

$$
\begin{cases}
y_{k+1} = y_k + h(K_1 + K_2)/2 \\
K_1 = f(x_k, y_k) \\
K_2 = f(x_k + h, y_k + hK_1)
\end{cases}
$$

这正是改进的欧拉公式。如果取$c_1 = 0, c_2 = 1, a_2 = b_{21} = 1/2$，则得到中点公式：

$$
\begin{cases}
y_{k+1} = y_k + hK_2 \\
K_1 = f(x_k, y_k) \\
K_2 = f(x_k + h/2, y_k + hK_1/2)
\end{cases}
$$

如果取$c_1 = 1/4, c_2 = 3/4, a_2 = b_{21} = 2/3$，则得到霍恩（Heun）公式：

$$
\begin{cases}
y_{k+1} = y_k + h(K_1 + 3K_2)/4 \\
K_1 = f(x_k, y_k) \\
K_2 = f(x_k + 2h/3, y_k + 2hK_1/3)
\end{cases}
$$

改进的欧拉公式、中点公式和霍恩公式是三个著名的二阶方法。理论上可以证明，无论怎样选取参数，式（9.2.2）都不可能具有更高的精度。因此，每步计算两个函数值，只能得出二阶公式。类似地，对于$p=3$和$p=4$的情形，可以导出三阶和四阶 R-K 公式分别为

$$
\begin{cases}
y_{k+1} = y_k + h(K_1 + 4K_2 + K_3)/6 \\
K_1 = f(x_k, y_k) \\
K_2 = f(x_k + h/2, y_k + hK_1/2) \\
K_3 = f(x_k + h, y_k - hK_1 + 2hK_2)
\end{cases}
$$

和

$$
\begin{cases}
y_{k+1} = y_k + h(K_1 + 2K_2 + 2K_3 + K_4)/6 \\
K_1 = f(x_k, y_k) \\
K_2 = f(x_k + h/2, y_k + hK_1/2) \\
K_3 = f(x_k + h/2, y_k + hK_2/2) \\
K_4 = f(x_k + h, y_k + hK_3)
\end{cases} \tag{9.2.4}
$$

其中，式（9.2.4）也称为经典的四阶 R-K 公式，其算法过程见算法 9.2.1。

算法 9.2.1

（1）输入a，b，$f(x)$，N，y_0。

（2）置$h = (b-a)/N$，$k=1$，$x_0 = a$，输出(x, y)。

（3）计算$x = x_0 + h$，$K_1 = f(x_0, y_0)$，$K_2 = f(x_0 + h/2, y_0 + hK_1/2)$，$K_3 = f(x_0 + h/2, y_0 + hK_2/2)$，$K_4 = f(x_0 + h, y_0 + hK_3)$，$y = y_0 + h[K_1 + 2(K_2 + K_3) + K_4]/6$，输出$(x, y)$。

（4）若 $k<N$，置 $n\Leftarrow n+1, x_0\Leftarrow x, y_0\Leftarrow y$，转（3）。

（5）停机。

例 9.2.1　用改进的欧拉法和经典的四阶 R-K 法求初值问题

$$\begin{cases} y'=(-y+x^2+4x-1)/2 \\ y(0)=0 \end{cases} \quad (0\leqslant x\leqslant 1)$$

的数值解，取 $h=0.2$。

解　由于初值问题中的微分方程为线性微分方程，容易求得其精确解为

$$y=y(x)=\mathrm{e}^{-x/2}+x^2-1 \ (0\leqslant x\leqslant 1)$$

相应地，改进的欧拉法的具体形式为

$$\begin{cases} y_{k+1}=y_k+0.1(K_1+K_2) \\ K_1=(-y_k+x_k^2+4x_k-1)/2 \\ K_2=[-(y_k+0.2K_1)+x_{k+1}^2+4x_{k+1}-1]/2 \end{cases}$$

经典的四阶 R-K 法的具体形式为

$$\begin{cases} y_{k+1}=y_k+0.2(K_1+2K_2+2K_3+K_4)/6 \\ K_1=(-y_k+x_k^2+4x_k-1)/2 \\ K_2=[-(y_k+0.1K_1)+(x_k+0.1)^2+4(x_k+0.1)-1]/2 \\ K_3=[-(y_k+0.1K_2)+(x_k+0.1)^2+4(x_k+0.1)-1]/2 \\ K_4=[-(y_k+0.2K_3)+x_{k+1}^2+4x_{k+1}-1]/2 \end{cases}$$

代入初值 $y_0=0$ 后，数值计算结果见表 9-2-1。

表 9-2-1　例 9.2.1 中数值解法与精确解的比较表

x_n	改进的欧拉法	经典的四阶 R-K 法	精确解	改进的欧拉法误差（$\times 10^{-2}$）	经典的四阶 R-K 法误差（$\times 10^{-5}$）
0	0.000000	0.000000	0.000000	0.000000	0.000000
0.2	−0.053000	−0.055162	−0.055163	−0.216258	−0.091530
0.4	−0.017165	−0.021268	−0.021269	−0.410425	−0.173569
0.6	0.106666	0.100821	0.100818	−0.584745	−0.247096
0.8	0.317732	0.310323	0.310320	−0.741239	−0.312987
1.0	0.615348	0.606534	0.606531	−0.881719	−0.372030

表 9-2-1 中改进的欧拉法误差和经典的 R-K 法误差均指微分方程初值问题的精确解与它们的数值计算值之差。从表 9-2-1 中可以看到，经典的四阶 R-K 法的精度要比改进的欧拉法的精度高得多。

需要说明的是，当 $p=1,2,3,4$ 时，R-K 公式的最高阶数恰好都是 p；当 $p>4$ 时，R-K 公式的最高阶数不是 p，如当 $p=5$ 时，R-K 公式的最高阶数仍为 4；当 $p=6$ 时，R-K 公式的最高阶数为 5。由于 R-K 法的导出基于泰勒展开，它要求所求问题的解具有较高的光滑性。当解充分光滑时，经典的四阶 R-K 法优于改进的欧拉法。如果解的光滑性差，则用经典的四阶 R-K 法求初值问题（9.0.1）的数值解的效果可能不如改进的欧拉法。因此，实际计算时，需根据问题的具体情况来选择合适的算法。

此外，以上介绍的微分方程初值问题的欧拉法、改进的欧拉法和 R-K 法等都采用等步长的数值解法。然而，一般初值问题的解函数的变化是不均匀的，如果用等步长求数值解，则可能出现有些点处精度过高，有些点处精度过低的情况。在计算实际问题时，常采用事后估计误差、自动调整步长的 R-K 法，有关这部分内容的介绍可参考胡祖炽和林源渠（1986）的文献。

9.3　单步法的稳定性

不论是欧拉法还是 R-K 法，它们都采用离散化的手段，将微分方程初值问题转化为差分方程初值问题来求解，且都是由 y_k 推进到 y_{k+1}，单步逐点计算近似解序列 $\{y_k\}$，这类方法统称为单步法。

以下仅对显式单步法进行讨论，其一般形式为

$$y_{k+1}=y_k+h\varphi(x_k,y_k,h) \tag{9.3.1}$$

其中，函数 φ 为增量函数。可改写式（9.3.1）为

$$\varphi(x_k,y_k,h)=(y_{k+1}-y_k)/h \tag{9.3.2}$$

这样的差分公式在理论上是否合理，要看差分方程的解 y_k 是否收敛于原微分方程初值问题的准确解 $y(x_k)$，这就是差分格式的收敛性问题；当 $h\to 0$ 时，式（9.3.2）是否逼近初值问题（9.0.1），即 $\lim\limits_{h\to 0}(y_{k+1}-y_k)/h=y'(x_k)$，$\lim\limits_{h\to 0}\varphi(x,y,h)=f(x,y)$ 是否成立，这就是差分格式与微分方程的相容性问题；若计算中某一步的 y_k 有舍入误差，随着逐步推进，这个舍入误差的传播情况如何，这就是差分格式的稳定性问题。本节将简单介绍单步法的收敛性与相容性，重点讨论单步法的稳定性。一个不稳定的差分格式会使计算失真或计算失败。

9.3.1　相容性与收敛性

解初值问题（9.0.1）的显式单步法的差分格式为

$$\begin{cases} y_{k+1}=y_k+h\varphi(x_k,y_k,h) \\ y(x_0)=y_0 \end{cases} \tag{9.3.3}$$

将获得的 y_k 作为初值问题（9.0.1）的精确解 $y(x_k)$ 的近似。如果近似是合理的，则应有

$$[y(x+h)-y(x)]/h-\varphi[x,y(x),h]\to 0\ \ (h\to 0) \tag{9.3.4}$$

因为 $\lim\limits_{h\to 0}[y(x+h)-y(x)]/h=y'(x)=f(x,y)$。如果增量函数 $\varphi(x,y,h)$ 关于 h 连续，则有

$$\varphi(x,y,0)=f(x,y) \tag{9.3.5}$$

式（9.3.5）称为相容性条件。如果增量函数 $\varphi(x,y,h)$ 满足条件（9.3.5），则称此显式单步法与初值问题（9.0.1）相容。显然，相容性条件是可利用单步法求解初值问题的必要条件。

容易验证，欧拉法与改进的欧拉法均满足相容性条件。事实上，欧拉法的增量函数为 $\varphi(x,y,h)=f(x,y)$，自然满足条件（9.3.5）。改进的欧拉法的增量函数为

$$\varphi(x,y,h)=\{f(x,y)+f[x+h,y+hf(x,y)]\}/2$$

因为$f(x,y)$连续，从而有$\varphi(x,y,0)=[f(x,y)+f(x,y)]/2=f(x,y)$。

一般地，如果显式单步法有p阶精度（$p>0$），则其局部截断误差为

$$y(x+h)-\{y(x)+h\varphi[x,y(x),h]\}=O(h^{p+1})$$

进而有$[y(x+h)-y(x)]/h-\varphi(x,y,h)=O(h^p)$。如果$\varphi(x,y,h)$连续，当$h\to 0$时，则有$y'(x)-\varphi(x,y,0)=0$，即$\varphi(x,y,0)=f(x,y)$。所以$p>0$的显式单步法均与初值问题（9.0.1）相容，由此获得的各阶 R-K 法与初值问题（9.0.1）也是相容的。

对于差分格式的收敛性问题，给出如下讨论。

定义 9.3.1　对于步长为$h\ (>0)$，$x_k=a+kh$。当$h\to 0$时，由显式单步法（9.3.1）产生的近似解y_k均有$\lim\limits_{h\to 0}y_k=y(x_k)$，其中$y(x)$为对应初值问题的准确解，则称此差分格式是收敛的。

由定义 9.3.1 及前面的讨论知道，差分格式的收敛性需根据该方法的整体截断误差e_{k+1}来判定，根据欧拉法可得整体截断误差的估计式：

$$|e_{k+1}|\leqslant hM/(2L)\cdot[e^{L(b-a)}-1]=O(h)$$

当$h\to 0$时，$e_k\to 0$，故欧拉法收敛。类似地，可给出显式单步法的收敛性结论。

定理 9.3.1　设显式单步法（9.3.1）具有p阶精度。若其增量函数$\varphi(x,y,h)$关于y满足利普希茨条件，且对应初值问题(9.0.1)的初值是精确的，即$y(x_0)=y_0$，则显式单步法(9.3.1)是收敛的，且整体截断误差为$e_{k+1}=y(x_{k+1})-y_{k+1}=O(h^p)$。

读者可仿欧拉法的整体截断误差的估计过程自行证明定理 9.3.1，此略。由定理 9.3.1 可直接推得下列推论。

推论 9.3.1　对于初值问题（9.0.1），若微分方程的右端函数$f(x,y)$关于y满足利普希茨条件，且对应的初值是精确的，则初值问题（9.0.1）的显式欧拉法、改进的欧拉法和 R-K 法都是收敛的。

定理 9.3.1 说明，函数$f(x,y)$关于y满足利普希茨条件不仅能使微分方程初值问题的解存在且唯一和对初值适定，而且是使单步法收敛的一个重要的充分条件。此外，单步法的整体截断误差比局部截断误差低一阶，因此，在实际中常常通过局部截断误差去衡量整体截断误差的大小。关于显式单步法的收敛性有下列更一般的结论。

定理 9.3.2　设增量函数$\varphi(x,y,h)$在区域S上连续，且关于y满足利普希茨条件，则显式单步法收敛的充分必要条件是相容性条件（9.3.5）成立。

关于定理 9.3.2 的证明可参考奥特加（1984）的文献，这里略去。

9.3.2　稳定性

在相容性和收敛性的讨论中，一般不考虑舍入误差。但在实际计算中，除了需要考虑由数值方法产生的截断误差，还要考虑因数字舍入而产生的误差积累。如果舍入误差的积累越来越大，就可能使初值问题（9.0.1）的近似解y_k产生严重失真。影响舍入误差的因素有很多，这里只关心它在传播过程中的增长情况。如果用某种数值方法求解初值问题，在每步计算过程中其误差界不会扩大，则称这种数值方法是绝对稳定的，即当步长h固定

时，在节点值 y_k 上产生的误差（扰动）界为 $|\varepsilon|$，而由此引起节点值 y_m $(m > k)$ 的误差 ε_m 的绝对值均不超过 $|\varepsilon|$。

一般地，微分方程数值方法的稳定性问题比较复杂，依赖于微分方程本身。为了方便讨论，将初值问题（9.0.1）中的 $f(x,y)$ 在解域内的某一点 (a,b) 进行泰勒展开并局部线性化：

$$\begin{aligned} y' &= f(x,y) = f(a,b) + f_x(a,b)(x-a) + f_y(a,b)(y-b) + \cdots \\ &= f_y(a,b)y + c_1 x + c_2 + \cdots \end{aligned}$$

若忽略高阶项，并令 $\lambda = f_y(a,b)$，对上式进行变量代换 $y = u - c_1 x / \lambda - c_1 / \lambda^2 - c_2 / \lambda$，则初值问题（9.0.1）中的微分方程变为 $u' = \lambda u$。因此，一般形式的一阶微分方程总可化成如下模型方程：

$$y' = \lambda y \tag{9.3.6}$$

本节数值计算方法的稳定性通过模型方程（9.3.6）展开讨论，并且仅讨论绝对稳定问题，其前提是问题的解具有很好的条件，即 $\lambda = f_y(a,b) < 0$。若问题的解具有不好的条件，即其本身具有固有的不稳定性，不在讨论之列，同时也不讨论 $h \to 0$ 时差分方程的渐近稳定性。

现在讨论欧拉法的稳定性。将欧拉显式法应用于模型方程（9.3.6），可得计算公式为

$$y_{k+1} = (1 + h\lambda) y_k \tag{9.3.7}$$

当 y_k 有舍入误差时，其近似解为 $\overline{y}_k$，从而 $\overline{y}_{k+1} = (1 + h\lambda)\overline{y}_k$。令 $\varepsilon_k = y_k - \overline{y}_k$，则误差传播方程为

$$\varepsilon_{k+1} = (1 + h\lambda)\varepsilon_k \tag{9.3.8}$$

记 $E(\lambda h) = 1 + h\lambda$，只要

$$|E(\lambda h)| \leqslant 1 \tag{9.3.9}$$

则欧拉显式法的解和误差都不会恶性发展，即当 $-2 \leqslant \lambda h \leqslant 0$ 时，欧拉显式法是绝对稳定的。不过这是条件稳定的，即它在以−1为中心的单位圆内是稳定的。

对于梯形公式，应用模型方程后，有 $y_{k+1} = y_k + h(\lambda y_k + \lambda y_{k+1})/2$，整理得

$$y_{k+1} = y_k (1 + h\lambda / 2) / (1 - h\lambda / 2) \tag{9.3.10}$$

类似于欧拉法的讨论，梯形公式的误差方程为 $y' = \lambda y$ $\varepsilon_{k+1} = (1 + h\lambda)\varepsilon_k$，其中

$$E(h\lambda) = (1 + h\lambda / 2) / (1 - h\lambda / 2) \tag{9.3.11}$$

因为 $\lambda < 0$，对任何的 λh 都有 $|E(\lambda h)| \leqslant 1$，所以梯形公式是无条件稳定的。

一般地，将任何一种单步法应用于模型方程（9.3.6），其中 $\lambda = f_y$，均有

$$y_{k+1} = E(h\lambda) y_k \tag{9.3.12}$$

对于不同的差分方法，$E(h\lambda)$ 有不同的表达式。

定义 9.3.2　若式（9.3.12）中 $|E(\lambda h)| \leqslant 1$，则称该单步法是绝对稳定的。在复平面上，满足 $|E(\lambda h)| \leqslant 1$ 的区域称为该单步法的绝对稳定区域，它与实轴的交点称为绝对稳定区间。

各种不同的单步法的 $E(h\lambda)$ 表达式和它们的绝对稳定区间见表 9-3-1。

表 9-3-1 单步法的 $E(h\lambda)$ 表达式和绝对稳定区间

方法	$E(h\lambda)$	绝对稳定区间
欧拉法	$1+\lambda h$	$-2\leqslant h\lambda\leqslant 0$
改进的欧拉法、霍恩法	$1+\lambda h+(\lambda h)^2/2!$	$-2\leqslant h\lambda\leqslant 0$
3阶R-K法	$1+\lambda h+(\lambda h)^2/2!+(\lambda h)^3/3!$	$-2.51\leqslant h\lambda\leqslant 0$
4阶R-K法	$1+\lambda h+(\lambda h)^2/2!+(\lambda h)^3/3!+(\lambda h)^4/4!$	$-2.785\leqslant h\lambda\leqslant 0$
欧拉隐式法	$1/(1-\lambda h)$	$-\infty<h\lambda\leqslant 0$
中点公式、梯形公式	$(1+\lambda h/2)/(1-\lambda h/2)$	$-\infty<h\lambda\leqslant 0$
2级4阶R-K隐式公式	$[1+\lambda h/2+(\lambda h)^2/2]/[1-\lambda h/2+(\lambda h)^2/12]$	$-\infty<h\lambda\leqslant 0$

从表 9-3-1 可以看到，显式单步法的 $E(h\lambda)$ 是 $e^{\lambda h}$ 的泰勒近似展开式，对于 p 阶方法，取展开式的 $p+1$ 项。模型方程（9.3.6）的解析解是 $y(x_k)=e^{\lambda x_k}$，显然 $y(x_{k+1})=e^{\lambda h}y(x_k)$，而将一个 p 阶方法应用于模型方程后，得到 $y_{k+1}=E(h\lambda)y_k$，其局部截断误差为

$$R_{k+1}=y(x_{k+1})-E(h\lambda)y(x_k)=[e^{\lambda h}-E(h\lambda)]y(x_k)=O(h^{p+1})$$

因此，$E(h\lambda)$ 是 $e^{\lambda h}$ 的 p 阶近似。但隐式单步法不符合这一规则，如表 9-3-1 所示，$E(h\lambda)$ 是 $e^{\lambda h}$ 的一个有理分式逼近，这里不再赘述。

例 9.3.1 试用经典 R-K 法求下列初值问题的数值解，分别取 $h=1, 2, 4$。

$$\begin{cases} y'=-y+x-e^{-1} \\ y(1)=0 \end{cases}$$

解 容易求得初值问题的数值解的解析解为 $y=y(x)=e^{-x}+x-1-e^{-1}$。分别取 $h=1, 2, 4$，采用经典 R-K 法计算，计算结果见表 9-3-2。

表 9-3-2 例 9.3.1 的计算结果表

x_k	$h=1$ 的解	$h=2$ 的解	$h=4$ 的解	解析解
1	0	0	0	0
3	1.6839	1.7547		1.6819
5	3.6394	3.6730	5.4715	3.6389
7	5.6331	5.6457		5.6330
9	7.6323	7.6367	16.8291	7.6332
11	9.6321	9.6336		9.6321
13	11.6321	11.6326	57.6171	11.6321

由于经典 R-K 法的绝对稳定区间是 $-2.785\leqslant\lambda h\leqslant 0$，在例 9.3.1 中 $\lambda=f_y=-1$，当 $h\leqslant 2.785$ 时，该方法才稳定。从表 9-3-2 可以看出，$h=1,2$ 在稳定范围内，计算结果确实是稳定的；由于 $h=4$ 超出稳定范围，计算结果是发散的。此外，$h=1$ 时的计算精度要高于 $h=2$ 时的计算精度，因为 h 越小，该方法的截断误差就越小。

一般地，方法的绝对稳定区域越大，对步长 h 的限制越小，方法的稳定性越好，因而

梯形公式与 R-K 法的稳定性均优于欧拉法。同时，h 越小，方法的截断误差就越小，但若 h 过分小的话，计算步数就会变多，其累积误差也会增加。在实际计算时，应选取合适的步长。

9.4　线性多步法

以上介绍的各种微分方程初值问题的数值解法都是单步法，即在计算 y_{k+1} 时，只需用到前一步的信息 y_k。为了提高精度，R-K 法采用多个点处的函数值进行计算，故计算量较大。如何通过较多地利用前面的已知信息，如 $y_k, y_{k-1}, \cdots, y_{k-r}$，来构造较高精度的算法计算 y_{k+1}，这就是多步法的基本思想。多步法中最常用的是线性多步法，其一般形式为

$$y_{k+1} = \sum_{i=0}^{r} \alpha_i y_{k-i} + h\sum_{i=-1}^{r} \beta_i y'_{k-i} = \sum_{i=0}^{r} \alpha_i y_{k-i} + h\sum_{i=-1}^{r} \beta_i f_{k-i} \tag{9.4.1}$$

其中，α_i, β_i 均为常数；$y'_i = f_i = f(x_i, y_i)$ $(i = k+1, k, \cdots, k-r)$。若 $\beta_{-1} = 0$，式（9.4.1）为显式；若 $\beta_{-1} \neq 0$，式（9.4.1）为隐式，其局部截断误差为

$$R_{k+1} = y(x_{k+1}) - \left(\sum_{i=0}^{r} \alpha_i y_{k-i} + h\sum_{i=-1}^{r} \beta_i f_{k-i} \right) \tag{9.4.2}$$

9.4.1　线性多步公式的导出

下面通过泰勒展开原理，将式（9.4.1）在 x_k 处进行泰勒展开，并与 $y(x_{k+1})$ 在 x_k 处的泰勒展开式相比较，确定参数 α_i, β_i，使它达到 p 阶精度，即 $R_{k+1} = O(h^{p+1})$。设初值问题（9.0.1）的解 $y(x)$ 充分光滑，对式（9.4.2）右端的各项在 x_k 点进行泰勒展开有

$$y_{k-i} = y(x_{k-i}) = \sum_{j=0}^{p} (-ih)^j y^{(j)}(x_k)/j! + (-ih)^{p+1} y^{(p+1)}(x_k)/(p+1)! + O(h^{p+2})$$

$$y'_{k-i} = y'(x_{k-i}) = \sum_{j=0}^{p} (-ih)^j y^{(j+1)}(x_k)/j! + O(h^{p+1})$$

将它们代入式（9.4.2），整理可得

$$\begin{aligned} R_{k+1} = {} & \left(1 - \sum_{i=0}^{r} \alpha_i\right) y(x_k) + \sum_{j=1}^{p} \frac{h^j}{j!} \left\{ 1 - \left[\sum_{i=1}^{r} (-i)^j \alpha_i + j\sum_{i=-1}^{r} (-i)^{j-1} \beta_i \right] \right\} y^{(j)}(x_k) \\ & + \frac{h^{p+1}}{(p+1)!} \left\{ 1 - \left[\sum_{i=1}^{r} (-i)^{p+1} \alpha_i + (p+1)\sum_{i=-1}^{r} (-i)^p \beta_i \right] \right\} y^{(p+1)}(x_k) + O(h^{p+2}) \end{aligned} \tag{9.4.3}$$

要使式（9.4.3）中 $y(x_k), h, h^2, \cdots, h^p$ 的系数为零，α_i, β_i 就必须满足：

$$\begin{cases} \displaystyle\sum_{i=0}^{r} \alpha_i = 1 \\ \displaystyle\sum_{i=1}^{r} (-i)^j \alpha_i + j\sum_{i=-1}^{r} (-i)^{j-1} \beta_i = 1 \quad (j = 0, 1, 2, \cdots, p) \end{cases} \tag{9.4.4}$$

这是一个含 $2r+3$ 个待定参数、$p+1$ 个方程的线性方程组。此时，获得的线性多步法的局部截断误差为

$$R_{k+1}=\frac{h^{p+1}}{(p+1)!}\left\{1-\left[\sum_{i=1}^{r}(-i)^{p+1}\alpha_i+(p+1)\sum_{i=-1}^{r}(-i)^p\beta_i\right]\right\}y^{(p+1)}(x_k)+O(h^{p+2}) \tag{9.4.5}$$

若取 $r=1,p=2$，则由式（9.4.4）可得

$$\begin{cases}\alpha_0+\alpha_1=1\\ -\alpha_1+\beta_{-1}+\beta_0+\beta_1=1\\ \alpha_1+2\beta_{-1}-2\beta_1=1\end{cases}$$

这是一个含 5 个待定参数、3 个方程的线性方程组，有无穷多组解。若取 $\alpha_0=1,\alpha_1=0$，$\beta_{-1}=\beta_0=1/2,\beta_1=0$，则可得二阶公式：

$$y_{k+1}=y_k+h(f_{k+1}+f_k)/2 \tag{9.4.6}$$

这正是改进的欧拉法。若取 $\alpha_0=0,\alpha_1=1,\beta_{-1}=\beta_1=1/3,\beta_0=4/3$，则可得二阶公式：

$$y_{k+1}=y_k+h(f_{k+1}+4f_k+f_{k-1})/3 \tag{9.4.7}$$

式（9.4.7）也称为辛普森公式，其局部截断误差为 $R_{k+1}=h^5y_k^{(5)}/90+O(h^6)$。

9.4.2　常用的线性多步公式

下面来构造几个常用的著名 4 阶线性多步公式。

1. 阿达姆斯公式

若取 $r=3,p=4$，则方程组（9.4.4）可写成

$$\begin{cases}\sum_{i=0}^{3}\alpha_i=1\\ -\sum_{i=0}^{3}i\alpha_i+\sum_{i=-1}^{3}\beta_i=1\\ \sum_{i=1}^{3}i^2\alpha_i+2\sum_{i=-1}^{3}(-i)\beta_i=1\\ -\sum_{i=1}^{3}i^3\alpha_i+3\sum_{i=-1}^{3}i^2\beta_i=1\\ \sum_{i=1}^{3}i^4\alpha_i-4\sum_{i=-1}^{3}i^3\beta_i=1\end{cases} \tag{9.4.8}$$

这是一个含 9 个待定参数、5 个方程的线性方程组，有无穷多组解。

若令 $\alpha_1=\alpha_2=\alpha_3=\beta_{-1}=0$，则线性方程组（9.4.8）可简化为

$$\begin{cases}\alpha_0=1\\ \beta_0+\beta_1+\beta_2+\beta_3=1\\ -2\beta_1-4\beta_2-6\beta_3=1\\ 3\beta_1+12\beta_2+27\beta_3=1\\ -4\beta_1-32\beta_2-108\beta_3=1\end{cases} \tag{9.4.9}$$

解得 $\alpha_0=1,\beta_0=55/24,\beta_1=-59/24,\beta_2=37/24,\beta_3=-9/24$。相应的线性多步公式为

$$y_{k+1}=y_k+h(55f_k-59f_{k-1}+37f_{k-2}-9f_{k-3})/24 \tag{9.4.10}$$

式（9.4.10）称为 4 步 4 阶阿达姆斯（Adams）显式公式（因为 $\beta_{-1}=0$），其局部截断误差为

$$R_{k+1}=251h^5y_k^{(5)}/720+O(h^6) \tag{9.4.11}$$

在式（9.4.9）中，若令 $\alpha_1=\alpha_2=\alpha_3=\beta_3=0$，则其简化为

$$\begin{cases}\alpha_0=1\\ \beta_{-1}+\beta_0+\beta_1+\beta_2=1\\ 2\beta_{-1}-2\beta_1-4\beta_2=1\\ 3\beta_{-1}+3\beta_1+12\beta_2=1\\ 4\beta_{-1}-4\beta_1-32\beta_2=1\end{cases} \tag{9.4.12}$$

解得 $\alpha_0=1,\beta_{-1}=9/24,\beta_0=19/24,\beta_1=-5/24,\beta_2=1/24$。可得 3 步 4 阶阿达姆斯隐式公式：

$$y_{k+1}=y_k+h(9f_{k+1}+19f_k-5f_{k-1}+f_{k-2})/24 \tag{9.4.13}$$

其局部截断误差为

$$R_{k+1}=-19h^5y_k^{(5)}/720+O(h^6) \tag{9.4.14}$$

2. 米尔恩公式

取 $r=3,p=4$，在式（9.4.8）中，若令 $\alpha_0=\alpha_1=\alpha_2=\beta_{-1}=0$，则其简化为

$$\begin{cases}\alpha_3=1\\ -3\alpha_3+\beta_0+\beta_1+\beta_2+\beta_3=1\\ 9\alpha_3-2\beta_1-4\beta_2-6\beta_3=1\\ -27\alpha_3+3\beta_1+12\beta_2+27\beta_3=1\\ 81\alpha_3-4\beta_1-32\beta_2-108\beta_3=1\end{cases} \tag{9.4.15}$$

可解得 $\alpha_3=1,\beta_0=8/3,\beta_1=-4/3,\beta_2=8/3,\beta_3=0$，相应的线性多步公式为

$$y_{k+1}=y_{k-3}+4h(2f_k-f_{k-1}+2f_{k-2})/3 \tag{9.4.16}$$

式（9.4.16）称为 4 步 4 阶米尔恩（Milne）显式公式，其局部截断误差为

$$R_{k+1}=14h^5y_k^{(5)}/45+O(h^6) \tag{9.4.17}$$

3. 汉明公式

取 $r=2,p=4$，并令 $\alpha_1=\beta_2=0$，则式（9.4.4）简化为

$$\begin{cases}\alpha_0+\alpha_2=1\\ -2\alpha_2+\beta_{-1}+\beta_0+\beta_1=1\\ 4\alpha_2+2\beta_{-1}-2\beta_1=1\\ -8\alpha_2+3\beta_{-1}+3\beta_1=1\\ 16\alpha_2+4\beta_{-1}-4\beta_1=1\end{cases} \tag{9.4.18}$$

解得 $\alpha_0=9/8,\alpha_2=-1/8,\beta_{-1}=3/8,\beta_0=6/8,\beta_1=-3/8$。相应的线性多步公式为

$$y_{k+1}=(9y_k-y_{k-2})/8+3h(f_{k+1}+2f_k-f_{k-1})/8 \tag{9.4.19}$$

这是一个 3 步 4 阶的隐式公式，也称为汉明（Hamming）公式，其局部截断误差为

$$R_{n+1}=-h^5y_n^{(5)}/40+O(h^6) \tag{9.4.20}$$

注意：利用线性多步法求解初值问题（9.0.1）时，必须先用其他方法算出开始几个点的近似值，一般通过同阶的单步法给出。

例 9.4.1　试分别用 4 阶阿达姆斯显式和隐式公式计算例 9.2.1 中初值问题的数值解，取 $h=0.1$。

解　根据题意，$x_k=kh=0.1k$，$f_k=(-y_k+x_k^2+4x_k-1)/2$，$k=0,1,\cdots,10$，且其精确解为 $y=y(x)=\mathrm{e}^{-x/2}+x^2-1\ (0\leqslant x\leqslant 1)$。

4 阶阿达姆斯显式公式为

$$y_{k+1}=y_k+h(55f_k-59f_{k-1}+37f_{k-2}-9f_{k-3})/24\ (k=3,4,\cdots,9)$$

4 阶阿达姆斯隐式公式为

$$y_{k+1}=y_k+h(9f_{k+1}+19f_k-5f_{k-1}+f_{k-2})/24$$

可简化为

$$y_{k+1}=480y_k/289+2/489[9(x_{k+1}^2+4x_{k+1}-1)/2+19f_k-5f_{k-1}+f_{k-2}]$$

其中，$k=2,3,\cdots,9$。利用 4 阶 R-K 公式计算初值后，按上面的公式计算，结果见表 9-4-1。

表 9-4-1　例 9.4.1 的数值计算结果

x_k	4 阶阿达姆斯显式公式		4 阶阿达姆斯隐式公式	
	y_k	$\|y(x_k)-y_k\|$	y_k	$\|y(x_k)-y_k\|$
0.0	0		0	
0.1	−0.03877055		−0.03877055	
0.2	−0.05516253		−0.05516253	
0.3	−0.04929194		−0.049291978	4.53953×10^{-8}
0.4	−0.02126907	1.75582×10^{-7}	−0.021269211	3.62367×10^{-8}
0.5	0.028801039	2.55762×10^{-7}	0.028800811	2.77863×10^{-8}
0.6	0.100818553	3.32277×10^{-7}	0.100818241	2.00752×10^{-8}
0.7	0.194688488	3.98736×10^{-7}	0.194688103	1.30500×10^{-8}
0.8	0.310320504	4.58421×10^{-7}	0.310320053	6.66237×10^{-9}
0.9	0.447628663	5.11092×10^{-7}	0.447628152	8.66711×10^{-10}
1.0	0.606531217	5.57621×10^{-7}	0.606530655	4.37948×10^{-9}

从表 9-4-1 可以看出，4 阶阿达姆斯隐式公式比显式公式的精度高，比较这两种公式的局部截断误差（式（9.4.11）和式（9.4.14）），也可以说明这一现象。一般地，同阶的隐式公式比显式公式更精确，而且数值稳定性也好。

经典 R-K 法与上述介绍的 4 阶线性多步法都是 4 阶精度，但每向前推一步，前者要计算 4 次微分方程的右端函数，而后者仅计算 1 次新的右端函数值，计算量减少了。此外，线性多步法的收敛性与稳定性问题比较复杂，这里不做介绍，有兴趣的读者可参考丁丽娟和程杞元（2013）的文献。

9.4.3　预测-校正系统

不论是单步法还是多步法，隐式公式比显式公式的稳定性好。在实际使用隐式公式时，都会遇到两个问题：一个是隐式公式的计算问题；另一个是计算步长取多大。如梯形隐式公式每往前推进一步，不必进行多次迭代，而是采用 1 阶欧拉显式公式预测，2 阶梯形隐式公式校正一次，即可获得改进的欧拉公式，其具有 2 阶精度。在实际微分方程初值问题的计算中，常将显式公式和隐式公式联合使用，即先用显式公式求出 $y(x_{k+1})$ 的预测值 $\overline{y}_{k+1}$，再用隐式公式对预测值进行校正，求出 $y(x_{k+1})$ 的近似值 y_{k+1}，即预测-校正方法。

对于线性多步法，常用的预测-校正公式有修正的汉明预测-校正公式和修正的阿达姆斯预测-校正公式。

1. 修正的汉明预测-校正公式

由于米尔恩公式是 4 阶显式公式，汉明公式是 4 阶隐式公式，它们构成的米尔恩-汉明预测-校正公式如下：

$$\begin{cases} y_{k+1}^{\mathrm{M}} = y_{k-3} + 4h(2f_k - f_{k-1} + 2f_{k-2})/3 \\ y_{k+1}^{\mathrm{H}} = (9y_k - y_{k-2})/8 + 3h[f(x_{k+1}, y_{k+1}^{\mathrm{M}}) + 2f_k - f_{k-1}]/8 \end{cases} \tag{9.4.21}$$

由式（9.4.17）和式（9.4.20）可知，米尔恩公式和汉明公式的局部截断误差分别是

$$R_{k+1}^{\mathrm{M}} = y(x_{k+1}) - y_{k+1}^{\mathrm{M}} = 14h^5 y_k^{(5)}/45 + O(h^6) \tag{9.4.22}$$

$$R_{k+1}^{\mathrm{H}} = y(x_{k+1}) - y_{k+1}^{\mathrm{H}} = -h^5 y_n^{(5)}/40 + O(h^6) \tag{9.4.23}$$

利用外推原理，将式（9.4.22）与式（9.4.23）分别乘以 $-1/40$ 和 $14/45$，再相加可得

$$y(x_{k+1}) - (y_{k+1}^{\mathrm{M}}/40 + 14y_{k+1}^{\mathrm{H}}/45)/(1/40 + 14/45) = O(h^6) \tag{9.4.24}$$

这样，通过外推原理可消去式（9.4.22）和式（9.4.23）中的局部截断误差的主项，使算法的精度提高了一阶。如果忽略误差项，式（9.4.24）可改写成

$$y(x_{k+1}) - y_{k+1}^{\mathrm{M}} \approx 112/121 \cdot (y_{k+1}^{\mathrm{H}} - y_{k+1}^{\mathrm{M}}) \tag{9.4.25}$$

$$y(x_{k+1}) - y_{k+1}^{\mathrm{H}} \approx 9/121 \cdot (y_{k+1}^{\mathrm{M}} - y_{k+1}^{\mathrm{H}}) \tag{9.4.26}$$

由于 y_{k+1}^{M} 和 y_{k+1}^{H} 是在计算过程中获得的数据，因此称式（9.4.25）和式（9.4.26）为米尔恩公式和汉明公式的事后误差估计式。它们可用来调节计算步长 h 的大小，即可选择一个合适的步长，使 $|9/121 \cdot (y_{k+1}^{\mathrm{M}} - y_{k+1}^{\mathrm{H}})| < \varepsilon$，其中 ε 是要求达到的精度。同时，也可以通过式（9.4.25）和式（9.4.26）得到米尔恩-汉明预测-校正公式的修正公式，它们分别是

$$y_{k+1}^{\mathrm{M}m} = y_{k+1}^{\mathrm{M}} + 112/121 \cdot (y_{k+1}^{\mathrm{H}} - y_{k+1}^{\mathrm{M}}) \tag{9.4.27}$$

$$y_{k+1}^{\mathrm{H}m} = y_{k+1}^{\mathrm{H}} - 9/121 \cdot (y_{k+1}^{\mathrm{H}} - y_{k+1}^{\mathrm{M}}) \tag{9.4.28}$$

从而构成了修正的汉明预测-校正公式，简称汉明修正公式：

$$\begin{cases} y_{k+1}^{\mathrm{M}} = y_{k-3} + 4h(2f_k - f_{k-1} + 2f_{k-2})/3 \\ y_{k+1}^{\mathrm{M}m} = y_{k+1}^{\mathrm{M}} + 112/121 \cdot (y_k^{\mathrm{H}m} - y_k^{\mathrm{M}m}) \\ y_{k+1}^{\mathrm{H}} = (9y_k - y_{k-2})/8 + 3h[f(x_{k+1}, y_{k+1}^{\mathrm{M}m}) + 2f_k - f_{k-1}]/8 \\ y_{k+1}^{\mathrm{H}m} = y_{k+1}^{\mathrm{H}} - 9/121 \cdot (y_{k+1}^{\mathrm{H}} - y_{k+1}^{\mathrm{M}}) \end{cases} \tag{9.4.29}$$

其中，第一个式子的功能是得到预估值；第二个式子是对预估值进行修正；第三个式子是得到校正值；第四个式子是对校正值进行修正。在应用式（9.4.29）时，先要用同阶的单步法提供初值 y_0, y_1, y_2, y_3，如经典 R-K 法等，其算法过程如下。

算法 9.4.1

（1）输入 a，b，$f(x)$，N，y_0。

（2）置 $h=(b-a)/N$ ， $x_0=a$ ， $k=1$ 。

（3）计算 $f_{k-1}=f(x_{k-1},y_{k-1})$ ， $K_1=hf_{k-1}$ ， $K_2=hf(x_{k-1}+h/2,y_{k-1}+K_1/2)$ ， $K_3=hf(x_{k-1}+h/2,y_{k-1}+K_2/2)$ ， $K_4=hf(x_{k-1}+h,y_{k-1}+K_3)$ ， $y_k=y_{k-1}+(K_1+2K_2+2K_3+K_4)/6$ ， $x_k\Leftarrow a+kh$ 。

（4）输出 (x_k,y_k) 。

（5）若 $k<3$ ，置 $k\Leftarrow k+1$ ，返回（3）；否则，置 $p_0\Leftarrow y_3,\ c_0\Leftarrow y_3,\ k\Leftarrow k+1$ 。

（6）计算 $f_3=f(x_3,y_3)$ ， $x\Leftarrow a+kh$ ， $p=y_0+4h(2f_3-f_2+2f_1)/3$ ， $m=p+112/121\cdot(c_0-p_0)$ ， $c=(9y_3-y_1)/8+3h[f(x,m)+2f_3-f_2]/8$ ， $y=c-9/121\cdot(c-p)$ ，输出 (x,y) 。

（7）若 $k<N$ ，置 $k\Leftarrow k+1$ ， $x_3\Leftarrow x,\ y_1\Leftarrow y_2,\ y_2\Leftarrow y_3,\ y_3\Leftarrow y$ ， $f_1\Leftarrow f_2,\ f_2\Leftarrow f_3$ ， $y_0\Leftarrow y,\ p_0\Leftarrow p,\ c_0\Leftarrow c$ ，转（6）。

（8）停机。

2. 修正的阿达姆斯预测-校正公式

将 4 步 4 阶阿达姆斯显式公式和 3 步 4 阶阿达姆斯隐式公式联合，就构成了阿达姆斯预测-校正公式：

$$\begin{cases} y_{k+1}^p=y_k+h(55f_k-59f_{k-1}+37f_{k-2}-9f_{k-3})/24 \\ y_{k+1}^c=y_k+h[9f(x_{k+1},y_{k+1}^p)+19f_k-5f_{k-1}+f_{k-2}]/24 \end{cases} \tag{9.4.30}$$

且阿达姆斯预测-校正公式的局部截断误差公式为

$$y(x_{k+1})-y_{k+1}^p=251h^5y_n^{(5)}/720+O(h^6) \tag{9.4.31}$$

$$y(x_{n+1})-y_{k+1}^c=-19h^5y_n^{(5)}/720+O(h^6) \tag{9.4.32}$$

类似于上面的讨论，应用外推原理可得 $y(x_{k+1})-(19y_{k+1}^p+251y_{k+1}^c)/270=O(h^6)$ 。如果忽略误差项，式（9.4.31）和式（9.4.32）可改写成

$$y(x_{k+1})-y_{k+1}^p\approx 251(y_{k+1}^c-y_{k+1}^p)/720 \tag{9.4.33}$$

$$y(x_{k+1})-y_{k+1}^c\approx -19(y_{k+1}^c-y_{k+1}^p)/270 \tag{9.4.34}$$

由式（9.4.30）、式（9.4.33）和式（9.4.34），就得到修正的阿达姆斯预测-校正公式：

$$\begin{cases} y_{k+1}^p=y_k+h(55f_k-59f_{k-1}+37f_{k-2}-9f_{k-3})/24 \\ y_{k+1}^{pm}=y_{k+1}^c+251(y_k^c-y_k^p)/270 \\ y_{k+1}^c=y_k+h[9f(x_{k+1},y_{k+1}^{pm})+19f_k-5f_{k-1}+f_{k-2}]/24 \\ y_{k+1}=y_{k+1}^c-19(y_{k+1}^c-y_{k+1}^p)/270 \end{cases} \tag{9.4.35}$$

其中，第一个式子的功能是得到预估值；第二个式子是对预估值进行修正；第三个式子是得到校正值；第四个式子是对校正值进行修正。修正的阿达姆斯预测-校正公式也简称阿达姆斯公式。在实际计算过程中，可调节计算步长 h 的大小，使 $|19/270\cdot(y_{k+1}^c-y_{k+1}^p)|<\varepsilon$ （ ε 为给定的精度要求）。类似地，可给出相应的算法，这里略去。

例 9.4.2　试用米尔恩-汉明预测-校正公式和修正的汉明预测-校正公式求解下列初值问题的数值解，取 $h=0.2$ 。

$$\begin{cases} y' = -y + x - e^{-1} \\ y(1) = 0 \end{cases} \quad (1 \leqslant x \leqslant 3)$$

解　根据题意，$x_k = kh = 0.2k$，$f_k = -y_k + x_k - e^{-1}$ $(k = 0,1,\cdots,10)$，且其精确解为 $y = y(x) = e^{-x} + x - 1 - e^{-1}$ $(1 \leqslant x \leqslant 2)$。利用经典 R-K 法提供初值，分别用米尔恩-汉明预测-校正公式（9.4.21）和修正的汉明预测-校正公式（9.4.29）计算，并将计算结果与精确解比较，其结果见表 9-4-2。

表 9-4-2　例 9.4.2 的数值计算结果

x_k	米尔恩-汉明预测-校正公式		修正的汉明预测-校正公式	
	y_k	$\lvert y(x_k) - y_k \rvert$	y_k	$\lvert y(x_k) - y_k \rvert$
1.0	0		0	
1.2	0.13331572		0.13331572	
1.4	0.27871908		0.27871908	
1.6	0.43401899		0.43401899	
1.8	0.59741783	1.61325×10^{-6}	0.59741971	2.60448×10^{-7}
2.0	0.76745120	4.6468×10^{-6}	0.76745672	8.82859×10^{-7}
2.2	0.94291625	7.46741×10^{-6}	0.94292543	1.71457×10^{-6}
2.4	1.12282872	9.79235×10^{-6}	1.12284142	2.90761×10^{-6}
2.6	1.30638271	1.14316×10^{-5}	1.30639840	4.26414×10^{-6}
2.8	1.49291816	1.24664×10^{-5}	1.49293617	5.54407×10^{-6}
3.0	1.68189467	1.29606×10^{-5}	1.68191444	6.81343×10^{-6}

从表 9-4-2 可以看出，修正的汉明预测-校正公式的精度高于米尔恩-汉明预测-校正公式的精度。

9.5　一阶微分方程组与高阶微分方程的数值解法

9.5.1　一阶微分方程组的数值解法

前面几节介绍了一阶方程 $y' = f(x,y)$ 的几种常用的数值解法。若将 y 和 f 理解为向量，那么前面获得的计算公式很容易推广到一阶微分方程组的情形。

设有一阶微分方程组的初值问题：

$$\begin{cases} y_i' = f_i(x, y_1, y_2, \cdots, y_m) \\ y_i(a) = y_{i0} \end{cases} \quad (i = 1,2,\cdots,m) \tag{9.5.1}$$

若记 $y = (y_1, y_2, \cdots, y_m)^{\mathrm{T}}$，$y_0 = (y_{10}, y_{20}, \cdots, y_{m0})^{\mathrm{T}}$，$f = (f_1, f_2, \cdots, f_m)^{\mathrm{T}}$，则初值问题（9.5.1）可写成如下向量形式：

$$\begin{cases} y' = f(x, y) \\ y(a) = y_0 \end{cases} \tag{9.5.2}$$

如果向量函数 $f(x,y)$ 在区域 $D: a\leqslant x\leqslant b, y\in R^m$ 上连续，且关于 y 满足利普希茨条件，即存在 $L>0$，使对 $\forall x\in[a,b]$，$y_1,y_2\in R^m$，都有

$$\|f(x,y_1)-f(x,y_2)\|\leqslant L\|y_1-y_2\|$$

那么初值问题（9.5.2）在 $[a,b]$ 上存在唯一解 $y=y(x)$。

一阶微分方程组初值问题（9.5.2）和一阶微分方程初值问题（9.0.1）在形式上完全相同，故对初值问题（9.0.1）建立的各种数值解法都可应用到本节，用于求解一阶微分方程组初值问题（9.5.2），只需将 y 看作向量，$f(x,y)$ 看作向量函数即可。

例如，一阶微分方程组初值问题（9.5.2）的经典 R-K 计算公式为

$$\begin{cases} y_{k+1}=y_k+h(K_1+2K_2+2K_3+K_4)/6 \\ K_1=f(x_k,y_k) \\ K_2=f(x_k+h/2,y_k+hK_1/2) \\ K_3=f(x_k+h/2,y_k+hK_2/2) \\ K_4=f(x_k+h,y_k+hK_3) \end{cases} \tag{9.5.3}$$

其中，$K_i=(K_{1i},K_{2i},\cdots,K_{mi})^{\mathrm{T}}$ $(i=1,2,3,4)$，且式（9.5.3）的分量形式为

$$\begin{cases} y_{ik+1}=y_{ik}+h(K_{i1}+2K_{i2}+2K_{i3}+K_{i4})/6 \\ K_{i1}=f_i(x_k,y_{1k},y_{2k},\cdots,y_{mk}) \\ K_{i2}=f_i(x_k+h/2,y_{1k}+hK_{11}/2,\cdots,y_{mk}+hK_{m1}/2)\quad (i=1,2,\cdots,m) \\ K_{i3}=f_i(x_k+h/2,y_{1k}+hK_{12}/2,\cdots,y_{mk}+hK_{m2}/2) \\ K_{i4}=f_i(x_k+h,y_{1k}+hK_{13},\cdots,y_{mk}+hK_{m3}) \end{cases} \tag{9.5.4}$$

其他的方法，如欧拉法、阿达姆斯法等显式方法都可以应用到本节，用于求解一阶微分方程组初值问题（9.5.2），这里不一一列出。此外，类似于 9.3 节的讨论，也可以建立一阶微分方程组的数值解法的相容性、收敛性及稳定性的概念与结论。

9.5.2　高阶微分方程的数值解法

一般地，高阶微分方程的初值问题总可以通过变量代换化为一阶微分方程组初值问题，对于高阶微分方程的初值问题：

$$\begin{cases} y^{(m)}=f[x,y,y',\cdots,y^{(m-1)}] \\ y(a)=y_0,y'(a)=y_0',\cdots,y^{(m-1)}(a)=y_0^{(m-1)} \end{cases}\quad (a\leqslant x\leqslant b) \tag{9.5.5}$$

若引入变换 $y_1=y,y_2=y',\cdots,y_m=y^{(m-1)}$，高阶微分方程的初值问题（9.5.5）就化为下面的一阶微分方程组初值问题：

$$\begin{cases} y_1'=y_2 \\ y_2'=y_3 \\ \quad\vdots \\ y_{m-1}'=y_m \\ y_m'=f(x,y_1,y_2,\cdots,y_m) \\ y_1(a)=y_0,y_2(a)=y_0^{(1)},\cdots,y_m(a)=y_0^{(m-1)} \end{cases} \tag{9.5.6}$$

因此，高阶微分方程的初值问题可以转化为 9.5.1 节的一阶微分方程组初值问题的数值方法去计算，这里不再赘述。

9.5.3　差分方程解常微分方程边界问题

由于许多数学、物理问题都可归结为高阶微分方程的边界问题，以下仅考虑二阶线性微分方程：

$$y''+p(x)y'+q(x)y=f(x)\ (a\leqslant x\leqslant b) \tag{9.5.7}$$

其边界条件可以是下列情形之一：

$$\text{第一边界条件 } y(a)=\alpha, y(b)=\beta \tag{9.5.8}$$

$$\text{第二边界条件 } y'(a)=\alpha, y'(b)=\beta \tag{9.5.9}$$

$$\text{第三边界条件}\begin{cases} y'(a)-\alpha_0 y(a)=\alpha_1 \\ y'(b)+\beta_0 y(b)=\beta_1 \end{cases} \tag{9.5.10}$$

其中，$\alpha_0\geqslant 0$；$\beta_0\geqslant 0$；$\alpha_0+\beta_0>0$。

差分方程是求解高阶微分方程的边界问题的一种最基本的方法，下面以式（9.5.7）和式（9.5.8）组成的第一边界问题为例说明差分方程求解边界问题的主要步骤。

（1）将区间$[a,b]$离散化，也就是用节点

$$x_k=a+kh\ (k=0,1,2,\cdots,N; h=(b-a)/N)$$

将区间$[a,b]$分成N等份，其中，$x_0=a$与$x_N=b$称为边界点，而$x_1,x_2,\cdots,x_{N-1}$称为内点。

（2）在节点上，将微分方程中的导数用差商替代，从而将微分方程化为差分方程。在本问题中，即在内点$x_k\ (k=1,\cdots,N-1)$处，式（9.5.7）和式（9.5.8）的解$y(x)$满足：

$$y''(x_k)+p(x_k)y'(x_k)+q(x_k)y(x_k)=f(x_k) \tag{9.5.11}$$

代入数值微分公式：

$$y'(x_k)=[y(x_{k+1})-y(x_{k-1})]/(2h)-h^2y'''(\eta_k)/6$$

$$y''(x_k)=[y(x_{k+1})-2y(x_k)+y(x_{k-1})]/h^2-h^2y'''(\xi_k)/12$$

并略去截断误差$O(h^2)$，则$\{y_k\}$满足方程：

$$(y_{k+1}-2y_k+y_{k-1})/h^2+p_k(y_{k+1}-y_{k-1})/(2h)+q_ky_k=f_k \tag{9.5.12}$$

其中，$p_k=p(x_k)$；$q_k=q(x_k)$；$f_k=f(x_k)$；$y_k=y(x_k)$。整理可得

$$(2-hp_k)y_{k-1}+(2h^2q_k-4)y_k+(2+hp_k)y_{k+1}=2h^2f_k \tag{9.5.13}$$

其中，$k=1,2,\cdots,N-1$。这是一个含$N-1$个未知参数$y_1,y_2,\cdots,y_{N-1}$和$N-1$个方程的线性代数方程组，且

$$y_0=y(a)=\alpha,\quad y_N=y(b)=\beta \tag{9.5.14}$$

因此，式（9.5.7）和式（9.5.8）就转化为式（9.5.13）和式（9.5.14）的差分方程，也称式（9.5.13）和式（9.5.14）为逼近式（9.5.7）和式（9.5.8）的差分方程。其解称为差分解，差分方程逼近微分方程的截断误差$O(h^2)$简称逼近误差。

(3) 线性方程组(9.5.13)和线性方程组(9.5.14)为三对角方程组，可采用第 2 章介绍的追赶法求解。它们的解 y_k 就是式(9.5.7)和式(9.5.8)的真解 $y(x_k)$ 的近似解，即 $y(x_k) \approx y_k \quad (k = 1, 2, \cdots, N-1)$。

例 9.5.1　用差分法求解边界问题：

$$\begin{cases} y'' - y + x = 0 \\ y(0) = y(1) = 0 \end{cases} \quad (0 < x < 1)$$

取 $h = 0.25$。

解　由 $h = 0.25$ 可得 $N = 1/0.25 = 4$，相应的差分方程(9.5.13)和差分方程(9.5.14)为

$$\begin{cases} y_0 - 2.0625y_1 + y_2 = -0.015625 \\ y_1 - 2.0625y_2 + y_3 = -0.03125 \\ y_2 - 2.0625y_3 + y_4 = -0.046875 \\ y_0 = y_4 = 0 \end{cases}$$

解得 $y_0 = 0$，$y_1 = 0.0348852$，$y_2 = 0.0563258$，$y_3 = 0.0500365$，$y_4 = 0$。

事实上，所求边界问题的精确解为 $y = y(x) = x - (\mathrm{e}^x - \mathrm{e}^{-x})/(\mathrm{e} - \mathrm{e}^{-1})$，即在节点处的真解是 $y(0) = 0$，$y(0.25) = 0.0350476$，$y(0.5) = 0.0565906$，$y(0.75) = 0.0502758$，$y(1) = 0$。可见，差分方程可准确到小数点后三位数字。若取 $h = 1/44$，可得准确到小数点后六位数字的差分解为 0，0.0350477，0.0565906，0.0502755，0。

9.6　应 用 实 例

伴随着社会经济的发展，能源和资源成为一个国家赖以生存的基础，而资源是有限的，因此当今世界各国都注意有计划地控制人口的增长。为了得到人口预测模型，必须了解人口的自然出生率、人口的迁移、自然灾害、战争等诸多因素。但是如果考虑所有因素，模型则过于复杂而无从下手，下面介绍两个简单的数学人口模型。

1. 马尔萨斯人口增长模型

马尔萨斯(Malthus)生物总数增长定理指出在孤立的生物群体中，生物总数 $N(t)$ 的变化率与生物总数成正比，其数学模型为

$$\begin{cases} \dfrac{\mathrm{d}N(t)}{\mathrm{d}t} = rN(t) \\ N(t_0) = N_0 \end{cases}$$

用分离变量法得到方程的解为 $N(t) = N_0\mathrm{e}^{r(t-t_0)}$，即生物总数的增长满足指数增长模型。用此模型检验我国人口的增长，据统计，1985 年的人口总数为 10.5851 亿，人口总数的平均增长率为 14.26‰，将 $t_0 = 1985$，$t = 2006$，$r = 0.01426$ 代入，得

$$N(2006) = 10.5851\mathrm{e}^{0.01426(2006-1985)} = 14.2807$$

若采用经典的四阶 R-K 法求数值解，其数值解与精确解的比较如图 9-6-1 所示，数值解与精确解完全重合。

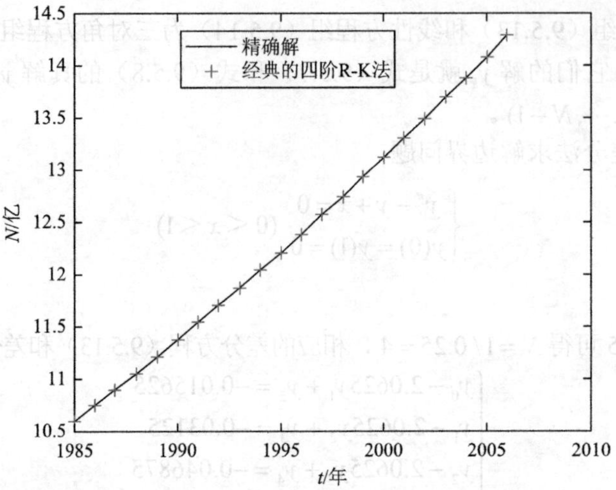

图 9-6-1　经典的四阶 R-K 法的马尔萨斯人口增长模型的数值解与精确解比较图

相应的程序如下：

```
function ode(a,b,y0,n)
r=0.01426;
f=inline('r*y','x','y','r');
g=inline('y0*exp(r*(x-a))','x','r','y0','a');
[xx,yy]=RK4(f,r,a,b,y0,n);
y=zeros(n+1,1);
for i=1:n+1
  y(i)=g(xx(i),r,y0,a);
end
plot(xx,y,'k-',xx,yy,'b*');
legend('精确解','经典的四阶 R-K 法');
title('马尔萨斯人口增长模型 ');
xlabel('t/年');
ylabel('N/亿');
%四阶 R-K 法
function [x,y]=RK4(f,r,a,b,y0,n)
h=(b-a)/n;
x=zeros(n+1,1);
y=zeros(n+1,1);
y(1)=y0;
x=a:h:b;
for i=1:n;
   k1=f(x(i),y(i),r);
```

```
        k2=f(x(i)+h/2,y(i)+h/2*k1,r);
        k3=f(x(i)+h/2,y(i)+h/2*k2,r);
        k4=f(x(i)+h,y(i)+h*k3,r);
        y(i+1)=y(i)+h/6*(k1+2*k2+2*k3+k4);

    end
    end
```

2. 逻辑斯谛种群模型

马尔萨斯人口增长模型计算得出的人口数与 2006 年的实际人口普查数据 13.1442 亿相比，相差较大。逻辑斯谛（Logistic）种群模型预测人口增长的优点在于此模型考虑了自然资源、环境条件等因素对人口连续增长的阻滞作用，能够较好地描述在人口增加到一定数量后，人口或其他生物种群的增长规律，比较符合实际情况，其数学模型为

$$\begin{cases}\dfrac{\mathrm{d}N(t)}{\mathrm{d}t}=rN(t)[1-N(t)/N_m]\\ N(t_0)=N_0\end{cases}$$

其中，N_m 为环境能容纳的种群的最大数量。用分离变量法得到方程的解为

$$N(t)=N_m/[1+(N_m/N_0-1)\mathrm{e}^{-r(t-t_0)}]$$

这里取 $r=0.06682$，$N_m=14.2515$。将 $t_0=1985$，$t=2006$，$N_0=10.5851$ 代入，可得 $N(2006)=14.2515/(1+0.3464\mathrm{e}^{-1.4032})=13.1332$，此预测值与实际人口数基本相符。使用经典的四阶 R-K 法求数值解，其数值解与精确解的比较如图 9-6-2 所示。

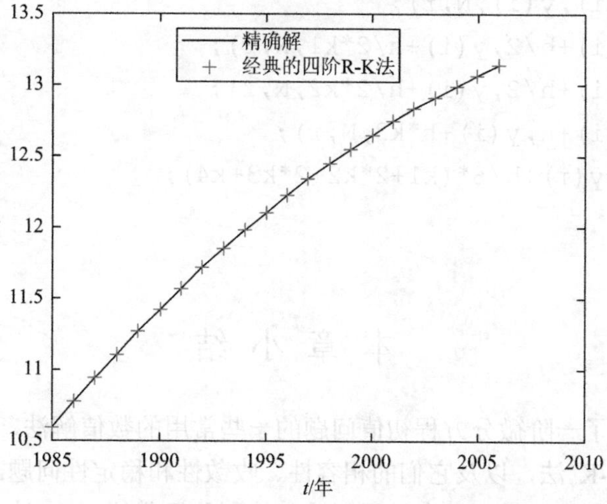

图 9-6-2　经典的四阶 R-K 法的逻辑斯谛种群模型的数值解与精确解比较图

程序如下：

```
function ode(a,b,y0,n)
r=0.06682;
```

```
N_m=14.2515;
f=inline('r*y*(1-y/N)','x','y','N','r');
g=inline('N/(1+(N/y0-1)*exp(-r*(x-a)))','x','r','y0','N','a');
[xx,yy]=RK4(f,r,a,b,N_m,y0,n);
y=zeros(n+1,1);
for i=1:n+1
    y(i)=g(xx(i),r,y0,N_m,a);
end
plot(xx,y,'k-',xx,yy,'b*');
legend('精确解','经典的四阶 R-K 法');
title('逻辑斯谛种群模型');
xlabel('t/年');
ylabel('N/亿');
%四阶 R-K 法
function [x,y]=RK4(f,r,a,b,N,y0,n)
h=(b-a)/n;
x=zeros(n+1,1);
y=zeros(n+1,1);
y(1)=y0;
x=a:h:b;
for i=1:n;
    k1=f(x(i),y(i),N,r);
    k2=f(x(i)+h/2,y(i)+h/2*k1,N,r);
    k3=f(x(i)+h/2,y(i)+h/2*k2,N,r);
    k4=f(x(i)+h,y(i)+h*k3,N,r);
    y(i+1)=y(i)+h/6*(k1+2*k2+2*k3+k4);
end
end
```

本 章 小 结

本章主要介绍了一阶微分方程初值问题的一些常用的数值解法，包括基本的欧拉法、改进的欧拉法和 R-K 法，以及它们的相容性、收敛性和稳定性问题。构造这些方法的基本思路是基于数值积分、差商和泰勒展开式。特别是经典的 R-K 法具有精度较高、程序简单、计算过程稳定和易于调节步长等优点，不足之处是它要求函数 f 具有较好的光滑性，且计算量较大（注：每步需计算四次函数值）。同时，利用泰勒展开式对线性多步法进行了介绍，重点介绍了阿达姆斯公式、米尔恩公式和汉明公式，以及修正的阿达姆斯预测-校正公式和修正的汉明预测-校正公式，这些公式的优点是精度较高，都是四阶方法，且计算量低，但需要与经典的 R-K 法结合使用。此外，这些一阶微分方程初值问题很容易推广到一阶微分方程组初值问题和高阶微分方程初值问题。

最后，介绍了求解常微分方程边界问题的差分方程，其特点是通用、简单、灵活、运算量小等，很容易推广到高阶微分方程及非线性方程。

习　题　九

1. 试用欧拉法和改进的欧拉法求下列初值问题的数值解：

$$\begin{cases} y' = 1 - 2xy/(1+x^2) \\ y(0) = 0 \end{cases} \quad (0 \leqslant x \leqslant 2)$$

取 $h = 0.2$，计算结果取四位有效数字，并与精确解 $y(x) = x(3+x^2)/[3(1+x^2)]$ 比较。

2. 试用欧拉法和改进的欧拉法求下列初值问题的数值解，取 $h = 0.2$。

（1）$\begin{cases} y' = -0.9y/(1+x) \\ y(0) = 1 \end{cases} \quad (0 \leqslant x \leqslant 1)$　　（2）$\begin{cases} y' = x + y \\ y(0) = 0 \end{cases} \quad (0 \leqslant x \leqslant 1)$

3. 设初值问题为

$$\begin{cases} y' = y \\ y(0) = 1 \end{cases} \quad (0 \leqslant x \leqslant 1)$$

试证明欧拉公式求得的近似解为 $y_k = (1-h)^k$，梯形公式求得的近似解为 $y_k = [(2-h)/(2+h)]^k$，并且当 $h \to 0$ 时，它们都收敛于该初值问题的精确解 $y(x) = \mathrm{e}^{-x}$。

4. 设初值问题为

$$\begin{cases} y' = 100y \\ y(0) = 1 \end{cases}$$

如果取 $h = 1/N$，试证明欧拉公式求得的近似解为 $y_N = (1+100/N)^N$。如果给初值一个摄动 ε，试求给出摄动后的近似解 $\tilde{y}_k$ 的表达式，观察差值 $\tilde{y}_k - y_k$，并指出说明了什么问题。

5. 对初值问题：

$$\begin{cases} y' = f(x, y) \\ y(a) = y_a \end{cases} \quad (a \leqslant x \leqslant b)$$

试用数值积分方法，在区间 $[x_k, x_{k+1}]$ 或 $[x_{k-}, x_{k+1}]$ 上对方程 $y' = f(x, y)$ 两边进行积分，分别导出下列公式。

中点公式：$y_{k+1} = y_{k-1} + 2hf_k$。

梯形公式：$y_{k+1} = y_k + \dfrac{h}{2}(f_k + f_{k+1})$。

辛普森公式：$y_{k+1} = y_{k-1} + \dfrac{h}{3}(f_{k+1} + 4f_k + f_{k-1})$。

并给出相应公式的局部截断误差。

6. 试用隐式单步法 $y_{k+1} = y_k + \dfrac{h}{4}(3K_1 + K_2)$，其中，

$$K_1 = f\left(x_k + \frac{h}{3}, y_k + \frac{h}{3}K_1\right), \quad K_2 = f(x_k + h, y_k + hK_1)$$

求解微分方程初值问题 $\begin{cases} y' = -5y \\ y(0) = 1 \end{cases}$，计算其绝对稳定区间。

7. 试求向后欧拉法的绝对稳定区间。

8. 对初值问题：

$$\begin{cases} y' = -100y + 100x^2 + 2x \\ y(0) = 0 \end{cases} \quad (0 \leqslant x \leqslant 1)$$

分别取 $h = 0.1$ 和 $h = 0.01$，试用欧拉法计算其数值解，将所得结果与精确解 $y = x^2$ 比较，并用稳定性条件说明比较的结果。

9. 试用经典的 R-K 法计算第 8 题，将所得结果与精确解 $y = x^2$ 比较，并用稳定性条件说明比较的结果。

10. 试用经典的 R-K 法求解初值问题：

$$\begin{cases} y' = y + x \\ y(0) = 1 \end{cases} \quad (0 \leqslant x \leqslant 1)$$

取 $h = 0.2$，精确到 $1/2 \times 10^{-6}$。

11. 试用四阶阿达姆斯显式公式和阿达姆斯隐式公式求解第 10 题。

12. 试用修正的汉明预测-校正公式和修正的阿达姆斯预测-校正公式求解初值问题：

$$\begin{cases} y' = x^2 - y \\ y(0) = 1 \end{cases} \quad (0 \leqslant x \leqslant 1)$$

取 $h = 0.1$，精确到 $1/2 \times 10^{-6}$。

13. 试写出用于求解下列初值问题的改进的欧拉法。

$$\begin{cases} y_1' = a_{11}y_1 + a_{12}y_2 \\ y_2' = a_{21}y_1 + a_{22}y_2 \\ y_1(0) = y_{10}, y_2(0) = y_{20} \end{cases}$$

14. 用差分方程求边界问题

$$\begin{cases} y'' = y \\ y(0) = 0, y(1) = 1 \end{cases} \quad (0 < x < 1)$$

的数值解，取 $h = 0.2$，精确到 $1/2 \times 10^{-6}$。

15. 用差分方程求边界问题

$$\begin{cases} y'' - (1 + x^2)y = -1 \\ y(-1) = y(1) = 0 \end{cases} \quad (-1 < x < 1)$$

的数值解，取 $h = 0.5$，精确到 $1/2 \times 10^{-6}$。

第 10 章　偏微分方程数值求解初步

通常，偏微分方程可分为三大类：椭圆型方程、抛物型方程和双曲型方程。本章将在10.2 节介绍椭圆型方程，其中最简单的形式是泊松（Poisson）方程：

$$\Delta u = u_{xx} + u_{yy} = f(x,y),\ (x,y) \in \Omega \tag{10.0.1}$$

此类方程用于描述平面区域内热量的稳态分布、在重力作用下的电势能和不可压缩流体的稳态问题等。当右端的源函数 $f(x,y)=0$ 时，此方程为拉普拉斯(Laplace)方程 $\Delta u = u_{xx} + u_{yy} = 0$。为了确定方程（10.0.1）的唯一解，通常采用合适的边界条件，常见的狄利克雷（Dirichlet）边界条件为 $u(x,y) = g(x,y),\ (x,y) \in \partial\Omega$。

将在 10.3 节介绍抛物型方程，其中最简单的形式是一维热传导方程：

$$a\frac{\partial^2 u}{\partial x^2} = \frac{\partial u}{\partial t}\ (0 \leqslant x \leqslant l, t > 0) \tag{10.0.2}$$

此类方程用于研究热传导过程、气体扩散现象及电磁场传播等。常用的初始条件和边界条件为 $u(x,0) = \eta(x),\ u(0,t) = g_0(t),\ u(l,t) = g_1(t)$。

将在 10.4 节介绍双曲型方程，其中最简单的形式是一维波动方程：

$$u_t + au_x = 0 \tag{10.0.3}$$

其初始条件为 $u(x,0) = \eta(x)$。此外，二维波动方程为

$$a^2 u_{xx} - u_{tt} = 0\ (0 \leqslant x \leqslant l, t > 0) \tag{10.0.4}$$

其初始条件为 $u(x,0) = \eta_1(x),\ u_t(x,0) = \eta_2(x)$，边界条件为 $u(0,t) = g_0(t),\ u(l,t) = g_1(t)$。如果令 $v_1 = \frac{\partial u}{\partial t}, v_2 = \frac{\partial u}{\partial x}$，式（10.0.4）可化成一阶线性双曲型方程组，因此 10.4 节主要讨论式（10.0.3）的有限差分求解。

10.1　两点边值问题

考虑在一维区间 $a < x < b$ 上的常微分方程，并且给定区间端点上的边界条件，此问题可推广到高维空间上的椭圆型偏微分方程，并满足一定的边界条件。称此类问题为稳定状态问题，其解和空间坐标有关，而和时间无关。稳定状态问题经常和依赖于时间变化的动力系统问题相联系，两点边值问题或椭圆型方程是其解在时间上稳定的特殊情形，因此它是在时间方向的导数为 0 的简化方程。

考虑二阶的两点边界问题：

$$u''(x) = f(x) \tag{10.1.1}$$

及其边界条件 $u(a) = \alpha$，$u(b) = \beta$ 的差分离散求解。

10.1.1 简单差分格式

以下假设式（10.1.1）中的边界点为$a=0$，$b=1$。此问题可以精确求解（对右侧函数$f(x)$积分两次再由边界条件确定两个常数），但用有限差分法求解此类简单问题会揭示有限差分法分析中的一些关键特征，如全局误差和局部截断误差的关系，以及如何利用稳定性联系这两类误差。设在区间$[0,1]$上有$m+2$个近似值$U_j \approx u(x_j) \quad (j=0,1,\cdots,m,m+1)$，其中$x_j=jh$，$h=1/(m+1)$为网格步长。根据已知边界条件$U_0=\alpha$和$U_{m+1}=\beta$，只需求解未知量$U_1,\cdots,U_m$。如果用二阶中心差分格式$D^2U_j=(U_{j-1}-2U_j+U_{j+1})/h^2$，可得

$$(U_{j-1}-2U_j+U_{j+1})/h^2=f(x_j) \ (j=1,2,\cdots,m) \tag{10.1.2}$$

其中，第一个方程$(j=1)$包含$U_0=\alpha$；最后一个方程$(j=m)$包含$U_{m+1}=\beta$。这个具有m个未知量和m个方程的线性系统可写成

$$AU=F \tag{10.1.3}$$

其中，未知向量$U=[U_1,U_2,\cdots,U_m]^{\mathrm{T}}$；

$$A=\frac{1}{h^2}\begin{bmatrix}-2 & 1 & & & & \\ 1 & -2 & 1 & & & \\ & 1 & -2 & 1 & & \\ & & \ddots & \ddots & \ddots & \\ & & & 1 & -2 & 1 \\ & & & & 1 & -2\end{bmatrix}; \quad F=\begin{bmatrix}f(x_1)-\alpha/h^2 \\ f(x_2) \\ f(x_3) \\ \vdots \\ f(x_{m-1}) \\ f(x_m)-\beta/h^2\end{bmatrix}$$

此三对角线性方程组是非奇异的，可用追赶法进行求解。

下面分析数值解和精确解的误差$U_j-u(x_j)$，定义

$$\hat{U}=[u(x_1),u(x_2),\cdots,u(x_m)]^{\mathrm{T}} \tag{10.1.4}$$

则误差向量$E=U-\hat{U}$包含各节点上的误差，其目的是得到此误差大小的一个上界，且当$h\to 0$时，误差大小为$O(h^2)$。为了衡量误差大小，引入几个常用范数，如无穷大范数：

$$\|E\|_\infty=\max_{1\leqslant j\leqslant m}|E_j|=\max_{1\leqslant j\leqslant m}|U_j-u(x_j)|$$

其他常用范数包括1-范数$\|E\|_1=h\sum_{j=1}^{m}|E_j|$和2-范数$\|E\|_2=\left(h\sum_{j=1}^{m}|E_j|^2\right)^{1/2}$。

例 10.1.1 试用二阶中心差分格式求定解问题：

$$\begin{cases}u''(x)=\mathrm{e}^x, \ 0\leqslant x\leqslant 3 \\ u(0)=1, \ u(3)=\mathrm{e}^3\end{cases}$$

解 取步长$h=3/10,3/20,3/40,3/80$，将$f(x)=\mathrm{e}^x$代入式（10.1.3），计算误差大小$\|E\|_\infty$，误差阶$=\log_2$（误差比），结果见表 10-1-1。

接下来将使用有限差分法分析中的基本技巧来估计方程（10.1.3）的数值解的误差。它主要包括两个步骤，第一步计算局部截断误差，第二步利用某种形式的稳定性，推导出全局误差可由局部截断误差控制上界。下面将介绍局部截断误差、全局误差和稳定性的概念。

表 10-1-1　例 10.1.1 的二阶中心差分格式的数值误差和收敛阶

h	误差	误差比	收敛阶
0.3000	4.77973×10^{-2}		
0.1500	1.19896×10^{-2}	3.98654	1.99514
0.0750	3.00274×10^{-3}	3.99291	1.99744
0.0375	7.51011×10^{-4}	3.99826	1.99937

10.1.2　局部截断误差

局部截断误差由差分格式（10.1.2）中的准确值 $u(x_j)$ 代替 U_j 得到。通常，准确值 $u(x_j)$ 不满足方程（10.1.2），左右等式的差异称为局部截断误差，记为 τ_j：

$$\tau_j=[u(x_{j-1})-2u(x_j)+u(x_{j+1})]/h^2-f(x_j)\ (j=1,2,\cdots,m)$$

假设 $u(x)$ 光滑，则由泰勒展开可得 $\tau_j=[u''(x_j)+h^2u^{(4)}(x_j)/12+O(h^4)]-f(x_j)$。再根据式（10.1.1），可知 $\tau_j=h^2u^{(4)}(x_j)/12+O(h^4)$。尽管 $u^{(4)}$ 未知，但是它和步长 h 无关，因此当 $h\to0$ 时，$\tau_j=O(h^2)$。定义由元素 τ_j 构成的列向量 τ，即 $\tau=A\hat{U}-F$，其中 $\hat{U}$ 是式（10.1.4）定义的精确解向量，则

$$A\hat{U}=F+\tau \tag{10.1.5}$$

10.1.3　全局误差

为了获得局部截断误差 τ 和全局误差之间的关系，用式（10.1.3）减去式（10.1.5）可得

$$AE=-\tau \tag{10.1.6}$$

具体的线性方程组为 $(E_{j-1}-2E_j+E_{j+1})/h^2=-\tau_j\ (j=1,2,\cdots,m)$，且满足边界条件 $E_0=E_{m+1}=0$（由于采用边界条件 $U_0=\alpha$ 和 $U_{m+1}=\beta$）。和原方程的近似解 U 满足式（10.1.3）一样，全局误差也满足式（10.1.3），只是其中的右端向量从 F 改为 $-\tau$，从而可以解释式（10.1.6）为如下两点边值问题的离散格式：

$$e''(x)=-\tau(x)\ (0<x<1) \tag{10.1.7}$$

该离散格式满足边界条件 $e(0)=0$，$e(1)=0$。因为 $\tau(x)\approx h^2u^{(4)}(x)/12$，所以积分两次可得全局误差近似满足 $e(x)\approx-h^2u''(x)/12+\{h^2u''(0)+x[u''(1)-u''(0)]\}/12$，误差大小约为 $O(h^2)$。

10.1.4　稳定性

上述解释并不严谨，因为假设式（10.1.6）的解能很好地近似式（10.1.7）。再次考察式（10.1.6），并重新记为

$$A^hE^h=-\tau^h \tag{10.1.8}$$

其中，上标 h 表示网格步长；矩阵 A^h 是 $m\times m$ 的；$h=1/(m+1)$，它的维数随着 $h\to0$ 而增大。设 $(A^h)^{-1}$ 为逆矩阵，则解方程（10.1.8）得 $E^h=-(A^h)^{-1}\tau^h$，两边取范数可得

$$\|E^h\|=\|(A^h)^{-1}\tau^h\|\leqslant\|(A^h)^{-1}\|\|\tau^h\|$$

进一步，如果 $\|(A^h)^{-1}\|$ 有界，即存在不依赖步长 h 的常数 C 使 $\|(A^h)^{-1}\|\leqslant C$，则有 $\|E^h\|\leqslant C\|\tau^h\|$，此时，$\|E^h\|$ 至少和 $\|\tau^h\|$ 以相同的速度趋于 0。以下定义两点边值问题的稳定性。

定义 10.1.1　假设两点边值问题的有限差分格式给出一系列的离散方程 $A^hU^h = F^h$，其中 h 为网格步长。称此方法是稳定的，当且仅当对足够小的 h 存在常数 C 满足：

$$\|(A^h)^{-1}\| \leqslant C \ (h < h_0) \tag{10.1.9}$$

10.1.5　相容性和收敛性

如果解带边界条件的微分方程的方法满足如下条件：

$$\|\tau^h\| \to 0, \ h \to 0 \tag{10.1.10}$$

称此方法是相容的。特别当 $\|\tau^h\| = O(h^p)$，$p > 0$ 时，此方法一定相容。

如果 $h \to 0$，有 $\|E^h\| \to 0$，则称此方法是收敛的，因此有如下结论：

$$\text{相容性} + \text{稳定性} \Rightarrow \text{收敛性} \tag{10.1.11}$$

此结论已在两点边值问题中得证，但困难的部分是如何验证稳定性条件（10.1.9），10.1.6 节将在 2−范数条件下进行说明。式（10.1.11）称为有限差分法的基本定理，它通常被写成

$$O(h^p)\text{局部截断误差} + \text{稳定性} \Rightarrow O(h^p)\text{全局误差}$$

其中，相容性和阶数是容易证明的，稳定性的定义和待解问题相关，将在后面介绍。

10.1.6　2−范数下的稳定性

下面将考虑在 2−范数条件下通过直接计算矩阵 A 的特征向量和特征值来证明两点边值问题中的稳定性。由于式（10.1.3）中定义的矩阵 A 是对称的，则它的 2−范数等于谱半径，即 $\|A\|_2 = \rho(A) = \max\limits_{1\leqslant p\leqslant m} |\lambda_p|$，且矩阵 A^{-1} 也是对称的，其特征值是矩阵 A 的特征值的倒数：

$$\|A^{-1}\|_2 = \rho(A^{-1}) = \max_{1\leqslant p\leqslant m} |(\lambda_p)^{-1}| = (\min_{1\leqslant p\leqslant m} |\lambda_p|)^{-1}$$

下面需计算 A 的特征值并说明当 $h \to 0$ 时其绝对值的下界大于 0。由于当步长 h 变化时，A^h 具有相同的结构，可以得到特征值的统一表示。设 $h = 1/(m+1)$，去掉 A 的上标，它的 m 个特征值是

$$\lambda_p = 2[\cos(p\pi h) - 1]/h^2 \ (p = 1, 2, \cdots, m) \tag{10.1.12}$$

它对应的特征向量 u^p 的各分量 $u_j^p \ (j = 1, 2, \cdots, m)$ 为

$$u_j^p = \sin(p\pi jh) \tag{10.1.13}$$

可以验证其满足 $Au^p = \lambda_p u^p$，具体为

$$\begin{aligned} a(Au^p)_j &= (u_{j-1}^p - 2u_j^p + u_{j+1}^p)/h^2 \\ &= \{\sin[p\pi(j-1)h] - 2\sin(p\pi jh) + \sin[p\pi(j+1)h]\}/h^2 \\ &= [\sin(p\pi jh)\cos(p\pi h) - 2\sin(p\pi jh) + \sin(p\pi jh)\cos(p\pi h)]/h^2 \\ &= \lambda_p u_j^p \end{aligned}$$

当 $j = 1$ 和 $j = m$ 时，定义 $u_0^p = u_{m+1}^p = 0$，这与式（10.1.13）中的定义相容。从式（10.1.12）可知，矩阵 A 的最小特征值是

$$\lambda_1 = [2\cos(\pi h) - 1]/h^2 = 2[-\pi^2h^2/2 + O(h^4)]/h^2 = -\pi^2 + O(h^2)$$

显然，当 $h\to 0$ 时，它的下界是有界的。因此，此方法在 2–范数下是稳定的，并且有如下的误差估计式：$\|E^h\|_2 \leqslant \|(A^h)^{-1}\|_2\|\tau^h\|_2 \approx \|\tau^h\|_2/\pi^2$。由于 $\tau_j^h \approx h^2u^{(4)}(x_j)/12$，则

$$\|\tau^h\|_2 \approx h^2\|u^{(4)}\|_2/12 = h^2\|f''\|_2/12$$

这里使用的 2–范数是 10.1.1 节中定义的网格函数范数。

10.2　椭圆型方程

10.2.1　二维泊松方程

二维常系数椭圆型方程有如下形式：

$$a_1u_{xx} + a_2u_{xy} + a_3u_{yy} + a_4u_x + a_5u_y + a_6u = f \tag{10.2.1}$$

其中，系数 a_1，a_2，a_3 满足：

$$a_2^2 - 4a_1a_3 < 0 \tag{10.2.2}$$

当椭圆型条件（10.2.2）成立时，方程（10.2.1）是适定的。在定义方程的区域 Ω 的边界 $\partial\Omega$ 处给出边界条件，这些条件可以是狄利克雷边界条件（$u(x,y)$ 在边界点上的值已知）、诺伊曼边界条件（$u(x,y)$ 在边界点上的法向导数已知），或者是狄利克雷和诺伊曼的混合边界条件（在某些边界点上的 $u(x,y)$ 的值已知，在某些边界点上的 $u(x,y)$ 的法向导数已知）。

下面讨论简单情形，即当 $a_1 = a_3 = 1,\ a_2 = a_4 = a_5 = a_6 = 0$ 时，式（10.2.1）可写成泊松方程：

$$u_{xx} + u_{yy} = f \tag{10.2.3}$$

特别地，当右侧函数 $f = 0$ 时，若引入拉普拉斯算子 ∇^2，式（10.2.3）可写成拉普拉斯方程：

$$\nabla^2 u = u_{xx} + u_{yy} = 0 \tag{10.2.4}$$

10.2.2　五点差分格式

考虑定义在正方形区域 $0 \leqslant x \leqslant 1$，$0 \leqslant y \leqslant 1$ 上的带狄利克雷边界条件的泊松方程（10.2.3）。在此区域上进行均匀网格划分，各网格点记为 (x_i, y_j)，其中 $x_i = i\Delta x$，$y_j = j\Delta y$。设 u_{ij} 是 $u(x_i, y_j)$ 的近似值，采用中心差分格式在 x 和 y 方向上离散方程（10.2.3），得

$$[u_{(i-1)j} - 2u_{ij} + u_{(i+1)j}]/(\Delta x)^2 + [u_{i(j-1)} - 2u_{ij} + u_{i(j+1)}]/(\Delta y)^2 = f_{ij}$$

为了简单起见，当 $\Delta x = \Delta y = h$ 时，可写成

$$[u_{(i-1)j} + u_{(i+1)j} + u_{i(j-1)} + u_{i(j+1)} - 4u_{ij}]/h^2 = f_{ij} \tag{10.2.5}$$

此格式称为五点差分格式。在每个未知量 $u_{ij}\ (i,j=1,2,\cdots,m)$ 上定义式（10.2.5）的方程，因此生成了 m^2 大小的线性系统，其中 $h = 1/(m+1)$。以下按自然顺序排列所有的未知量，即首先排列 $u_{11}, u_{21}, u_{31}, \cdots, u_{m1}$，接下来排列第二行的未知量 $u_{12}, u_{22}, u_{32}, \cdots, u_{m2}$，依此类推直到第 m 行。将未知量划分成 $u = [u^{[1]}, u^{[2]}, \cdots, u^{[m]}]^{\mathrm{T}}$，其中 $u^{[j]} = [u_{1j}, u_{2j}, \cdots, u_{mj}]^{\mathrm{T}}$，因此所得的线性系统的系数矩阵 A 为

$$A=\frac{1}{h^2}\begin{bmatrix} T & I & & & \\ I & T & I & & \\ & I & T & I & \\ & & \ddots & \ddots & \ddots \\ & & & I & T \end{bmatrix} \tag{10.2.6}$$

它是$m\times m$的分块三对角矩阵，其中，T和I均是$m\times m$的矩阵，I是单位矩阵，且

$$T=\begin{bmatrix} -4 & 1 & & & \\ 1 & -4 & 1 & & \\ & 1 & -4 & 1 & \\ & & \ddots & \ddots & \ddots \\ & & & 1 & -4 \end{bmatrix}$$

例 10.2.1　试用二阶中心五点差分格式求定解问题$u_{xx}+u_{yy}=f$，其中，定义区域是$0\leqslant x\leqslant 1$，$0\leqslant y\leqslant 1$，源函数$f(x,y)=1.25\mathrm{e}^{x+y/2}$由精确解$u(x,y)=\mathrm{e}^{x+y/2}$给定，边界条件为狄利克雷边界条件。

解　取步长$\Delta x=\Delta y=h=1/20,1/40,1/80,1/160$，代入系数矩阵（10.2.6)，并列出由$f_{ij}$元素构成的右端列向量，求解该方程组即得对应各网格节点上的数值解，计算误差大小$\|E\|_\infty$，收敛阶$=\log_2$（误差比），结果见表 10-2-1。

表 10-2-1　例 10.2.1 五点差分格式的数值误差和收敛阶

h	误差	误差比	收敛阶
1/20	3.60193×10^{-5}		
1/40	9.03689×10^{-6}	3.98581	1.99487
1/80	2.26120×10^{-6}	3.99650	1.99874
1/160	5.65358×10^{-7}	3.99959	1.99985

10.2.3　精度和稳定性

二维泊松方程进行离散后的分析类似于一维的两点边值问题。在网格点(i,j)上的局部截断误差定义为

$$\tau_{ij}=[u(x_{i-1},y_j)+u(x_{i+1},y_j)+u(x_i,y_{j-1})+u(x_i,y_{j+1})-4u(x_i,y_j)]/h^2-f(x_i,y_j)$$

可推得$\tau_{ij}=h^2(u_{xxxx}+u_{yyyy})/12+O(h^4)$。与一维情况类似，全局误差$E_{ij}=u_{ij}-u(x_i,y_j)$满足方程$A^hE^h=-\tau^h$，其中，离散矩阵$A^h$如式（10.2.6）所示，上标$h$表示离散步长。此方法是全局二阶精度，当且仅当它是稳定的，即当$h\to0$时，$\|(A^h)^{-1}\|$一致有界。

类似于 10.1.6 节中计算 2-范数下矩阵A^h的谱半径，以下采用两个参数p,q来表示矩阵A^h在x和y方向的特征值和特征向量，其中$p,q=1,2,\cdots,m$。矩阵 A^h 的大小是m^2，方向(p,q)的特征向量是$u_{ij}^{p,q}=\sin(p\pi ih)\sin(q\pi jh)$，相应的特征值是

$$\lambda_{p,q}=2[\cos(p\pi h)-1]/h^2+\cos(q\pi h)-1$$

特征值均为负的，其中最接近零点的值是$\lambda_{1,1}=-2\pi^2+O(h^2)$，$(A^h)^{-1}$的谱半径是

$$\rho[(A^h)^{-1}]=1/\lambda_{1,1}\approx -1/2\pi^2$$

因此五点差分格式在 2-范数下稳定。

10.2.4　九点差分格式

以上使用的五点差分格式将式（10.2.5）的左端表达式记为 $\nabla_5^2 u_{ij}$。另一常见的有限差分格式是九点差分格式：

$$\begin{aligned}\nabla_9^2 u_{ij}=1/(6h^2)\cdot[&4u_{(i-1)j}+4u_{(i+1)j}+4u_{i(j-1)}+4u_{i(j+1)}+u_{(i-1)(j-1)}\\&+u_{(i-1)(j+1)}+u_{(i+1)(j-1)}+u_{(i+1)(j+1)}-20u_{ij}]\end{aligned}\tag{10.2.7}$$

如果把它应用到真实解和泰勒展开，可得

$$\nabla_9^2 u(x_i,y_j)=\nabla^2 u+h^2(u_{xxxx}+2u_{xxyy}+u_{yyyy})/12+O(h^4)\tag{10.2.8}$$

注意到 $u_{xxxx}+2u_{xxyy}+u_{yyyy}=\nabla^2(\nabla^2 u)=\nabla^4 u$，其中，$\nabla^4$ 称为双调和算子。由式（10.2.3）得 $u_{xxxx}+2u_{xxyy}+u_{yyyy}=\nabla^2 f$，代入式（10.2.8）可得九点四阶差分格式：

$$\nabla_9^2 u_{ij}=f_{ij}\tag{10.2.9}$$

其中，$f_{ij}=f(x_i,y_j)+h^2\nabla^2 f(x_i,y_j)/12$。假设右端函数只已知网格点上的值，可改写为

$$f_{ij}=f(x_i,y_j)+h^2\nabla_5^2 f(x_i,y_j)/12\tag{10.2.10}$$

例 10.2.2　试用九点四阶差分格式求解例 10.2.1。

解　由式（10.2.7）得系数矩阵如下：

$$\begin{bmatrix}A & B & 0 & \cdots & 0\\ B & A & B & \cdots & 0\\ & \ddots & \ddots & \ddots & \\ 0 & \cdots & B & A & B\\ 0 & \cdots & 0 & B & A\end{bmatrix}$$

其中，$A=\begin{bmatrix}-20 & 4 & 0\\ 4 & -20 & 4\\ 0 & 4 & -20\end{bmatrix}$；$B=\begin{bmatrix}4 & 1 & 0\\ 1 & 4 & 1\\ 0 & 1 & 4\end{bmatrix}$。

方程的右端函数 $f(x,y)$ 采用式（10.2.10）的格式（注意：其中边界点处的值需做修改），不同步长求解的误差大小和收敛阶见表 10-2-2。

表 10-2-2　例 10.2.2 九点四阶差分格式的数值误差和收敛阶

h	误差	误差比	收敛阶
1/20	2.10085×10^{-9}		
1/40	1.31506×10^{-10}	15.97532	3.99777
1/80	7.92477×10^{-12}	16.59430	4.05262
1/160	6.73239×10^{-13}	11.77111	3.55718

10.3　抛物型方程

本节研究用差分法求解一维扩散方程（或称热传导方程）：

$$a\frac{\partial^2 u}{\partial x^2}=\frac{\partial u}{\partial t} \tag{10.3.1}$$

其中，x 是空间变量；t 表示时间；$u(x,t)$ 表示浓度（或温度）；常数 $a>0$（若 $a<0$，此方程称为向后热传导方程，属于不适定问题）。方程（10.3.1）是典型的抛物型方程，可用于模拟物质中浓度或温度的扩散，它具有的许多性质可推广到一般抛物型方程的数值方法设计中。为了求解式（10.3.1），需要得到 u 在 $t=t_0$（通常设 $t_0=0$）的初始条件，即

$$u(x,0)=\eta(x) \tag{10.3.2}$$

以及边界条件（$\alpha\leqslant x\leqslant\beta$），即狄利克雷条件：

$$u(\alpha,t)=g_0(t),\ u(\beta,t)=g_1(t)\ (t>0) \tag{10.3.3}$$

下面将用差分法数值求解初边值问题（式（10.3.1）～式（10.3.3））。差分法是求微分方程定解问题的数值解中应用最广泛的方法之一。它的基本思想是把求解区域划分，建立差分网格（采用矩形网格），在网格节点处用差商（均差）代替式（10.3.1）中的偏导数，从而将式（10.3.1）的求解变成求解线性代数方程组（差分方程）。差分格式的稳定性和收敛性是研究此类问题的另一重要内容。

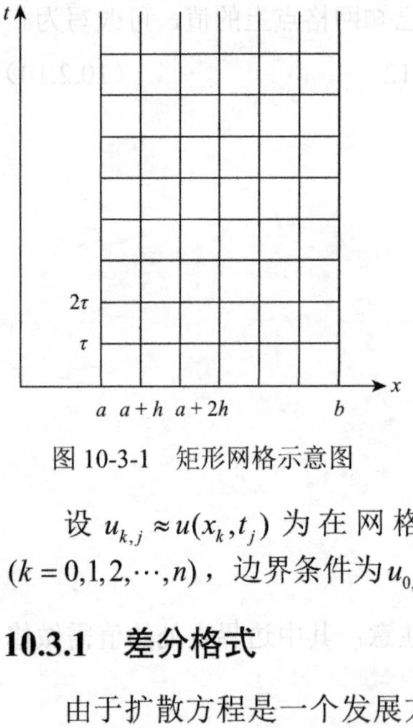

图 10-3-1　矩形网格示意图

对求解区域 $D=\{(x,t)\,|\,\alpha\leqslant x\leqslant\beta, t\geqslant 0\}$ 进行网格划分，用两组分别平行于 x 轴与 t 轴的等距直线 $x=x_k=\alpha+kh$，$t=t_j=j\tau\ (k=0,1,2,\cdots,n;\ j=0,1,2,\cdots)$ 把区域D分成许多小矩形区域，其中，x 轴上的网格步长 $h=\Delta x=(\beta-\alpha)/n$，$t$ 轴上的时间步长 $\tau=\Delta t$。这种网格称为矩形网格，见图 10-3-1。

设 $u_{k,j}\approx u(x_k,t_j)$ 为在网格点 (x_k,t_j) 上的数值近似，初始条件为 $u_{k,0}=\eta(x_k)$ $(k=0,1,2,\cdots,n)$，边界条件为 $u_{0,j}=g_0(t_j)$，$u_{n,j}=g_1(t_j)\ (j=0,1,2,\cdots)$。

10.3.1　差分格式

由于扩散方程是一个发展方程，用差分法解式（10.3.1）～式（10.3.3）就是建立一个能在时间方向上推进的差分方程，即从上一时间层上的节点值 $u_{k,j}$ 推得 $u_{k,j+1}$ 的值（二层格式），或用更上一时间层上的值 $u_{k,j-1}$ 推得（三层格式）。下面介绍几种常用的差分格式。

1. 显式格式

在方程（10.3.1）中，将 x 的偏导数用二阶中心差商表示，而 t 的偏导数则用一阶向前差商表示，由此得出差分方程 $(u_{k+1,j}-2u_{k,j}+u_{k-1,j})/h^2=(u_{k,j+1}-u_{k,j})/(a\tau)$，即

$$u_{k,j+1}=\gamma u_{k-1,j}+(1-2\gamma)u_{k,j}+\gamma u_{k+1,j} \tag{10.3.4}$$

其中，$\gamma=a\tau/h^2$，涉及的各点见图 10-3-2。

结合已知的在网格点上的初边值条件，式（10.3.1）～式（10.3.3）的差分格式为

$$\begin{cases}u_{k,j+1}=\gamma u_{k-1,j}+(1-2\gamma)u_{k,j}+\gamma u_{k+1,j}\\ u_{k,0}=\eta(x_k)\\ u_{0,j}=g_0(t_j),u_{n,j}=g_1(t_j)\end{cases} \tag{10.3.5}$$

由于 $u_{k,j+1}$ 可由上一时间层上的数据 $u_{k,j}$ 给出，可重复式（10.3.4），计算出所有的 $u_{k,j}$。此差分格式是显式的，且为两层格式。

2. 隐式格式

在方程（10.3.1）中，若二阶偏导数用二阶中心差商表示，而一阶偏导数用一阶向后差商表示，则所得差分方程为 $(u_{k+1,j+1}-2u_{k,j+1}+u_{k-1,j+1})/h^2=(u_{k,j+1}-u_{k,j})/(a\tau)$，即

$$-\gamma u_{k-1,j+1}+(1+2\gamma)u_{k,j+1}-\gamma u_{k+1,j+1}=u_{k,j}\quad (k=1,2,\cdots,n-1) \tag{10.3.6}$$

其中，$\gamma=a\tau/h^2$，涉及的各点见图 10-3-3。

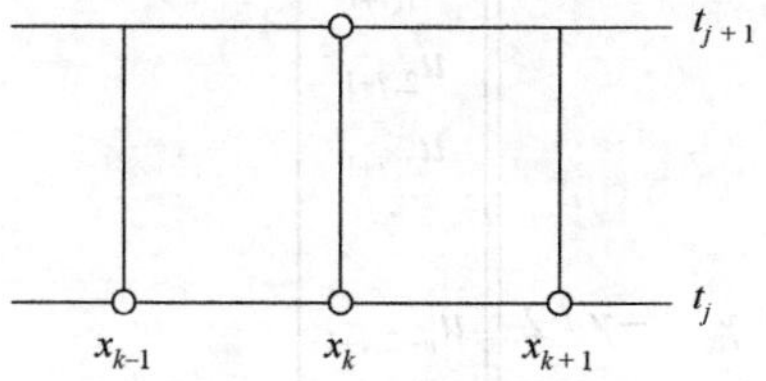

图 10-3-2　显式格式图

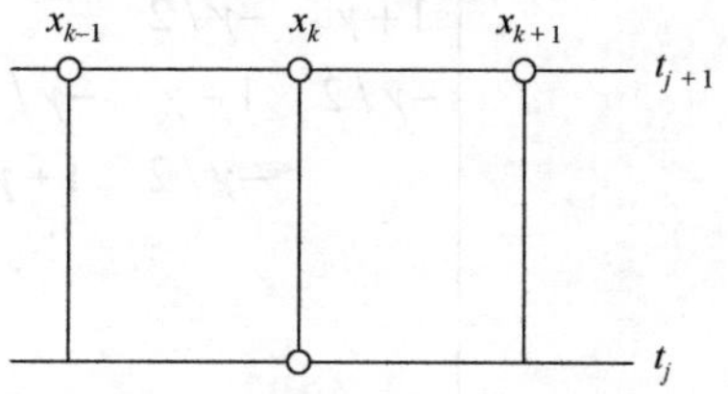

图 10-3-3　隐式格式图

显然，式（10.3.6）中的 $u_{k,j+1}$ 无法由上一时间层上的节点数据显式表示。结合已知的在网格点上的初边值条件，式（10.3.1）～式（10.3.3）的差分格式及其矩阵形式如下：

$$\begin{cases}-\gamma u_{k-1,j+1}+(1+2\gamma)u_{k,j+1}-\gamma u_{k+1,j+1}=u_{k,j}\\ u_{k,0}=\eta(x_k)\\ u_{0,j}=g_0(t_j),u_{n,j}=g_1(t_j)\end{cases} \tag{10.3.7}$$

$$\begin{bmatrix}1+2\gamma & -\gamma & & & & \\ -\gamma & 1+2\gamma & -\gamma & & & \\ & -\gamma & 1+2\gamma & -\gamma & & \\ & & \ddots & \ddots & \ddots & \\ & & & -\gamma & 1+2\gamma & -\gamma \\ & & & & -\gamma & 1+2\gamma\end{bmatrix}\begin{bmatrix}u_{1,j+1}\\ u_{2,j+1}\\ u_{3,j+1}\\ \vdots\\ u_{n-2,j+1}\\ u_{n-1,j+1}\end{bmatrix}=\begin{bmatrix}u_{1,j}+\gamma u_{0,j+1}\\ u_{2,j}\\ u_{3,j}\\ \vdots\\ u_{n-2,j}\\ u_{n-1,j}+\gamma u_{n,j+1}\end{bmatrix} \tag{10.3.8}$$

如此可获得关于 $n-1$ 个未知量 $u_{k,j+1}$ $(k=1,2,\cdots,n-1)$ 的 $n-1$ 个方程。因为这些未知数隐含于这些方程中，故差分格式（10.3.7）叫作隐式格式，方程组（10.3.8）的系数矩阵为三对角形式，可用追赶法求解。

3. 克兰克–尼科尔森格式

在方程（10.3.1）中，若二阶偏导数用点$(k, j+1)$和点(k, j)的二阶中心差商的平均值代替，而一阶偏导数用点$(k, j+0.5)$的一阶中心差商代替，则得差分方程为

$$a[(u_{k-1,j+1}-2u_{k,j+1}+u_{k+1,j+1})/h^2+(u_{k-1,j}-2u_{k,j}+u_{k+1,j})/h^2]/2=(u_{k,j+1}-u_{k,j})/\tau$$

其中，$k=1,2,\cdots,n-1$，整理可得

$$-\gamma/2\cdot u_{k-1,j+1}+(1+\gamma)u_{k,j+1}-\gamma/2\cdot u_{k+1,j+1}=u_{k,j}+\gamma/2\cdot(u_{k-1,j}-2u_{k,j}+u_{k+1,j}) \tag{10.3.9}$$

其中，$\gamma=a\tau/h^2$；$k=0,1,2,\cdots,n-1$。涉及的各点见图 10-3-4。

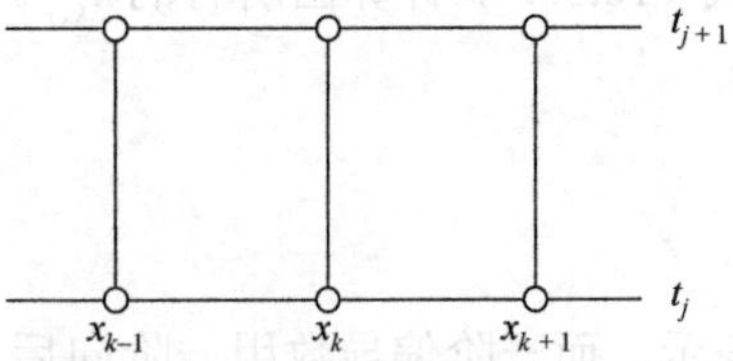

图 10-3-4　克兰克–尼科尔森（Crank-Nicolson）格式图

结合已知的在网格点上的初边值条件，式（10.3.1）～式（10.3.3）的差分格式为

$$\begin{cases}-\gamma/2\cdot u_{k-1,j+1}+(1+\gamma)u_{k,j+1}-\gamma/2\cdot u_{k+1,j+1}\\=u_{k,j}+\gamma/2\cdot(u_{k-1,j}-2u_{k,j}+u_{k+1,j})\\u_{k,0}=\eta(x_k),u_{0,j}=g_0(t_j),u_{n,j}=g_1(t_j)\end{cases} \tag{10.3.10}$$

相应的矩阵形式为

$$\begin{bmatrix}1+\gamma & -\gamma/2 & & & & \\ -\gamma/2 & 1+\gamma & -\gamma/2 & & & \\ & -\gamma/2 & 1+\gamma & -\gamma/2 & & \\ & & \ddots & \ddots & \ddots & \\ & & & -\gamma/2 & 1+\gamma & -\gamma/2 \\ & & & & -\gamma/2 & 1+\gamma\end{bmatrix}\begin{bmatrix}u_{1,j+1}\\u_{2,j+1}\\u_{3,j+1}\\\vdots\\u_{n-2,j+1}\\u_{n-1,j+1}\end{bmatrix}$$

$$=\begin{bmatrix}u_{1,j}+\gamma u_{0,j+1}/2+\gamma(u_{0,j}-2u_{1,j}+u_{2,j})/2\\u_{2,j}+\gamma(u_{1,j}-2u_{2,j}+u_{3,j})2\\u_{3,j}+\gamma(u_{2,j}-2u_{3,j}+u_{4,j})2\\\vdots\\u_{n-2,j}+\gamma(u_{n-3,j}-2u_{n-2,j}+u_{n-1,j})/2\\u_{n-1,j}+\gamma u_{n,j+1}/2+\gamma(u_{n-2,j}-2u_{n-1,j}+u_{n,j})/2\end{bmatrix} \tag{10.3.11}$$

未知量$u_{k,j+1}$　$(k=1,2,\cdots,n-1)$由求解线性方程组（10.3.11）得出，且其每个方程涉及六个点上u的值，此格式也称为六点隐式格式。类似于方程组（10.3.8），方程组（10.3.11）也可用追赶法求解。

例 10.3.1　试用显式格式求定解问题：

$$\begin{cases}\dfrac{\partial u}{\partial t}-\dfrac{\partial^2 u}{\partial x^2}=0 \quad (0<x<1\ ,t>0)\\u(x,0)=4x(1-x)\\u(0,t)=u(1,t)=0 \quad (t\geqslant 0)\end{cases}$$

取$\gamma=1/6$，$h=0.2$，要求算出$j=1,2$两层的数值解。

解　取时间步长为τ，空间步长为h，则由式（10.3.5）知本例的差分方程为

$$u_{k,j+1}=\gamma u_{k-1,j}+(1-2\gamma)u_{k,j}+\gamma u_{k+1,j}$$

而初始条件和边界条件分别为$u_{k,0}=4kh(1-kh)\ (0\leqslant k\leqslant n)$和$u_{0,j}=0=u_{n,j}\ (j\geqslant 0)$。

取$\gamma=1/6$，$h=0.2$，则$\tau=h^2\gamma/6=0.02/3$，$n=(b-a)/h=5$。于是，初始层上各节点处的值为$u_{0,0}=0$，$u_{1,0}=4\times 0.2(1-0.2)=0.64$，$u_{2,0}=4\times 2\times 0.2(1-2\times 0.2)=0.96$，$u_{3,0}=4\times 3\times 0.2(1-3\times 0.2)=0.96$，$u_{4,0}=4\times 4\times 0.2(1-4\times 0.2)=0.64$，$u_{5,0}=0$。

当$j=0$时，第一层各节点的值为$u_{0,1}=0$，$u_{1,1}=(0+4\times 0.64+0.96)/6=0.586667$，$u_{2,1}=(0.64+4\times 0.96+0.96)/6=0.906667=(0.96+4\times 0.96+0.64)/6=u_{3,1}$, $u_{4,1}=(0.96+4\times 0.64+0)/6=0.586667$，$u_{5,1}=0$。

当$j=1$时，第二层各节点的值为$u_{0,2}=0$，$u_{1,2}=(0+4\times 0.586667+0.906667)/6=0.542225$，$u_{2,2}=(0.586667+4\times 0.906667+0.906667)/6=0.853334$，$u_{3,2}=(0.906667+4\times 0.906667+0.586667)/6=0.853334$，$u_{4,2}=(0.906667+4\times 0.586667+0)/6=0.542225$，$u_{5,2}=0$。

10.3.2　局部截断误差

为了衡量近似解的近似程度，引入差分格式的局部截断误差的定义，即把精确解$u(x,t)$代入差分方程，并且计算与离散方程的误差。以下对上述三个差分格式分别进行讨论。

先考察显式格式，将精确解$u(x,t)$代入方程（10.3.4），得

$$R(x,t)=[u(x,t+\tau)-u(x,t)]/(a\tau)-[u(x-h,t)-2u(x,t)+u(x+h,t)]/h^2 \tag{10.3.12}$$

假设$u(x,t)$足够光滑，可以用泰勒级数对其在点(x,t)处进行展开，得

$$R(x,t)=[u_t(x,t)+\tau u_{tt}(x,t)/2+\tau^2u_{ttt}(x,t)/6+\cdots]/a-[u_{xx}(x,t)+h^2u_{xxxx}(x,t)/12+\cdots]$$

因为$u_t/a=u_{xx}$，所以上式可化为

$$R(x,t)=[\tau u_{tt}(x,t)/2+\tau^2u_{ttt}(x,t)/6+\cdots]/a-[h^2u_{xxxx}(x,t)/12+\cdots]$$

方程$u_t/a=u_{xx}$两边对t求导，有$u_{tt}/a=u_{xxt}=u_{txx}=au_{xxxx}$，则

$$R(x,t)=(\tau a/2-h^2/12)u_{xxxx}+O(h^4+\tau^2) \tag{10.3.13}$$

式（10.3.13）称为显式格式的局部截断误差。因为$R(x,t)=O(h^2+\tau)$，所以此格式在空间上具有 2 阶精度，在时间上具有 1 阶精度。对于隐式格式，将精确解$u(x,t)$代入式（10.3.7），得

$$\begin{aligned}R(x,t)=&[u(x,t+\tau)-u(x,t)]/(a\tau)\\&-[u(x-h,t+\tau)-2u(x,t+\tau)+u(x+h,t+\tau)]/h^2\end{aligned} \tag{10.3.14}$$

利用方程$u_t/a=u_{xx}$，类似于显式格式，可得

$$R(x,t)=-(\tau a/2+h^2/12)u_{xxxx}+O(h^4+\tau^2) \tag{10.3.15}$$

式（10.3.15）称为隐式格式的局部截断误差。因为$R(x,t)=O(h^2+\tau)$，所以此格式在空间上具有 2 阶精度，在时间上具有 1 阶精度。同理可证，克兰克-尼科尔森格式的局部截断误差为

$$R(x,t)=O(h^2+\tau^2) \tag{10.3.16}$$

此格式在空间上具有 2 阶精度，在时间上具有 2 阶精度。

例 10.3.2　试用克兰克-尼科尔森格式求定解问题：

$$\begin{cases}\dfrac{\partial u}{\partial t}-\dfrac{\partial^2 u}{\partial x^2}=0 \quad (0<x<1,t>0)\\ u(x,0)=\sin(\pi x)\\ u(0,t)=u(1,t)=0 \quad (t\geqslant 0)\end{cases}$$

解 取时间、空间步长比为 4，$h=1/40,1/80,1/160,1/320$，代入式（10.3.11）验证式（10.3.16），该题的精确解是$u(x,t)=\mathrm{e}^{-\pi^2 t}\sin(\pi x)$，在最终时刻$t=1\mathrm{s}$ 的结果见表 10-3-1。

表 10-3-1 例 10.3.2 克兰克−尼科尔森格式的数值误差和收敛阶

h	误差	误差比	收敛阶
1/40	3.14519×10^{-5}		
1/80	9.65394×10^{-6}	3.25793	1.70396
1/160	2.53303×10^{-6}	3.81122	1.93025
1/320	6.40839×10^{-7}	3.95268	1.98283

10.3.3 差分格式的收敛性和稳定性

下面考察用差分格式求得的数值近似解与精确解的逼近程度，先定义几个基本概念。当网格步长和时间步长趋于 0 时（$h\to 0,\tau\to 0$），局部截断误差$R(x,t)\to 0$，则称差分格式是相容的。若对于每个固定节点(X,T)，当$h\to 0,\tau\to 0$时，差分格式的解$u_{kj}\to u(X,T)$，则称差分格式是收敛的，其中$X=\alpha+kh,\ T=j\tau$。用差分格式求解，除局部截断误差外，每步计算都会产生舍入误差，在递推计算过程中，误差还会传播。对递推计算过程中误差传播的讨论就是差分格式的稳定性问题。如果利用某种差分格式求解，递推计算过程中的误差越来越大，以致所求的解完全失真，则称此差分格式是数值不稳定的。

考虑只对式（10.3.1）在点x_k上进行空间离散（半离散方法），可得

$$u_k'(t)=[u_{k-1}(t)-2u_k(t)+u_{k+1}(t)]/h^2 \quad (k=1,2,\cdots,n-1) \tag{10.3.17}$$

其中，变量$u_k(t)$是依赖时间变量的，它的矩阵形式为

$$u'(t)=Au(t)+g(t) \tag{10.3.18}$$

其中，矩阵A为$(n-1)\times(n-1)$的三对角形式；$g(t)$包含边界条件，具体写成

$$A=\frac{1}{h^2}\begin{bmatrix}-2 & 1 & & & \\ 1 & -2 & 1 & & \\ & 1 & -2 & 1 & \\ & & \ddots & \ddots & \ddots \\ & & 1 & -2 & 1\\ & & & 1 & -2\end{bmatrix},\quad g(t)=\begin{bmatrix}g_0(t)\\0\\0\\ \vdots\\0\\g_1(t)\end{bmatrix} \tag{10.3.19}$$

记$f[u(t)]=Au(t)+g(t)$，则式（10.3.18）变为

$$u'(t)=f[u(t)] \tag{10.3.20}$$

用欧拉向前格式解此方程，即

$$u^{n+1}=u^n+\tau f(u^n) \tag{10.3.21}$$

对应采用完全离散方法的显式格式（10.3.4）。用欧拉向后格式解方程（10.3.20），即

$$u^{n+1}=u^n+\tau f(u^{n+1}) \tag{10.3.22}$$

对应采用完全离散方法的隐式格式（10.3.6）。用梯形格式解方程（10.3.20），即

$$u^{n+1}=u^n+\tau[f(u^n)+f(u^{n+1})]/2 \tag{10.3.23}$$

对应采用完全离散方法的克兰克-尼科尔森格式（10.3.9）。

1. 稳定性

由式（10.1.9）可知，式（10.3.18）中矩阵 A 的绝对值的最大特征值是 $\lambda_m\approx -4/h^2$。由表 9-3-1 可知，用欧拉向前格式解方程（10.3.20）对应的显式格式（10.3.4）的稳定区间满足 $|1+\tau\lambda_m|\leqslant 1$，即 $\tau/h^2\leqslant 1/2$，当步长 h 减小时，时间步长 τ 必须以 $O(h^2)$ 的速度减少；用欧拉向后格式解方程（10.3.20）对应的隐式格式（10.3.6）的稳定区间满足 $|1/(1-\tau\lambda_m)|\leqslant 1$，则隐式格式对任意时间步长 $\tau>0$ 都是稳定的；用梯形格式解方程（10.3.20）对应的克兰克-尼科尔森格式（10.3.9）的稳定区间满足 $|(1+\tau\lambda_m/2)/(1-\tau\lambda_m/2)|\leqslant 1$，则克兰克-尼科尔森格式对任意时间步长 $\tau>0$ 都是稳定的，通常取 $\tau=O(h)$ 使式（10.3.16）具有 2 阶精度。

2. 收敛性

以上研究的三种差分格式可统一写成以下格式：

$$u^{n+1}=B(\tau)u^n+b^n(\tau) \tag{10.3.24}$$

显式格式（10.3.4）中 $B(\tau)=I+\tau A$，隐式格式（10.3.6）中 $B(\tau)=(I-\tau A)^{-1}$，克兰克-尼科尔森格式（10.3.9）中 $B(\tau)=(I-\tau/2\cdot A)^{-1}(I+\tau/2\cdot A)$。证明差分格式的收敛性，需要相容性和合适形式的稳定性条件，经常采用拉克斯-里克特迈耶（Lax-Richtmyer）稳定性条件。形如式（10.3.24）的线性方法，若对一切 $\tau>0$，$n\tau\leqslant T$，存在常数 $C_T>0$ 使 $\|(B(\tau))^n\|\leqslant C_T$，则称式（10.3.24）是拉克斯-里克特迈耶稳定的。下面给出差分格式的收敛性定理。

定理 10.3.1（拉克斯等价定理）　具有相容性的形如式（10.3.24）的方法收敛的充要条件是它是拉克斯-里克特迈耶稳定的。

定理 10.3.1 表明拉克斯-里克特迈耶稳定性条件成立等价于差分格式的收敛性。注意到若存在常数 α，有

$$\|B(\tau)\|\leqslant 1+\alpha\tau \tag{10.3.25}$$

则拉克斯-里克特迈耶稳定性条件成立，此时有

$$\|[B(\tau)]^n\|\leqslant(1+\alpha\tau)^n\leqslant \mathrm{e}^{\alpha T}\quad (n\tau\leqslant T) \tag{10.3.26}$$

下面以傅里叶（Fourier）分析为基础的冯·诺伊曼（von Neumann）法为例，来说明如何证明条件（10.3.25）。引入定义在节点 x_k 上的网格函数 V_k 及其傅里叶变换 $\hat{V}(\xi)$，且

$$V_k=1/\sqrt{2\pi}\cdot\int_{-\pi/h}^{\pi/h}\hat{V}(\xi)\mathrm{e}^{\mathrm{i}kh\xi}\mathrm{d}\xi,\quad \hat{V}(\xi)=h/\sqrt{2\pi}\cdot\sum_{k=-\infty}^{+\infty}V_k\mathrm{e}^{-\mathrm{i}kh\xi}$$

它们的 2-范数分别定义为

$$\|V\|_2=\left(h\sum_{k=-\infty}^{+\infty}|V_k|^2\right)^{1/2},\quad \|\hat{V}\|_2=\left(\int_{-\pi/h}^{\pi/h}|\hat{V}(\xi)|^2\,\mathrm{d}\xi\right)^{1/2}$$

则条件（10.3.25）等价于存在常数α，使

$$\| u^{n+1} \|_2 \leqslant (1+\alpha\tau) \| u^n \|_2 \tag{10.3.27}$$

由帕塞瓦尔（Parseval）等式知，式（10.3.27）也等价于存在常数α，使

$$\| \hat{u}^{n+1} \|_2 \leqslant (1+\alpha\tau) \| \hat{u}^n \|_2 \tag{10.3.28}$$

若对 10.3.1 节中的差分格式两端进行傅里叶变换，可得每个$\hat{u}^{n+1}(\xi)$的一个递推关系式。对二层差分格式，有$\hat{u}^{n+1}(\xi) = g(\xi)\hat{u}^{n+1}(\xi)$，$g(\xi)$称为谐波$\xi$的放大因子。若放大因子满足：

$$|g(\xi)| \leqslant 1+\alpha\tau \tag{10.3.29}$$

其中，α不依赖于ξ，则条件（10.3.28）成立。以下将讨论上述三种差分格式何时满足条件（10.3.29），即说明它们的收敛条件。

首先，讨论显式格式的收敛性，利用冯·诺伊曼法，设

$$u_{k,j} = \mathrm{e}^{ikh\xi} \tag{10.3.30}$$

$$u_{k,j+1} = g(\xi)\mathrm{e}^{ikh\xi} \tag{10.3.31}$$

将式（10.3.30）和式（10.3.31）代入式（10.3.4），得$g(\xi) = 1 + 2\gamma[\cos(h\xi) - 1]$。因为$\cos(h\xi) - 1 \leqslant 0$，所以当$\gamma = a\tau / h^2 \leqslant 0.5$时，$|g(\xi)| \leqslant 1$满足条件（10.3.29），即显式格式收敛。

其次，将式（10.3.30）和式（10.3.31）代入式（10.3.6），得$g(\xi) = \lambda / \{\lambda + 2[\cos(h\xi) - 1]\}$。因为$\lambda = -h^2/(a\tau) < 0$且$\cos(h\xi) - 1 \leqslant 0$，所以$g(\xi)$恒满足条件（10.3.29），即隐式格式收敛。

最后，对于克兰克-尼科尔森格式，将式（10.3.30）和式（10.3.31）代入式（10.3.9），得

$$g(\xi) = \{-2h^2/(a\tau) + 2[1 - \cos(h\xi)]\} / \{-2h^2/(a\tau) - 2[1 - \cos(h\xi)]\}$$

因为$\cos(h\xi) - 1 \leqslant 0$，所以$g(\xi)$恒满足条件（10.3.29），克兰克-尼科尔森格式收敛。

10.4 双曲型方程

10.4.1 平流方程

考虑平流方程：

$$u_t + au_x = 0 \tag{10.4.1}$$

其中，a是常值，给定初始条件：

$$u(x,0) = \eta(x) \tag{10.4.2}$$

这是双曲型方程最简单的例子，可以写出它的精确解$u(x,t) = \eta(x - at)$。以方程（10.4.1）为例，可考虑一般的双曲型方程的数值离散。采用空间上的二阶中心差分格式$u_x(x,t) = [u(x+h,t) - u(x-h,t)]/(2h) + O(h^2)$和时间上的向前差分格式，可得

$$U_j^{n+1} = U_j^n - ak(U_{j+1}^n - U_{j-1}^n)/(2h) \tag{10.4.3}$$

在实际中，由于稳定性的要求，此差分格式是无用的。如果用$(U_{j-1}^n + U_{j+1}^n)/2$代替式（10.4.3）右端的$U_j^n$，即得拉克斯-弗里德里希斯（Lax-Friedrichs）格式：

$$U_j^{n+1} = (U_{j-1}^n + U_{j+1}^n)/2 - ak(U_{j+1}^n - U_{j-1}^n)/(2h) \tag{10.4.4}$$

下面可证，若此格式满足条件：

$$|ak/h| \leqslant 1 \tag{10.4.5}$$

则其是拉克斯-里克特迈耶稳定和收敛的。另一著名的拉克斯-温德罗夫（Lax-Wendroff）格式为

$$U_j^{n+1}=U_j^n-ak(U_{j+1}^n-U_{j-1}^n)/(2h)+a^2k^2(U_{j-1}^n-2U_j^n+U_{j+1}^n)/(2h^2) \qquad (10.4.6)$$

$u(x,t+k)$ 在点 (x,t) 的泰勒展开为 $u(x,t+k)=u(x,t)+ku_t(x,t)+k^2u_{tt}(x,t)/2+\cdots$，根据方程（10.4.1）可得 $u_t=-au_x$ 和 $u_{tt}=a^2u_{xx}$，代入上述泰勒展开式即得

$$u(x,t+k)=u(x,t)-kau_x(x,t)+k^2u_{xx}(x,t)/2+\cdots$$

采用中心差分格式离散 u_x 和 u_{xx}，并去掉高阶项，即得拉克斯-温德罗夫格式（10.4.6）。

考虑到平流方程具有非对称性，因为此方程模拟物质以速度 a 移动。当 $a>0$ 时，移动方向从左往右；当 $a<0$ 时，移动方向从右到左。以下采用单边差分格式离散平流方程中的 u_x，即

$$u_x(x_j,t)\approx(U_j-U_{j-1})/h \qquad (10.4.7)$$

或

$$u_x(x_j,t)\approx(U_{j+1}-U_j)/h \qquad (10.4.8)$$

加上时间方向上的向前差分格式，分别可得

$$g(\xi)U_j^{n+1}=U_j^n-\frac{ak}{h}(U_j^n-U_{j-1}^n) \qquad (10.4.9)$$

或

$$U_j^{n+1}=U_j^n-ak(U_{j+1}^n-U_j^n)/h \qquad (10.4.10)$$

注意平流方程的解满足 $u(x_j,t+k)=u(x_j-ak,t)$，当 $a>0$ 时，x_j 上的值由它左端的值确定；反之，当 $a<0$ 时，x_j 上的值由它右端的值确定。因此，当 $a>0$ 时，采用式（10.4.9）的差分格式；当 $a<0$ 时，采用式（10.4.10）的差分格式，它们称为迎风格式。

例 10.4.1　试用拉克斯-温德罗夫格式求定解问题 $u_t+2u_x=0 \quad (0\leqslant x\leqslant 1,t>0)$。

解　取时间、空间步长比 $k/h=0.4$，代入式（10.4.6）求解。初值由精确解 $u(x,0)$ 给定，设 $\eta(x)=\mathrm{e}^{-600(x-0.5)^2}$，且 $u(x,t)=\begin{cases}\eta(x-at), & x-at\geqslant 0\\ \eta(x-at+1), & x-at<0\end{cases}$。在不同步长 h 下，最终时刻 $t=1\,\mathrm{s}$ 的数值解的误差见表 10-4-1，数值解见图 10-4-1。

表 10-4-1　例 10.4.1 拉克斯-温德罗夫格式在最终时刻的误差

h	误差	误差比	收敛阶
1/160	2.12770×10^{-1}		
1/320	6.72356×10^{-2}	3.16454	1.66200
1/640	1.69914×10^{-2}	3.95704	1.98442
1/1280	4.21671×10^{-3}	4.02954	2.01062

10.4.2　稳定性

假设式（10.4.1）定义在区间 $0\leqslant x\leqslant 1$ 上，当 $a>0$ 时，在流入边界 $x=0$ 上定义初始条件 $u(0,t)=g_0(t)$；当 $a<0$ 时，$x=1$ 是流入边界。为了方便分析，考虑周期边界条件 $u(0,t)=u(1,t)\ (t\geqslant 0)$，因此 $U_0(t)=U_n(t)$ 是未知量，引入网格向量 $U(t)=[U_1(t),U_2(t),\cdots,U_n(t)]^{\mathrm{T}}$。

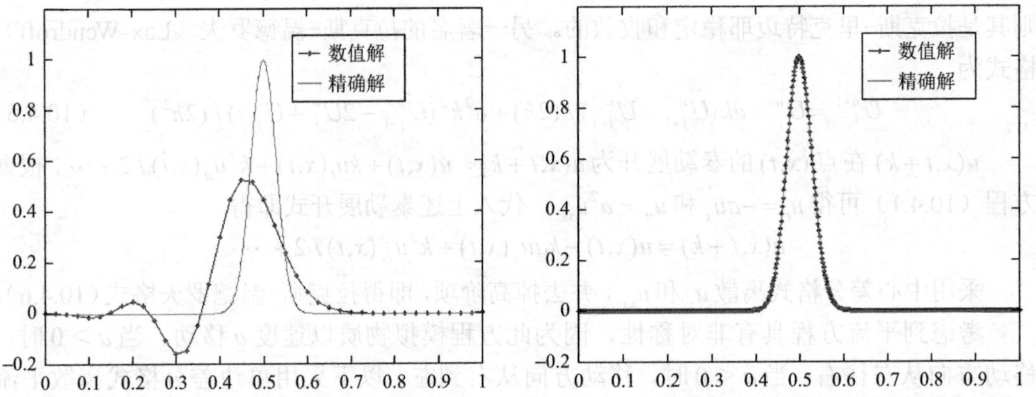

(a) 40网格点经过100时间步计算在最终时刻 $t=1\text{s}$的数值解

(b) 640网格点经过1600时间步计算在最终时刻 $t=1\text{s}$的数值解

图 10-4-1 用拉克斯-温德罗夫格式计算例 10.4.1

当$2\leqslant j\leqslant n-1$时，空间方向的二阶中心差分离散可得

$$U_j'(t)=-a/(2h)\cdot[U_{j+1}(t)-U_{j-1}(t)] \tag{10.4.11}$$

当$j=1$和$j=n$时，分别利用周期边界条件$U_0(t)=U_n(t)$和$U_1(t)=U_{n+1}(t)$，可得如下系统：

$$U'(t)=AU(t) \tag{10.4.12}$$

其中，

$$A=-\frac{a}{2h}\begin{bmatrix} 0 & 1 & & & & -1 \\ -1 & 0 & 1 & & & \\ & -1 & 0 & 1 & & \\ & & \ddots & \ddots & \ddots & \\ & & & -1 & 0 & 1 \\ 1 & & & & -1 & 0 \end{bmatrix}\in R^{n\times n}$$

此矩阵是反对称的，它的特征值是虚数：

$$\lambda_p=-\mathrm{i}a\sin(2\pi ph)/h\ \ (p=1,2,\cdots,n) \tag{10.4.13}$$

对应的特征向量u^p的元素是

$$u_j^p=\mathrm{e}^{2\pi\mathrm{i}pjh}\ \ (j=1,2,\cdots,n) \tag{10.4.14}$$

特征值落在虚数轴$-\mathrm{i}a/h$和$\mathrm{i}a/h$之间。差分格式（10.4.3）是式（10.4.11）在时间上的欧拉向前差分，它的稳定区间是$|1+\lambda k|\leqslant 1$。由于特征值（10.4.13）全是虚数，不满足此条件，因此差分格式（10.4.3）对任意的τ/h都是不稳定的。

首先，考虑拉克斯-弗里德里希斯格式（10.4.4）的稳定性，此格式可重写为

$$U_j^{n+1}=U_j^n-ak(U_{j+1}^n-U_{j-1}^n)/(2h)+(U_{j-1}^n-2U_j^n+U_{j+1}^n)/2 \tag{10.4.15}$$

可看成如下常微分系统在时间上的欧拉向前差分：

$$U'(t)=A_\varepsilon U(t) \tag{10.4.16}$$

其中，

$$A_\varepsilon=-\frac{a}{2h}\begin{bmatrix}0&1&&&&-1\\-1&0&1&&&\\&-1&0&1&&\\&&\ddots&\ddots&\ddots&\\&&&-1&0&1\\1&&&&-1&0\end{bmatrix}+\frac{\varepsilon}{h^2}\begin{bmatrix}-2&1&&&&1\\1&-2&1&&&\\&1&-2&1&&\\&&\ddots&\ddots&\ddots&\\&&&1&-2&1\\1&&&&1&-2\end{bmatrix} \tag{10.4.17}$$

$\varepsilon=h^2/2k$。可以证明，A 的特征向量（式（10.4.14））依然是 A_ε 的特征向量，A_ε 的特征值是

$$\mu_p=-\mathrm{i}a/h\cdot\sin(2\pi ph)-2\varepsilon/h^2\cdot[1-\cos(2\pi ph)]$$

当满足 $|ak/h|\leqslant 1$ 时，可得 $|1+k\mu_p|\leqslant 1$，拉克斯-弗里德里希斯格式是稳定的。

其次，分析拉克斯-温德罗夫格式（10.4.6）的稳定性。此格式可视为常微分系统在时间上的欧拉向前差分（式（10.4.16）），其中 $\varepsilon=a^2k/2$，A_ε 的特征值 μ_p 乘以时间步长 k 是

$$k\mu_p=-\mathrm{i}ak/h\cdot\sin(p\pi h)+(ak/h)^2[\cos(p\pi h)-1]$$

当满足 $|ak/h|\leqslant 1$ 时，可得 $|1+k\mu_p|\leqslant 1$，拉克斯-温德罗夫格式是稳定的。

最后，分析迎风格式（10.4.9）的稳定性，此格式可写成

$$U_j^{n+1}=U_j^n-ak/(2h)\cdot(U_{j+1}^n-U_{j-1}^n)+ak/(2h)\cdot(U_{j-1}^n-2U_j^n+U_{j+1}^n) \tag{10.4.18}$$

它对应的常微分系统类似式（10.4.16），其中 $\varepsilon=ah/2$。为保证 $|1+k\mu_p|\leqslant 1$，需要使 $|ak/h|\leqslant 1$ 和 $-2<-2\varepsilon k/h^2<0$。由于 $k,h>0$，$\varepsilon>0$，当且仅当 $a>0$，迎风格式（10.4.9）满足

$$0\leqslant ak/h\leqslant 1 \tag{10.4.19}$$

时是稳定的。类似可推出迎风格式（10.4.10）的稳定区间：

$$-1\leqslant ak/h\leqslant 0 \tag{10.4.20}$$

类似于 10.3.3 节中冯·诺伊曼法的稳定性分析，也可获得拉克斯-弗里德里希斯格式、拉克斯-温德罗夫格式和迎风格式的稳定区间。回顾 10.3.3 节中的冯·诺伊曼法，用 $g(\xi)^n\mathrm{e}^{\mathrm{i}\xi jh}$ 代替 U_j^n，以下记 $\upsilon=ak/h$，称为库朗数。

由拉克斯-弗里德里希斯格式（10.4.4）可得

$$g(\xi)=(e^{-\mathrm{i}\xi h}+e^{\mathrm{i}\xi h})/2-\upsilon(e^{\mathrm{i}\xi h}-e^{-\mathrm{i}\xi h})=\cos(\xi h)-\upsilon\mathrm{i}\sin(\xi h)$$

因此 $|g(\xi)|^2\leqslant 1$，当且仅当 $|\upsilon|\leqslant 1$，这和上述结论一致；由拉克斯-温德罗夫格式（10.4.6）可得

$$g(\xi)=1+2\upsilon^2\sin^2(\xi h/2)-\mathrm{i}2\upsilon\sin(\xi h/2)\cos(\xi h/2)$$

因此 $|g(\xi)|^2\leqslant 1$，当且仅当 $|\upsilon|\leqslant 1$，这与上述结论一致；由迎风格式（10.4.9）可得 $g(\xi)=1-\upsilon(1-e^{-\mathrm{i}\xi h})=(1-\upsilon)+\upsilon e^{-\mathrm{i}\xi h}$。因此 $g(\xi)$ 落在以 $1-\upsilon$ 为中心，υ 为半径的圆上，且位于单位圆内，当且仅当 $0\leqslant\upsilon\leqslant 1$，这与式（10.4.19）的结论一致。

10.4.3　柯朗-弗里德里希斯-列维条件

讨论与时间相关的微分方程的依赖域，对于平流方程，解 $u(X,T)$ 在固定点 (X,T) 的值依赖于初值 η 在 $X-aT$ 上的值，因此点 (X,T) 的依赖域是点 $X-aT$，即

$$D(X,T)=\{X-aT\}$$

改变 η 在这点上的值，解 $u(X,T)$ 也相应改变，但改变 η 在其他点上的值，不影响解 $u(X,T)$。

差分格式也有依赖域。定义网格点 (x_j,t_n) 的依赖域是所有在初始时刻 $t=0$ 上的点 x_i 的集合，点 x_i 的值 U_i^0 影响值 U_j^n。例如，拉克斯-弗里德里希斯格式中的 U_j^n 依赖于 U_{j-1}^{n-1} 和 U_{j+1}^{n-1}，这些值依赖于 U_{j-2}^{n-2}，U_j^{n-2}，U_{j+2}^{n-2}，因此 U_j^n 的依赖域是 $[x_{j-n},x_{j+n}]$ 中的网格点。只有当

$$X-T/r\leqslant X-aT\leqslant X+T/r \tag{10.4.21}$$

时，在点 (X,T) 上的数值解才有可能收敛到准确解 $u(X,T)=\eta(X-aT)$，其中 $r=k/h$。条件（10.4.21）等价于 $|ak/h|\leqslant 1$ $(|ak|\leqslant h)$。下面给出一般的柯朗-弗里德里希斯-列维（Courant-Friedrichs-Lewy，GFL）条件：一个数值算法收敛的必要条件是差分格式的依赖域必须包含微分方程的依赖域。对于拉克斯-弗里德里希斯格式、拉克斯-温德罗夫格式，CFL 条件正是稳定性条件（10.4.5）。但必须注意 CFL 条件是算法收敛的必要条件，若不满足 CFL 条件，算法必发散；若满足 CFL 条件，算法有可能收敛，但还需另外的相容性和稳定性条件。例如，式（10.4.3）满足 CFL 条件，但不满足稳定性条件，此算法发散。式（10.4.9）和式（10.4.10）的稳定性条件和 CFL 条件相同。

10.5　应 用 实 例

设一细棒由均匀材料制成，长度为 $L=2$，下面给定其初边值条件，考察细棒各点处的温度变化。假设温度函数 $u(x,t)$ 满足方程（10.3.1），其中 a 为比热系数，取决于细棒的材料，这里设 $a=0.005$。现假设细棒两端上的温度恒定，即 $u(0,t)=u(L,t)=20$，温度单位为℃。初始时刻细棒的温度分布为 $u(x,0)=20+10\sin(\pi x/2)$。

细棒的温度分布是一正弦曲线，细棒的中间温度达到最大值 30℃，两端温度为 20℃。在时间区域 0s $\leqslant t\leqslant$ 60s 内，用克兰克-尼科尔森格式求解此问题，取时间步长 $\tau=1$，空间步长 $h=0.05$。随着时间的增长，各节点上的温度变化见图 10-5-1。

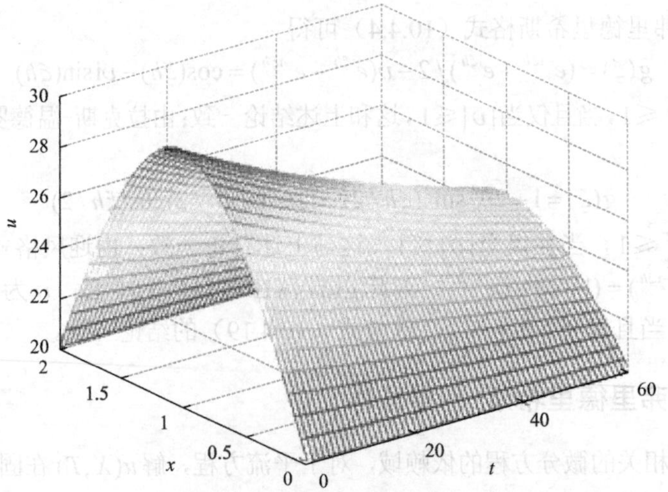

图 10-5-1　细棒的温度变化

程序如下:

```
clear;%定义初始变量
a=0.005;L=2;
t=60;tao=1;
h=0.05;
dj=t/tao;dk=L/h;
gamma=a*tao/h/h;
f_eta=inline('20+10*sin(pi*x/2)','x');
f_g0=inline('20','x');
f_g1=inline('20','x');
ujk=zeros(dj+1,dk+1);
A_diag=zeros(dk-1);
A_low=zeros(dk-1);
A_upper=zeros(dk-1);
b=zeros(dk-1);
for i=1:dk-2;%定义式(10.3.11)中矩阵系数的三对角向量
   A_upper(i)=-gamma/2;
end
for i=2:dk-1;
   A_low(i)=-gamma/2;
end
for i=1:dk-1;
   A_diag(i)=1+gamma;
end
for i=2:dk;%定义初始条件
   ujk(1,i)=f_eta((i-1)*h);
end
for i=1:dj+1;%定义边界条件
   ujk(i,1)=f_g0((i-1)*tao);
      ujk(i,dk+1)=f_g1((i-1)*tao);
end
for i=1:dk-1;%定义式(10.3.11)的右端向量
b(i)=ujk(1,i+1)+gamma/2*(ujk(1,i)-2*ujk(1,i+1)+ujk(1,i+2));
end
b(1)=b(1)+gamma/2*f_g0(1*tao);
b(dk-1)=b(dk-1)+gamma/2*f_g1(1*tao);
uu=zeros(dk-1);
uu=chasemethod(A_low,A_diag,A_upper,b,dk-1);%用追赶法求解
```

```
式(10.3.11)
    for s=2:dj+1;%用追赶法在时间方向迭代求解式(10.3.11)
        for i=2:dk;
            ujk(s,i)=uu(i-1);
        end
      for i=1:dk-1;
            b(i)=ujk(s,i+1)++gamma/2*(ujk(s,i)-2*ujk(s,i+1)+ujk(s,i+2));
      end
    b(1)=b(1)+gamma/2*f_g0(s*tao);
    b(dk-1)=b(dk-1)+gamma/2*f_g1(s*tao);
    uu=chasemethod(A_low,A_diag,A_upper,b,dk-1);
    end
    xx=0:h:L;%画图
    tt=0:tao:t;
    [Y,X]=meshgrid(xx,tt);
    mesh(X,Y,ujk);
    function [x]=chasemethod(a,b,c,f,n)%定义追赶法的数值算法
    beta=zeros(1,n-1);
        beta(1)=c(1)/b(1);
    for i=2:n-1;
        beta(i)=c(i)/(b(i)-a(i)*beta(i-1));
    end
    y=zeros(1,n);
    y(1)=f(1)/b(1);
    for i=2:n;
        y(i)=(f(i)-a(i)*y(i-1))/(b(i)-a(i)*beta(i-1));
    end
    x(n)=y(n);
    for i=n-1:-1:1;
        x(i)=y(i)-beta(i)*x(i+1);
    end
     end
```

习　题　十

1. 利用二阶五点差分格式求下列泊松方程的数值解，取 $\Delta x = \Delta y = 0.5$ 。

$$\begin{cases}\dfrac{\partial^2 u}{\partial x^2}+\dfrac{\partial^2 u}{\partial y^2}=4 & (0<x<1,\ 0<y<2)\\ u(x,0)=x^2,u(x,2)=(x-2)^2 & (0\leqslant x\leqslant 1)\\ u(0,y)=y^2,u(1,y)=(y-1)^2 & (0\leqslant y\leqslant 2)\end{cases}$$

2. 用二阶五点差分格式求下列拉普拉斯方程的数值解，取 $\Delta x=\Delta y=1$。其中，Ω 为以 $(0,0),(3,0),(3,4),(0,4)$ 为顶点的矩形内部，Γ 为其边界。

$$\begin{cases}\dfrac{\partial^2 u}{\partial x^2}+\dfrac{\partial^2 u}{\partial y^2}=0 & ((x,y)\in\Omega)\\ u|_{\Gamma}=(x-1)^2-(y-2)^2 & (\Gamma=\partial\Omega)\end{cases}$$

3. 用五点和九点差分格式求下列方程的数值解，取 $\Delta x=\Delta y=1/3$，并与精确解 $u(x,y)=xy\ln(xy)$ 进行比较，计算数值误差的最大范数。

$$\begin{cases}\dfrac{\partial^2 u}{\partial x^2}+\dfrac{\partial^2 u}{\partial y^2}=\dfrac{x}{y}+\dfrac{y}{x} & (1<x<2,1<y<2)\\ u(x,1)=x\ln x,u(x,2)=x\ln(4x^2) & (1\leqslant x\leqslant 2)\\ u(1,y)=y\ln y,u(2,y)=2y\ln(2y) & (1\leqslant y\leqslant 2)\end{cases}$$

4. 试用显式格式列出下面可变系数线性方程定解问题的差分格式。

$$\begin{cases}\dfrac{\partial u}{\partial t}=\mathrm{e}^x\left(\dfrac{\partial^2 u}{\partial x^2}+\dfrac{\partial u}{\partial x}\right) & (0<x<1\ ,0<t)\\ u(x,0)=4x(1-x) & (0\leqslant x<1)\\ u(0,t)=u(1,t) & (0\leqslant t)\end{cases}$$

5. 试用六点隐式格式列出第 4 题的差分格式。

6. 试设计一个求解非线性方程 $\dfrac{\partial^2 u}{\partial x^2}=u\dfrac{\partial u}{\partial t}$ 的差分格式。

7. 试用隐式格式求下列定解问题，取 $\gamma=1,h=1/3$，要求算出 $j=1,2$ 两层的数值解。

$$\begin{cases}\dfrac{\partial u}{\partial t}-\dfrac{\partial^2 u}{\partial x^2}=0 & (0<x<1,\ 0<t)\\ u(x,0)=4x(1-x) & (0\leqslant x<1)\\ u(0,t)=u(1,t) & (0\leqslant t)\end{cases}$$

8. 用迎风格式求解下列初值问题在 $|x|\leqslant 0.6$，$0\leqslant t\leqslant 0.3$ 范围内的数值解，取 $\Delta x=0.3$，$\Delta t=0.1$。

$$\begin{cases}\dfrac{\partial u}{\partial t}-2\dfrac{\partial u}{\partial x}=0 & (t>0,-\infty<x<+\infty)\\ u(x,0)=\mathrm{e}^x & (-\infty<x<+\infty)\end{cases}$$

9. 对初值问题 $\begin{cases}\dfrac{\partial u}{\partial t}-3\dfrac{\partial u}{\partial x}=u & (0<t<T,-\infty<x<+\infty)\\ u(x,0)=\varphi(x) & (-\infty<x<+\infty)\end{cases}$，建立差分格式如下：

$$\begin{cases}(u_j^{n+1}-u_j^n)/\tau=3(u_{j+1}^n-u_j^n)/h+u_j^n\\ u_j^0=\varphi(x_j)=\varphi_j\end{cases}$$

试讨论这一差分格式的稳定性。

参 考 文 献

奥特加 J M. 1984. 数值分析. 张丽君, 张乃玲, 朱正华, 译. 北京: 高等教育出版社.

丁丽娟, 程杞元. 2013. 数值计算方法: 第 2 版. 北京: 北京理工大学出版社.

冯康, 张建中, 张绮霞, 等. 1978. 数值计算方法. 北京: 国防工业出版社.

戈卢布 G H, 范洛恩 C F. 2002. 矩阵计算. 袁亚湘, 等译. 北京: 科学出版社.

豪斯霍尔德 A S. 1986. 数值分析中的矩阵论. 孙家昶, 等译. 北京: 科学出版社.

胡祖炽, 林源渠. 1986. 数值分析. 北京: 高等教育出版社.

李庆扬, 王能超, 易大义. 1995. 现代数值分析. 北京: 高等教育出版社.

李岳生, 齐东旭. 1979. 样条函数方法. 北京: 科学出版社.

南京大学数学系计算数学专业. 1979. 偏微分方程数值解法. 北京: 科学出版社.

王竹溪, 郭敦仁. 1979. 特殊函数论. 北京: 科学出版社.

威尔金森 J H. 2001. 代数特征值问题. 石钟慈, 邓建新, 译. 北京: 科学出版社.

徐树方. 1995. 矩阵计算的理论与方法. 北京: 北京大学出版社.

余德浩, 汤华中. 2003. 微分方程数值解法. 北京: 科学出版社.

Mathews J H, Fink K D. 2004. Numerical Methods Using MATLAB. Upper Saddle River: Prentice Hall.

习题参考答案

习题一

1. 0.1690×10^3，0.3000×10^1，0.7323×10^2，0.1526×10^{-2}。2. 0.500×10^{-4}，0.1587%，3；0.5000×10^{-4}，0.01587%，4；0.500×10^{-2}，0.01587%，4；0.5000，0.0001000%，4；0.500×10^3，10%，1。3. 0.5000×10^{-5}；稳定。4.（1）$2\sin^2 0.5^0=0.05023$；（2）$-\ln(30+\sqrt{30^2-1})=-4.09407$；（3）$\arctan[1/(N^2+N+1)]$；（4）$\tan(x/2)$。5. s 的绝对误差也会增大，s 的相对误差会减少，且 s 的相对误差约为观测值 t 的相对误差的 2 倍。6. 0.3333%。7. $u_3=2$，$u_2=3$，$u_1=-6$，$p_3(-2)=u_0=3$。8.（1）略；（2）$e_n^*=(-1)^n n!e_0^*$，算法不稳定；（3）$e_0^*=(-1)^n e_n^*/n!$，算法稳定。9.（1）$\pi=0.31416\times10^1$，0.50000×10^{-4}；（2）$\pi=0.314159\times10^1$，0.50000×10^{-5}；（3）$\pi=3.14159$，至少是 6 位。

习题二

1.（1）$\begin{bmatrix}2&6&-4&4\\0&1&-3&1\\0&0&-27&9\end{bmatrix}$，$x_3=-\dfrac{1}{3}$，$x_2=0$，$x_1=\dfrac{4}{3}$；（2）$\begin{bmatrix}2&1&2&6\\0&1&0&-1\\0&0&-7&-7\end{bmatrix}$，$x_3=1$，$x_2=2$，$x_1=1$。2.（1）$x_3=-0.6545$，$x_2=-2.1887$，$x_1=0.7316$；（2）$x_2=-2.1889$，$x_3=-0.6545$，$x_1=0.7316$。3.（1）$\begin{bmatrix}1&0&0&0\\1.2&1&0&0\\1.4&-0.5&1&0\\1&0&0.6&1\end{bmatrix}$，$\begin{bmatrix}5&7&9&10\\0&-0.4&-0.8&-3\\0&0&-5&-8.5\\0&0&0&0.1\end{bmatrix}$，$x_4=3$，$x_3=-5$，$x_2=-12$，$x_1=20$；（2）$\begin{bmatrix}1&0&0&0\\1&1&0&0\\1&2&1&0\\1&3&5&1\end{bmatrix}$，$\begin{bmatrix}1&2&3&4\\0&2&6&12\\0&0&12&36\\0&0&0&36\end{bmatrix}$，$x_4=17/18$，$x_3=-2/3$，$x_2=1/3$，$x_1=-4/9$。4.（1）$\begin{bmatrix}0&1/3&1/3\\0&1/3&-2/3\\-1&2/3&-1/3\end{bmatrix}$；（2）$\begin{bmatrix}1/7&8/7&3/7\\1/7&1/7&3/7\\-1/7&6/7&4/7\end{bmatrix}$。5.（1）$u_1=2$，$y_1=0$，$l_2=-0.5$，$u_2=1.5$，$y_2=1$，$l_3=-2/3$，$u_3=4/3$，$y_3=2/3$，$l_4=-3/4$，$u_4=5/4$，$y_4=3$，$x_4=2.4$，$x_3=2.3$，$x_2=2.2$，$x_1=1.1$；（2）$u_1=4$，$y_1=100$，$l_2=-1/4$，$u_2=15/4$，$y_2=225$，$l_3=4/15$，$u_3=56/15$，$y_3=260$，$l_4=-15/56$，$u_4=209/56$，$y_4=3776/14$，$l_5=56/209$，$u_5=780/209$，$y_5=36000/209$，$x_5=600/13$，$x_4=1100/13$，$x_3=1200/13$，$x_2=1100/13$，$x_1=600/13$。6.（1）$l_{11}=\sqrt{2}$，$l_{21}=-\sqrt{2}/2=l_{31}$；$l_{22}=\sqrt{6}/2$，$l_{32}=-\sqrt{6}/6$；

$l_{33}=\sqrt{3}/3$， $y_1=\sqrt{2}/2$， $y_2=\sqrt{6}/6$， $y_3=2\sqrt{3}/3$， $x_3=2$， $x_2=1$， $x_1=2$； $d_1=2$， $u_{21}=-1=u_{31}$，$l_{21}=-0.5=l_{31}$，$d_2=1.5$，$u_{32}=-0.5$，$l_{32}=-1/3$，$d_3=1/3$；$y_1=1$，$y_2=0.5$，$y_3=2/3$，$x_3=2$，$x_2=1$，$x_1=2$；(2) $l_{11}=2$，$l_{21}=1.2$，$l_{31}=1$，$l_{41}=1.5$，$l_{22}=2$，$l_{32}=1.4$，$l_{42}=2$，$l_{33}=1.5$，$l_{43}=2.1$，$l_{44}=3$，$y_1=6.140$，$y_2=4.780$，$y_3=6.750$，$y_4=6.000$，$x_4=2.000$，$x_3=1.700$，$x_2=-0.800$，$x_1=1.200$；$d_1=4$，$u_{21}=2.4$，$u_{31}=2$，$u_{41}=3$，$l_{21}=0.6$，$l_{31}=0.5$，$l_{41}=0.75$，$d_2=4$，$u_{32}=2.8$，$u_{42}=4$，$l_{32}=0.7$，$l_{42}=1$，$d_3=2.25$，$u_{43}=3.15$，$l_{43}=1.4$，$d_4=9$，$y_1=12.28$，$y_2=9.56$，$y_3=10.125$，$y_4=18$，$x_4=2.000$，$x_3=1.700$，$x_2=-0.800$，$x_1=1.200$。7. $\|x\|_1=6$，$\|x\|_2=\sqrt{14}$，$\|x\|_\infty=3$；$\|y\|_1=5$，$\|x\|_2=\sqrt{13}$，$\|x\|_\infty=3$。8. $\|A\|_\infty=3$，$\|A\|_1=5$，$\|A\|_2=\sqrt{6+\sqrt{33}}$；$\mathrm{cond}_\infty(A)=9$，$\mathrm{cond}_1(A)=35/3$，$\mathrm{cond}_2(A)=2\sqrt{3}+\sqrt{11}$。9. 略。10. 略。11. (1) 略；(2) $\mathrm{cond}_\infty(A)=1.8$。12. $\|\delta x\|_\infty/\|x\|_\infty\leqslant 0.450000\times10^{-5}$，$\|\delta x\|_1/\|x\|_1\leqslant 0.194444\times10^{-5}$，$\|\delta x\|_2/\|x\|_2\leqslant 0.195743\times10^{-5}$。13. (1) $\mathrm{cond}_\infty(A)=3960.1$；(2) $r_1=b-Ax_1^*=(0,0.01)^\mathrm{T}$，$r_2=b-Ax_2^*=(-0.995,-0.985)^\mathrm{T}$；$\|x-x_1^*\|_\infty/\|x\|_\infty=1\leqslant 39.601$，$\|x-x_1^*\|_\infty/\|x\|_\infty=0.005\leqslant 3940.2995$。

习题三

1. (1) J 法和 GS 法的迭代公式略去，J 法迭代 13 次后稳定于 $x^*=(1.269,0.621,0.247)^\mathrm{T}$；GS 法迭代 5 次可稳定于 x^*；(2) J 法和 GS 法均收敛，其中，J 法迭代 11 次后稳定于 $x^*=(3.000,2.000,1.000)^\mathrm{T}$；GS 法迭代 6 次可稳定于 x^*。2. (1) J 法、GS 法和 SOR 法的迭代公式略；(2) GS 法和 SOR 法均收敛，J 法发散；(3) GS 法的误差估计式为 $\|x^{(k)}-x^*\|_2\leqslant 4.64037\times0.55185^k$。3. (1) GS 法迭代 7 次后稳定于近似解 $x^{(7)}=(-4.0000,3.0000,2.0000)^\mathrm{T}$；SOR 法迭代 7 次为 $(-3.8653,3.0829,1.9986)^\mathrm{T}$；(2) GS 法的误差估计式为 $\|x^{(k)}-x^*\|_\infty\leqslant 11.4286\times0.65^k$；由于 $\|M_{\mathrm{SOR}}\|_\infty=1.1875>1$，不能给出 SOR 法的误差估计式。4. J 法收敛的条件为 $a>4.1131$。5. 当 $-0.5<a<0.5$ 时，GS 法和 J 法均收敛。6. J 法和 GS 法均收敛，J 法迭代 14 次，GS 法迭代 11 次。7. J 法和 GS 法均发散；若交换方程组中第二和第三两个方程的位置，则相应的 J 法和 GS 法均收敛。8. J 法和 GS 法均收敛的范围为 $|a|<1/2$。9. 迭代 11 次可稳定于精确解 $(3,4,-5)^\mathrm{T}$。10. (1) 当 $0<\omega<2/3$ 时，此迭代法收敛；(2) 当 $\omega=0.5$ 时，可使迭代收敛速度最快。

习题四

1. (1) $\lambda_1=12.0584$，$u_1\approx x^{(6)}=(12.0584,2.2650,0.8557)^\mathrm{T}$；(2) $\lambda_1=4.2962$，$u_1\approx x^{(6)}=(4.2962,-1.4355,1.6829)^\mathrm{T}$。2. $\lambda_1=12.6778$，$u_1\approx(0.5267,0.5709,1)^\mathrm{T}$。3. (1) $\lambda\approx12.4$，$u\approx(1,0.0851,0.5622)^\mathrm{T}$；(2) $\lambda\approx4.48$，$u\approx(1,0.1878,0.0710)^\mathrm{T}$。4. (1) $\lambda_1=0.3004$，$\lambda_2=4.4605$，$\lambda_3=2.2391$，$u_1=(0.1531,-0.5665,0.8097)^\mathrm{T}$，$u_2=(-0.9018,-0.4153,0.1200)^\mathrm{T}$，$u_3=(0.4042,-0.7118,-0.5744)^\mathrm{T}$；(2) $\lambda_1=4.4865$，$\lambda_2=2.1259$，$\lambda_3=8.3876$，$u_1=(0.1555,-0.7172,0.6793)^\mathrm{T}$，$u_2=(-0.8281,0.4696,0.3062)^\mathrm{T}$，$u_3=(-0.5386,-0.5149,-0.6669)^\mathrm{T}$。5. $\lambda\approx3.0001$，

$u \approx (1, -0.0002, -0.9999)^{\mathrm{T}}$。6. 略。7. $\begin{bmatrix} -4 & 7.6026 & -0.4472 \\ -4.4721 & 7.8000 & -0.4000 \\ 0 & -0.4000 & 2.2000 \end{bmatrix}$。8. 略。9.（1）4.5214，2.2393，2.2393；（2）3.7321，2.0000，0.2679。

习题五

1. $L_2(x) = 0.4x^2 - 9.5x + 8$，$f(1.5) \approx L_2(1.5) = -0.625$。2. $L_1(x) = -2.3979(x-12) + 2.4849(x-11)$，$\ln 11.85 \approx L_1(11.85) = 2.47185$，$|R_1(11.85)| \leqslant 4.427 \times 10^{-4}$；$L_2(x) = 0.0035x^2 + 0.1675x + 0.9789$，$\ln 11.85 \approx L_2(11.85) = 2.47229$，$|R_2(11.85)| \leqslant 2.2246 \times 10^{-5}$；$L_3(x) = -0.38377(x-11)\cdot(x-12)\cdot(x-13) + 1.19895(x-10)\cdot(x-12)\cdot(x-13) - 1.24245(x-10)\cdot(x-11)\cdot(x-13) + 0.42748(x-10)\cdot(x-11)\cdot(x-12)$，$\ln 11.85 \approx L_3(11.85) = 2.472328$，$|R_3(11.85)| \leqslant 4.7487 \times 10^{-6}$。3. 略。4. $L_n(x) = \sum_{i=0}^{n} y_i \frac{1}{(-1)^{n-i}(n-i)!i!} \prod_{\substack{j=0 \\ j \neq i}}^{n} (t-j)$。5. $N_2(x) = 13x^2/3 - 34x/3$，$f(3.2) \approx N_2(3.2) = 8.1067$，$R_2(3.2) \approx 2.50656$；$N_3(x) = -4x^3/3 + 29x/3 - 46/3$，$f(3.2) \approx N_3(3.2) = 6.2290$，$R_3(3.2) \approx 0.5404$。6.（1）构造差分表，略。（2）二阶向前差分公式：$N_2(x) = 1 - 0.005t - 0.00993t(t-1)/2$，$\cos 0.048 \approx N_2(0.048) = 0.998839$，$|R_2(0.048)| \leqslant 0.822016 \times 10^{-8}$。其余的依此类推。7. 略。8. $H(x) = 0.00926x^5 + 0.2315x^4 - 1.4907x^3 + 2.25x^2$，$f(2.6) \approx H(2.6) = 0.6870$，$R_5(2.6) \approx N_5(0,0,1,1,3,3,2.6)w_6(2.6) = -1.6296 \times 10^{-5}$。9. $p(x) = 0.25x^4 - 0.5x^3 - 1.75x^2 + 4x$。

10. $a = -2, b = 3, c = -1$。11.（1）$S(x) = \begin{cases} 1.3777x^3 - 1.8666x^2 + 1.9999x, x \in [0,1] \\ -0.6001x^3 + 2.5338x^2 - 5.4009x + 4.4673, x \in [1,2] \\ 1.5334x^3 - 10.2672x^2 + 26.2015x - 24.6015, x \in [2,3] \end{cases}$；

（2）$S(x) = \begin{cases} -3.4x^3 + 4.4x, x \in [0,1] \\ 4x^3 - 20.4x^2 + 41.6x - 30.4, x \in [1,2] \\ -0.6x^3 + 5.4x^2 - 11.6x + 5.4, x \in [2,3] \end{cases}$。12. 略。

习题六

1. $P_2(x) = 5.3052 - 1.8230x + 8.1629x^2$。2.（1）呈线性关系；（2）$c_p = -2.4359 + 0.1053T$。3. $a = -1.6131$，$b = 1.9572$。4. $a = -0.0113$，$b = 1.0602$。5. $c = 4.3938$，$\lambda = -0.1107$。6.（1）等式两边取对数；（2）见式（6.1.3）的计算；（3）$\ln y = -c_1 x + \ln c_0$。7.（1）$21.333x^3 - 32x^2 + 10.667x$；（2）$-0.4470x^3 + 1.1204x^2 - 0.0103x$；（3）$0.5714x^3 - 1.235x^2 + 0.0319x + 0.9999$。8.（1）$-0.5714x^2 + 1.3714x + 0.1714$，误差为$0.40816 \times 10^{-5}$；（2）$-0.8346x^2 - 0.2091x + 1.0194$，误差为$0.70257 \times 10^{-5}$；（3）$-0.8392x^2 + 0.8511x + 1.0130$，误差为$0.27835 \times 10^{-5}$。9. 略。10. $-0.18951x^3 + 0.97056x$。

习题七

1. 梯形公式$T = 0.33978$，$R_1[f] \leqslant 1/6$；辛普森求积公式$S = 0.35752$，$R_2[f] \leqslant 11/720$；

科茨求积公式$C=0.35909$，$R_4[f]\leqslant 103/107520$。2. 复合梯形公式，$n=58$，$T_{58}=0.3591$；复合辛普森公式，$n=10=2m$，$S_5=0.3580$；复合科茨公式，$n=8=4m$，$C_2=0.3591$。3. 复合梯形公式，$n=776$，需要计算 777 个节点的函数值，$T_{58}=11.8595$；复合辛普森公式，$n=12=2m$，需要计算 25 个节点的函数值，$S_6=11.9901$。4. 复合梯形公式，$T_8=0.7459$，$|R_{T_n}[f]|\leqslant 0.2604\times10^{-2}$；复合辛普森公式，$S_8=0.7488$，$|R_{Sm}[f]|\leqslant 0.1006\times10^{-4}$。5. 略。6. （1）3；（2）0。7. $C=2/3$，3。8. $R_1[f]\leqslant 1/6$, $J^{(i)}(h)=[2^{2i-1}J^{(i-1)}(h/2)-J^{(i-1)}(h)]/(2^{2i-1}-1)$，$i=1,2,\cdots$，相应的误差为$O(h^{2i+1})$。9. 3.1416。10. 3.1415926。11.（1）～（4）均不为高斯型求积公式。12.（1）$x_0=(3-\sqrt{3})/6$，$x_1=(3+\sqrt{3})/6$，$A_0=A_1=0.5$，3 次代数精度；（2）$x_0=(25-2\sqrt{55})/45$，$x_1=(25+2\sqrt{55})/45$，$A_0=0.2884$，$A_1=0.3783$，3 次代数精度；（3）$x_0=-\sqrt{15}/5$，$x_1=0$，$x_2=\sqrt{15}/5$，$A_0=A_2=5/9$，$A_1=8/9$，5 次代数精度；（4）$x_0=(5-\sqrt{15})/5$，$x_1=1$，$x_2=(5+\sqrt{15})/5$，$A_0=(8-2\sqrt{15})/9$，$A_2=8/9$，$A_2=(8+2\sqrt{15})/9$，5 次代数精度。13. （1）0.002422；（2）0.797916。14. 当$n=2$时，1.347498；当$n=3$时，1.382033。15. $\pi/2$。16. 1.81379936423421785。17. 两点公式：$f'(1.0)=-0.2320$，$f'(1.2)=-0.2020$；三点公式：$f'(1.0)=-0.2470$，$f'(1.2)=-0.1890$。

习题八

1. 证明略，$n=14$。2. 2.13。3. （1）收敛；（2）收敛；（3）发散；在（2）的迭代解为 1.4656，且迭代 8 次后小数点后 4 位不变。4. （1）4.493；（2）2.095。5. $x_{k+1}=x_k-(ax_k^3-x_k)/2$。6. 2.095。7. 略。8. 略。9. 发散；可用斯蒂芬森迭代法求解，且取初值$x_0=1$，迭代 4 次后，有$x^*=1.4987$。10. $x_1=-0.8342\times10^{-6}$，$x_2=-0.0336\times10^{-6}$。11. $x_1=0.4864$，$x_2=0.2337$。12. $x_1=1.4880$，$x_2=0.7560$。

习题九

1. 0.2000，0.3846，0.5316，0.6378，0.7133；0.1923，0.3589，0.4892，0.5872，0.6627。2. （1）0.8200，0.6970，0.6074，0.5391，0.4851；0.8485，0.7385，0.6548，0.5889，0.5356；（2）0，0.0400，0.1280，0.2736，0.4883；0.0200，0.0884，0.2158，0.4153，0.7027。3. 略。4. $\overline{y}_k-y_k=\varepsilon(1+100/N)^N$。5. 公式推导略，局部截断误差分别为$o(h^3)$、$o(h^3)$和$o(h^5)$。6. $0\leqslant h\leqslant 1.2$。7. $|1-\lambda h|\geqslant 1$。8. $h=0.1$，欧拉法与精确解相比严重失真；$h=0.01$，欧拉法与精确解比较接近。9. $h=0.1$，经典的 R-K 法与精确解相比严重失真；$h=0.01$，经典的 R-K 法与精确解十分接近。10. 1.242800，1.583636，2.044213，2.651042，3.436502。11. 1.242800，1.583636，2.044213，2.650720，3.435639；1.242800，1.583636，2.044213，2.651083，3.436605。12. 0.9052，0.8213，0.7492，0.6897，0.6349，0.5884，0.5592，0.5485，0.5579，0.5876；0.9052，0.8213，0.7492，0.6897，0.6436，0.6117，0.5946，0.5928，0.6067，0.6368。13. $y_p=\begin{bmatrix}y_p^{(1)}\\y_p^{(2)}\end{bmatrix}\begin{bmatrix}y_1^{(k)}+h(a_{11}y_1^{(k)}+a_{12}y_2^{(k)})\\y_2^{(k)}+h(a_{21}y_1^{(k)}+a_{22}y_2^{(k)})\end{bmatrix}$，$y_q=\begin{bmatrix}y_q^{(1)}\\y_q^{(2)}\end{bmatrix}=\begin{bmatrix}y_1^{(k)}+h(a_{11}y_p^{(1)}+a_{12}y_p^{(2)})\\y_2^{(k)}+h(a_{21}y_p^{(1)}+a_{22}y_p^{(2)})\end{bmatrix}$；$y_{k+1}=(y_p+y_q)/2$。14. 0.1714，0.3497，0.5419，0.7558。15. $y_1=0.253659$，$y_2=0.336585$，$y_3=0.253659$。

习题十

1. $[0,1/4,1]^{\mathrm{T}}$。2. $[-1,0,0,1,-1,0]^{\mathrm{T}}$。3. $[1.0228,\ 1.7744,\ 1.7744,\ 2.8379]^{\mathrm{T}}$，$4.5418\times10^{-5}$。4. $u_{k,j+1}=u_{k,j}+\tau\mathrm{e}^{x_k}(u_{k+1,j}-2u_{k,j}+u_{k-1,j})/h^2+\tau\mathrm{e}^{x_k}(u_{k+1,j}-u_{k-1,j})/(2h)$。5. $u_{k,j}+\tau\mathrm{e}^{x_k}/(2h^2)\cdot(u_{k+1,j}-2u_{k,j}+u_{k-1,j})+\tau\mathrm{e}^{x_k}/(4h)\cdot(u_{k+1,j}-u_{k-1,j})$。6. $u_{k,j+1}=\sqrt{u_{k,j}^2+2\tau(u_{k+1,j}-2u_{k,j}+u_{k-1,j})/h^2}$。7. $u_{0,2}=0,u_{1,2}=\dfrac{2}{9},u_{2,2}=\dfrac{2}{9},u_{3,2}=0$。8. 略。9. 此格式不稳定。

附录 MATLAB 软件简介

20 世纪 70 年代，美国新墨西哥大学的计算机科学系主任 Cleve Moler 为了减轻学生编程的负担，用 FORTRAN 编写了最早的 MATLAB。1984 年，由 Little、Moler、Steve Bangert 合作成立的 MathWorks 公司正式把 MATLAB 推向市场。到 20 世纪 90 年代，MATLAB 已成为国际控制界的标准计算软件。

MATLAB 是一种用于算法开发、数据可视化、数据分析及数值计算的高级技术计算语言和交互式环境，MATLAB 和 Mathematica、Maple 并称为三大数学软件。MATLAB 软件特别适合矩阵运算和数值计算，处理大批量数据的效率较高。Mathematica、Maple 软件以符号运算见长，但处理大量数据时效率较低。MATLAB 可以进行矩阵运算、绘制函数并呈现数据、实现算法、创建用户界面、连接其他编程语言的程序等，主要应用于工程计算、控制设计、信号处理与通信、图像处理、信号检测、金融建模设计与分析等领域。

MATLAB 的基本数据单位是矩阵，它的指令表达式与数学、工程中常用的形式十分相似，故用 MATLAB 来解决问题要比用 C、FORTRAN 等语言完成相同的事情简捷得多，并且 MATLAB 也具有 Maple 等软件的优点，因此成为一个强大的数学软件。在新的版本中也加入了对 C、FORTRAN、C++、JAVA 的支持，用户可以直接调用，也可以将自己编写的实用程序导入 MATLAB 函数库中，方便自己以后调用。此外，许多的 MATLAB 爱好者都编写了一些经典的程序挂在网上，用户可以直接进行下载。在欧美等国家的许多高校甚至中学，MATLAB 已成为线性代数、概率论、自动控制理论、数理统计、时间序列分析、数字信号处理和动态系统仿真等课程的主要教学工具，成为理工科学生必须掌握的基本软件技能。

下面将简单介绍如何使用 MATLAB 软件包进行编程，读者可以有一个初步的了解。通过实例可显示 MATLAB 命令窗口的典型输入和输出，如果需要更多信息，可使用 MATLAB 软件中的在线帮助、参考手册和用户手册。

MATLAB 版本

MATLAB 有多种版本，新推出的版本通常会向下兼容旧版本，不妨选择当前的最新版本（如 MATLAB R2021a）进行学习和讲解。MATLAB 还有许多附加的部分，最常见的部分称为 Simulink，是一个用来进行系统仿真的软件包，它可以让用户定义各种部件，定义各自对某种信号的反应方式及与其他部件的连接方式。最后选择输入信号，系统会仿真运行整个模拟系统，并给出统计数据。Simulink 有时是作为 MATLAB 的一部分提供的，称为 MATLAB with Simulink 版本。MATLAB 还有许多工具箱，它们是根据各个特殊领域的需要，用 MATLAB 自身的语言编写的程序集，使用起来非常方便。用户可以视工作性质和需要购买相应的工具箱。

MATLAB 基本用法

在 Windows 系统中双击 MATLAB 图标，会出现 MATLAB 命令窗口(Command Window)，在一段提示信息后，出现系统提示符“＞＞”。MATLAB 是一个交互系统，用户可以在系统提示符后键入各种命令，通过上、下箭头调出以前输入的命令，用滚动条查看以前的命令及其输出信息。

如果是初学者或对命令的用法有疑问，可以用 Help 菜单中的相应选项查询有关信息，也可以用 help 命令在命令行上查询，可以试一下 help、help help 和 help eig（求特征值的函数）命令。

算术符号

MATLAB 中数的表示方法和一般的编程语言没有区别，如：

3	–99	0.0001
9.63972	1.6021E–20	6.02252E23

在计算中使用 IEEE 浮点算法，其舍入误差是 eps，数学运算符有

+	加
–	减
*	乘
/	右除
\	左除
^	幂

1/4 和 4\1 有相同的值，都等于 0.25（注意比较 1\4＝4）。只有在矩阵的除法中，左除和右除才有区别。

例　＞＞3+5/9*3

```
ans=
    4.6667
```

内建函数

MATLAB 提供了许多内建函数，如对数函数、三角函数、多项式函数等。使用函数需注意，函数名要放在等式的右边，等式左边是计算这个函数的表达式。此外，函数可以嵌套，当作另一个函数的自变量调用。一些常用的内建函数的格式和功能如下：

round(x)，按四舍五入对 x 取整；

fix(x)，将 x 的值近似至最接近 0 的整数；

floor(x)，将 x 的值近似至最接近$-\infty$的整数；

ceil(x)，将 x 的值近似至最接近∞的整数；

sign(x)，检验 x 的符号，$x<0$ 返回值为–1，$x=0$ 返回值为 0，$x>0$ 返回值为 1；

rem(x, y)，求 x/y 的余数；

exp(x)，指数函数；

log(x)，以 e 为底的对数函数即自然对数；

log10(x)，以 10 为底的对数函数。

至于三角函数和双曲线函数的使用，和一般数学式相似，其语法也很简洁易懂。例如，三角函数有 sin(x)、cos(x)、tan(x)、asin(x)、acos(x)、atan(x)、atan[2(y, x)]，常用的双曲线函数有 sinh(x)、cosh(x)、tanh(x)、asinh(x)、acosh(x)、atanh(x)。

例
```
>>cos(3)*sqrt(8)
ans=
  -2.8001
```

赋值语句

通过等号可将表达式赋值给变量。

例
```
>> a=5-floor(tan(3.1))
a=
    6
```

例
```
>> b=sin(a);%加分号不显示b的结果
>> b  %显示b的结果
b=
   -0.2794
```

输出格式

任何 MATLAB 语句的执行结果都可在屏幕上显示，同时赋给指定的变量，没有指定变量时赋给 ans。数字显示格式可由 format 命令来控制（Windows 系统下的 MATLAB 的数字显示格式可以由 Option 菜单中的 Numerical Format 菜单改变），format 命令仅影响矩阵的显示，不影响矩阵的计算与存储。（MATLAB 以双精度执行所有的运算）

如果矩阵元素不是整数，则输出形式如附表 1 所示。（用 format 命令进行切换）

附表 1

格式	中文解释	说明
format	短格式（缺省格式）	Default. Same as SHORT
format short	短格式（缺省格式）	Scaled fixed point format with 5 digits（只显示五位十进制数）
format long	长格式	Scaled fixed point format with 15 digits
format short e	短格式 e 方式	Floating point format with 5 digits
format long e	长格式 e 方式	Floating point format with 15 digits
format short g	短格式 g 方式	Best of fixed or floating point format with 5 digits
format long g	长格式 g 方式	Best of fixed or floating point format with 15 digits
format hex	16 进制格式	Hexadecimal format
format+	+格式	The symbols +，– and blank are printed for positive，negative and zero elements. Imaginary parts are ignored

续表

格式	中文解释	说明
format bank	银行格式	Fixed format for dollars and cents
format rat	有理数格式	Approximation by ratio of small integers
format compact	压缩格式	Suppress extra line-feeds
format loose	自由格式	Puts the extra line-feeds back in

例 >> x=1/3

```
x=
   0.3333
>> format long g
>> x
x=
 0.333333333333333
```

函数定义

如果 M 文件的第一行包含 function，这个文件就是函数文件，它与命令文件不同，定义的变量和运算都在文件内部，而不在工作空间。函数调用完毕后，定义的变量和运算将全部释放。函数文件对扩展 MATLAB 函数非常有用。完成函数定义后，就可以像使用内建函数一样使用用户定义的函数。

例 将一个自编的函数 fun1(x) = x + 3*x.^2/4 写入 M 文件的 fun1.m 中，在编辑器或调试器中输入以下内容：

```
function  y=fun1(x)
y=x+3*x.^2/4;
```

磁盘文件中定义的新函数称为 fun1 函数，它与 MATLAB 函数一样使用：

```
>> sin(fun1(3))
ans=
   -0.3195
```

对函数进行求值的另一个有用的方法是使用 feval 命令，这个命令需要将函数作为字符串调用。

```
>> feval('fun1',3)
ans=
   9.7500
```

矩阵生成

输入一个小矩阵的最简单方法是用直接排列的形式。矩阵用方括号括起，元素之间用空格或逗号分隔，矩阵的行与行之间用分号分开。

例
```
>> A=[1  2  3;4  5  6;7  8  0]
A=
    1    2    3
    4    5    6
    7    8    0
```

MATLAB 的矩阵元素可以是任何数值表达式。

例
```
>> x=[-1.3  sqrt(3)(1+2+3)*4/5]
x=
   -1.3000   1.7321   4.8000
```

在括号中加注下标，可取出单独的矩阵元素。

例
```
>>x(5)=abs(x(1))
x=
   -1.3000  1.7321  4.8000  0  1.3000
```

注：结果中自动产生了向量的第 5 个元素，中间未定义的元素自动初始为零。大的矩阵可把小的矩阵作为其元素来完成。

例
```
>>A=[A;[10  11  12]]
A=
1    2    3
4    5    6
7    8    0
10   11   12
```

小矩阵可用"："从大矩阵中抽取出来。

例
```
>>A=A(1:3,:);%从 A 中取前三行和所有的列,重新组成原来的 A
```

除了直接列出矩阵元素（即穷举法），矩阵可用内建函数产生。MATLAB 提供了一批产生矩阵的函数，如附表 2 所示。

附表 2

函数名	功能	函数名	功能
zeros	产生一个零矩阵	diag	产生一个对角矩阵
ones	生成全 1 矩阵	tril	取一个矩阵的下三角
eye	生成单位矩阵	triu	取一个矩阵的上三角
magic	生成魔术方阵	pascal	生成 Pascal 矩阵

最常用的用来产生相同增量的向量的方法是利用"："（即描述法）。在 MATLAB 中，它是一个很重要的字符。

例
```
>>z=1:5 %产生一个 1×5 的单位增量是 1 的行向量,此为默认情况
z=
    1    2    3    4    5
```

```
>>x=pi:-pi/5:0 %产生一个 1×6 的单位增量是-pi/5 的行向量
x=
   3.1416    2.5133    1.8850    1.2566    0.6283    0
>>ones(3)
ans=
  1  1  1
  1  1  1
  1  1  1
>>eye(3)
ans=
  1  0  0
  0  1  0
  0  0  1
```

矩阵和数组运算

通常的矩阵代数运算有 +、–、*、^、共轭转置等。

例
```
>> A=[1 2;3 4];
>> B=A'
B=
   1    3
   2    4
>> A*B^2 %计算 A*(B*B)
ans=
   27    59
   61   133
```

MATLAB 软件包最有用的特征之一是数组运算，在线性代数的矩阵运算符"*""/""\""^"前加一点来表示，即".*""./"".\"".^"，注意没有".+"".–"运算，这些运算可实现面向元素的矩阵的乘、除、幂运算。理解如何及何时使用这些运算是很重要的，矩阵运算对有效构造和执行 MATLAB 程序及图形很关键。

例
```
>> A^2  %计算 A*A
ans=
    7    10
   15    22
>> A.^2  %对矩阵 A 的每个元素进行平方
ans=
   1     4
   9    16
>> cos(A.*B)%将矩阵 A 和矩阵 B 对应位置的元素相乘,再进行余弦计算
```

```
ans=
   0.5403    0.9602
   0.9602   -0.9577
```

与多项式插值有关的 MATLAB 函数命令

（1）poly2sym 命令：把系数数组转换为符号多项式。

例 >>poly2sym([2 3 4],'t')

```
ans=
2*t^2+3*t+4
```

（2）polyval 命令：多项式的估值运算。

例 >>polyval([3 2 1],[5 7 9])% 计算多项式 p(x)=3*x^2+2*x+1 在 x=5,7,9 的值

```
ans=
86  162  262
```

（3）poly 命令：利用多项式的根求多项式系数。

例 >>poly([1,2])%表示求多项式(x-1)(x-2)的展开式的系数,即 1,-3,2

```
ans=
1  -3  2
```

（4）conv 命令：卷积运算，同时也可做多项式的乘法。

```
>>w=conv([1,2,2],[1,1])%求 w=(s^2+2*s+2)(s+1)
      >> w=poly2sym(w,'s')
w=
   1     3     4     2
w=
   s^3+3*s^2+4*s+2
```

（5）deconv 命令：两多项式相除，即[q, r] = deconv(num, den)，其中 q 为商，r 是除数，num 是分子，den 是分母。

例 >> [q,r]=deconv([1 2 3],[1 1])%表示 x^2+2*x+3/(x+1)的结果为 x+1 余 2

```
q=
   1     1
r=
   0     0     2
```

（6）roots 命令：多项式求根。

例 >>p=[1,-6,-72,-27];%求多项式方程 x^4-6*x^3-72*x-27=0 的近似根

```
>>roots(p)
 ans=
     12.1229
     -5.7345
```

```
   -0.3884
```

图形

MATLAB 可以绘制曲线和曲面的二维和三维图形，有关 MATLAB 的图形操作和其他特征可参考 MATLAB 的在线帮助和文档。

使用 plot 命令生成二维函数的图形（附图 1）。

例　x=0:0.1:4*pi;%以步长 0.05 确定区域

y=sin(x.^2);%定义了函数 y=sin(x^2)，注意到这里用了数组运算

z=sin(x);%定义了函数 z=sin(x)

plot(x,y,x,z,'o')%plot 的前两项是 x 和 y,画出 y=sin(x^2),第 3、4 项是 x 和 z,画出 z=sin(x)

%'o'表示在每一点(xk,zk)上用 o 画图,其中 zk=sin(xk)

grid on,title('y=sin(x^2)与 z=sin(x)的曲线图')

xlabel('x');ylabel('y')

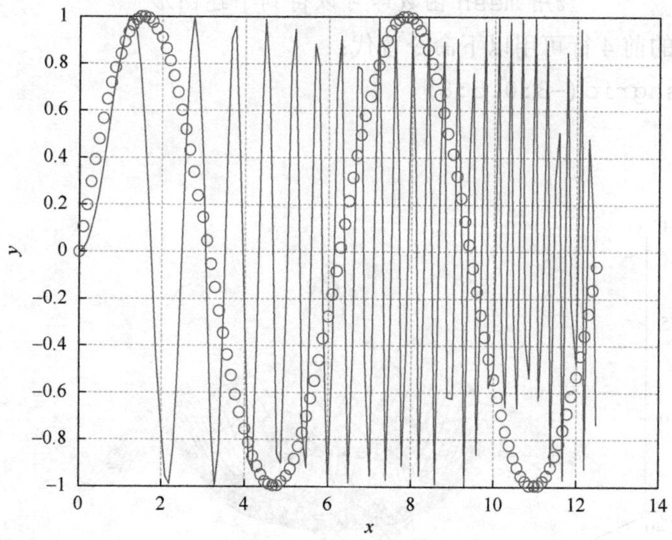

附图 1　$y=\sin(x^2)$与 $z=\sin(x)$的曲线图

loglog、semilogx、semilogy 和 polar 的用法和 plot 相似。这些命令允许数据在不同的坐标纸上绘制，还有一个有用的扩展来的备选命令 fplot，可用于符号函数作图。

例　>>fplot('tanh',[-3,3])%在区间[-3,3]内画出函数 tanhx

>>fplot('sin(1./x)',[0.01 0.1])%在区间[0.01,0.1]内画出函数 sin(1/x)

plot 和 plot3 命令可分别画出在二维空间和三维空间的参数曲线，这对多维微分方程解的可视化很有帮助。

例　椭圆函数 $c(t)=(3\cos t,2\sin t)$，其中，$0\leqslant t\leqslant 2\pi$ 的图形可通过以下命令可视化。

```
>> t=0:0.1:2*pi;
```

```
>> plot(3*cos(t),2*sin(t))
```

例 曲线函数 $l(t)=(3\cos t,t^2,6/t)$，其中，$0\leqslant t\leqslant 2\pi$ 的图形可通过以下命令可视化。

```
>> t=0.01:0.1:6*pi;
>> plot3(3*cos(t),t.^2,6./t);grid on;
```

使用 meshgrid 命令可得到二元函数在区域内网格点上的函数值构成的矩阵，并可用 mesh 或 surf 命令得到函数的三维曲面，这对偏微分方程解的三维可视化很有帮助。

例 绘制 sin*r*/*r* 函数的图形（附图 2），可以用以下方法建立图形。

```
x=-8:.5:8;
y=x';
x=ones(size(y))*x;
y=y*ones(size(y))';%建立行向量 x,列向量 y;然后按向量的长度建立 1-矩阵;
%用向量乘以产生的 1-矩阵,生成网格矩阵
R=sqrt(x.^2+y.^2)+eps;%计算各网格点的半径
z=sin(R)./R;    %计算函数值矩阵 Z
mesh(z)         %用 mesh 函数即可以得到下述图形
```

上述命令中的前 4 行可用以下命令替代：

```
[x,y]=meshgrid(-8:0.5:8)
```

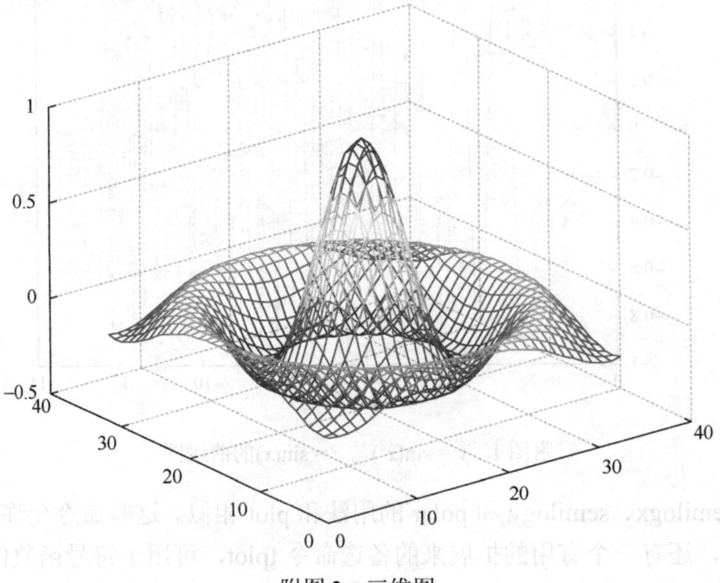

附图 2　三维图

附表 3 和附表 4 给出常用的作图命令。

附表 3　MATLAB 图形命令

title	图形标题
xlabel	x 坐标轴标注
ylabel	y 坐标轴标注

续表

title	图形标题
text	标注数据点
grid	给图形加上网格
hold	保持图形窗口的图形

附表 4 线型和颜色控制符

线型		点标记		颜色	
-	实线	.	点	y	黄
:	虚线	o	小圆圈	m	棕色
-.	点划线	x	叉子符	c	青色
--	间断线	+	加号	r	红色
		*	星号	g	绿色
		s	方格	b	蓝色
		d	菱形	w	白色
		^	朝上三角	k	黑色
		v	朝下三角		
		>	朝右三角		
		<	朝左三角		
		p	五角星		
		h	六角星		

循环和条件

MATLAB 中最基本的关系运算表见附表 5。

附表 5

关系运算	含义
<	小于
<=	小于等于
>	大于
>=	大于等于
==	等于
~=	不等于

基本的逻辑运算表见附表 6。

附表 6

逻辑运算	含义
&	与
|	或
~	非

布尔值表见附表 7。

附表 7

布尔值	含义
1	真
0	假

例 比较两个矩阵的大小。

```
>> [1 2; 3 4]>=[4 3;2 1]
ans=
   0     0
   1     1
```

MATLAB 与其他计算机语言一样，也有控制流语句。控制流语句可使原本简单地在命令行中运行的一系列命令或函数组合为一个整体——程序，从而提高工作效率。常用的 for、if、while 语句的用法与其他编程语言的用法类似。

```
for v=expression
statements
end
if logical-expression
   statements
else logical-expression
   statements
end
while logical-expression
statements
end
```

例 给出希尔伯特(Hilbert)矩阵的构造过程，也可参考 MATLAB 的内置函数 hilb(6)，将多重循环写成锯齿形是为了增加可读性，程序如下。

```
clear
m=6;n=6;
for i=1:m
          for j=1:n
             A(I,j)=1/(i+j-1);
           end  %每个 for 语句必须以 end 语句结束,否则是错误的
end
A %循环后的 A 命令表示显示矩阵 A 的结果
```

例 计算 expm(A)，当 A 并不是太大时，直接计算 expm(A)是可行的。expm(A)=I+A+A^2/2!+A^3/3!+…，这里的 I 表示单位矩阵，程序如下。

```
E=0*A;F=E+eye(size(E));N=1;
```

```
while norm(F,1)>0,
F=A*F/N;
E=E+F;
N=N+1;
end
```

例 break 语句提供了程序跳出循环的途径。

```
clear
for k=1:100
            x=sqrt(k);
            if((k>10)&(x-floor(x)==0))
               break
            end
end
k
```

M 文件

MATLAB 通常使用命令驱动方式，当输入单行命令时，MATLAB 立即处理并显示结果，同时将运行说明或命令存入文件。MATLAB 语句的磁盘文件称作 M 文件，因为这些文件名的末尾是.m 的形式，例如，一个文件名为 bessel.m，提供 bessel 函数语句。

一个 M 文件包含一系列的 MATLAB 语句，一个 M 文件可以循环地调用它自己，M 文件有两种类型。

第一种类型的 M 文件称为命令文件，它是一系列命令、语句的简单组合。

第二种类型的 M 文件称为函数文件，它提供了 MATLAB 的外部函数。用户为解决一个特定问题而编写的大量外部函数可放在 MATLAB 工具箱中，这样的一组外部函数形成了一个专用的软件包。

无论是命令文件，还是函数文件，都是普通的 ASCII 文本文件，可选择编辑或字处理文件来建立。

当一个命令文件被调用时，MATLAB 将运行文件中的命令，而不是交互地等待键盘输入，命令文件的语句在工作空间中运算全局数据，对分析解决问题及设计中所需的一长串繁杂的命令和解释是很有用的。

例 自编命令文件 fibo.m，用于计算斐波那契（Fibonacci）数列。

```
% An M-file to calculate Fibonnaci numbers
f=[1,1 ];i=1;
while f(i)+f(i+1)<1000
f(i+2)=f(i)+f(i+1);
i=i+1;
end
f
```

```
plot(f,'o')
```

在 MATLAB 的命令窗口中键入 fibo 命令，并回车执行，将计算出所有小于 1000 的斐波那契数，并绘出图形（注：文件执行后，f 和 i 变量仍然留在工作空间）。

例　自编的函数文件 mean.m，用于求向量的（或矩阵按列的）平均值。

```
function  y=mean(x)
% MEAN Average or mean value,For Vectors,
% MEAN(x)returns the mean value
% For matrix MEAN(x)is a row vector
% containing the mean value of each column
[m,n]=size(x);
if m==1
m=n;
end
y=sum(x)/m;
```

磁盘文件中定义的新函数称为 mean 函数，该 mean 函数的使用方法与 MATLAB 内置函数的使用方法相同，例如，z 为从 1～99 的实数向量。

```
z=1:99;
mean(z)%计算均值
ans=
50
```

例　计算标准差的函数文件 stat.m。

```
function [mean,stdev]=stat(x)% stat表明可以返回多输出变量
[m,n]=size(x);
if m==1
m=n
end
mean=sum(x)/m;
stdev=sqrt(sum(x.^2)/m-mean.^2);
```